科学出版社"十三五"普通高等教育本科规划教材

园艺产品营养与保健

主　编　贺忠群
副主编　宋莲军
编　者　（按姓氏汉语拼音排序）
　　　　贺忠群（四川农业大学）
　　　　黄进宝（安徽农业大学）
　　　　刘泽静（四川农业大学）
　　　　罗　弦（四川农业大学）
　　　　宋莲军（河南科技大学）
　　　　孙　勃（四川农业大学）
　　　　孙光闻（华南农业大学）
　　　　张　勇（四川农业大学）
　　　　张小艾（四川农业大学）
　　　　赵普艳（华南农业大学）
　　　　周小婷（四川农业大学）
　　　　周艳丽（吉林农业大学）

科学出版社
北　京

内 容 简 介

全书包括绪论、营养保健的原理、蔬菜的营养与保健、花卉的营养与保健、果品的营养与保健、食用菌的营养与保健、茶叶的营养与保健、药食同源植物的营养与保健、芳香植物的营养与保健等内容。其编写体系保持了学科的知识性、系统性、实用性与前瞻性。内容比常规营养保健类图书更全面系统，融食品营养学理论与营养保健的文化、功能产品开发等知识为一体，既有理论的深度，又有现实的可应用性。

本书适于高等农业院校、职业院校开展相关课程使用，也可供其他科研院所、营养保健行业或相关行业从业者参考。

图书在版编目（CIP）数据

园艺产品营养与保健/贺忠群主编. —北京：科学出版社，2018.12
科学出版社"十三五"普通高等教育本科规划教材
ISBN 978-7-03-058355-0

Ⅰ. ①园… Ⅱ. ①贺… Ⅲ. ①园艺作物-植物营养-高等学校-教材 Ⅳ. ①Q945.1

中国版本图书馆 CIP 数据核字（2018）第 167597 号

责任编辑：丛 楠 韩书云 / 责任校对：严 娜
责任印制：张 伟 / 封面设计：铭轩堂

科学出版社 出版
北京东黄城根北街 16 号
邮政编码：100717
http://www.sciencep.com

北京凌奇印刷有限责任公司印刷
科学出版社发行　各地新华书店经销
*

2018 年 12 月第 一 版　开本：787×1092　1/16
2024 年 7 月第五次印刷　印张：18 1/2
字数：498 000

定价：69.80 元
（如有印装质量问题，我社负责调换）

前言 Preface

健康是人们普遍关注的话题，随着现代医学的发展，人们的自我保护意识与医疗保健意识日渐增强，健康长寿成为现代社会人们追求的理想目标。虽然当今人们的物质生活有了很大的提高，但由于大多数人缺乏营养保健知识、养生知识及系统的健康生活理念，日常生活中形成许多不良习惯，如膳食不平衡、饮食无规律等。20世纪90年代，美国心脏健康会议发布了《维多利亚宣言》，提出了健康四大基石，即"合理膳食，适当运动，戒烟戒酒，心理平衡"，其将合理膳食列在首位。我国中医素有"有胃气则生，无胃气则死"之说，并指出"胃气者，知饥也"，因此"调理脾胃，以治百病"成为中医临床治疗遵循的重要原则，并由此得出了凡病"三分治，七分养"的结论。饮食是保持健康长寿的重要因素，从宏观和长远的角度看，膳食营养不仅影响个人的体质、智能、发育和健康程度，也影响着整个民族的竞争力与创造力，以及社会的文明进步和经济发展。

中华民族的祖先为了生存，尝百草、吃野果，创立了"药食同源""膳药同功"的养生保健哲学思想。园艺产品在古代的养生论著中多有记载，它是人们一日三餐中重要的组成部分，其品种类型繁多，营养丰富，生物活性物质及营养保健功能各不相同，系统地学习科学的养生保健理论，正确地认知不同园艺产品的营养并科学食用与利用，对人们营养健康、生活品质的提高及促进园艺产品营养学发展与园艺功能产品开发具有重要意义。

本书是基于当前普通高等院校、高职院校及人们现代健康生活方式对园艺产品营养与保健方面知识的需求而编撰的，是一部从不同园艺产品养生文化、保健理论、营养保健功效及影响产品营养素的因素等多个方面系统介绍不同园艺产品（果、蔬、花、茶等）的营养保健知识与应用的教材，是将营养保健类图书向教材转型的新的尝试。

本书的编委均是在我国高等农业院校不同园艺产品领域从事教学科研的工作者。限于编者水平，书中疏漏和不足之处在所难免，敬请广大读者和同行提出宝贵意见，以便于再版时修订、完善。

编　者

2018年5月

目 录 Contents

绪论 ··· 1

第一章　营养保健的原理 ··· 7
　　第一节　营养保健的中医药学基础 ·· 7
　　第二节　体质与营养保健 ··· 14
　　第三节　营养素与人体健康 ·· 17
　　第四节　人体营养平衡与膳食指南 ··· 25

第二章　蔬菜的营养与保健 ··· 30
　　第一节　蔬菜的膳食文化与养生理论 ·· 30
　　第二节　蔬菜的分类 ··· 32
　　第三节　蔬菜的营养保健功效 ··· 33
　　第四节　蔬菜的抗营养因子 ·· 50
　　第五节　贮藏与加工对蔬菜营养价值的影响 ··· 54
　　第六节　蔬菜产品的开发与利用 ·· 60

第三章　花卉的营养与保健 ··· 68
　　第一节　花卉的膳食文化与养生理论 ·· 68
　　第二节　食用与药用花卉分类 ··· 76
　　第三节　花卉的营养保健功效 ··· 82
　　第四节　花卉的毒性与禁忌 ·· 99
　　第五节　花卉产品的开发与利用 ··· 105

第四章　果品的营养与保健 ·· 113
　　第一节　果品的膳食文化与养生理论 ··· 113
　　第二节　果品的分类 ··· 116
　　第三节　果品的营养保健功效 ·· 122
　　第四节　果品的品鉴与科学食用 ··· 140
　　第五节　贮藏运输与加工对果品营养价值的影响 ·· 152
　　第六节　果品的开发与利用 ··· 161

第五章　食用菌的营养与保健 ··· 167
　　第一节　食用菌的膳食文化与养生理论 ·· 167

第二节　食用菌的分类及其营养成分 170
　　第三节　有毒菌类的识别 178
　　第四节　食用菌的营养保健功效 183
　　第五节　食用菌禁忌与推荐食用 193
　　第六节　采后对食用菌营养价值的影响及贮藏保鲜方法 197
　　第七节　食用菌产品的开发与利用 200

第六章　茶叶的营养与保健 203
　　第一节　茶文化与品质生活 203
　　第二节　茶叶的化学成分与营养保健 209
　　第三节　茶叶的分类与科学饮用 221
　　第四节　贮藏与加工对茶营养价值的影响 225
　　第五节　茶产品的开发和利用 230

第七章　药食同源植物的营养与保健 237
　　第一节　药食同源植物的膳食文化与养生理论 237
　　第二节　药食同源植物的种类 239
　　第三节　药食同源植物的营养保健功效 240
　　第四节　药食同源植物的科学食用 258
　　第五节　药食同源植物的产品开发与利用 267

第八章　芳香植物的营养与保健 270
　　第一节　芳香植物的定义、种类及分类 270
　　第二节　芳香植物国内外历史与中西方传统饮食保健文化 272
　　第三节　芳香植物的应用 273
　　第四节　芳香植物的营养保健功效 275
　　第五节　芳香植物的禁忌与科学食用 282
　　第六节　芳香植物产品开发与利用 284

主要参考文献 286

绪 论

本章要点：掌握健康的内涵、健康的标准、影响健康的因素及维护健康的要素。理解健康的重要性，了解我国居民的健康状况及园艺产品在营养保健中的地位与作用。

一、什么是健康

人类有了健康才能生存，才能发展、享受。健康是长寿的基石，是对社会、对自己、对亲人的责任，是人们存在的最佳状态，是亘古至今人类生命史上令人神往的、不断追求的共同目标，是自古以来人们十分关注的话题。人类文明到了今天，我们应该用知识生活，不应该用习惯生活。俗话说："病来如山倒，不如预防早。"这句话提醒我们，应当深刻感悟预防疾病和维护健康的重要性，要看清追求健康是 21 世纪的大趋势，有了健康才能轻松迎接新世纪的挑战。

（一）健康的定义

健康的定义与科学进展密切相关，世界卫生组织（WHO）早在 1948 年成立之初的《世界卫生组织宪章》中就指出："健康不仅是没有病和不虚弱，而且是身体、心理、社会功能三方面的完满状态。"1990 年，世界卫生组织又为健康的定义补上了道德健康这一条。新的健康定义中健康乃是一种在身体上、精神上的完满状态，以及良好的适应力，而不仅仅是没有疾病和衰弱的状态。这就是人们所指的身心健康，也就是说，一个人在躯体健康（生理健康）、心理健康、道德健康和社会适应性良好四方面都健全，才是完全健康的人。

1. 生理健康 生理健康有明确的标准，如生长发育、成熟衰老等，更量化一些，就是体温 36~37℃，血压：低压 60~90mmHg（1mmHg=0.133kPa）、高压 90~130mmHg，心率 60~80 次/分，这是人体生理运动的正常指标。

2. 心理健康 由于社会、文化背景等因素的影响，心理健康的标准比较模糊。但心理健康对人的行为准则起着主导作用，只有心理健康的人才能适应各种各样的环境、处理形形色色的事情。

心理健康是一种良好的心理状态，处于这种状态下，人们不仅有安全感、自我状态良好，而且与社会契合和谐，能以社会认可的形式适应外部环境。它一般可理解为情绪的稳定和心理方面的成熟两个方面，但这种稳定和成熟的状态是相对的。因为我们生活在一切都在变化的社会中，没有人会有一成不变的精神和情绪状态。只有将制约人格的各种条件，如文化程度、工作能力、职业、社会地位、生活演变等很好地协调起来，并能适应环境、利用环境、创作环境，才能称为心理健康。

一些心理学家摆脱开标准的束缚，向人们描述一个心理健康人士的特征为：这是一个朝气蓬勃的、快乐的人，有所爱，也被人爱；满怀信心地面对人生的挑战，满腔热情地投入自己的工作，发挥自己的全部潜能；能够洞察外部世界，并对自己所遇到的挑战做出响应，制定出合理的人生策略；不会随意夸大，也不会任意贬低自己的能力；对自己和他人的评价都建立在现实的基础上。如果你是上面描述的这种人，那么你的心理就是健康的。

探索人类心智奥秘的拓荒者弗洛伊德将心理健康归结为爱与工作的能力。他在一部著作中列出了心理健康人士的一些共同特点：保持理智与平衡；具有自我价值感；具有爱的能力；具有建立和维持亲密关系的能力；能接受现实中的各种可能性和局限性；对工作的追求与自己的天资和教育背景相适应；能体验到某种内在的静与满足感，让自己觉得此生没有虚度。

目前，国内外学者普遍认为心理健康的标准有 11 项，基本符合这 11 项标准的人，就可以认定是心理健康的人。

1）具有适度的安全感，有自尊心，对自我和个人成就有"有价值"的感觉。
2）充分了解自己，不过分夸耀自己，也不过分苛责自己。
3）在日常生活中，具有适度的自发性和感应性，不为环境所奴役。
4）适当接受个人的需要，并且有满足此种需要的能力。
5）有自知之明，了解自己的动机和目的，并能对自己的能力做适当的估计。
6）与现实环境保持良好的接触，能容忍生活中的挫折和打击，无过度幻想。
7）能保持人格的完整与和谐，个人的价值观能视社会标准的不同而变化，对自己的工作能集中注意力。
8）有切合实际的生活目的，个人所从事的事业多为实际的、可能完成的工作。
9）具有从经验中学习的能力，能适应环境的需要而改变自己。
10）在集体中能与他人建立和谐的关系，重视集体的需要。
11）在不违背集体的原则下，能保持自己的个性，有个人独立的观点，有判断是非、善恶的能力，对人不做过分的谄媚，也不过分寻求社会的赞许。

3. 道德健康　　道德健康是指不以损坏他人的利益来满足自己的需要，能按照社会认可的行为道德来约束自己及支配自己的思维和行动，具有辨别真伪、善恶、荣辱的是非观念和能力。据测定，违背社会道德往往导致心情紧张、恐惧等不良心理，很容易发生神经中枢紊乱、内分泌系统失调等，免疫系统的防御能力也会下降。医学家研究发现，贪污受贿的人就容易患癌症、脑出血、心脏病和神经过敏症；而为人正直、心地善良和淡泊、坦荡的品质，则能使人保持道德健康，有助于身体健康。

4. 社会适应性良好　　社会适应性良好是指对于社会环境和一些有益或有害的刺激，能积极调整、适应。不让自己长期处于一种封闭、压抑的状态。简单地说就是，保持一种好的适应心态，保持良好的沟通很重要。

（二）健康的标准

1. 人体健康标准　　世界卫生组织根据健康的相关方面制定了人体健康的 10 条标准。
1）精力充沛，能从容不迫地应付日常生活和工作的压力而不感到过分紧张。
2）处事乐观，态度积极，乐于承担责任，事无巨细不挑剔。
3）善于休息，睡眠良好。
4）应变能力强，能适应环境的各种变化。
5）能够抵抗一般性感冒和传染病。
6）体重得当，身材匀称，站立时头、肩、臂位置协调。
7）眼睛明亮，反应敏锐，眼睑不发炎。

8) 牙齿清洁，无空洞，无痛感；齿龈颜色正常，不出血。
9) 头发有光泽，无头屑。
10) 肌肉、皮肤富有弹性，走路轻松有力。

2. 中年人全面健康标准　世界卫生组织还进一步提出了中年人全面健康标准，包括了躯体健康、心理健康及道德健康的标准。

（1）躯体健康可用"五快"来衡量

吃得快：进食时有良好的胃口，不挑剔食物，能快速吃完一餐饭。说明内脏功能正常。

走得快：行走自如，活动灵敏。说明精力充沛，身体状态良好。

说得快：语言表达正确，说话流利。表示头脑敏捷，心肺功能正常。

睡得快：有睡意，上床后能很快入睡，且睡得好，醒后精神饱满，头脑清醒。说明中枢神经系统兴奋，抑制功能协调，且内脏无病理信息干扰。

便得快：一旦有便意，能很快排泄大小便，且感觉良好。说明胃、肠、肾的功能良好。

（2）心理健康可用"三良好"来衡量

良好的个人性格：情绪稳定，性格温和，意志坚强，感情丰富，胸怀坦荡，豁达乐观。

良好的处世能力：观察问题客观现实，具有较好的自控能力，能适应复杂的社会环境。

良好的人际关系：助人为乐，与人为善，与他人的关系良好。

（3）道德健康　世界卫生组织关于健康的概念有了新的发展，即把道德修养纳入健康的范畴。健康不仅涉及人的体能方面，也涉及人的精神方面。将道德修养作为精神健康的内涵，其内容包括健康者不应有以损害他人的利益来满足自己需要的思想和行为，能具有辨别真伪、善恶、美丑、荣辱等的是非观念，能按照社会行为的规范准则约束自己及支配自己的思想和行为。在个人的品质上具有良好的社会道德，仁慈宽恕，忠诚友爱。

善良的品性、平和的心境是健康的保证。与人相处善良、正直、心地坦荡、遇事出于公心、凡事想着别人，这样便无烦忧，使心理保持平衡，有利健康。良好的心理状态，能促进人体分泌更多有利的激素、体液因子、酶类和乙酰胆碱等。这些物质能把血液的流量、神经细胞的兴奋调节到最佳状态，从而增强机体的抗病力，促进人们健康长寿。而且，大脑中有部分细胞能产生内啡肽，它能通过脑细胞膜上的吗啡受体产生愉快的情绪，良好的心情是健康重要的因素之一。这就是"善有善报，恶有恶报"的科学道理。

3. 老年人全面健康标准　世界卫生组织对老年人健康的标准提出了多维评价。这种多维评价包括以下5个方面。

1）精神健康：老年人一定要有良好的心理、心态，要平和宽容，切忌焦虑疑心，要用爱去滋润身边的一切事物。

2）躯体健康：就是通常人们所说的健康，老年人易患的病有高血压、冠心病等，而且易出现中风。所以，老年人一定要经常锻炼，保证有一个健康的身体。

3）日常生活的能力：生活上有自理的能力，包括自我照顾和自己理家等。

4）社会健康：包括良好的人际关系、社区活动参与程度、与子女的关系等。

5）经济独立：当今的老年人一部分靠退休金或养老金生活，也有一部分由子女赡养。如果老人在经济上是独立的，自己会生活得更有信心，会更加快乐。

二、健康的重要性

健康为什么重要呢？因为完美人生的三大标准是健康、财富、自由。人们丰衣足食之后对健康的渴求显得越来越强烈，健康将成为21世纪人们的基本目标，追求健康将成为所有人的时尚。人人都希望自己能有健康、长寿、高质量的生活。的确，拥有健康才能拥有一切，有健康的身体才能挑起生活的重担，才能为人民服务，才能对社会有所贡献，才能享受生活带来的幸福。曾有人用这样一组数字"1000000000"来比喻人的一生，这里的"1"代表健康，而"1"后边的"0"分别代表生命中的事业、金钱、地位、权力、房子、车子、家庭、爱情、孩子等，如果没有这个"1"，人生也只是一个"0"，所以健康才是最重要的。曾有人说，权力是暂时的，财富是后人的，唯有健康才是自己的！个人的健康对社会、工作、家庭等方面都具有不可取代的重要性。

（一）健康对社会的重要性

自 1949 年以后，党和政府就高度重视人民群众的健康。目前来说，对我国公众健康威胁比较大的有两个方面：一是传统疾病风险，比如传染病，3 月 24 号是世界结核病防治日，我国是全球结核病负担最重的国家之一，每年还有几百万新发结核病患者；二是以心脑血管病、糖尿病和肿瘤为代表的慢性病，这种慢性病的高发对于公众健康的危害非常大，而且给国家带来了重大的经济负担。据统计，有的国家仅肿瘤或糖尿病的全年医疗费用支出，就占到这个国家总医疗费用的 15%~20%。所以，如果这样的疾病发生率越来越高，不仅对公众的健康造成威胁，而且会给国家的社会经济发展带来很大的威胁。

（二）健康对工作的重要性

人民生活水平提高的同时，也给人们带来了一些"富贵病"，如糖尿病、高血糖、高血脂、高血压、心脏病、心脑血管病等，严重危害着人们的健康。提前得病，使疾病年轻化；提前残废，使人丧失生理功能；提前死亡，使人英年早逝。这三个"提前"目前是社会上较为普遍的现象，每个人都在社会上承担着一定的工作任务，如果没有一个健康的身体，就不可能有效完成工作任务，为社会尽到应尽的义务。

（三）健康对家庭的重要性

一个人如果身体不好，经常患病，特别是重症疾病，一般需要家人来照料，耗费大量的医疗费用，还可能因病返穷，因病致穷，严重影响家庭的和睦、个人的幸福。一人健康，全家幸福。所以身体健康十分重要，重于一切。应当采取多元化方法，保证身体健康。

三、国民健康状况

（一）健康与寿命

一个人在没有外援性因素的情况下，正常的寿命是多少岁才算寿终正寝呢？世界卫生组织对人的年龄段是这样划分的：65 岁以前属中年人；65~74 岁属青年老年人；75~90 岁属正式老年人；90~120 岁才属高龄老年人。可见，一个人活到 120 岁不是梦想，这是有理论依据的：①根据生物学原理。人的寿命是他生长期的 5~7 倍。人的生长期是 20~25 岁（也就是人的最后一颗牙齿长出来的年龄）。由此推算，应该是 120 岁左右。②根据生物学规律。人的寿命是性成熟期的 8~10 倍，人的性成熟期为 13~15 岁。由此推断，应是 120 岁左右。③根据细胞分裂理论。按照一些动物的细胞分裂次数和寿命来推断。人的细胞分裂 40~60 次，平均分裂 50 代，每代周期 2.4 年，按代数与周期计算，人的寿命也应该是 120 岁左右。《2016 年世界卫生统计》报告显示：2015 年全球人均寿命为 71.4 岁，日本人的平均寿命是 83.7 岁，美国人的平均寿命是 79.2 岁，而我国的人均寿命只有 67.88 岁。世界卫生组织的一项全球性调查结果显示：整个人类的健康状况不容乐观。现在健康的人只占了 5%，而患有各种疾病的人达到了 20%，75%的人处于亚健康状态。

（二）国民健康意识

1. 医学上的误区　　医学学科包括基础医学、临床医学、公共卫生与预防医学、中医学、护理学……而绝大多数人却把临床医学当成医学的唯一。

2. 对健康认识上的不足
1）大多数人死于无知，而非死于疾病。也就是没有预防和保健意识，饮食营养不科学。
2）大多数人前半生用命换钱，后半生用钱买命。有人觉得只要有钱，一切都不是问题。
3）有一定的保健意识，但不知如何科学营养保健。
4）过度保健或过于依赖药物和医生的治疗。
5）大多数人是病死，而非（自然）老死。例如，有些人认为老年人年龄大了，得了病，治不治没有多大意义，就放弃了治疗。

（三）我国国民健康状况

2011 年"第六届中国健康传播大会"在北京召开。会上，高级卫生专家、世界银行驻中国办事处王世勇做了《中国慢性病报告及国际慢性疾病防控最新进展》的报告。报告数据显示，中国人超重的有 3.05 亿人，肥胖的有 1.2 亿人，患高血压的有 2.36 亿人，患高胆固醇血症的有 3293 万人，患糖尿病的有 9681 万人。一位中老年人平均患有 3.1 种疾病。死因前 4 位的慢性病为脑血管病、恶性肿瘤、呼吸系统疾病、心脏病。中国人的健康情况正被慢性病所困扰，慢性病已经取代流行性传染病，成为导致我国人口死亡的第一原因。心血管疾病、癌症、糖尿病等慢性病造成的死亡率已经达到 85%以上。随着老龄化社会的到来，慢性病已经成为卫生界面临的主要挑战，得了慢性病以后，家庭的经济负担很重，在疾病负担中，中国人的医疗费 69%花在慢性病上。慢性病是健康危险因素长期积累、叠加并协同作用于人体的结果，有一个长期酝酿、渐进的过程，不容易被人察觉，而只要健康危险因素的作用持续存在，这种渐进的过程就不会停止。

四、影响健康的因素和维护健康的要素

（一）影响健康的因素

人体是由呼吸、消化、内分泌、免疫、血液循环、神经、泌尿生殖和运动这八大系统组成的；八大系统是由各个器官组成的；各个器官又是由组织构成的；各个组织又是由细胞构成的，细胞的健康决定人体的健康。因为人的细胞生存在体液中，而人的体液占到了整个人体重的 60%以上。我们的细胞好比生活在鱼池水中的鱼，而鱼的健康取决于鱼池中水的环境，就像细胞的健康取决于体液的环境一样，当体液的营养和环境正常时，我们的细胞自然也就健康了。如果水太清了，鱼无法长时间生存，如果水太浑了，鱼也不能生存，所以体液的营养与环境决定细胞的健康，从而决定人体的健康。

影响健康及引发疾病的主要因素有：①细菌、病毒；②毒性物质积累；③组织衰老、细胞变性、免疫性变态反应、内分泌代谢紊乱；④营养不均衡。其中，细菌和病毒是感染急性病的主要原因。20 世纪 20 年代，科学家发明了疫苗和抗生素后，急性病基本得到了控制，不再对

人类的生命构成很大的威胁。据世界卫生组织的一项统计分析，现代的死亡人群中只有8.6%的人死于急性病，91.4%的人死于慢性病。人体对慢性病的抵抗力及患病后和受伤后的恢复能力，在很大程度上取决于营养状况和体液环境中毒素的污染程度。而导致毒性物质积累的因素主要有：①环境污染，如空气污染、水质污染、土壤污染、紫外线、温室效应等；②食品污染，如防腐剂、激素、色素、药物、抗生素、添加剂、农药等；③生活污染，如洗涤清洁用品、电器辐射、化工染料、增塑剂、家庭装修等。除此之外，不良生活习惯如吸烟、酗酒、喝过量浓茶、喝过量咖啡、熬夜、大量工作、不吃早餐、常吃快餐都易影响健康而引发疾病。

（二）维护健康的要素

1. 预防

1）饮食要科学营养。
2）适当运动，如打球、做健身操等，最好的运动是步行。
3）充分休息，要保持6~8h的睡眠，有的人到晚上十二点还不睡觉，这样是不利于健康的。
4）心理平衡，正确对待一切人和事物，不要总是只看到别人的问题，遇到问题也要在自身找原因。
5）环境优良，要有环保意识。
6）良好的个人习惯，戒烟戒酒。

2. 保健　　保健是调节亚健康有效的方法。现代临床及营养学领域普遍认为：有效的保健需要从清、调、补三个环节进行，清是清除体内的毒素，调是调节人体的机能，补是补充均衡营养。

3. 治疗　　治疗主要是药物和手术。一个人要维护其健康，就应该明白：健康的人需要预防；亚健康的人需要保健和预防；患病的人需要治疗、保健和预防。营养学家曾提出著名的1800定律：今天的1份预防保健远胜于未来8份的治疗、100份的抢救。也就是今天100元的预防保健，远胜于未来800元的治疗、10000元的抢救。预防和保健才是维护健康的重要手段。

五、园艺产品在营养保健中的地位及作用

中华民族有着悠久的饮食文化，我国古代就有"药食同源""膳药同功"之说。早在2000多年前的《黄帝内经》中就明确地记载着"五谷为养，五果为助，五畜为益，五菜为充"的养生要诀，这说明园艺产品营养丰富，具有很高的医疗保健作用，是人类重要的食品来源。所谓园艺产品是指果品、蔬菜、茶叶、食用菌和观赏植物产品的总称。人体重要的营养素包括蛋白质、脂肪、糖、钙、磷、钾、碘、铁、维生素A、维生素D、维生素B_1、维生素B_2、维生素B_6、维生素C、维生素K等15种，除蛋白质、脂肪、维生素D主要由动物和谷物提供外，其他均可由园艺产品提供。

作为人类食品的重要组成部分，园艺产品在我国有着较为悠久的生产历史，它不仅是发展农业经济的主要商品，也是人类保健营养的必需品。现代营养科学研究成果表明，种类繁多的园艺产品与人们的精神生活和物质生活关系密切，不仅能提供人体所需要的营养素，还对维持人体健康、保持良好的生长发育具有极为重要的作用。另外，园艺产品中还含有多种活性营养成分，在人类抵抗疾病、延缓衰老等方面有显著作用。园艺产品及加工制品长期以来依靠其独特的风味、多种多样的色泽和丰富的营养极大地满足了人类对食物种类和喜好的需求，增加了食物的美学价值和医疗保健作用。

第一章 营养保健的原理

本章要点：了解中华民族的中医养生文化。重点掌握营养保健的中医药学基础、食物中七大营养素的功能与特点、体质和营养素与人体保健健康的关系、膳食与人体平衡的重要性，学习膳食指南以便科学膳食。

第一节 营养保健的中医药学基础

一、中医养生文化

养生（又称摄生、道生）最早见于《庄子》内篇。所谓"养"就是保养、调养、培养、补养、护养之意；所谓"生"就是生命、生存、生长之意。养生就是根据人体的生命规律，采取能够减少疾病、增进健康和延年益寿的手段所进行的保养身体的活动。历史上，我们的先辈以自己的聪明智慧，提出和发明了一系列预防疾病、延缓衰老的理论和方法，并使其逐渐演变成为一种极具中华民族特色的文化现象。

中医养生是中国传统的重要组成部分，是中医学的特色，它以中国哲学理论为基础，汇集儒、道、佛、医、武的思想精华，不仅具有强身健体的实用价值，而且映射出了中华民族的文化品格、民族心理、思维方式的特色。中医养生是通过保养精气、调节饮食、活动形体、调试寒暑等各种方法或手段，达到保养身体、减少疾病、增进健康、延年益寿的一种医事活动。中医养生建立在中医学理论的基础上，从祖国传统医学中汲取精华作为养生的理论基础，指导人们修身养性，其注重整体性和系统性，目的是提前预防疾病、治未病。

中医养生文化是中国传统的颐养身心、增强体质、预防疾病、延年益寿理论和方法的综合反映，是中医养生活动内在的价值观念、思维方式和外在的行为规范、器物形象的总和。

（一）中医养生文化的发展简史

中医养生文化的形成和发展经历了漫长的岁月，它的形成和发展可分为以下几个大的历史时期。

1. 远古时期 远古时期是养生文化的萌芽期。早在秦汉时期的医学经典《黄帝内经》中就有关于上古之人养生之道的记载，其"能形与神俱，而尽终其天年，度百岁乃去"。这是说远古时期的先民懂得养生事宜，故能保持形神的健全和谐，命长百岁而获天年。

追溯到旧石器时期，火的发明改变了先民的食性，熟食便是食养、食疗、灸熨的起源。新石器时期，先民已能磨制石器、骨器，因此有了砭石、石针的应用。先民在采集、狩猎之时，听百鸟之鸣，闻松涛之声，观禽兽之姿，渐感于心，随动于情，模而仿之，便是音乐、歌舞、导引的发端。

殷商的甲骨文就有"沐""浴""寇帚"的文字记载，表明奴隶社会时期已重视个人卫生和环境卫生。甲骨文中尚有"疾言"（语言障碍）、"疾耳"（听力障碍）、"疾首"（头部疾患），以及使用针灸、按摩、导引、热熨等进行防病治病的记载。

2．先秦时期 春秋战国时期，医学知识大有发展，其中不乏养生保健的精辟论述。例如，《老子》中记载有"虚其心，实其腹，弱其志，强其骨"，才是"深根固柢，长生久视之道"。《庄子》则记载有"吹呴呼吸，吐故纳新，熊经鸟申，为寿而已矣"。《管子》中指出"精存自生，其外安荣，内藏以为泉原"。《吕氏春秋》中将运动喻为"流水不腐，户枢不蠹"。诸子之说，应为调神、纳气、存精、炼形等养生理论的萌芽。而"天人相应"的养生法则，早在诸子之说中就有蕴含。例如，老子云："人法地，地法天，天法道，道法自然。"

3．秦汉魏晋时期 《黄帝内经》的问世，奠定了中医养生学的理论基础，其所载的"不治已病，治未病""正气存内，邪不可干""恬淡虚无，真气从之，精神内守，病安从来""人以天地之气生，四时之法成"等均为中医养生名言。《黄帝内经》中广泛应用针刺、灸焫、气功、按摩、温熨，以及阳光、空气、饮食、运动、时序、色彩、音乐、气味、声音等以却病延年，对后世养生学的发展具有深远影响。

《三国志》记载了华佗的运动养生观："动摇者谷气得消，血脉流通，病不得生。"他还创制了五禽戏，具有动静相兼、刚柔相济的特点。这一时期已有养生学的专著、专论问世，如晋代葛洪的《抱朴子·内篇》、嵇康的《养生论》，北齐颜之推的《颜氏家训·养生篇》，梁代陶弘景的《养性延命录》等。诸书诸论都提倡养生重在保精、养气、调神，主张浴阳光、弃厚味、薄名利、节色欲、饮清泉、服补药。

4．隋唐时期 养生之术至隋唐大有发展，隋代巢元方所撰的《诸病源候论》中有养生专论"补养宣导法"。被后世奉为"药王"的唐代医家孙思邈的《备急千金要方》中也有养生专篇"养性"，其吸取了《黄帝内经》、扁鹊、华佗、葛洪及诸子百家的养生思想与成就，成为这一时期最具代表性的养生专论。

有学者归纳孙思邈的养生要点有五：一是陶冶性情，主张"耳无妄听，口无妄言，身无妄动，心无妄念"，以保持情绪稳定，增强生命活力。二是生活有常，做到劳逸结合，起居有节，寒温适度，以顺应自然。三是饮食清淡，主张少食大荤厚味，避免过饥过饱，认为享受太丰，每为疾病、夭寿之因。四是动静结合，指出安居不动易致经脉壅塞，故倡"摇动肢体，导引行气"。其所采用的本土的"老子按摩法"和异域的"天竺国按摩法"，简便易行，几乎包括了全套"八段锦"动作。五是食药补养，常采用牛乳、黑芝麻、黄芪、白蜜、枸杞等药食补养身体。孙思邈认为，神仙之道不可致，养生之术当可行，使养生之术从虚无缥缈之说中解脱出来。其自身既言之，亦行之，寿至百岁有余，成为医学史上的寿星。"安者非安，能安在于虑亡；乐者非乐，能乐在于虑殃"，这便是孙思邈"安不忘危、防患未然"的养生箴言。

5．宋金元时期 该时期的养生专著颇多，其他医著中养生专篇、专论更是时有所见。或总结养生经验，整理养生成就，使其更趋完善；或积累养生新经验，创建养生新知识，使其不断发展。养生专著、专篇中，宋代李昉的《太平御览·养生篇》、周守忠的《养生类纂》《养生月览》、蒲虔贯的《保生要录》、愚谷老人的《延寿第一绅言》、陈直的《养老奉亲书》，以及金元刘河间的《舍身论》、丘处机的《摄身消息论》、忽思慧的《饮膳正要》和李东垣的《脾胃论》等，均具有代表性。

上述养生专著、专篇从不同角度强调"未病先防""既病防变"的养生预防思想，深刻地阐述了精、气、神在寿夭健衰中的重要作用，在淡饮食、和喜怒、慎四时、护脾胃、练功法、保真元等方面也均有全面论述。金元王珪（洞虚子）的《泰定养生主论》更是提出养生当从幼年开始，并详细阐述自幼至老调摄有序的养生方法，认识到衰老是一个漫长的过程，卓有见地。那时，养生练功已成社会风尚，连诗人陆游的《养生》中也有"两眦神光穿夜户，一头胎发入晨梳"的诗句，以描绘其病后养生而致神采奕奕的状态。

6. 明清时期　　明清时期的养生著作更趋实际，对唯心养生观多有抵触。例如，明代医家李诞《保养说》指出：《黄帝内经》所言"精神内守""食饮有节，起居有常，不妄作劳"，是养生的正宗，力倡避风寒、节劳逸、戒色欲、正思虑、薄滋味、寡言语等颇为实用的养生法。

医学大家张景岳在《类经·治形论》中倡言："善养生，可不先养此形"，将养形作为养生之首务，颇为实在，颇具创见。龚廷贤的《寿世保元》选载了不少抗衰延年方药，如"长春不老丹""扶桑至宝丹""八仙长寿丸"等，并提倡"诗书悦心，山林逸兴"，充实了调补养生、娱乐养生、环境养生诸法。龚居中《红炉点雪》指出"善服药，不如善保养"，总结出"却病延年十六句之术"，概括了古代气功导引之大要。龚居中还认为"歌所以养性情，舞所以养血脉"，明示轻歌曼舞具有良好的养生作用。

明代高濂所辑《遵生八笺》从八大方面论述延年之术、却病之方，其内容之全面，资料之丰富，知识之广博，议论之深刻，在同类著述中实属罕见，今之喜好养生者仍大可一读。

至清代，养生学术虽无大的进展，然养生专著甚多，有统计的不下五六十种，其中曹庭栋的《老老恒言》、汤灏的《保生篇》、唐千顷的《大生要旨》等，可谓其代表作。清代名医徐灵胎对人寿夭之因有独到见解，其在《元气存亡论》中指出：人之寿夭，"当其受生之时，已有定分"，已认识到先天遗传因素在个体自然寿命中的重要作用。

7. 近现代时期　　19世纪中叶，中国逐渐进入半殖民地半封建社会，由于民族虚无主义思潮的影响，中医学曾一度横遭摧残，传统养生学的发展也随之遭受了严重的阻力，不仅养生学著述骤减，崇尚养生的社会风尚也一度趋淡。

1949年后，我国政府大力扶持中医药学，养生学也因此而得到发展。尤其是近年来，随着全社会物质文明和精神文明的快速提高，养生受到广大民众越来越多的关注，养生学理论研究也不断取得进展。历代养生名著，包括儒、释、道等经史百家典籍被校勘注释后大量出版。在整理古代文献、总结养生经验，并结合现代研究的基础上，出版了为数众多的具有时代气息的养生学专著。养生学术界积极开展学术交流活动，举办多种形式、多个系统的养生保健学术研讨会，全国中医院校多先后将"中医养生学"列入重要课程，以养生为专题的中外学术交流活动也日益频繁，有力推动了颇具中医特色的现代养生学的发展。

（二）中医养生文化的特点

中医养生文化在其历史长河中，逐渐形成了一套独具特色的思想原则，这些原则充分体现出中国传统文化的背景。

1. 防重于治，未老养生的未病思想　　中医古典医著《黄帝内经》中就提出"不治已病，治未病"的观点，喻示人们从生命开始就要注意养生，才能延缓衰老和防病于未然。《淮南子》云："良医者，常治无病之病，故无病；圣人者，常治无患之患，故无患也。"金元时期的朱丹溪亦说："与其治疗于有病之后，不如摄养于先病之前。"人不可能长生不老，也不可能"返老还童"，但防止未老先衰、延长生命是可以办到的，这种预防为主的养生思想告诉人们，自幼注意养生，平时注意养生，在生命的转折关头，尤应高度注意养生。如能持之以恒，即可防衰抗老，预防疾病的发生，这种防病抗衰思想与中国文化中的忧患意识一脉相承。《周易·系辞》云："安不忘危，存不忘亡"，这种注重矛盾转化、防微杜渐的辩证哲学思想是中国古哲学的精华。

2. 天人合一，形神一体的整体观 中国传统哲学十分强调自然界是一个普遍联系着的整体，提出天人相应、天人感应等思想，认为天地万物不是孤立存在的，它们之间都是相互影响、相互作用、相互联系、相互依存着的。中医养生文化中也体现出了这种原则。

中医养生学主张"上知天文，下知地理，中知人事，可以长久"。这里明确把天文、地理、人事作为一个整体看待。人既是自然界的人，又是社会的人。人生活在自然界中，又生存在人事社会之中，不能离开社会群体而生存。影响健康和疾病的因素，既有生物因素，又有社会和心理因素，这是自古以来人们已经感觉到了的客观事实。中医养生从"天人相应"和"七情六欲"等方面出发，从人与自然、人与社会的关系中去理解和认识人体的健康和疾病，十分重视自然环境和心理因素的作用，并贯穿在病因考查、诊断治疗及保健预防的各个环节中，如强调养生要"顺四时而适寒暑"。

同时中医认为人体本身也是有机整体。把人的五脏与五体、九窍、五声、五音、五志、五液、五味等联系起来，组成整个人体和 5 个系统，在此基础上又根据脏腑的表里关系通过经络联系起来。

3. 注意调整阴阳的平衡观 《素问·至真要大论》记载："谨察阴阳之所在而调之，以平为期。"中医养生学认为阴阳分别代表人体内相对的双方。《黄帝内经》记载："生之本，本于阴阳"，说明人的形成和生长发展规律离不开阴阳。在人体正常生理状态下，保持阴阳相对平衡，如果出现一方偏衰，或一方偏亢，就会使人体正常的生理功能紊乱，出现病理状态。人体养生，饮食起居、精神调摄、自我锻炼、药物作用都离不开协调平衡阴阳的宗旨，人的衰老，或为阴虚，或为阳虚，或阴阳俱虚。阴虚则阳亢，阳虚则阴盛，阴盛则阳病，阳盛则阴病。故防治衰老，贵在调和阴阳，使阴平阳秘，精神乃治。这说明中国传统文化注重对称，强调平衡的哲学根底。

4. 动静结合的恒动观 中国哲学对动静的辩证关系认识很早，《周易》中就提出"动静有常"，《吕氏春秋》中有"流水不腐，户枢不蠹"，自然界的物质是不断运动变化着的，只有运动，才发生变化，只有运动，才产生万物。中医认为人的生命活动从发生、发展到消亡的全部过程，始终贯穿着一系列内部矛盾运动，这种运动就是升降出入。《黄帝内经》提出"高下相召，升降相因，而变作矣"。运动是自然规律，也是维持人体健康最基本的因素，生命运动的规律就是新陈代谢的过程，如果人体的升降出入运动发生障碍就是患病。所以中医养生学非常重视用运动变化的观点来指导防病治病。生命在于运动，因为运动是生命存在的特征，人体的每个细胞无时无刻不在运动着，只有保持经常运动，才能增进健康，预防疾病，以求延年益寿。

中国哲学亦有"主静"说。老子说："清静为天下之正""不俗以静"；明蔡清说："天地之所以长久者，以其气运于内而不泄耳，故仁者静而寿"；中国的道家、佛家思想都是主静的，禅宗的坐禅、道家气功都对中国文化影响巨大。中国养生学也受此影响，发展成养生、修身理论，吸收了道家气功为医疗气功。这里的"静"不是绝对的静止，而是另一种运动形式，运动是绝对的，静止是相对的，动静结合，相辅相成，是养生保健之大旨。

5. 养生方法中的辩证观 辩证法是中国哲学的特色和优势。中医确定的整体辩证观体现了中国文化的这一特色。中医养生强调因时、因地、因人而异，强调养生保健要根据时令、地域和个人的体质、性别、年龄的不同而制订相应的方法。人是自然界的一部分，与自然界有着密切的联系，人必须认识自然、顺应自然、适应自然，同时根据个体的阴阳盛衰情况进行调摄，达到健康长寿的目的。这充分体现了中医的原则性和灵活性，中医将这种原则概括为"知常达变"。

中医养生理论突出辨证施治。辨别各种征象，分析致病原因、性质和发展趋势，结合具体情况来确定疾病的性质，全面制订治疗原则，整体地施行治疗方法，叫辨证施治。在锻炼时，根据不同年龄、体质、季节及所患病的性质来选择有关锻炼项目，采取适当的锻炼方法，可以提高锻炼的效果。

中医养生文化是中国文化的一部分，它突出体现了中国传统文化的本质。

（三）中医养生文化的功能和作用

《易经》指出："刚柔交错，天文也。文明以止，人文也。观乎天文，以察时变；观乎人文，以化成天下。"文化的最大作用是以文化人、教化天下。文化有潜移默化的作用，正是有了中医养生文化的滋养，中医养生才如此厚重饱满，才有如此强大的生命力，我们的社会才有如此浓烈的崇尚养生的氛围。

1. 服务养生，辐射社会 中医养生文化是关于人体生命健康的文化。它既具有实用性，能直接指导养生，为养生实践服务，又具有强大的影响力和扩散性，对中国人的健康事业、生活方式和社会的各个领域乃至全世界，产生了巨大的影响。

2. 凝聚人心，引导方向 文化的吸引和融合是一只看不见的手，其作用是巨大而稳定的。中医养生文化通过影响人的动机、期望和习惯等，将不同文化背景、不同性格特征和不同行为习惯的人有机地融合为一体，产生具有归属感、认同感的养生共同理想。中医养生文化的先进理念是社会文明与进步的标志，它反映了人们的价值取向和追求目标，对人们思想、心理、价值观和行为方式起导向作用，引导和激励人们为了身体健康和民族强盛而不懈努力。

3. 协调关系，规范行为 中医养生文化倡导自然和谐的价值观，要求人们全面协调人体与自然、人体与社会及人体自身的关系。中医养生文化作为一种维系中医养生内在关系的"黏合剂"，维持并促进中医养生沿着正确轨道健康发展。中医养生文化中的制度文化、组织文化、管理文化及行为文化等内容，都会对人产生心理上的"软"约束，进而产生对行为的自我控制，提升道德准则和文明素质。中医养生文化中蕴含的行为准则，是人们养生的行为规范，并能够渗透到社会其他领域的行为规范之中。

4. 滋养教化，促进文明 对社会来说，中医养生文化滋养、充实并升华了人体生命的内涵，它的理念与人类文明的本质完全一致，与人们的思维理性完全一致，与人们的心理感受和主观愿望完全一致。中医养生文化中那些最核心、最宝贵、最有价值的东西，已经成为社会文明的重要组成部分，为社会文明的进步和发展做出了伟大的贡献。

二、中医养生文化的主要形式

（一）环境养生

环境养生是指注重自然环境和社会环境对人体健康的影响，从而做到趋利避害的养生活动。

《黄帝内经》指出："人与天地相参也，与日月相应也。"人生活于天地之间，时空之内，形神机能活动不可避免地受到自然环境和社会环境的影响，科学养生必须置人于环境之中，加以重视，给以考量。季节更替、昼夜变化、地域高下、水质土矿、植被绿化、家居摆设，乃至于社会地位、生活境遇、人际事宜等均可影响身心健康，适之则有利养生，逆之则有害健康，切请慎调为要。

以季节更替为例，自然界四时气候的变化对人体健康的影响显而易见。春温夏热，秋凉冬寒，均有一定限度，既不能太过，也不可不及。人体若能顺应这种变化，则多健康无病，但若气候出现异常变化，或人体不能随季节变化而相应调整时，可产生身体不舒，甚至导致疾病发生。这就需要我们依据不同季节特点进行身心的适时调整。

（二）起居养生

起居养生是指顺应自然变化规律，做到起居有常、劳逸结合、动静相宜等一系列养生措施。

起居养生的原则，《黄帝内经》谓之"起居有常"，"常"即"常度"。生活作息应有一定的规律，这样才有利于身心健康。

昼夜节律对人体有重要影响，中医学的时空观认为，昼为阳，夜为阴，阴阳消长呈周而复始的节律变化。人的作息习惯应顺应昼夜阴阳变化的规律。这一观点与现代医学所倡导的生物钟学说大体吻合。

按时作息，适当锻炼，是起居养生的基本要求。晨宜早起，不要贪睡，一日之计在于晨，早晨阳气生发趋于体表，最宜做些活动形体、调养精神的运动。"流水不腐，户枢不蠹"，道出了生命在于运动的真谛。夜宜早睡，力避熬夜，保证足够的睡眠时间，如此才能精力充沛，心神安康。就现今人们，尤其是年轻一代的生活习惯而言，贪睡熬夜，缺乏运动，终日与电脑、电视为伴是通病。长此以往，这种不良的生活作息习惯必然会不同程度地影响健康。在此，我们不禁要告诫青年朋友，健康为重，慎之又慎。

古代养生家有云："养生之决当以睡眠居先。"人之一生，三分之一的时间在睡眠中度过，这既是生理的需要，也是健康的保证、养生的途径。采取合理的睡眠方法和措施，保证睡眠质量，恢复体力精力，以此达到防病强身、延年益寿的目的。

随着生活节奏的加快，竞争压力的日增，浮躁风气的趋盛，夜不安寐之人日趋普遍。由此而论，睡眠养生更显重要。除服药调治外，以下事宜应当重视：睡眠前必要的准备工作是良好睡眠的前提。睡前需和泰情志。剧烈的情志变化，势必引起脏腑气血功能的紊乱，从而导致失眠。睡前不可进食，因其会增加胃肠负担，影响睡眠质量。若睡前有明显饥饿感，少饮食后也宜休息片刻后再睡。

早在《黄帝内经》就有"胃不和则卧不安"之说，民间也有"晚饭少一口，活到九十九"的谚语。睡前不宜大量饮茶，因睡前饮水过多会使膀胱充盈，排尿频繁，特别是老年人，肾气易虚，固摄功能减退，过多饮水势必增加夜尿而影响休息。且睡前饮茶过多，茶叶中含有的咖啡碱能兴奋中枢神经，使人难以入睡。睡前宜用热水洗脚与足底按摩。历代养生家均把睡前热水洗脚作为养生却病、延年益寿的一项措施。热水洗脚与足底按摩可疏通经脉，促进血行，有利于消除疲劳，提高睡眠质量。现代医学研究证明，经常刺激脚掌能调节自主神经和内分泌功能，防治心脑血管疾病。

古人云："先睡心，后睡眼"，这也是保证睡眠质量的重要秘诀。睡时务必安稳思寝，不可思前想后，不可过多言语，以免扰乱心神，入睡困难。睡时又需养成良好的习惯，不可覆被掩面，更不可当风露宿，以免呼吸不畅，或感邪致病。

（三）情志养生

情志养生是指在养生学基本观念和法则的指导下，通过主动地修德、调志、节欲等多种途径，保全精神健康，达到形神合一的养生方法。保养精神必先调神怡情，才能形神兼备。养生之要，当以养性调神为先，中医学对此多有精论。

1. 修德怡神　　注重修德之人，行事光明磊落，性格豁达开朗，如此则情志怡然安宁，气血和调，脏腑功能平稳，形与神俱，可得天年。《礼记·中庸》中记载："大德……必得其寿。"现代研究认为，人既是一个受生物学规律制约的生命有机体，更是一个有着复杂心理活动的社会成员，而心理活动的变化可导致一系列生理活动的改变。有学者认为，有道德修养的人，其大脑皮质的兴奋与抑制相对稳定，体内的酶和一些胆碱等活性物质分泌正常，脑中激素的释放增多，强化神经活动，有助于延缓衰老，有利于健康长寿。

修德怡神，是养生延年的重要方法，历来受到养生家的高度重视，凡养生有道之人，均将其列为摄生首务。诚如唐代著名医药学家孙思邈所言："德行不克，纵服玉液金丹，未能延寿。"

仁德常驻、爱心永存、胸怀坦荡、光明磊落、乐善好施、豁达开朗等道德修养，是养生保健、延年益寿的重要保证。孔子有"知者乐，仁者寿"之论，民间有"为人不做亏心事，半夜不怕鬼敲门"之语，均应成为养生箴言。现代调查统计证明，长寿健康老人的保健经验，即乐于奉献，情绪乐观，永思进取。而遇事计较、性情孤僻、担惊受怕，常是诱发疾病或促人短命的常见因素。

2．调志摄神 人的情志活动是对外界刺激的反映，喜怒哀乐在所难免。但若情志放纵偏激，极易影响人体气机，轻则引起功能失调，重则导致疾病发生，故而通过主动地控制和调节情志活动，避免产生反常的或不良的情绪状态，可达到宁心摄神、健康长寿的目的。

现代研究也证实，长期的精神紧张、情绪焦虑、心理压力大，可以直接导致自主神经功能紊乱，免疫功能处于抑制状态，而容易出现精神疲乏、失眠多梦、烘热冒汗、烦躁不宁、情志抑郁、食欲减退、性欲冷漠、心悸怔忡，若经久不已，甚至可诱发癌症。古今养生家所创制的情志转移法，如琴棋书画移情法、歌舞运动怡情法、暗示法、开导法、节制法、疏泄法等，均为畅志舒情、愉悦心神的有效方法。

3．节欲安神 人生在世，孰能无欲。每个人都应有一定的物质上和精神上的需求、期盼、欲望。但人之欲望，永无满足，这是普遍的心理状态，要想养生保健，就必须节制欲望，才能做到"志闲而少欲，心安而不惧，形劳而不倦，气从以顺，各从其欲，皆得所愿，故美其食，任其服，乐其俗，高下不相慕，其民故曰朴。嗜欲不能劳其目，淫邪不能惑其心，愚智贤不肖，不惧于物，故合于道"（《素问·上古天真论》），可谓养生修心之高人矣。

俗话说："妄想一病，神仙难医。"因欲壑难填，终日忧心忡忡，胡思乱想，使心神处于无休止的混乱之中，便会严重影响人体脏腑组织、气血阴阳的功能活动而损害身心健康。早在老子的《道德经》中就指出："祸莫大于不知足，咎莫大于欲得。"要想清心寡欲、静养心神，就应自觉地、尽力地做到薄名利、禁声色、廉货财、损滋味、除妄想、去妒忌。

养生保健必须保持乐观的处世态度和豁达的心理状态，清代养生学专著《寿世青编》给了我们莫大启示："未事不可先迎，遇事不可过忧，即事不可留住，听其自来，应以自然，任其自去，忿愧恐惧，好乐忧患，皆得其正。"

（四）娱乐养生

娱乐养生是指有利于身心健康的各种娱乐养生活动。这种活动多情趣高雅，生动活泼，轻松愉快，如音乐、弈棋、书画、养花、垂钓、阅读等。娱乐活动不仅可丰富业余生活，还能给人们带来很多乐趣，能调节情绪，消除疲劳，陶冶情操，净化心灵，给人以美好的精神享受，无疑对愉悦心身、保持健康、延年增寿具有重要意义。

音乐是一种高雅的娱乐活动，通过其特有的旋律、节奏、音色、力度、和声等多种要素构成音乐形象，作用于人们的听觉，唤起人们的美感，使人进入丰富的联想世界，从而忘却烦恼，志畅情抒，百脉流通。

弈棋有修身养性之功，棋艺之妙，全在构思严谨、整体协调及瞬息万变的巧妙应对。元代大儒虞集称：下围棋"有天地方圆之象，有阴阳动静之理，有星辰分布之序，有风雷变化之机，有春秋生杀之权，有山河表里之势"，能"守之以仁，行之以义，秩之以礼，明之以智"。弈者如此凝神静气，处变不惊，对练就良好心态及大度风范无疑大有裨益。

例如，书画之乐、垂钓之乐、花卉之乐、阅读之乐等均可怡情愉心，充实生活，有助于健康，是不言而喻的。

值得注意的是，娱乐活动也不可过极，谨防玩物丧志，而那些消极颓废的娱乐，更是有害于身心健康，古人称之为"伐性之斧"。

（五）运动养生

生命在于运动。运动是人身体健康的重要原因之一。古人曰："动则不衰。"这就是说，只有活动起来，才能很好地保养生命，达到养生长寿的目的。

中医养生的"恒动观"千百年来一直有效地指导着我们的养生保健。一般来说，人从中年后期开始，在生理上就开始逐步老化，开始出现人体的器官和组织逐渐萎缩，脏腑功能相应衰退，脾胃虚弱，气血运行不畅，肺主气的功能降低，诸窍不利，神志不清等状况。在这种情况下，可以通过多种多样的运动锻炼方式，有效促进身体内部的新陈代谢，"吐故纳新"，进而使身体的各种器官充满活力，有效延迟各器官的衰老进程。

由于运动能够使四肢勤于活动，血液流动加快，不仅能够锻炼人的心脏，还可以促进肌肉发达，使人体的各种机能得到强化，新陈代谢也可以加快。所以喜运动者大都身体健壮。

（六）饮食养生

饮食养生是指利用食物的性能特点，合理摄入膳食，以强身健体、抗衰防老的养生方法。

"民以食为天""药补不如食补"。然饮食对于人体健康是一把双刃剑，《黄帝内经》即将其喻作"水能载舟，亦能覆舟"，指出"阴之所生，本在五味；阴之五宫，伤在五味"，意为人体赖以生存的阴精，来源于饮食五味；蓄藏阴精的五脏（五官），其损害的祸根也在饮食五味，明确指出了饮食对于人体健康的双重性。

事实证明，饮食不当可引起多种疾病，如儿童佝偻病、缺铁性贫血、高血压、高血脂、冠心病、糖尿病、脂肪肝、肥胖症等。而被称为现代文明病的"三高""三低"现象，也均与饮食不当有关。所谓"三高"，是指高热量、高脂肪、高盐分；所谓"三低"，是指低矿物质、低维生素、低纤维素。

第二节　体质与营养保健

一、体质的类型

体质是指身体素质，它是人类生存发展的物质基础，是人体综合质量的体现。目前中医学界具有代表性的体质分类方法主要是王琦的九分法，即将体质划分为中医的 9 种基本体质类型（平和质、阴虚质、阳虚质、痰湿质、湿热质、气虚质、瘀血质、气郁质、特禀质），此外，还有孙宏伟的体质十分法及田代华的体质十二分法等。

每个人都可以根据自己的体质特征找到各自的体质属性。不同的个体拥有各异的体质，大部分的人会同时兼具两种或两种以上体质，除正常体质（即平和质）外，大多数人的体质表现出不良的身体素质。当然，体质在不同的情况下也会发生改变，伴随自身年龄、生活方式及外部环境等的变化而变化。因此，全面认识人体体质，合理地改善非正常体质，有利于人体健康发展。

（一）不同体质类型的特征

近年来，有研究人员结合现代高科技手段对某些病理性体质在物质代谢方面的异常改变进行了研究，并运用心阻抗微分图、血液流变学等指标对不同的体质特征加以描述。以痰湿质为例，此种体质在物质代谢、激素代谢、能量代谢中均会发生异常的改变，最终造成血脂偏高。所以痰湿质的血清学检查表现为总胆固醇（TC）、甘油三酯（TG）及极低密度脂蛋白（VLDL）均显著高于非痰湿质。目前在中医体系中，通过对体质类型特征的研究，发明了体质类型的标准化测量工具，即中医体质量表，它涵盖各种体质类型的主要特征，使之能对中医体质类型进行量化评价和分类。有关不同体质类型的特征内容如下。

1. 平和质　　平和质也称为正常体质，有强健壮实的体质状态特点，精力充沛，思维敏捷，精神愉悦。平和质阴阳平和，气血运行顺畅，脏腑功能健全，血液旺盛，阳气充裕，气血充盈，脾胃功能正常，气血平和。平和质的人表现出面色红润，肤色润泽，唇色红润，头发稠密有光泽，目光有神，嗅觉灵敏，不易疲劳，精力充沛，耐寒耐热，睡眠良好，胃口正常，二便正常，舌色淡红，苔薄白，脉和缓有力。

2. 阴虚质　　阴虚质针对体内津液精血亏少、阴虚内热的体质状态，主要包括手足心发热、面颊潮红、眼睛干涩等基本特征。阴虚不敛阳热，不足以滋养机体，内热。阴虚的人形瘦、舌瘦，手足心热，午后潮热，喜冷饮，口燥咽干，大便干燥，舌红少津，脉细数。

3. 阳虚质　　阳虚质针对阳气不足、出现虚寒现象的体质状态，主要包括手足发凉、腰膝怕冷等基本特征。阳气虚不能温煦肌表；寒自内而生，不能温化津液，阳气不足，鼓动无力，虚寒内生，脉性沉迟。阳虚质的人表现出形寒肢冷，口虽不渴但喜热饮，小便清长，大便溏薄，精神不振。

4. 痰湿质　　痰湿质针对黏滞重浊的体质状态，主要包括胸闷、身重、口黏等基本特征。痰湿内聚阻遏气机，生化机能失常，故多汗且黏，口腻或甜，痰多，苔腻，脉滑。痰湿质的人多表现为面色萎黄，精神疲惫，懒动，易汗，舌体胖大，口腻且痰多，腹部肥满松软，体态肥胖。

5. 湿热质　　湿热质针对火热湿毒较盛的体质状态，主要包括鼻面部油亮发光、易生疮疖粉刺、口苦有异味等基本特征。湿热质湿热为患，上下受累。湿热质的人表现出面垢油光，易生痤疮，口苦口干，或身重困倦，大便黏滞不畅，或小便短黄，男子阴囊潮湿，女子带下增多，舌质红，苔黄等特征。

6. 气虚质　　气虚质针对元气不足，气息低弱，机体、脏腑活动能力低下的体质状态，主要包括气短、易疲乏、眩晕等基本特征。气虚质元气不足，脏腑机能衰退，宗气不足，气虚腠理疏松，肌表不固，气虚，无力推动血液运行。气虚质的人精神不振，容易疲乏，气短懒言，语音低弱，易出汗，动则头晕、甚则跌倒，不能自知，脉弱。

7. 瘀血质　　瘀血质针对血行不畅瘀滞的体质状态，主要包括皮肤粗糙、疼痛、面色晦暗、眼眶发黑等基本特征。血瘀是指不同原因所致的血液运行不畅的表现形式。瘀血质的人多表现出身有疼痛，肤色晦暗，色素沉着或现痕斑，舌有瘀点，舌下络脉紫黯或增粗，脉涩等血瘀特征。

8. 气郁质 气郁质针对性格内向忧郁的体质状态，主要包括情绪低沉、胸胁胀痛、咽部有异物堵塞感等基本特征。气郁质由情志不舒，气机郁结所致。气郁质的人表现出气机运行无度，故表现为神情抑郁、闷闷不乐、多愁善感、胸闷胀满、失眠多梦、脉弦等肝郁之象。

9. 特禀质 父母的体质遗传因素对于特禀质的形成起着至关重要的作用。特禀质形成后，这一类人在特异性疾病的发病概率上大大超过常人。其中，凡是遗传性疾病者，多表现为和亲代有相同疾病，或出生时便有缺陷，若是过敏体质，易出现药物过敏、花粉症、哮喘，以及皮肤性病等过敏性疾病。

（二）影响体质形成的因素及体质的可调性

据《黄帝内经》所载，人的体质形成秉承于先天，得养于后天。个体体质差异的产生既与先天遗传和胎养因素有关，又会受到后天的生活环境、社会环境、饮食习惯、性别差异、年龄大小、心理状态等因素的影响。正是由于环境对人的体质改变起着重大作用，人的体质可能会由正常转为不正常，或由不正常转变为正常。体质是相对稳定的个体特性，具有可变性。目前，医学治疗上通过调整人体体质，可以有效促进身体健康的恢复。钱彦方使用王琦研制的轻健胶囊，对38例单纯性肥胖痰湿体质者及其夹瘀者进行临床药物治疗，结果他们代谢所表现的异常特征有明显改善，初步证实了体质的可调性。

（三）营养对体质的改善

根据中医理论和现代营养学的研究，食物同样具有四气五味的性能，可利用食物的药性对非正常体质进行调理，调节人体阴阳，维持人体阴阳的平衡，保证身体的健康。比如，寒性或热性的食物可分别用于相应体质的改善。科学合理的膳食，不仅能增强体质、有效预防疾病的发生，同时也可以显著地缩短疾病治疗的周期，加速康复；反之则损害人体健康，改变人体体质，导致疾病的发生发展，甚至产生后遗症。因此，膳食营养是人类改善体质、获取健康的重要手段。

二、体质与科学饮食

"养生当论食补"，强调了"食补"（合理饮食）在养生中的重要作用。而饮食失调会导致脾胃受损，进而造成体质偏颇。科学的饮食不仅可以维持正常体质人群的健康，也可使偏颇体质人群的异常特征得以改善。如何进行科学饮食呢？中医体质学说认为，每种食物都有四气五味的特性，吃对了可以获得营养，调整体质，长期吃错不仅无益反而可以致病。所以，应根据每个人的体质特征选择适宜的食物，病理体质者可以通过科学合理的饮食以调整其体质。

（一）体质禁忌原则

阳虚质忌食生冷瓜果及生冷蔬菜，寒凉食物容易损伤阳气。阴虚质忌辛热的葱、蒜、生姜、胡椒、花椒、辣椒、桂皮、白酒等，辛热食物容易散气伤阴、耗血损津、生痰动火。痰湿质、湿热质忌食油腻厚味，如甲鱼、肥肉等，以免妨害脾胃运化。痰湿质忌酸苦、寒凉食物。湿热质不宜辛辣、温热之食。过敏体质注意过敏原，避免接触或食用诱发过敏的食物。

（二）不同体质的饮食建议

1. 平和质注重四季调补 时令交替，应对饮食作适当调整，顺应四季气候变化。春夏阳气旺盛，万物生机盎然，应尽量少食辛热食物，多食蔬菜水果等；秋季气候干燥，人们常常口干舌燥、鼻腔出血，应少食辛燥食物，宜食濡润滋阴之品，如沙参、麦冬、阿胶和甘草等；冬季严寒，应少食寒凉的食物，宜温补，多食羊肉和牛肉等。

2. 阴虚质注重滋养阴液 补阴宜选具有生津滋阴或甘寒清热的食物，如银耳、百合、燕窝、黑芝麻及大多数水果等；而性温燥烈的食物都伤阴，如羊肉、狗肉、茴香、桂皮、五香粉、辣椒、葱、姜、蒜、虾仁、荔枝、龙眼等，应尽量少吃。

3. 阳虚质注重甘温益气 平时可多食牛肉、羊肉及辛香调料等甘温益气之品，这些食物有助于阳气提升。而生冷、寒性食物对阳虚质的人影响较大，应少食。

4. 痰湿质注重饮食清淡 饮食应以清淡为原则，少食肥肉及酸性、甜性、黏滞和油腻的食物。可以多吃健脾祛湿的食物，以具有顺气、益脾、利水功效的食物为佳，如薏苡仁、赤小豆、鲫鱼和生姜等。

5. 湿热质注重清热化湿 甜食、辛辣刺激的食物应当少食用，以免蓄热动火。可以食用具有清利湿热作用的食物，以性甘清凉为佳，如绿豆、苦瓜、冬瓜、丝瓜、菜瓜、芹菜、西瓜、梨、绿茶、花茶、兔肉、鲫鱼和鲤鱼等。

6. 气虚质注重益气健脾 补气需从脾胃而论，气虚质的人可多食具有益气健脾作用的甘味食物，如豇豆、白扁豆、糯米、高粱、小米、驴肉、乌鸡、鸽、鸡肉、香菇、大枣、龙眼和山药等。

7. 瘀血质注重活血解郁 具辛温甘味的食材具有活血化瘀、行气养血的功效，如毛豆、豌豆、藕、鲍鱼、鲫鱼、芋头、菠菜、蕹菜、丝瓜、茄、山楂和玫瑰花等。建议尽量少食用肥猪肉等滋腻食物。

8. 气郁质注重理气解郁 气郁质除调节七情、缓解忧虑外，应多选具宽胸利气功效的食物，如黑豆、薏苡仁、龙眼、荔枝、金橘、杨梅、酸枣仁、牛心、驴肉、鲫鱼、山药、百合、甘薯、姜和白菜等。

9. 特禀质注重避开过敏原 特禀质的人主要表现为生理缺陷，具过敏反应。因此，过敏体质者应避免接触过敏原。同时，在食物上应选用具益气固表、凉血消风等功效的食材调理过敏体质，如黑豆、白豆、梨、核桃、枣、鲫鱼、乌鸡、鸽、马铃薯、甘薯、菠菜和白萝卜等。

第三节 营养素与人体健康

一、食物的营养学基础

（一）营养学

营养学是研究人体营养规律及其改善措施的一门科学，即研究食物对人体有益的成分及人体摄取和利用这些成分以维持、增进健康的规律和机制，在此基础上采取各种措施改善人类健康，提高生命质量。人类每天都必须从饮食中获取各种营养物质，满足生存、维持健康和社会活动的需要。机体摄取、消化、吸收和利用食物中的营养素以维持正常的生理、生化、免疫功能，以及生长发育、新陈代谢等生命活动的整个过程称为营养（nutrition）。营养学的研究内容包括人体所需要的营养素及各类营养素的生理功能、缺乏症状、代谢途径、食物来源等。

（二）七大营养素的功能与特点

营养素指的是凡是能维持人体健康以及提供生长、发育和活动所需要的各种物质。营养素种类很多，人体所必需的营养素主要有蛋白质、脂肪、糖类、矿物质、维生素、水、膳食纤维素等七大类。营养素之间有的有相同功能，也有的有特殊功能，任何一类营养素的缺乏或过多摄取将严重危害人体健康。下面介绍一下各种营养素。

1. 蛋白质　　蛋白质是一切生命的物质基础，约占人体总重的 20%，占总固体量的 45%，是机体中的每个细胞和所有重要组成部分的主要物质。没有蛋白质就没有生命。

（1）主要生理功能　　蛋白质的主要功能是构造和修复组织，维持肌体正常的新陈代谢和各类物质在体内的输送，调节生理功能，提供免疫细胞和免疫蛋白，供给能量。食物蛋白质的质和量、各种氨基酸的比例，关系到人体蛋白质的合成，而优生优育、生长发育和健康长寿更与之密切相关。

1）构造人的身体。蛋白质是一切生命的物质基础，是机体细胞和组织的构成成分。人体的每个组织，如毛发、皮肤、肌肉、骨筋、内脏、大脑、血液、神经、内分泌系统等都含有蛋白质。

2）修复组织。细胞可以说是生命的最小单位，它们处于永不停息的衰老、死亡、新生的新陈代谢过程中。蛋白质参与了诸多细胞组织更新的重要过程，维持了机体的正常更新。所以一个人如果蛋白质的摄入、吸收、利用都很好，那么皮肤就显得光滑而有弹性。如果人体长期处于蛋白质摄入不足状态，则面貌衰老，皮肤粗糙、无光泽，肌肉萎缩、松弛、缺乏弹性。

3）维持肌体正常的新陈代谢和各类物质在体内的输送。载体蛋白承担着体内不同物质的运载，如血红蛋白输送氧，脂蛋白输送脂肪，细胞膜上的受体还有转运蛋白。

4）提供免疫细胞和免疫蛋白。免疫系统的正常运行离不开免疫细胞，包括白细胞、淋巴细胞、巨噬细胞等，这类免疫细胞每 7d 更新一次，过程中需要充足的蛋白质供给。另外，当免疫系统遭受外来侵袭时，大量的免疫细胞和免疫蛋白被合成，使免疫系统迅速增强。

5）构成人体必需的催化和调节功能的各种酶。我们身体有数千种酶，一般每一种只能参与一种生化反应。人体的细胞每分钟要进行 100 多次生化反应，需要大量酶参与。相应的酶充足，机体反应就会顺利、快捷地进行，我们就会精力充沛，不易生病；否则，机体反应就会变慢或者被阻断。

6）提供激素的主要原料。激素具有参与调节体内各器官生理活性的作用。激素主要由氨基酸分子组成。例如，胰岛素含 51 个氨基酸，生长激素含 191 个氨基酸。

7）构成胶原蛋白。胶原蛋白占身体蛋白质的 1/3，能生成结缔组织，构成身体骨架，如骨骼、血管、韧带等，还决定了皮肤的弹性，可以保护大脑。

8）供给能量。

（2）蛋白质与疾病　　人体每日需要摄入的蛋白质的量与性别、年龄、活动强度等有关。通常情况下，男性多于女性，强活动者多于弱活动者，孕妇、乳母多于育龄妇女。成人每天需摄入的蛋白质为 75.4g 左右。蛋白质不同程度缺乏会对身体造成各种各样的危害。人体缺乏蛋白质表现出疲倦无力，皮肤粗糙、无光泽，毛发减少变软、色泽变浅等特征。儿童缺乏蛋白质会导致生长发育延迟，智力低下，学习困难。蛋白质的不足还导致免疫功能低下，抵抗力降低，易感染各种疾病并且出现早衰症状。缺乏蛋白质补充的人群的肠胃、肝脏也会出现损伤，如胃肠道腺体萎缩，分泌减少，胃肠功能差，消化不良等。此外，过量的蛋白质影响肝脏功能，使机体免疫机能下降。蛋白质摄入过多，可导致骨质疏松，可能诱发心血管疾病、肾脏疾病和癌症等。

（3）**食物来源** 蛋白质食品主要包括动物性蛋白食物和植物性蛋白食物，其中动物性蛋白食物包括肉蛋奶等，奶类如牛乳、羊乳、马乳等；禽肉如鸡、鸭、鹅、鹌鹑等；蛋类如鸡蛋、鸭蛋、鹌鹑蛋等；水产类如鱼、虾、蟹等。植物性蛋白食物包括大豆、青豆和黑豆等，其中以大豆的营养价值最高。此外，芝麻、瓜子、核桃、杏仁、松子等植物种子的蛋白质含量均较高。

在食物来源中，畜、禽、鱼、蛋类和大豆类食物的蛋白质含量较高，薯类和蔬菜水果类的蛋白质含量较低。动物性蛋白的质量好，在人体内利用率高，植物性蛋白的相对利用率较低。不同来源的蛋白质的质量优劣取决于组成蛋白质的氨基酸组成模式。食物蛋白质的氨基酸组成模式越接近人体蛋白质，这种食物蛋白质在人体内被利用的程度就越高。蛋、奶、肉、鱼和大豆蛋白质的氨基酸组成模式比较接近人体蛋白质，因此，这些食物的蛋白质质量较优良。同时，应注意膳食中动物性食物与植物性食物的搭配，使不同食物中的蛋白质得到互相补充，以提高蛋白质的营养价值。

2. 脂肪 脂肪产热较高，脂肪释放的热能是蛋白质或碳水化合物的2.25倍，正常人体每日所需热量有25%～30%由摄入的脂肪产生。

（1）**主要生理功能** 脂肪的主要生理功能是储存并提供能量，保护内脏，维持体温，改善摄入食物的口感，增进食欲，促进脂溶性维生素的吸收和利用，参与机体各方面的代谢活动等。

1）生物体内储存并提供能量。1g脂肪可提供38kJ（9kcal[①]）的能量。同时，脂肪是人体储存能量的主要方式。摄入的过多能量将转换成脂肪在体内储存，当能量摄入不足时，脂肪可以分解释放能量供机体消耗。

2）生命的物质基础。磷脂、糖脂和胆固醇构成细胞膜的类脂层，胆固醇又是合成胆汁酸、维生素D_3和类固醇激素的原料。

3）维持体温。皮下脂肪可防止体内热量过多地向外散失，维持体温恒定。也可阻止外界热能传导到体内，有维持正常体温的作用。

4）保护内脏、缓冲外界压力。内脏器官周围的脂肪垫有缓冲外力冲击、保护内脏、减少内部器官之间的摩擦的作用。

5）脂溶性维生素的重要来源。鱼肝油和奶油富含维生素A、维生素D，许多植物油富含维生素E，脂肪还能促进这些脂溶性维生素的吸收。

6）增加饱腹感。脂肪在胃肠道内停留时间长，有增加饱腹感的作用。

（2）**脂肪与疾病** 脂肪分解产生甘油和脂肪酸，脂肪酸有40余种，通常根据脂肪酸的碳链中碳原子间双键的数目不同，可分为单不饱和脂肪酸、多不饱和脂肪酸和饱和脂肪酸三类。研究发现，这三类脂肪酸对人体的作用有明显差异。饱和脂肪酸可以增加人体内的胆固醇和中性脂肪。如果饱和脂肪酸摄入不足，会使人的血管变脆，易引发脑出血、贫血，易患肺结核和神经障碍等疾病。单不饱和脂肪酸主要是油酸，具有预防动脉硬化的作用。多不饱和脂肪酸主要是亚油酸、亚麻酸、花生四烯酸等，有降低胆固醇的作用，但在加热过程中容易氧化形成自由基，加速细胞老化及癌症的产生。

---

① 1cal＝4.1868J

（3）食物来源　脂肪的来源主要是动物性食物和坚果类。人体摄入食用油脂也是脂肪的来源之一。动物性食物以畜类含脂肪最丰富，且多为饱和脂肪酸，其中猪肉脂肪量较其他肉类更高，为30%～90%，瘦牛肉脂肪含量仅为2%～5%。植物性食物中以坚果类含脂肪量最高，最高可达50%以上，如葵花子、核桃、松子、榛子脂肪含量均很高，不过其脂肪酸组成多以亚油酸为主，是不饱和脂肪酸的重要来源。

3. 糖类　糖类又称碳水化合物，是自然界存在最多、分布最广的一类重要的有机化合物，葡萄糖、蔗糖、淀粉和纤维素等都属于糖类。它是人体热能的主要来源，不仅是营养物质，有些还具有特殊的生理活性。糖可以和其他营养素结合，作为细胞和组织的成分，主要包括糖脂、糖蛋白、蛋白多糖三类。

（1）主要生理功能

1）供给能量。每克葡萄糖产热16kJ（4kcal），人体摄入的糖类在体内经消化变成葡萄糖或其他单糖参加机体代谢。每个人膳食中碳水化合物的比例没有规定具体数量，我国营养专家认为碳水化合物产热量占人体所需总热量的60%～65%。平时摄入的碳水化合物主要是多糖，在米、面等主食中含量较高。

2）构成细胞和组织。人体每个细胞都有碳水化合物，含量为2%～10%，主要以糖脂、糖蛋白和蛋白多糖的形式存在，分布在细胞膜、细胞器膜、细胞质及细胞间质中。

3）解毒。糖类代谢可产生葡糖醛酸，葡糖醛酸与体内毒素结合进而解毒。

4）维持脑细胞的正常功能。糖是维持大脑正常功能的必需营养素，当血糖浓度下降时，脑组织可因缺乏能源而使脑细胞功能受损，造成功能障碍，并出现头晕、心悸、出冷汗，甚至昏迷。

（2）糖类与疾病　膳食中缺乏碳水化合物将致血糖含量降低，产生全身无力、疲乏、头晕、心悸、脑功能障碍等症状。严重者会导致低血糖昏迷。一般情况下，每人每天应至少摄入50g可消化的碳水化合物以预防碳水化合物缺乏症。

（3）食物来源　碳水化合物的主要食物来源有谷物（如水稻、小麦、玉米、大麦、燕麦、高粱等）、水果（如甘蔗、甜瓜、西瓜、香蕉、葡萄等）、干果类、干豆类、根茎蔬菜类（如胡萝卜、甘薯等）等。

4. 矿物质　矿物质，又称无机盐，是人体的组织成分。矿物质包括除碳、氢、氧、氮外的几乎所有元素。已发现20余种矿物质元素是人体必需的，占人体重量的4%～5%。其中含量大于0.01%的钙、磷、钾、钠、氯、镁、硫7种元素称为常量元素；小于0.01%的铁、碘、铜、锌、锰、钴、钼、硒、铬、镍、硅、氟、钒等元素称为微量元素。

1）钠：是人体细胞的重要组成部分。钠也是食盐的主要成分，普遍存在于各种食物中，人体钠的主要来源为食盐、酱油、腌制食品、烟熏食品、咸味食品等。

2）钙：是骨筋、牙齿的重要组成部分。缺钙可导致骨软化病、骨质疏松症、抽搐等。常见的含钙丰富的食物有牛乳、酸奶、燕麦片、海参、虾皮、小麦、豆制品、黄花菜等。

3）镁：是维持骨细胞结构和功能所必需的元素。缺镁可导致精神紧张、情绪不稳、肌肉震颤等。常见的含镁丰富的食物是新鲜绿叶蔬菜、坚果、粗粮等。

4）磷：是构成骨骼及牙齿的重要组成部分。严重缺磷可导致厌食、贫血等。常见的含磷食物是瘦肉、蛋、奶、动物内脏、海带、花生、坚果、粗粮等。

5）铁：是人体内含量最多的微量元素，铁与人体的生命及其健康有密切的关系。缺铁会导致缺铁性贫血、免疫力下降。常见的含铁丰富的食物是动物的肝脏、肾脏、鱼子酱、瘦肉、马铃薯、麦麸、大枣等。

6）碘：是甲状腺激素的组成部分。缺碘会导致呆小症、儿童及成人甲状腺肿、甲状腺功能亢进等。常见的含碘丰富的食物是海产品，如海带、紫菜、干贝、海参等。

7）锌：具有促进生长发育的作用。儿童缺锌可导致生长发育不良；孕妇缺锌可导致婴儿发育不良、智力低下，即使出生后补锌也无济于事。常见的含锌丰富的食物是肝脏、肉类、蛋类、牡蛎等。

8）硒：是动物和人体中一些抗氧化酶[谷胱甘肽过氧化物酶（GSH-Px）]的重要组成部分，在体内起着平衡氧化还原反应的作用。硒已被作为人体必需的微量元素，适量补充能起到防止器官老化与病变、延缓衰老、增强免疫力、抵御疾病、抵抗有害重金属、减轻放化疗副作用的作用。含硒较高的食品有海产品、食用菌、肉类、禽蛋、西蓝花、紫薯、蒜等。

5. 维生素 维生素是维持人体生命活动所必需的一类有机物质，也是保持人体健康的重要活性物质。维生素在体内的含量很少，但不可或缺。各种维生素的化学结构及性质虽不同，但它们却有着以下共同点：①维生素均以维生素原（维生素前体）的形式存在于食物中；②维生素不是构成机体组织和细胞的组成成分，它也不会产生能量，它的作用主要是参与机体代谢的调节；③大多数的维生素，机体不能合成或合成量不足，必须经常通过食物获得；④人体对维生素的需要量很小，但一旦缺乏就会引发相应的维生素缺乏症，对人体健康造成损害。维生素有几十种，大致可分为脂溶性（维生素A、维生素D、维生素K等）和水溶性（维生素B、维生素C等）两大类。

1）维生素A：也称抗干眼病维生素、美容维生素，属脂溶性，是视黄醇的衍生物，多存在于鱼肝油、动物肝脏、绿色蔬菜中。缺少维生素A易患夜盲症、角膜干燥症，也易皮肤干燥、脱屑。

2）维生素B_1（硫胺素）：也称抗脚气病因子、抗神经炎因子等，水溶性。在生物体内通常以硫胺焦磷酸盐（TPP）的形式存在。多存在于酵母、谷物、肝脏、大豆、肉类中。缺少维生素B_1易患神经炎、脚气病，也易食欲减退、消化不良、生长迟缓。

3）维生素B_2：也称维生素G，水溶性。多存在于酵母、肝脏、蔬菜、蛋类中。缺少维生素B_2易患口腔溃疡、皮炎、口角炎、舌炎、唇裂症、角膜炎。

4）维生素PP：水溶性，包括尼克酸（烟酸）和尼克酰胺（烟酰胺）两种物质，均属于吡啶衍生物。多存在于酵母、谷物、肝脏、米糠中。烟酸缺乏可引起癞皮病。

5）维生素B_5（泛酸）：水溶性。几乎所有的食物都含泛酸，酵母、谷物、肝脏、蔬菜中尤其多。人体一般不会缺乏泛酸，一旦缺乏则可导致低血糖症，血液及皮肤异常、疲倦、忧郁、失眠，食欲减退、消化不良等，易患十二指肠溃疡。

6）维生素B_6：吡哆醇类，水溶性。包括吡哆醇、吡哆醛及吡哆胺。多存在于酵母、谷物、肝脏、蛋类、乳制品中。一般缺乏时会有食欲减退、食物利用率低、失重、呕吐、下痢等症状。

6. 水 水是生命的源泉。机体的一切生理功能都离不开水。只要有足够的饮水，在没有食物摄入时机体可以维持生命一周甚至更长时间，但没有水时几天便会死亡。

（1）**主要生理功能**

1）构成机体组织。人体细胞的重要成分是水，水占成人体重的50%~70%，占儿童体重的80%以上，是机体需要量最大的营养素。当机体失水超过体重的10%时就会危及生命。

2）促进营养素的消化、吸收和代谢。水是良好的溶剂，能使许多物质溶解，有助于体内的各种反应。水的循环作用促进营养物质的运输和代谢废物的排出。水参与了体内新陈代谢的各个环节，没有水就无法维持正常的生理活动。

3）调节体温。水在吸收代谢过程中产生的热量能使体温不至降低，水的蒸发又能带走热量，故水能维持产热与散热的平衡，对体温调节起重要作用。

4）润滑作用。例如，唾液有助于食物吞咽，泪液有助于眼球转动，关节液有助于润滑关节活动等。

（2）水缺乏对人体的危害　　机体缺水可使细胞外液的电解质浓度增加，引起脱水、血液黏稠、蛋白质和脂肪分解加强，因黏膜干燥而降低对传染病的抵抗力。失水达体重的2%时，可感到口渴、食欲减退、消化功能减弱、出现少尿；失水达体重的10%以上时，可出现烦躁、眼球内陷、皮肤失去弹性、全身无力、体温脉搏增加、血压下降；失水在体重的20%以上时，会导致死亡。

7. 膳食纤维　　膳食纤维是不能被人体消化的碳水化合物，主要来源于植物的细胞壁，包含纤维素、半纤维素、树脂、果胶及木质素等。膳食纤维是预防多种慢性病的重要物质。近年来被列为第七大营养素，被称为肠道的清道夫。

（1）主要生理功能

1）促进排便作用。由于膳食纤维有亲水性，它能直接吸收纤维中的水分，使消化吸收和排泄功能得到加强，发挥"清道夫"的作用；膳食纤维促进肠道蠕动，减少粪便在肠道中停留的时间。因此，可有效地预防便秘、痔疮、肛裂、结肠息肉、息室性疾病和肠激惹综合征。

2）预防癌症。增加膳食中纤维含量，可以预防结肠癌和肠息肉。纤维素促进肠道蠕动，减少致癌物质在肠道中累积，纤维素还可与胆汁酸和胆汁酸代谢产物、胆固醇结合，减少初级胆汁酸和次级胆汁酸对肠黏膜的刺激作用，减少肠癌的发生。已经证实乳腺癌的发生与膳食中高脂肪、高糖、高肉类及低膳食纤维摄入有关。因为体内过多的脂肪刺激某些激素的合成，造成激素之间的不平衡，诱发乳腺增生，增加患乳腺癌的风险。

3）预防心血管病和胆石症。纤维素中的有些成分如果胶可以和体内胆固醇整合，抑制机体对胆固醇的吸收，可防止高胆固醇血症和动脉粥样硬化等心血管疾病。

4）预防肥胖。富含膳食纤维的食物如谷物、全麦面、豆类、水果和蔬菜中只含有少量的脂肪，多摄入膳食纤维使人易产生饱腹感，增加了食物的体积，而减少摄入的食物量及热量，避免摄食过多引起能量过剩而导致的肥胖。同时膳食纤维还能够抑制淀粉酶的作用，延缓糖类的吸收，降低空腹和餐后血糖水平。果胶等能抑制脂肪的吸收，有助于肥胖、糖尿病和高脂血症的预防。

（2）膳食纤维与疾病　　由于与膳食结构和生活习惯改变有关的慢性病如糖尿病、心血管疾病、癌症等发病率逐年升高，膳食纤维的意义更显得重要。但也必须指出，长期摄入高膳食纤维，会影响矿物质和维生素的吸收，引起缺铁、缺钙等营养问题。而低膳食纤维的人群易患心脑血管疾病、癌症、糖尿病等。膳食纤维的缺乏还容易导致便秘、消化不良、口臭及痤疮等。

（3）食物来源　　膳食纤维的食物来源丰富，如常见的谷物、蔬菜和水果类含有丰富的膳食纤维。除此之外，在干菜和部分坚果中膳食纤维含量也较为丰富，如香菇（干）、银耳（干）、木耳（干）、蘑菇（干）、白芝麻、黑芝麻、榛子、核桃、黑枣（有核）、杏仁、开心果。联合国粮食及农业组织（FAO）建议正常人群摄入膳食纤维的量应为27g/d。中国营养学会在2000年提出，成年人膳食纤维的适宜摄入量为30g/d。

二、营养与健康

（一）营养与心理发育

心理发育，即语言、运动及感知的发育，是思维、记忆、性格及情感等方面的心理发展。营养是心理发育的重要物质基础。锌是儿童心理和智力发育中重要的营养素，摄入适量的锌元素，有利于促进儿童的智力开发。蛋白质、碘等营养素是大脑发育必需的营养素，适时、合理地添加辅食，特别是优质蛋白质的摄入有助于婴幼儿智力发育。研究还发现，儿童不同神经、心理发育水平间，锌、硒、碘摄入量存在明显差别。营养不仅直接关系到人类的生存和健康，还能影响人的情绪、性格。人的情绪与机体产生的神经递质如儿茶酚胺、5-羟色胺等有关。若食物中蛋白质的含量不足，体内经一系列变化，可产生5-羟色胺，使人情绪淡漠，精神处于不平衡状态。据研究，出家人之所以清心寡欲、与世无争，与其长期素食有一定的关系。长期的素食、缺少荤腥而致血中5-羟色胺水平升高。很多游牧民族由于膳食结构中以动物性食物为主，其特有的彪悍、刚烈性格，与长期食肉后血中儿茶酚胺水平升高有关。另外，随着生活水平的不断提高，膳食结构向高蛋白、高脂肪、高热量模式发展的人群日益增多，尤其是儿童的肥胖现象越来越普遍。儿童肥胖导致体态臃肿、行动不灵活，在各项活动中行动跟不上其他同学，常常受到同伴的排斥和嘲笑，经历的负面情绪较多，久而久之性格变得孤僻或产生自卑心理，甚至出现抑郁等异常心理。不少孩子因体胖、不爱运动，结果导致体重增长较快的恶性循环。这些实例均能说明营养对心理发育有重要的影响。

（二）营养与形体发育

形体包括体格、体型、姿态三方面。形体美是一种综合美，融合健壮体格、完美体型、优美姿态而展现的和谐之美。现代人类非常注重形体美，除了受现代社会的审美标准的因素影响外，形体发育与健康的密切关系也是一个重要原因。人体身材的高与矮、胖与瘦和多种因素有关，如种族、遗传、地理气候条件、生活习惯、卫生条件、营养状况及伤病和参加体育活动的多少等。这些影响因素可以分为先天和后天两大类。研究表明，人体的身高约60%取决于父母的遗传因素。如果父母自小按科学的方法抚育孩子，可使其身高增长十几厘米。这说明先天不足可以后天来弥补。其中，营养对形体发育起着关键性作用，可作为后天弥补的措施之一。相反，营养不均衡导致的形体发育不健全会对人体身心产生严重的伤害。调查研究表明，在青少年中，超过半数的人存在驼背、鞍背、溜肩、脊柱侧弯、身材矮小、过胖、过瘦等形体、形态问题，甚至有少数学生伴有相应形体、形态性心理障碍。妊娠期间，孕妇营养缺乏或不适当营养将对胎儿的生长发育产生不良影响。调查结果显示，在孕晚期，胎儿体重增长特别快。在孕晚期的3个月内，胎儿体重增加了2倍，增长值达1400g之多，增速可能是一生中最快的阶段。如果妊娠期妇女营养素摄入不足将引发营养缺乏病，胎儿将发生宫内营养不良，主要表现为低出生体重儿。有研究报道，低出生体重儿在新生儿期死亡的危险性高达正常出生体重儿的25倍，并且易导致儿童期、成人期高血压、糖尿病及血脂代谢异常。总之，要纠正人们偏食、挑食、盲目节食等不良饮食习惯，鼓励多运动并积极培养自我锻炼的意识。通过营养的改善和塑造形体，端正不良行为习惯，使一些存在形体性心理障碍的人也能得到改善。

（三）营养与视力

眼部的健康和视力水平固然与遗传因素、用眼卫生、室内照明条件等多种因素有关，但经医学证实，营养状况与视力及眼部健康关系密切，有些营养素可以维护眼部结构的完整与功能的发挥，如果营养摄入不当，就会影响眼睛形态结构的完整和视力，甚至引发眼疾。硒对视觉器官的功能是极为重要的，眼球活动的肌肉收缩、瞳孔的扩大和缩小及眼辨色力的正常均需要硒的参与。硒也是机体内一种非特异抗氧化剂谷胱甘肽过氧化酶的重要成分之一，而这种物质能清除人体内（包括眼睛）的过氧化物和自由基，使眼睛免受损害。若人长期缺乏硒的摄入，就会发生视力下降和许多眼疾如白内障、视网膜病、夜盲症等。维生素 A 直接参与视网膜内视紫红质的形成。维生素 A 的缺乏引起夜盲症。维生素 A 还具有保障眼睛角膜润泽的作用。若缺乏维生素 A 则可使泪腺上皮细胞组织受损、分泌停止而引起眼干燥症。另外，通过食物还可以摄入对视力有保护及促进作用的功效成分，如叶黄素、花青素、虾青素等。若要保护好视力，防止近视眼、结膜炎、远视眼等眼疾发生，除坚持做眼保健操、注意用眼卫生、纠正写字姿势、改善室内照明等措施外，还应补充一些有利于眼睛保健的食物。

（四）营养与美容

营养是营养美容学里的重要组成部分。在历代有关美容的记载中，有丰富的饮食疗法应用了营养美容学的内容。商代人们已有食用具有美容功效的桃仁、杏仁的习惯。我国第一部药学专著《神农本草经》收载了不少药食两用的美容食物，如龙眼肉、黑芝麻、人乳、大枣、蜂蜜等。营养美容学也注重机体内外的联系和发展变化的规律，从机体内部营养的改变及外部环境、季节、气候、自身情志、饮食起居等变化中寻找引起局部损美病变或致衰的原因，然后调理脏腑，疏通经络，宣通气血，平衡阴阳，从而达到去病保健、延年益寿、青春美容的目的。

皮肤是人类与自然界接触最直接而又最密切的部位，一切环境的变化都有可能影响着它的颜色、光洁度及湿润度，食物只是影响因素中的一种，不足以决定其全部。但是，若能很好地了解饮食对皮肤的作用，无疑可对皮肤美容起到很好的指导作用。健康的皮肤显得湿润、细腻而有光泽，皮肤富有一定的弹性，显得光滑、平整、润泽、丰满。而皮肤衰老的迹象包括细纹和不均衡的皮肤色素沉积，以及皮肤松弛和弹性下降，并表现出皮肤粗糙、雀斑明显增多。另外，黑色素是影响肤色的最重要成分，它受营养和环境因素的双重影响。影响黑色素产生的因素有日晒、内分泌、神经因素等，营养素也是影响其代谢的重要因素。例如，谷胱甘肽、维生素 C、维生素 E 可以抑制黑色素的生成。现代医学研究发现，美容药膳的各种药物或食物中含有丰富的维生素类、微量元素类、蛋白质类等营养成分，且这些成分大多数为天然结合状态，更有利于调节或补充人体各种营养成分的失衡或缺乏，从而达到美容的目的。

1. 增加富含胶原蛋白和弹性蛋白食物的摄入量　　胶原蛋白是一种高分子蛋白质，能使皮肤保持结实和有弹性，能使细胞变得丰满，从而使肌肤充盈，皱纹减少。但胶原蛋白易随着年龄的增长逐渐流失，皮肤便会失去弹性而变薄和老化。胶原蛋白的食物来源也比较广泛，如软骨牛蹄筋、猪蹄、鸡翅、鸡皮、鱼皮、软骨和鱼肉等，其中来源于鱼肉的胶原蛋白结构与人体相近，最易被人体吸收。同时，从皮肤的防护角度上，多摄入具抗氧化物质的食物，如胡萝卜、番茄等，可以减少胶原蛋白的流失。

2. 多食含铁和锌的食物　　铁是构成血液中血红素的主要成分之一，充足的血液使皮肤光泽红润，故应多食富含铁的食物。动物食品中以肝脏、瘦肉、蛋黄及鱼类等中铁含量较多，植物食品以豆类、硬果类、绿叶菜和山楂、草莓等水果中铁含量较多。锌作为人体必需的微量元素之一，具有促进生长发育、促进维生素 A 代谢、维持皮肤抵抗力的作用，可紧缩皮肤，维持皮肤的弹性和韧性，减少皱褶，能促进伤口愈合，刺激新生细胞的生长，还可以防治痤疮，更能稳定血液状态，维持体内酸碱平衡，改善胰岛功能，减少胆固醇的积累，对于推迟和延缓容颜及皮肤衰老也有积极作用。含锌的食品很多，有牛乳、鱼、肉和糙米等，此外，菌类食物中锌含量特别丰富。

3. 常吃富含维生素的食物 维生素对皮肤的正常代谢与健康十分重要。维生素的营养平衡合理，还会起到防止皮肤衰老、保持皮肤细腻滋润等美容保健的功效。例如，维生素 A 可以调节皮肤的角化过程。如果维生素 A 缺乏，则毛囊中形成角质栓，致使皮肤表面干燥、粗糙，甚至出现皲裂。维生素 A 的食物来源有肝脏、黄油、奶油、蛋黄、乳类、河蟹、田螺、带鱼等，植物性食物主要有黄色、绿色蔬菜和水果，如胡萝卜、番茄、青椒、菠菜、甘薯、南瓜等。维生素 C 可抑制黑色素产生，还原黑色素，增强皮肤对紫外线的耐受性，中和皮肤中的自由基，保护胶原蛋白。维生素 C 缺乏可引起皮肤干燥、粗糙等。维生素 C 的主要食物来源为新鲜蔬菜与水果，青椒、胡萝卜、白萝卜、苦瓜、马铃薯、番茄、柑橘、柚子、猕猴桃、酸枣等维生素 C 含量丰富。维生素 E 对皮肤中的胶原纤维和弹力纤维有"滋润"作用，从而可改善和维护皮肤的弹性，促进皮肤内的血液循环，使皮肤柔嫩有光泽，还可治疗老年斑、黄褐斑，减少面部皱纹及洁白皮肤和防治痤疮等。维生素 E 具有抗氧化、促进新陈代谢、改善皮肤血液循环、维持毛细血管正常通透性、防止皮肤老化和衰老的作用；维生素 E 缺乏可引起皮肤粗糙、老化。维生素 E 主要存在于各种油料种子及植物油中，如食用植物油、葵花籽及海产鱼的肝脏中。

4. 适量饮水，注意合理饮食 适量饮水可以加强机体的新陈代谢和血液循环，排出毒素，使肌肤组织的细胞水分充足和富有弹性，让皮肤细嫩、滋润，并减少皱纹。通过合理饮食，摄取必要的脂肪和碳水化合物，以达到健康和美容保健的目的。

第四节 人体营养平衡与膳食指南

一、饮食总论

俗话说："民以食为天"，突出了饮食对于人类生存的重要意义。近年来，随着人民生活水平的不断提高，人们的饮食观念已从吃饱逐步转变为吃好。吃饱是人的基本生理需求，而吃好则要求膳食既营养又均衡，简称营养平衡。满足人体营养平衡，能增强体质，能更加有效地抵御各种疾病的侵袭，拥有健康的身体；相反，饮食不合理，易导致疾病的发生发展，损害人体的健康，反映了"病从口入"的根本原因。因此，合理饮食是保证人体营养健康最为重要的手段。

（一）一般饮食原则

1. 避免过饱过饥 饮食应根据身体的需要以适量为宜，忌暴饮暴食，避免过饱过饥。所有摄取的食物都要经过脾胃消化才能转变为可吸收的营养物质，因而保护脾胃是饮食调护的关键。饮食应食不过饱，饮不过多，反之则损伤脾胃。为了保证营养的供给，避免脾胃损伤，通常一次性饮食不要超过人体耐受量的八成，患病情况下不要超过七成。

2. 膳食均衡，荤素适当 膳食均衡要求饮食食物多样化，营养物质的比例恰当；千差万别的食物所含的营养成分各不相同，仅靠某一种天然食物远不能满足人体所需的全部营养。五谷杂粮主要提供人体所需的碳水化合物、蛋白质、膳食纤维等。蔬菜和水果含有丰富的维生素、糖类、矿物质和膳食纤维等。为满足营养物质比例恰当，在正常情况下以谷物为主，多吃蔬菜、水果等。同时，适当的荤素搭配为人体提供不同的食物营养，避免饮食过偏。在饮食养生中，特别强调以素食为主，粗细得当，肉食为辅。

3. 饮食洁净　　饮用不卫生的食物可导致肠胃疾病，甚至食物中毒，不能饮用不干净或腐败的食物。

4. 饮食遵循食物禁忌　　因为食物同样具有药性，所以食物的搭配同样类似于中药的配伍禁忌，食物与食物、体质、药物、时令之间搭配不当时，有可能在进入人体后发生一些有害的物理或化学变化，发生中医所谓的相克或相害，如果随意搭配食物可能会发生不良反应、损伤脾胃和肾脏，甚至中毒或致死等危害。饮食必须要遵循科学膳食，牢记食物禁忌，即食忌、忌口。我们常说"病从口入"，除了饮食不洁和饮食不规律外，更多的时候是由人们不了解食物的禁忌原则而导致的。食物禁忌主要有以下几类。

1）病中禁忌。不同的疾病，有不同的食物禁忌，如患有结核、癌症等长期慢性疾病或在大手术前后等消耗性阶段，饮食要求以高蛋白及含维生素与微量元素的食物为主，如瘦肉、鸡蛋、鱼、乳类、豆类、新鲜蔬菜、水果、马铃薯、番茄、胡萝卜等；高血压，忌食牛、猪的五花肉等脂肪多的食品，忌咸（酱）菜、腐乳、咸肉（蛋）、腌制品等高钠的食品；糖尿病，忌食白糖、红糖、葡萄糖及高糖水果和甜食；另外，羊肉、猪头肉、猪蹄、鹅是大家公认的"发物"，香菇、蘑菇、竹笋、芥菜、公鸡、鲤鱼、牛肉、猪头肉，以及一切疫死兽肉均为动风、生痰助火之品，它们会诱发旧病，加重新病情。

2）配食禁忌。一般情况下，食物都可以单独食用，有时为了味美或提高某方面的作用，常常将几种食物搭配起来食用。其中有些食物不宜同食。例如，猪肉+菱角，会引起肚子痛；白酒+柿，会引起中毒；洋葱+蜂蜜，会伤眼睛；羊肉+西瓜，会伤元气；白萝卜+木耳，会引起皮炎；韭菜不宜与菠菜、蜂蜜、牛肉等一起食用。

3）药食禁忌。有些食物同时具有药性，在与药物一起食用时，可能会影响或降低药材原有的治疗效果，甚至产生毒害等副作用，即所谓的"药食相反"。抗生素不能与酒、牛乳、果汁同服；钙片不能与菠菜同时吃；黄连素不能与茶同服；止泻药不能与牛乳同服；人参忌白萝卜、蒜；服发汗药忌食醋和生冷食物；服用温热或寒凉的中药时就尽量食用中性平和的食物，因为中药与食物的性味相反，会使药力抵消减弱，达不到应有的疗效。

4）胎产禁忌。妇女胎前、产后饮食各不同。妊娠期，应忌咖啡、浓茶、辛辣食品等刺激性食物，避免对胎儿产生不良刺激，影响正常发育，甚至致胎儿畸形；忌活血通瘀、收缩子宫功效的食物，以及性寒冷而滑利、生物碱含量大的食物，这些食物易导致漏红、腹痛等先兆流产症状；避免食用辛热温燥类食物，以免耗伤阴血而影响胎元，可进食甘平、甘凉补益类食物。产后因胎儿的娩出，气血均受到不同程度的损伤，产妇多呈虚寒或兼见血瘀内滞状态，产妇尚需哺养婴儿，此时应平补阴阳气血，尤以滋阴养血为主，可进食鸡肉、猪肉、蛋、乳类食品，避免过食辛燥或寒凉性食物。

5）时令禁忌。四季气候交替，人类必须顺应自然规律，不可与之相悖。春夏阳气旺盛，万物生机盎然，应尽量少食温热食物，如春夏之际，忌狗肉、羊肉等；秋季气候干燥，人们常常口干舌燥、鼻腔出血，此时应尽量少食辛燥食物，多食含水分较多的水果、蔬菜等；冬季严寒应少食寒凉的食物。

6）体质禁忌。阳虚质忌食生冷瓜果及生冷蔬菜，寒凉食物容易损伤阳气。阴虚质忌辛热的葱、蒜、生姜、胡椒、花椒、辣椒、桂皮、白酒等，辛热食物容易散气伤阴、耗血损津、生痰动火。痰湿质、湿热质忌食油腻厚味，如甲鱼、肥肉等，以免妨害脾胃运化；痰湿质忌酸苦、寒凉食物；湿热质不宜辛辣、温热之食；过敏体质应注意过敏原，避免接触或食用诱发过敏的食物。

（二）膳食均衡

膳食均衡包括合理膳食和均衡营养。合理膳食是指一日三餐所提供的营养必须满足人体的生长、发育和各种生理、体力活动的需要。均衡营养既要营养全面，又要求营养物质比例恰当。合理膳食反映了饮食的质量要求，均衡营养体现了饮食的科学性，为实现膳食均衡，保障人体健康，二者缺一不可。为达到膳食均衡的要求，着重从科学配餐入手。科学配餐，即根据不同食物的形状、结构、化学成分、营养价值、理化性质等合理选料、合理搭配。科学配餐既包括膳食的质量，食物的色、香、味、形，又包括营养素的种类与数量，使营养成分相互搭配，满足饮食者的需要和营养平衡的要求。一般来说，科学配餐遵循以下几个原则。

1. 膳食结构平衡原则 保证每日膳食结构合理，应做到膳食多样、主副食比例搭配合理。每天的膳食应包括谷薯类、蔬菜水果类、畜禽鱼蛋奶类、大豆坚果类等食物，满足食物的多样化。由于食物种类及其食用部分不同，食物含有的营养素种类和数量也不同。建议主食以谷物类为主，补充碳水化合物、蛋白质和膳食纤维。同时，为补充其他营养素成分，三餐中，既要有牛、羊、猪、鸡、鸭、鹅、鱼类等肉类，又要有根、茎、叶、花及果类蔬菜，还要适当搭配豆类、菌类和藻类。同时，主副食比例适当是营养均衡的保证。碳水化合物、脂肪和蛋白质是人体需要的三大营养素，其占总热量比例的建议值分别是60%~65%、20%~30%、10%~15%。

2. 三餐分配合理原则 一般早、中、晚餐的能量比是3:4:3。切忌早餐过少，晚餐过饱过多。同时，根据工作强度的要求不同，应相应摄入不同的食量，保证定时进餐，使肠胃张弛有序，功能正常。

3. 膳食酸碱平衡原则 食物会影响人体内体液的酸碱平衡。食物大致分为酸性食物、碱性食物和中性食物。富含蛋白质类的鸡、鸭、鱼肉等属于酸性食物，多吃酸性食物，体内的酸度会增加。而富含矿物质、微量元素及膳食纤维的果蔬则属于碱性食物，可以中和体液的酸性。由于正常人体体液的pH为7.35~7.45，处于弱碱性环境。长期吃偏酸或偏碱类食物会导致人体酸碱失衡，引发各类疾病。比如，酸性体质人群常有记忆力减退、身体疲乏、头昏等症状；85%的癌症、痛风、高血压、高脂血症患者都是酸性体质。因此，应严格按照膳食平衡原则，控制体内酸碱平衡。

4. 饮食清淡原则 饮食要清淡，坚持少油少盐。长期食用高盐或油炸类食品增加了患高血压的风险，并可能引发癌症。饮食"低盐低脂"或"清淡"并不是节食，而是更加注意营养均衡。比如，多吃植物性蛋白，少摄入动物性蛋白，可以降低血压；适量摄入膳食纤维，可以帮助肠道蠕动，减缓人体对葡萄糖和胆固醇的吸收；多吃蔬菜、水果可以增加维生素的含量，对降低胆固醇、防止动脉粥样硬化、促进心血管健康也有一定的作用。

二、中国膳食结构

我国是一个多民族的国家，文化和生活饮食差异明显，再加上地域辽阔，各地区的经济发展不均衡也影响了膳食模式。对2002年的中国居民的膳食模式（表1-1）和2002~

2012年中国居民营养与健康状况监测数据结果进行分析发现:居民膳食模式在植物性食品和动物性食品都存在差异,表现为城乡不均衡,地区性不均衡。但随着居民生活水平的提高,中国城乡居民膳食摄入状况有所改善,能量摄入稳定;营养素摄入状况得到调整,但脂肪摄入量增加,微量营养素摄入不足问题仍普遍存在,居民尤其是农村居民膳食质量有待提高。

表1-1 中国居民的膳食模式

食物类型	年人均摄入量		结果
	城市	农村	
植物性食品	谷类146kg,薯类14kg	谷类177kg,薯类40kg	城乡不均衡,农、牧传统饮食不均衡,地区性不均衡
动物性食品	动物性蛋白73kg	动物性蛋白25kg	

资料来源:郑民,2007

但从中国综合膳食模式来看,面粉和谷物类摄入量较多,每日有440g,蔬菜每日有310g,膳食中脂肪含量较高,占到热量的18.6%~28.4%,并且饱和脂肪占热量的18%左右,在摄取的肉类中,猪肉占到64%,猪肉的饱和脂肪酸很高,明显高于肥瘦牛肉、鸡肉等。很多专家认为影响慢性病的主要因素是膳食。高脂肪与高饱和脂肪的膳食使患高血脂、脑血管疾病及某些癌症的风险增加,尤其是结肠癌、宫颈癌与乳房癌。这些病严重影响和威胁着人类的健康与发展,不但给个人造成极大的痛苦,而且给家庭和社会带来了巨大的经济负担。目前,健康经济已成为世界各国政府和社会关注的热点。

三、科学膳食指南

(一)不同膳食模式比较

目前,世界上三大膳食结构模式包括以美国、加拿大和北欧一些国家为代表的西方膳食模式,以地中海沿岸国家希腊等为代表的地中海膳食模式和以中国为代表的东方膳食模式。除此之外,低热量膳食模式、素食模式、长寿膳食模式也被许多人接受并运用。不同膳食模式之间存在不同程度的差异。西方膳食模式以动物性食品为主,特点是高热量、高脂肪、高蛋白质;地中海膳食模式的特点是热量、脂肪、蛋白质适当,烹饪时用植物油(含不饱和脂肪酸)代替动物油(含饱和脂肪酸)及各种人造黄油,尤其提倡用橄榄油,脂肪占膳食总能量的比例最多达35%,饱和脂肪酸只占不到8%;东方膳食模式以植物性食物为主,动物性食品为辅,其特点是高脂肪、高谷物和高膳食纤维。低热量膳食模式的特点是严格限制热量,低脂,含适量蛋白质、碳水化合物和高膳食纤维;素食模式是不含动物性食品,其特点是热量、脂肪、蛋白质、碳水化合物含量适当,富含膳食纤维;长寿膳食模式的特点是含适当热量、低脂肪、低蛋白质,富含全谷物、膳食纤维、益生元和益生菌。可见,西方膳食模式和东方膳食模式所含高脂肪和高饱和脂肪会严重影响人体健康,而地中海膳食模式、低热量膳食模式、素食模式和长寿膳食模式对人体健康更为有益。

(二)理想膳食模式

理想膳食模式(DDP)是一种以食物类表示的评价膳食营养水平的新方法。理想膳食模式如表1-2所示。

表 1-2　理想膳食模式

食物类	功能百分比/%	营养估价比率	分值	最大允许值
谷类、块根茎类、香蕉芭蕉类	45	0.5	22.5	40
动物性食品	20	2.0	40.0	50
食用油脂	10	1.0	10.0	10
坚果类	3	0.5	1.5	10
豆类	6	2.0	12.0	20
糖类	8	0.5	4.0	5
水果、蔬菜类	5	2.0	10.0	10
饮料、调味品	3	0.0	0.0	
总计	100		100	

资料来源：郑民，2007

由于我国膳食结构差异较大，存在营养不足与营养过剩的双重问题。调整日常饮食，科学地制定营养目标，维持均衡的营养结构，用以指导居民进行平衡膳食尤为重要。中国营养学会 2016 年完善与制定的"中国居民膳食指南"指出，日常生活中要坚持做到：食物多样化，以谷类为主；吃动平衡，健康体重；多吃蔬果、奶类、大豆；适量吃鱼、禽、蛋、瘦肉；少盐少油，控糖限酒；杜绝浪费，兴新食尚。

可见，理想的膳食模式和膳食指南指导人们膳食要多样化，应以谷类为主，多吃蔬果，常食奶类、豆类和适量的鱼、禽、蛋、瘦肉类，注重清淡，保持进食量与体力活动的平衡，维持健康体重。合理的膳食结构和饮食营养调节是维持人体健康，防治疾病，提高生活质量积极有效的措施。

第二章 蔬菜的营养与保健

本章要点：了解蔬菜的膳食文化与养生理论。熟悉常见蔬菜的营养保健功效。重点掌握蔬菜的营养价值及特点、保健与医疗功效，以及蔬菜的抗营养因素，蔬菜贮藏加工技术及其对蔬菜营养价值的影响。

第一节 蔬菜的膳食文化与养生理论

蔬菜是人们日常饮食中必不可少的食物之一，是中国饮食文化的重要组成部分。蔬菜可提供人体所必需的多种维生素和矿物质，还可以有效调节胃肠道健康机能。此外，蔬菜中还有多种多样的植物化学物质，是人们公认的对健康有效的成分。随着经济的快速发展和人们对健康的日益重视，蔬菜的非营养功能也受到人们的普遍关注。

一、蔬菜的膳食文化

中国饮食文化的丰富时期在汉代，归功于汉代中西饮食文化的交流，这个时期也是引进蔬菜最多的时期，诸如常见的黄瓜、菠菜、胡萝卜、茴香、芹菜、胡豆、扁豆、苜蓿、莴笋、葱、蒜等，均是在那个时期被引进中国的，且有许多传说或者历史典故。中国蔬菜的膳食文化是在我国蔬菜养生理论、阴阳学说、五行学说、中医理论等基础上，在地方生活习惯、风俗习惯、人文基础、文化传承等多维度融合下逐渐形成的，其逐渐演变形成了各种地方菜系。

早在春秋战国时期，中国南北菜肴风味就表现出差异。到唐宋时，南食、北食各自形成体系。发展到清代初期，鲁菜、苏菜、粤菜、川菜成为当时最有影响的地方菜，被称作"四大菜系"。到清末时，浙菜、闽菜、湘菜、徽菜四大新地方菜系分化形成，与原来的"四大菜系"共同构成中国饮食文化中的"八大菜系"。

二、蔬菜养生理论

养生文化古来有之，在秦汉至隋唐的千余年间达到鼎盛时期。最早较为系统提出养生理论的著作是我国古典医学巨著《黄帝内经》："毒药攻邪，五谷为养，五果为助，五畜为益，五菜为充，气味合而服之，以补精益气。此五者，有辛酸甘苦咸，各有所利，或散或收，或缓或急，或坚或软，四时五脏，病随五味所宜也。"其中的"五菜为充"，指葵、韭菜、藿、薤和葱。

到了明代时期，李时珍整理的有"中国古代的百科全书"之称的《本草纲目》中收集整理了植物药正文881种，附录61种，共942种，加上具名未用植物153种，共计1095种，占全部药物总数的近60%。李时珍把植物分为草部、谷部、菜部、果部、木部5部，其中菜部包含了韭菜、葱、薤、蒜、葫、芸薹、芥、芜菁、莱菔、生姜、干姜、胡荽、水芹、茴香、菠菜、荠菜、鸡肠草、苜蓿、马齿苋、苦菜、莴苣、翻白草、蒲公英、蕨、藜、芋、薯蓣、甘薯、百合、竹笋、茄、苦瓠、石花菜、冬瓜、南瓜、胡瓜、丝瓜、苦瓜、紫菜、石莼、鹿角菜、龙须菜、木耳、皂荚蕈、香蕈、蘑菇蕈、鸡菌、土菌、地耳、石耳等60余种，大多是我们日常食用的蔬菜。因此，《本草纲目》是最早的蔬菜养生指南。

现在，人们在传承古典经验的基础上，结合现代科学知识，逐渐形成了一套蔬菜养生理论体系，主要包括了以下内容。

1. 五色与五脏 青色养肝：青色对应五行为木，入肝经，能增强脏腑之气。肝为解毒的器官，所以菠菜、茼蒿、芹菜等青色食物有清肝解毒的作用。

赤色补心：赤色对应五行为火，入心经，能增强心脏之气，提高人体组织中细胞的活性，可增强人体免疫功能，预防流感及各种病毒的入侵，有清血、补血、通血的功效。赤色蔬菜有番茄、红辣椒等。

黄色益脾胃：黄色对应五行为土，入脾经，能增强脾脏之气，促进和调节新陈代谢，提高脾脏的抗病能力。黄色蔬菜有韭黄、南瓜、胡萝卜等。

黑色补肾：黑色对应五行为水，入肾经，能增强肾脏之气，治阳痿遗精，补亏损及久病不复者。可保健、养颜、抗衰、防癌，对生殖泌尿系统有益。黑色蔬菜有紫茄、海带、香菇、木耳等。

白色润肺：白色对应五行为金，入肺经，可增强肺腑之气，提高肺腑器官的抗病毒能力，止咳化痰，治虚劳咯血。白色蔬菜有茭白、藕、竹笋、白萝卜等。

2. 四性五味

1）四性，即寒、凉、温、热四种属性，介于这四者中间的为平性。中医将食物分成四性，是指人体吃完食物后的身体反应。例如，吃完之后身体有发热的感觉为温热性，吃完之后有清凉的感觉则为寒凉性。

寒凉性蔬菜，清热降火、解暑除燥，能消除或减轻热症。适应于容易口渴、怕热、喜欢冷饮或热性病症者。例如，寒性的有芹菜、大白菜、空心菜，凉性的有冬瓜、白萝卜、莴笋等。

温热性蔬菜，具有可抵御寒冷、温中补虚、消除或减轻寒症之功效。适应于怕冷、手脚冰凉、喜热饮的人或寒性病症者。例如，温性的有生姜、韭菜、蒜、香菜、葱，热性的有辣椒等。

平性蔬菜，具有开胃健脾、强壮补虚之功效，容易消化，适应于各种体质，如黄花菜、银耳、胡萝卜等。

2）五味，即酸、苦、甘、辛、咸，对应人体的五脏，即肝、心、脾、肺、肾。五味食物虽各有益处，但食用过多或不当也有负面影响，要依据不同体质来食用。例如，体质燥热者过食辛味，便会发生咽喉痛、长暗疮等情形。

苦，具有降火除烦、清热解毒之功效，对应器官为心，胃病者宜少食，主要蔬菜有苦瓜、芥蓝等。甘，具有健脾生肌、补虚强壮之功效，对应器官为脾，糖尿病患者应少食，主要蔬菜有胡萝卜、甜菜等。辛，具有补气活血、促进新陈代谢之功效，对应器官为肺，多食伤津液，主要蔬菜有大姜、葱、辣椒等。酸，具有生津养阴、收敛之功效，对应器官为肝，多食易伤筋骨，主要蔬菜有豆类、种子类。咸，具有通便补肾之功效，对应器官为肾，多食会造成血压升高，主要蔬菜有海带、紫菜等。

3．植物化学物质的功效　　人们发现植物中除了含有丰富的基本营养素之外，还有种类繁多的非营养素类生物活性物质，学术界将其称为植物化学物质。研究证实，这些植物化学物质如黄酮类、芥子油苷、有机硫化物、吲哚类、异黄酮类、番茄红素、对香豆酸、酚及多酚类、植物固醇类、萜烯等，具有显著的抑制自由基、增强机体免疫力等功效。甘蓝、花椰菜、深绿色叶菜、蒜、洋葱、胡萝卜、番茄、大豆等蔬菜中均富含对人体有益的植物化学物质。

第二节　蔬菜的分类

我国栽培的蔬菜种类有 100 多种，其中普遍栽培的有 50～60 种。蔬菜的分类系统有三个：植物学分类、产品器官分类和农业生物学分类。在生产和流通领域，以农业生物学分类和产品器官分类更常用。

一、农业生物学分类

这种分类方法将蔬菜植物的生物学特性与栽培技术特点结合起来，虽然分类很多，但较实用。

1．白菜类　　这类蔬菜都是十字花科的植物，以柔嫩的叶片、叶球、花薹、花球及肉质茎为食用部分。它们大多起源于温带南部，生长期间需要湿润及冷凉的气候，为二年生植物，第一年形成产品器官，第二年抽薹开花。包括大白菜、小白菜、菜薹、叶用芥菜、结球甘蓝、球茎甘蓝、花椰菜、甘蓝等。

2．根菜类　　这类蔬菜以其膨大的肉质直根为食用产品。它们都起源于温带地区，喜温或较冷凉的气候和充足的光照，多为二年生植物。包括白萝卜、胡萝卜、芜菁、根用芥菜、根用甜菜、根芹菜、牛蒡等。

3．绿叶菜类　　这类蔬菜以其幼嫩的绿叶、叶柄或嫩茎为食用产品。其在起源和植物学分类上比较复杂，大都植株矮小、生长迅速、对氮肥和水分要求高。包括芹菜、茼蒿、莴苣、苋菜、蕹菜、落葵和冬寒菜等。

4．茄果类　　这类蔬菜以果实为食用部分。它们起源于热带地区，具喜温暖不耐寒的习性。主要是茄、番茄和辣椒等一年生植物。

5．瓜类　　主要是以果实为食用部分。多数为起源于热带的一年生植物。主要是黄瓜、冬瓜、南瓜、丝瓜、苦瓜、瓠瓜、蛇瓜、西瓜和甜瓜等。西瓜和南瓜的成熟种子可以炒食或制作点心食用。

6．豆类　　豆科植物的蔬菜，以幼嫩豆荚或种子为食用产品。主要是菜豆、豇豆、豌豆、蚕豆、毛豆、扁豆和刀豆等。

7．葱蒜类　　这类蔬菜都是百合科的植物，多具有辛辣味。主要是葱、洋葱、蒜和韭菜等二年生植物。

8．薯芋类　　这是一类以地下茎或地下根为食用部分的蔬菜，在生产上均采用营养器官繁殖，如马铃薯、芋头、山药和姜等。

9．水生菜类　　这类蔬菜生长在有水的环境中，生产上以营养器官繁殖为主，如藕、茭白、荸荠、菱角、慈姑、芡实等。

10．多年生菜类　　这类蔬菜的产品器官可以连续收获数年，如黄花菜、石刁柏、竹笋、百合、香椿等。

11. 食用菌类 这是一类真菌，包括蘑菇、草菇、香菇、木耳、银耳、竹荪等。其中有的是人工栽培的，有的是野生或半野生的。

12. 芽菜类 这类以蔬菜或粮食作物种子发的芽作为食用产品，如绿豆芽、黄豆芽、豌豆芽、荞麦芽、苜蓿芽、萝卜芽等。

二、产品器官分类

蔬菜植物的产品器官有根、茎、叶、花、果等5类，因此按产品器官，蔬菜也分成以下5类。

1. 根菜类 这类蔬菜的产品器官为肉质根或块根。
1）肉质根类：如白萝卜、胡萝卜、芜菁、芜菁甘蓝、根用芥菜、根用甜菜等。
2）块根类：如豆薯、葛等。

2. 茎菜类 这类蔬菜的产品器官为茎或茎的变态。
1）地下茎类：如马铃薯、菊芋、藕、姜、荸荠、慈姑、芋头等。
2）地上茎类：如茭白、石刁柏、莴苣、茎用芥菜、球茎甘蓝等。

3. 叶菜类 这类蔬菜以普通叶片或叶球、叶丛、变态叶为产品器官。
1）普通叶菜类：如小白菜、芥菜、菠菜、芹菜、苋菜等。
2）结球叶菜类：如结球甘蓝、大白菜、结球莴苣、包心芥菜等。
3）辛香叶菜类：如韭菜、葱、芫荽、茴香等。
4）鳞茎菜类：如洋葱、蒜、百合等。

4. 花菜类 这类蔬菜以花、肥大的花茎或花球为产品器官。常见的有花椰菜、黄花菜、紫菜薹、朝鲜蓟等。

5. 果菜类 这类蔬菜的产品器官为嫩果实或成熟的果实。
1）瓠果类：如南瓜、黄瓜、冬瓜、瓠瓜、丝瓜、苦瓜、菜瓜、蛇瓜等，以及西瓜和甜瓜等鲜食的瓜类。
2）茄果类：如茄、番茄、辣椒等。
3）荚果类：如菜豆、豇豆、刀豆、毛豆、豌豆、蚕豆、扁豆、四棱豆等。

第三节 蔬菜的营养保健功效

一、营养价值及特点

蔬菜是人们日常生活中的重要副食品之一，生产量和消费量较大，种类也很多。我国居民主要消费的蔬菜有白菜、菠菜、菜花、韭菜、芹菜、空心菜、油菜、番茄、茄、萝卜等。蔬菜的颜色、风味、质地、营养、耐贮性和加工适应性等外观和内在品质均是由其化学组分决定的。蔬菜的化学组分一般分为水和干物质两大部分，干物质又可分为水溶性物质和非水溶性物质两大类。水溶性物质也叫可溶性固形物，包括糖、有机酸、果胶和一些能溶于水的矿物质、色素、维生素、含氮物质等，它们组成蔬菜的汁液部分。非水溶性物质是组成蔬菜固体部分的物质，包括纤维素、半纤维素、原果胶、淀粉、脂肪及部分不溶于水的维生素、色素、含氮物质等。

1. 水　　蔬菜中的水分含量多在 80%以上，有些种类和品种在 90%左右，黄瓜和番茄的水分含量分别高达 94.0%～97.2%和 94.0%～96.0%。常见蔬菜的水分含量见表 2-1。

表 2-1　常见蔬菜的水分含量（g/100g 可食部分）

名称	水分	名称	水分	名称	水分
大白菜	93.0～96.0	白萝卜	89.9～95.0	黄瓜	94.0～97.2
葱	89.0～93.0	胡萝卜	86.0～91.0	茄	91.6～95.7
甘蓝	91.0～95.0	马铃薯	70.0～82.6	番茄	94.0～96.0
洋葱	87.0～90.0	南瓜	88.0～97.8	藕	77.9～89.0
菠菜	89.0～94.2	冬瓜	96.5～97.2	蒜	63.0～72.0
芹菜	88.0～95.3	花椰菜	90.5～92.6	辣椒	79.4～94.0
韭菜	90.0～92.6	莴苣	94.2～97.0	姜	85.0～87.0

资料来源：杨月欣，2004

水分在蔬菜中以两种形态存在：一种为游离水，占总水分含量的 70%～80%，具有水的一般特性，容易蒸腾散失，蔬菜贮藏过程中水分的变化主要是游离水的变化；另一种为束缚水，是蔬菜细胞里胶体微粒周围结合的一层薄薄的水膜，它与蛋白质、多糖类、胶体等结合在一起，一般情况下很难分离。水分是影响蔬菜嫩度、鲜度和风味的极重要的成分之一。在贮藏过程中，如果游离水散失过多，会使新鲜度降低，风味变劣，外观萎蔫。但是如果游离水含量过高，会影响贮藏稳定性，容易滋生微生物，导致腐烂变质。

2. 碳水化合物　　蔬菜中所含的碳水化合物主要包括糖类、淀粉、纤维素和半纤维素、果胶物质等。碳水化合物的种类和数量因蔬菜的种类和品种不同而有很大差别。

1）糖类。蔬菜中所含的主要是蔗糖、葡萄糖和果糖，以地下贮藏器官如块根、块茎等的含糖量较其他为高。一些常见蔬菜的总糖含量见表 2-2。

表 2-2　一些常见蔬菜的总糖含量（g/100g 可食部分）

名称	总糖含量	名称	总糖含量
毛豆	10.5	菠菜	4.5
豌豆	21.2	甜椒	5.4
洋葱	9.0	圆茄	6.7
甘蓝	4.6	黄瓜	2.9
番茄	4.0	冬瓜	2.6
大白菜	3.2	苦瓜	4.9
油菜	3.8	南瓜	5.3
芹菜叶	5.9	藕	16.4
生菜	2.0	胡萝卜	10.2

资料来源：杨月欣，2002

糖具有吸湿性，其中以果糖的吸湿性最大，蔗糖最小。糖的吸湿性使蔬菜干制品和糖制品易吸收空气中的水分而降低其保藏性，但蔬菜糖制品常利用此特性来防止蔗糖的析晶或返砂。糖是蔬菜贮藏的重要呼吸基质，它在微生物的作用下可以产生乙醇、乳酸及其他产物，因此，蔬菜的含糖量对腌制、酿造加工有重要意义。还原糖可与氨基酸或蛋白质发生美拉德反应生成黑色素，使蔬菜制品发生褐变，影响产品质量。

2）淀粉。马铃薯、藕、荸荠、芋头、山药等蔬菜的淀粉含量较多，其淀粉含量与老熟程度成正比。凡是以淀粉形态作为贮存物质的蔬菜，均能保持休眠状态而利于贮藏。对于青豌豆、甜玉米等以幼嫩种子供食用的蔬菜，其淀粉的形成会影响食用品质及加工产品品质。富含淀粉的蔬菜，除可以制取淀粉外，也是酿造、干制和生产饴糖的加工原料。

3）纤维素和半纤维素。纤维素和半纤维素主要存在于植物细胞壁中，可以减轻机械损伤，抑制微生物的侵袭，减少贮藏和运输中的损失。但因纤维素质地坚硬，对于蔬菜食用和加工品质而言，含纤维素多的蔬菜质地粗糙，品质较差。蔬菜中纤维素的含量为0.3%～2.3%，芹菜为1.43%，菠菜为0.94%，甘蓝为1.65%，根菜类为0.2%～1.2%，西瓜和甜瓜最少，为0.2%～0.5%。

4）果胶物质。果胶物质以原果胶、果胶及果胶酸三种形式存在于蔬菜中，含果胶较多的有番茄、胡萝卜和南瓜等。原果胶多存在于未成熟蔬菜的细胞壁间的中胶层中，不溶于水，常和纤维素结合使细胞黏结，所以未成熟的果实显得脆硬。随着蔬菜的成熟，原果胶在原果胶酶的作用下，分解为果胶，果胶溶于水，具黏性，使果实质地变软。成熟的蔬菜向过熟期变化时，果胶在果胶酶的作用下转变为果胶酸，不溶于水，无黏性，因此蔬菜呈软烂状态。

3. 含氮物质　　蔬菜中的含氮物质（蛋白质）含量一般为0.6%～9.0%，其中以鲜豆类含量最多，叶菜类次之，根菜类和果菜类含量最低，如表2-3所示。

表2-3　部分蔬菜的蛋白质含量（g/100g 可食部分）

名称	蛋白质含量	名称	蛋白质含量
胡萝卜	1.0	韭菜	2.4
龙豆	3.7	大白菜	1.5
毛豆	13.1	红菜薹	2.9
花椰菜	2.1	菠菜	2.6
西蓝花	4.1	冬寒菜	3.9
雪里蕻	2.0	萝卜缨	3.1
豌豆	7.4	芹菜叶	2.6
黄豆芽	4.5	苋菜	2.8
豌豆苗	4.0	空心菜	2.2
圆茄	1.6	生菜	1.3
番茄	0.9	莴苣	1.0
蒜	4.5	芦笋	1.4
洋葱	1.1	慈姑	4.6

资料来源：杨月欣，2002

蔬菜中的含氮物质虽少，但在加工工艺上常有重要影响，其中影响最大的就是氨基酸，几种蔬菜中氨基酸的组成如表2-4所示。

蔬菜中所含的含氮物质与成品的色泽有关。氨基酸与还原糖发生羰氨反应，使制品产生褐变。酪氨酸在酪氨酸酶的作用下，氧化产生黑色素，这是马铃薯切片后变色的原因。含硫氨基酸及蛋白质在罐头高温杀菌时受热降解形成硫化物，引起罐壁及内容物变色。氨基酸对食品的风味也起着重要作用。蔬菜中所含的谷氨酸、天冬氨酸等都呈特有的鲜味，甘氨酸具特有的甜味。另外，氨基酸与醇类反应生成酯，是食品香味的来源之一。

表 2-4 部分蔬菜的氨基酸含量（mg/100g 可食部分）

名称	氨基酸							
	异亮氨酸	亮氨酸	赖氨酸	含硫氨基酸	苯丙氨酸	苏氨酸	色氨酸	缬氨酸
胡萝卜	38	50	47	41	29	34	10	54
藕	44	65	60	71	33	59	26	112
芋头	75	171	85	58	108	92	42	71
蒜	106	185	194	55	125	109	106	153
甘蓝	37	51	52	29	35	39	20	53
菠菜	100	182	147	36	108	114	36	120
大白菜	34	55	46	28	39	41	10	53
花椰菜	77	112	114	59	73	84	36	115
茄	32	47	55	24	46	29	10	46
黄豆芽	191	248	189	109	191	141	56	199

资料来源：杨月欣，2002

4. 维生素 维生素广泛存在于蔬菜中，其中含量较高的是维生素 C 和胡萝卜素。在我国膳食结构中，机体所需维生素 C 和维生素 A 大部分是由蔬菜提供的。植物中的胡萝卜素吸收后，可在体内转变为有生理活性的维生素 A。常见蔬菜中胡萝卜素及部分维生素的含量见表 2-5。

表 2-5 常见蔬菜中胡萝卜素及部分维生素的含量（mg/100g 可食部分）

名称	胡萝卜素	维生素 B_1	维生素 B_2	维生素 C
大白菜	0.11	0.02	0.04	24.0
油菜	1.59	0.08	0.11	61.0
辣椒	1.56	0.04	0.03	105.0
花椰菜	0.08	0.06	0.08	88.0
菠菜	1.03	0.03	0.08	36.0
芹菜	0.11	0.03	0.04	6.0
韭菜	2.96	0.04	0.13	31.0
莴苣	0.02	0.03	0.02	1.0
白萝卜	0.02	0.02	0.04	30.0
胡萝卜	2.80	0.04	0.04	8.0
苋菜	1.92	0.04	0.14	35.0
蒜	0	0.24	0.07	3.0
葱	1.20	0.08	0.05	14.0
南瓜	2.40	0.05	0.06	4.0
冬瓜	0.01	0.01	0.02	16.0
黄瓜	0.26	0.04	0.04	14.0
茄	0.04	0.03	0.04	3.0
番茄	0.31	0.03	0.02	11.0

资料来源：杨月欣，2004

5. 矿物质　　蔬菜中矿物质含量丰富，以磷酸盐、硫酸盐、碳酸盐或与有机物结合的盐的形式存在。例如，蛋白质中含有硫和磷，叶绿素中含有镁等。其中与人体营养关系最密切的矿物质如钙、磷、铁等，在蔬菜中的含量如表 2-6 所示。

表 2-6　部分蔬菜的钙、磷、铁含量（mg/100g 可食部分）

名称	钙	磷	铁	名称	钙	磷	铁
大白菜	40～89	20～37	0.5～1.4	芥菜	56～149	21～42	0.6～3.8
苋菜	116～464	46～80	1.9～5.6	番茄	4～35	14～19	0.2～1.5
辣椒	7～62	13～89	0.3～2.5	茄	13～48	11～34	0.1～3.6
花椰菜	18～37	32～82	0.7～1.4	黄瓜	12～31	16～58	0.2～1.5
菠菜	15～239	19～75	1.6～2.9	冬瓜	10～32	5～21	0.2～0.6
芹菜	39～318	18～71	0.4～8.5	南瓜	9～36	7～40	0.1～1.1
韭菜	35～126	16～88	1.2～8.9	姜	20	45	7.0
莴苣	7～45	18～141	0.1～2.0	葱	12～89	15～48	0.6～3.1
甘蓝	32～62	16～44	0.3～1.9	洋葱	19～41	24～55	0.2～1.8
白萝卜	25～51	20～35	0.8～1.8	藕	18～76	37～124	微量～4.4
胡萝卜	4～47	23～44	0.2～3.2	蒜	5～50	37～139	微量～0.9

资料来源：杨月欣，2004

　　蔬菜在贮藏过程中矿物质含量变化不大，而且多以弱碱性的有机酸盐形式存在，被人体消化吸收后，分解产生的物质大多呈碱性，因此，蔬菜有碱性食品之称。经常食用可调节体内酸、碱平衡，有益于身体健康。

6. 有机酸　　蔬菜所含的有机酸往往数种同时存在，其中柠檬酸分布最广。番茄中含有苹果酸和柠檬酸，以及微量的草酸、酒石酸和琥珀酸；甘蓝中以柠檬酸为主，还含有绿原酸、咖啡酸、香豆酸、阿魏酸和桂皮酸；菠菜中除草酸外，还含有苹果酸、柠檬酸、琥珀酸和水杨酸；芹菜中含有乙酸和少量丁酸；胡萝卜直根中含有绿原酸、咖啡酸和对羟基苯甲酸。

　　果蔬的酸味并不取决于酸的总含量，而是由它的 pH 而定。新鲜蔬菜的 pH 一般为 5.0～6.4（表 2-7）。果蔬中含有蛋白质、氨基酸等成分，能阻止酸过多地解离，因而可限制氢离子的形成。蔬菜加热处理后，蛋白质凝固，失去缓冲能力，氢离子增加，pH 下降，酸味增加。这就是蔬菜加热后经常出现酸味增强的原因所在。

表 2-7　几种蔬菜的 pH

名称	pH	名称	pH
黄瓜	5.1～5.8	茄	5.5～6.5
番茄	4.3～4.9	辣椒	4.4～4.9
菠菜	5.5～6.8	芹菜	5.7～6.0
胡萝卜	5.9～6.4	甜菜	5.3～6.6
白萝卜	5.5～5.7	大白菜	5.5～6.8
马铃薯	5.4～5.9	南瓜	4.9～5.5

资料来源：杨月欣，2006

　　果实含酸量与风味密切相关，在贮藏过程中酸可作为呼吸底物被消耗，使果实酸味逐渐变淡，如番茄贮后由酸味变为酸甜味。在原料加热时有机酸能促进蔗糖、果胶等物质水解，降低果胶的凝胶度。加工处理时，有机酸能与铁、锡等金属反应，导致设备和容器的腐蚀，影响制品的色泽和风味。有机酸还与蔬菜中色素和维生素C的稳定性有关。

蔬菜中的有机酸并不都对人体有益。例如，菠菜、茭白、竹笋等蔬菜中含有较多的草酸而产生涩味，更重要的是与钙、铁等形成草酸盐沉淀而影响这些营养素的吸收。

7. 芳香物质 蔬菜中普遍含有挥发性的芳香油，含量极少，是每种蔬菜具有特定香气和其他气味的主要原因。各种蔬菜中挥发油的成分不是单一的，而是多种组分的混合物，主要香气成分为酯、醇、醛、酮、萜及烯等，如表2-8所示。

表2-8 某些蔬菜的香气成分

名称	化学成分	气味
白萝卜	甲基硫醇，异硫氰酸丙烯酯，二丙烯基二硫化物	刺激辣味
蒜	甲基丙烯基二硫化物，丙烯硫醚，丙基丙烯基二硫化物	辛辣气味
葱类	甲基硫醇，二丙烯基二硫化物，二丙基二硫化物	香辛气味
姜	姜酚，水芹烯，姜萜，茨烯	香辛气味
花椒	天竺葵醇，香茅醇，硫氰酸酯	蔷薇香气
芥类	异硫氰酸酯，二甲基硫醚	刺激辣味
叶菜类	叶醇，壬二烯-2,6-醛	草臭气
黄瓜	壬烯-2-醛，乙烯-2-醛	青臭气

二、保健与医疗功效

蔬菜中含有酶、膳食纤维及一些具有特殊功能的生理活性成分。例如，萝卜中含淀粉酶，因而生吃萝卜有助于消化；蒜中含植物杀菌素和含硫化合物，因此生吃蒜可以预防肠道感染；番茄、甘蓝等蔬菜中含生物类黄酮，是天然抗氧化剂。

（一）膳食纤维

膳食纤维是木质素与不能被人体消化道分泌的消化酶所消化的多糖的总称。其包括纤维素、半纤维素、木质素、果胶、抗性淀粉、树胶、黏胶等。常见蔬菜的膳食纤维含量见表2-9。

表2-9 常见蔬菜的膳食纤维含量（g/100g可食部分）

名称	膳食纤维含量	名称	膳食纤维含量
白萝卜	1.0	油菜	1.1
萝卜缨	4.0	红辣椒	3.2
胡萝卜	1.2	长茄	1.9
芹菜	1.4	秋葵	3.9
芹菜叶	2.2	紫结球甘蓝	3.0
豆角	2.4	绿苋菜	2.2
毛豆	4.0	韭菜	1.4
四季豆	1.5	蒜薹	2.5
豌豆	8.7	菊芋	4.3
大白菜	0.8	芦笋	1.9
菠菜	1.7	藕	1.2

资料来源：杨月欣，2006

膳食纤维分为两类，可溶性纤维可溶解于水并可吸水膨胀，能被大肠中微生物酵解，常存在于植物细胞液和细胞间质中，主要有果胶、植物胶、黏胶等；不可溶性纤维不能溶解于水，又不能被大肠中微生物酵解，常存在于植物的细胞壁中，主要有纤维素、半纤维素、木质素等。

1. 种类

1）纤维素：化学结构与淀粉相似，是葡萄糖以 β-1,4-糖苷键连接而成的直链聚合物，具有亲水的特性，但不能被人类肠道消化酶所分解。草食动物由于其瘤胃中微生物能产生纤维素酶，故可利用纤维素供能。

2）半纤维素：与纤维素一样，主要以 β-1,4-糖苷键连接，也存在 β-1,3-糖苷键，根据主链和支链上所含单糖的不同可分为木聚糖类、半乳聚糖类、甘露聚糖类和戊聚糖类等，有的还含有半乳糖醛酸和葡糖醛酸。这类物质不能被人类小肠酶消化，但在结肠中部分被细菌分解利用。

3）木质素：是苯基-丙烷衍生物的复杂聚合物，与纤维素、半纤维素共同构成植物的细胞壁，通常存在于坚硬的木质组织中，不能被人体消化利用。

4）果胶：主要由半乳糖醛酸、半乳糖和阿拉伯糖组成的一种无定形物质。存在于蔬菜的软组织中，可在热溶液中溶解，在酸性溶液中遇热形成凝胶。食品工业中常作为增稠剂使用。

5）不可消化寡糖：存在于豆科籽实中，是由 3~9 个相同或不同的单糖聚合成的短链多糖。不可消化寡糖对外源微生物的非特异性刺激作用可以阻止不良微生物区系的建立。由于其独特的发酵品质，也被称为双歧因子。纤维素、半纤维素不具有类似的功能。

2. 保健功能

1）降胆固醇作用。大多数可溶性膳食纤维可降低人血浆胆固醇水平及动物血浆胆固醇和肝胆固醇水平。摄入富含可溶性膳食纤维的蔬菜后，可以降低低密度脂蛋白胆固醇（LDL-C），而高密度脂蛋白胆固醇（HDL-C）降低很少或不降低。

2）改善血糖生成反应。许多研究表明，摄入某些可溶性纤维可降低餐后血糖升高的幅度并提高胰岛素的敏感性。补充各种纤维使餐后葡萄糖曲线变平的作用与纤维素的黏度有关，黏度可以延缓胃排空速率，延缓淀粉在小肠内的消化或减慢葡萄糖在小肠内的吸收。

3）改善大肠功能。膳食纤维影响大肠功能的作用包括缩短消化残渣在大肠的通过时间、增加粪便体积和重量及排便次数、稀释大肠内容物及为正常存在于大肠内的菌群提供可发酵的底物。粪便量的增加及膳食纤维在结肠的发酵作用加速了肠内容物在结肠的转移，起到了预防便秘的效果。

4）其他作用。膳食纤维能增加饱腹感，减少食物摄入量，具有预防肥胖的作用；膳食纤维可减少胆汁酸的再吸收，改变食物消化速度和消化道激素的分泌量，可预防胆结石；另外还具有防癌的作用。但过多摄入也有一定的副作用。

（二）功能性多糖和低聚糖

1. 功能性多糖 功能性多糖是指一类主要由葡萄糖、果糖、阿拉伯糖、木糖、半乳糖及鼠李糖等组成的聚合度大于 10 的具有一定生理功能的聚糖，也称为活性多糖。功能性多糖按照来源可大致分为植物多糖、动物多糖、真菌多糖、藻类多糖、细菌多糖等五大类。南瓜、苦瓜、胡萝卜、蒜、马齿苋、芦笋、山药、紫薯、芝麻叶等多种蔬菜中多糖的生物活性已被验证。

1）抗氧化活性。许多疾病与自由基诱导的生物大分子氧化损伤有关，如细胞癌变、细胞老化、高脂血症和多种老年慢性疾病等。在机体代谢的过程中产生的自由基还可引起脂质、蛋白质和核酸分子的氧化性损伤。而植物多糖具有清除对羟基自由基、超氧自由基和1,1-二苯基-2-三硝基苯肼（DPPH）自由基等的能力。

2）免疫调节活性。植物多糖具有广谱的免疫调节活性，它能够有效调节免疫释放因子和免疫细胞，从而增强机体的免疫功能。植物多糖对免疫细胞的调节主要有三种方式：其一，激活巨噬细胞，并增强巨噬细胞的吞噬活性、酶活性及细胞因子的分泌活性；其二，促进淋巴细胞的增殖，增强免疫球蛋白和细胞因子的分泌，能够改善淋巴细胞的亚群结构；其三，激活补体系统并增强自然杀伤细胞（NK细胞）的杀伤活性，补体可以协同抗体或协助吞噬细胞来杀灭病原微生物。

3）抑制肿瘤的活性。大量研究表明，多种植物多糖可以有效抑制或杀伤肿瘤细胞，而不损伤正常细胞。其抗肿瘤机理主要是通过活化巨噬细胞和淋巴细胞，增强机体的免疫力来达到杀伤和抑制肿瘤细胞的目的。

4）调节血糖血脂。一般认为植物多糖降血糖的机制主要是改善和修复胰岛细胞，促进胰岛素的分泌；而植物多糖降脂的作用机理主要是抑制脂肪酶的活性，减少机体对脂质的吸收及降低脂质的利用效率，并通过调节血脂代谢、缓解代谢紊乱从而达到降血脂的效果。

5）抗病毒活性。天然植物多糖无毒副作用，并具有一定的抗病毒活性。其作用机理可能是多糖活性成分增强了细胞膜的稳定性，阻止病毒颗粒吸附靶细胞，使细胞受到保护，从而提高了细胞的抗病毒能力。

2. 功能性低聚糖　　低聚糖是由2～10个单糖通过糖苷键连接形成直链或支链的一类寡糖的总称。功能性低聚糖包括水苏糖、棉籽糖、低聚果糖、低聚木糖、低聚半乳糖、低聚乳果糖、低聚异麦芽糖及低聚龙胆糖等，因人体肠道内不具备分解消化它们的酶系统，不能被消化吸收，但对人体有特别的生理功能。甜菜、大豆等蔬菜中含有较丰富的功能性低聚糖。

功能性低聚糖的保健功能如下。

1）改善肠道微生态环境。功能性低聚糖可被肠道内的双歧杆菌和其他有益菌所利用，产生的酸性物质可降低肠道pH，使有益菌大量增生，抑制肠内有害菌及病原菌的繁殖，调节和恢复肠道内的菌群平衡，提高人类的抗病能力。大量体内外实验表明，双歧杆菌发酵低聚糖产生短链脂肪酸和一些抗菌物质，不仅抑制外源病原菌和内源有害菌的生长，而且减少有毒代谢物及有害细菌酶的产生。功能性低聚糖可降低病原菌的数量，对腹泻有防治作用；刺激肠道的蠕动，可预防便秘。

增殖的双歧杆菌可产生大量的免疫物质，如S-TGA免疫蛋白，其阻止细菌附着于宿主肠黏膜组织的能力是其他免疫球蛋白的7～10倍。双歧杆菌对肠道免疫细胞的刺激，增加了抗体细胞的数量，激活了巨噬细胞的吞噬力，增强了杀伤性T细胞和自然杀伤（NK）细胞对衰老、病毒、肿瘤等细胞的杀伤力，提高了机体的免疫能力。

2）预防并减少心脑血管疾病的发生。功能性低聚糖被双歧杆菌分解产生的丙酸能抑制肝脏胆固醇的生成，分解产生的乙酸盐能抑制肝脏中葡萄糖转化成脂肪；低聚糖类似于可溶性膳食纤维，能改善血脂代谢，降低血液中胆固醇和甘油三酯的含量。功能性低聚糖属低甜度、低热量糖，不会提高血糖值。

3）改善营养物质的吸收。低聚糖具有结合Ca^{2+}、Mg^{2+}、Zn^{2+}、Cu^{2+}等金属离子的作用，在胃肠中形成低聚糖-矿物质络合物，到达大肠后低聚糖被双歧杆菌发酵分解，同时释放出矿物质被肠道吸收。另外，低聚糖分解产生的低分子弱酸可降低肠道pH，从而增加矿物质的溶解度和生物有效性，其中丁酸盐能刺激黏膜细胞生长，提高肠黏膜对矿物质的吸收能力。

4）预防龋齿。低聚糖属于难消化糖，不能被口腔中导致龋齿的突变链球菌所利用，不会产生形成齿垢的不溶性葡聚糖，不会引起蛀牙。另外，低聚糖还能强烈抑制蔗糖被链球菌合成为不溶性葡聚糖，防止在牙齿上附着形成齿垢，起到抗龋齿的作用。

（三）生物类黄酮

生物类黄酮泛指两个苯环（A 环、B 环）通过中央三碳链相互连接而成的一系列化合物，主要是指以 2-苯基色原酮为母核的化合物，其基本结构如图 2-1 所示。

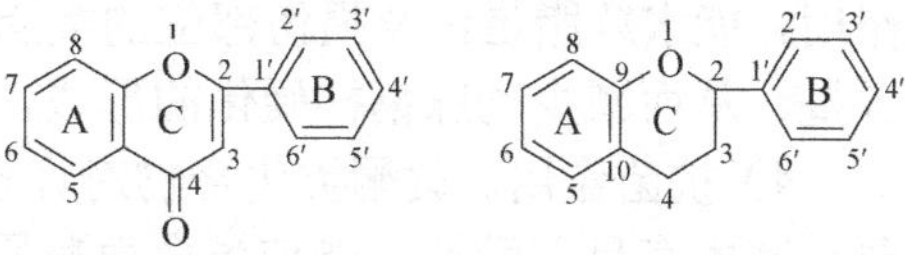

生物类黄酮是一组在结构和性质上不同的化合物，主要种类有黄酮醇、黄酮、黄烷酮、花色素、异黄酮、二氢黄酮醇及查耳酮等（表 2-10）。黄酮类化合物是药用植物中主要活性成分之一，具有抗氧化、保护心脑血管系统、抗菌、抗炎和抗癌等广谱的生理活性。

图 2-1 生物类黄酮的化学结构

表 2-10 生物类黄酮的主要结构类型

名称	三碳链部分结构	名称	三碳链部分结构
黄酮类（flavones）	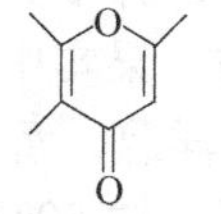	黄烷-3-醇类（flavan-3-ols）	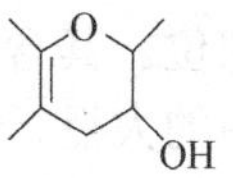
黄酮醇（flavonol）	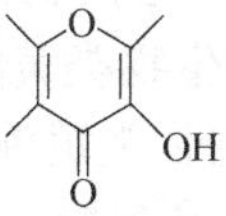	异黄酮类（isoflavones）	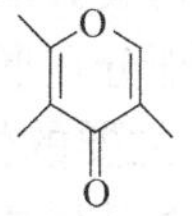
二氢黄酮类（flavanones）	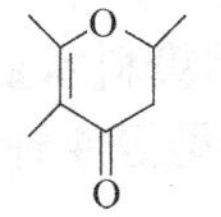	二氢异黄酮类（isoflavanones）	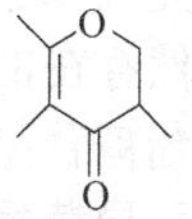
二氢黄酮醇类（flavanonols）	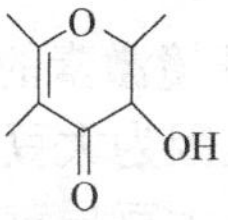	查耳酮类（chalcones）	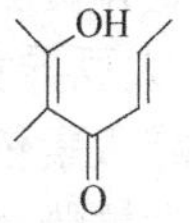
花色素类（anthocyanidins）	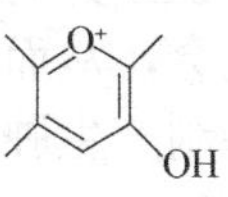	二氢查耳酮类（dihydrochalcones）	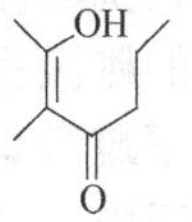
黄烷-3,4-二醇类（flavan-3, 4-diols）	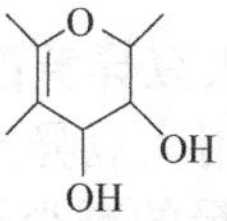	橙酮类（aurones）	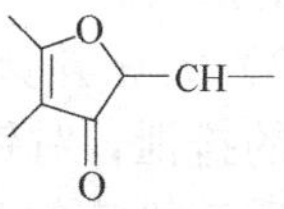
双苯吡酮类（xanthones）	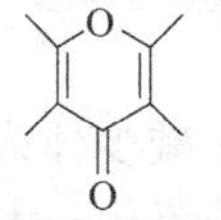	高异橙酮类（homoisoflavones）	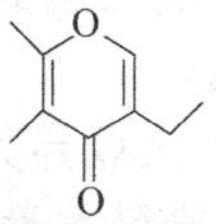

资料来源：宋晓凯，2004

1. 生物活性及药理功能

1）抗氧化作用。生物类黄酮具有清除自由基和抗氧化的能力，其作用机理在于它阻止了自由基在体内产生的 3 个阶段，即与超氧阴离子反应阻止自由基引发；与金属离子螯合阻止羟基自由基的生成；与脂质过氧基反应阻止脂质过氧化过程。不同的黄酮类化合物的抗氧化能力不同，这主要与其结构有关。研究发现，B 环上的邻羟基对生物类黄酮清除自由基的活性影响最大。

2) 抑制肿瘤作用。通过抗自由基作用，直接抑制癌细胞生长和抗致癌因子，因此生物类黄酮具有抗癌、防癌作用。

3) 降血脂作用。生物类黄酮能抑制低密度脂蛋白（LDL）氧化，具有降血脂、降胆固醇作用，能水解脂蛋白及损伤部位的类脂过氧化物，对 LDL 具有保护作用，减少脂质过氧化物含量，从而减少动脉粥样硬化的形成。

4) 抗菌作用。黄酮类化合物对许多病原微生物具有广泛的抑制和杀灭作用，抗菌机制主要是其本身呈弱酸性，能使蛋白质凝固或变性。另外，黄酮类化合物可通过破坏细胞壁及细胞膜的完整性，导致微生物细胞释放胞内成分引起膜的电子传递、营养吸收、核苷酸合成及 ATP 活性等功能障碍，从而抑制微生物的生长。

5) 其他功能。黄酮类化合物可调节毛细血管的透性，增强毛细血管壁的弹性。其他功能包括抑制黑色素形成、止咳平喘祛痰及抗肝脏病毒等。

2. 食物来源　　生物类黄酮在自然界分布广泛，并常与维生素 C 伴存，目前已发现 5000 余种。广泛存在于蔬菜、水果、谷类等植物性食物中，并多分布于植物的外皮，即接受阳光多的部位。其含量随植物种类不同而异，一般叶菜类、果实中含量较高，根茎类含量较低。蔬菜中的大豆、花茎甘蓝、紫薯、茄、青椒、莴苣、洋葱、番茄等含量较高。

生物类黄酮的吸收、储留及排泄与维生素 C 相似，约 50% 可经肠道吸收进入体内，未被吸收的部分在肠道被微生物分解随粪便排出，过量的生物类黄酮主要由尿排出。

3. 主要的生物类黄酮　　大豆异黄酮是主要的生物类黄酮。其主要存在于豆类植物的种子中，尤其以大豆和豌豆中含量丰富。人类饮食中的异黄酮主要来自豆类及其制品。豆类植物中天然存在的大豆异黄酮约 12 种，可分为 3 类，即染料木素、大豆黄素和黄豆黄素，以游离型、葡糖苷型、乙酰基葡糖苷型、丙二酰基葡糖苷型等 4 种形式存在。

大豆异黄酮的生物活性及保健功能如下。

1) 大豆异黄酮可缓解妇女更年期综合征，抑制环境激素的作用，对与雌激素相关的一些病症如雌激素依赖型肿瘤等具有防治功效。这主要是因为大豆异黄酮对于雌激素水平高的个体表现为抗雌激素作用。当雌激素水平较高时，由于大豆异黄酮与其结构相似，能结合到细胞表面的雌激素受体上，减少雌激素与受体结合的机会，从而降低雌激素的活性，减少妇女因高水平雌激素患乳腺癌的风险。大豆异黄酮还能抑制产生肿瘤的关键酶的活性，从而抑制肿瘤的形成。

2) 大豆异黄酮能改善骨质疏松症。这是因为大豆异黄酮有助于钙的吸收，可减少尿中钙的排泄，对钙代谢也有重要影响。在临床上利用大豆异黄酮的弱雌激素作用对绝经期后骨质疏松症的患者实施雌激素补充治疗，患者骨量的减少得到明显抑制，骨折发生率明显降低。

3) 大豆异黄酮作为抗氧化剂能抑制脂蛋白氧化，减少体内脂质的过氧化，防止动脉粥样硬化。染料木素能增强抗氧化酶的活性，减少 LDL 的氧化。大豆异黄酮还有降低体内胆固醇和脂肪量、防治高血压及高血脂的作用，可预防心血管疾病。大豆异黄酮具有增加冠状动脉血流量、降低心肌耗氧量等作用，可防治心脏病。

4) 大豆异黄酮还有抗氧化、抑制酪氨酸蛋白激酶活性及抑制真菌活性的作用。

（四）皂苷类化合物

皂苷是甾族化合物或三萜类化合物的低聚配糖体的总称。根据皂苷元的结构，可将其分为三萜皂苷元和甾体皂苷元。三萜皂苷元的结构可分为五环三萜和四环三萜两类，其中以五环三萜皂苷元为最常见。皂苷在豆类、苦瓜、苜蓿、山药等蔬菜中含量较高。在豆类中的含量从高到低依次为菜豆、豇豆、红小豆、大豆、黑豆、扁豆及绿豆。

皂苷的生物活性及药理功能如下。

1）预防心血管系统疾病。皂苷可抑制血清脂类的氧化，抑制过氧化脂质的生成，并降低血胆固醇和甘油三酯的含量，抑制过氧化脂质对肝细胞的损伤；能提高过氧化物歧化酶（SOD）活性，清除自由基，减轻自由基造成的 DNA 损伤。

2）抗肿瘤作用。有些皂苷可通过直接杀伤肿瘤细胞、抑制肿瘤细胞生长或转移、诱导肿瘤细胞凋亡或诱导肿瘤细胞分化使其逆转、增强和刺激机体免疫功能等多种方式起到抗肿瘤作用。

3）抗炎症作用。皂苷有显著的抗炎作用，对多种炎症过程包括炎性渗出、毛细血管通透性升高、炎症介质释放、白细胞游走和结缔组织增生等均有抑制作用。

4）增强免疫作用。皂苷能引起巨噬细胞显著聚集、激活巨噬细胞吞噬，并通过刺激 T、B 淋巴细胞参与机体免疫调节，增强机体非特异性和特异性免疫反应。

5）抗菌和抗病毒作用。皂苷具有广谱抗菌和抗病毒能力，可以抑制大肠杆菌、伤寒杆菌、副伤寒疫苗等作用，对多种病毒如单纯疱疹病毒、柯萨奇病毒等的复制有抑制作用。

6）降血糖作用。皂苷可抑制肝中葡萄糖-6-磷酸酶的活性而刺激葡糖激酶的活性，对实验性糖尿病小鼠和大鼠均有明显的降糖作用。

（五）有机硫化物

1. 异硫氰酸酯 硫代葡糖苷（GL）是一类含硫的植物次级代谢产物，广泛存在于十字花科蔬菜中，如西洋菜、抱子甘蓝、花椰菜、西蓝花、芥菜、白菜、卷心菜、羽衣甘蓝、辣根、白萝卜和胡萝卜等。十字花科蔬菜经咀嚼或组织破坏后释放 β-葡糖苷酶（俗称黑芥子酶），硫代葡糖苷在黑芥子酶的催化下水解产生异硫氰酸酯（ITC）。

异硫氰酸酯的生物活性及保健功能主要有以下几种。

1）抗肿瘤作用。大量研究发现，摄入十字花科蔬菜能够有效地减少胰腺癌、卵巢癌、结肠癌、前列腺癌等癌症的发病风险。在致癌因素的刺激下，异硫氰酸酯能够抑制Ⅰ相酶，如细胞色素 P450 的活性，阻止致癌物前体的激活。另外，异硫氰酸酯能够激活Ⅱ相酶，使得Ⅰ相反应产物与葡糖醛酸及谷胱甘肽结合，促使致癌物尽快排出体外。异硫氰酸酯通过抑制肿瘤细胞增殖、诱导细胞周期阻滞和抑制细胞生长、诱导肿瘤细胞发生凋亡、诱发氧化应激而选择性杀伤肿瘤细胞、抑制血管生成和肿瘤转移等机制而发挥预防肿瘤的作用。ITC 在抑制癌细胞生长的过程中，不产生对正常细胞有害的物质，对淋巴系统也没有危害。

2）清肺作用。近年来，在大气污染、吸烟和肺部慢性感染等诱因下，各种呼吸系统疾病的发病率大幅度上升。生物学家证明，ITC 能激活 NRF2/ARE 信号通路，增强组织细胞的抗氧化能力，对多种呼吸系统和肺部疾病有预防作用。研究人员还发现通过激活 NRF2/ARE 信号通路，ITC 可以修复巨噬细胞的吞噬能力，从而清除肺部异物，显著降低多种肺部疾病的发病率和死亡率。

3）抗氧化作用。ITC 是天然的抗氧化剂，能够防止表皮皱纹生成，补充营养，清除自由基的侵袭，延缓衰老。

黑芥子酶水解硫代葡糖苷产生的次级代谢产物是形成十字花科蔬菜风味物质的主要成分。雪里蕻本身并没有味道，在雪里蕻的腌制过程中，由于植物组织细胞被破坏，黑芥子酶与硫代葡糖苷接触，水解产生了异硫氰酸酯，具有辛辣味和芳香味，是形成雪里蕻风味的主要物质。另外，芥末和辣根的辣味也是在黑芥子酶作用下产生的异硫氰酸酯类所形成的。

ITC 会在蔬菜的贮存过程中增加或减少，也可在加工过程中分解或浸出。ITC 可被小肠和结肠吸收，人体摄入十字花科蔬菜 2～3h 后可从尿中检出其代谢产物。

2. 蒜烯丙基硫化物 蒜中丰富的有机硫化物是其具有医学功能的主要原因。蒜对葡萄球菌、化脓性链球菌、肺炎双球菌、痢疾杆菌、大肠杆菌等均有杀灭作用，具有抗氧化、抗癌、降血压、降血脂、抗衰老等多种功能。蒜中的有机硫化物多达 30 多种，其中蒜素（allicin）、二烯丙基一硫化物（DAS）、二烯丙基二硫化物（DADS）、二烯丙基三硫化物（DATS）等烯丙基硫化物在天然蒜中含量较高，是蒜主要的生物活性物质。

蒜烯丙基硫化物的生物活性及保健功能主要有以下几种。

1）抗肿瘤作用。烯丙基硫化物具有抗胃癌、肝癌、结肠癌、食管癌、皮肤癌、乳腺癌和肺癌等多种肿瘤的功效，能通过多靶点、多信号途径来抑制肿瘤细胞的增殖，其中包括调节致癌物的代谢、细胞周期阻滞、诱导细胞凋亡、清除自由基和抗氧化等，且不伤及正常组织细胞。

2）对心血管系统的保护作用。烯丙基硫化物通过增加一氧化氮水平及激活一氧化氮合酶而实现降血压和舒张血管作用；其对心肌缺血再灌注损伤具有防治作用，可有效减轻心肌细胞的损伤，作用机制可能与抗心肌细胞凋亡作用有关。

3）抗动脉粥样硬化作用。烯丙基硫化物可以明显降低血脂，对抗脂质过氧化，降低动脉粥样硬化斑块中金属基质蛋白酶的表达，预防动脉粥样硬化的形成，还能减小已经形成的动脉粥样硬化斑块。

4）保护肝脏作用。烯丙基硫化物具有抑制脂质过氧化物对细胞膜结构的损伤、抗肿瘤细胞增殖和促进肿瘤细胞凋亡、调节血脂、抗氧化等功能，因此对脂肪肝、肝癌、药物性肝炎、肝纤维化、自身免疫性肝炎等疾病具有确切的药理作用。

蒜在自然完整状态下，蒜氨酸酶和风味前体物质 S-烃基-半胱氨酸亚砜（CSO）分别独立稳定地存于液泡和细胞质中，所以完整的蒜并不产生刺激性气味。当蒜受到物理破碎后，细胞膜破裂，细胞质中的 CSO 被液泡中的蒜氨酸酶催化分解成 2-烯丙基次磺酸和氨基丙酮酸。2-烯丙基次磺酸非常不稳定，易发生聚合反应生成具有强烈辛辣味的硫代亚磺酸酯类，其中主要是二烯丙基硫代亚磺酸酯（即蒜素）。蒜素又会迅速降解为挥发性的含硫化合物 DAS、DADS、DATS 等。蒜氨酸酶为热不稳定性酶，热稳定的温度在 50℃以下。

（六）叶绿素及其衍生物

叶绿素广泛存在于绿色植物中，是生命赖以生存的重要物质。叶绿素属于镁卟啉环状络合物，其中的镁离子易被铜、铁、钴等离子取代而成为叶绿素衍生物，在食品、医药、保健等方面有着极广泛的应用。

叶绿素及其衍生物的生物活性及主要功能如下。

1）一定的抗肿瘤作用。叶绿素降解产物及其衍生物具有明确的化学结构，且在 600～700nm 波长处吸收系数较高，光敏作用强，毒性低，是一类极具发展前途的光动力治疗药物，对人卵巢癌细胞、肝癌细胞、胆囊癌细胞有明显的杀伤效应。

2）抗氧化作用。叶绿素借助于抑制脂质过氧化作用而抑制线粒体、微粒体和溶酶体等脂质膜的氧化损伤。由于人体肝脏、肾脏等器官损伤的一系列病变均与体内脂质的过氧化作用有关，因此叶绿素衍生物被广泛应用于器官损伤的保护。

3）抗诱变作用。叶绿酸铜钠对几种已知的诱变剂和致癌物质，如苯并（α）芘、N-甲基-N-亚硝基脲及氨基酸热解产物的致突变活性有抑制作用，且抗诱变活性大小与叶绿素的含量有关。此外，它还能抑制许多日常生活环境和膳食中经常接触的复杂混合物，如炸牛肉的提取物、香烟烟雾、尘埃、引擎排出尘粒等的诱变作用。

4）抗菌、抗病毒作用。水溶性叶绿素衍生物对葡萄球菌、链球菌及厌氧产孢子菌有抑制作用；叶绿酸铜钠对革兰氏阳性菌有抑制作用，对革兰氏阴性菌的抑制作用则不一致。将叶绿酸镁钠局部应用于皮肤科和眼科疱疹患者，显示有明显的抗病毒作用。

5）抗贫血作用。用叶绿素-铁化合物治疗贫血患者，所有病例不仅在血液指标有显著改善，而且患者食欲增加。实验表明，铁叶绿酸钠有刺激骨髓造血的作用，对动物实验性贫血有良好的疗效。

6）保肝作用。叶绿素铜钠在体内可明显地抑制四氯化碳引起的血浆天冬氨酸氨基转移酶和丙氨酸氨基转移酶浓度的升高、肝脏甘油三酯的增加及肝脏色氨酸吡咯酶活性的下降。此外，叶绿素铜钠对硫代乙酰胺、四氯化碳所致急性肝损伤有良好的保护作用，对四氯化碳所致慢性肝损伤也有较好的治疗作用。

7）促进创伤和溃疡愈合及治疗烧伤。水溶性叶绿素衍生物可加速动物实验性创伤和烧伤的愈合。叶绿酸钠可通过活化成纤维细胞，促进胶原纤维生长，最终加速创伤的上皮形成，加速动物实验性皮肤创伤的治愈。在临床试验中与青霉素、磺胺等药物相比，叶绿素治愈创伤的作用最强，速度也最快。同时，叶绿酸铜钠可促进局部血管扩张，改善创伤部位血液循环，对各种急慢性溃疡都有抑制作用。

天然叶绿素来源丰富，作用广泛，无毒副作用，但由于其对光、热、酸、碱、酶等理化因素敏感，应用受到限制。因此，用现代科技手段对叶绿素的结构加以化学修饰，制成结构明确、性质稳定的叶绿素衍生物具有良好的前景。

三、各类蔬菜的营养保健功能

蔬菜是我国居民膳食中极为重要的组成部分，平均每人每天食用400g左右蔬菜。蔬菜的品种多，食用部分也各有不同。有些蔬菜具有馥郁的芳香或辛辣的气味，能刺激食欲、帮助消化。有些蔬菜不仅外形艳丽，而且质地脆嫩、酸甜可口，生食可作水果。还有些蔬菜淀粉含量高、组织细腻，蒸煮后，香甜饱腹。

（一）叶菜类

1. 大白菜　　又称结球白菜、黄芽菜，属十字花科植物。

大白菜是冬春季的主要蔬菜。它营养较丰富，含有蛋白质、脂肪、多种维生素和钙、磷等矿物质及大量的粗纤维，用于炖、炒、熘、拌，以及做馅、配菜等，为广大居民所喜爱。大白菜除供熟食外，还可加工成干菜，或制成腌制品。大白菜较耐贮藏、运输，能远销各地。

中医认为白菜性味甘平，具有清热解毒、通利肠胃、宽胸解烦、解酒消食、下气的保健功效，主治口干烦渴、大小便不通。

2. 甘蓝　　又称卷心菜、包菜、洋白菜、椰菜、圆白菜，属十字花科植物。甘蓝主要有结球甘蓝、球茎甘蓝、孢子甘蓝、芥蓝、花椰菜等5个品种，平时常见的主要是结球甘蓝。

甘蓝营养丰富，含葡萄糖芸薹素和吲哚-3-乙醛。前者的含量在嫩叶中占 0.5%～0.9%，老叶中占 0.05%～0.2%。甘蓝还含有黄酮醇、花白苷、绿原酸、异硫氰酸烯丙酯及含硫的抗甲状腺物质，这种抗甲状腺物质在烹调加热后易消失。另外，甘蓝中含较多的维生素 U 样物质氯化甲硫氨基酸，氯化甲硫氨基酸是一种抗溃疡剂，主要用于治疗胃溃疡和十二指肠溃疡。

甘蓝性味甘平、无毒，有补骨髓、利关节、壮筋骨、利脏器和清热止痛等保健功效。尤其对胃、十二指肠溃疡有止痛及促进愈合的作用。还可用于脂肪代谢失调者。

3．芹菜 又称香芹、药芹，属伞形花科植物。芹菜分为水芹和旱芹两种，其品味、功能均相似。

芹菜含有芹菜苷、佛手柑内酯、挥发油、有机酸、胡萝卜素，以及各种维生素、矿物质等，其中维生素 P 和矿物质中的钙、磷、铁均较丰富，对人体具有镇静和保护血管的作用，非常适于孕妇、乳母、缺铁性贫血、高血压、血管硬化、神经衰弱等人群。此外，芹菜还含有较多的粗纤维，利于大便畅通。芹菜全株可食，既可炒食，又可凉拌，也可做馅，别有风味。

中医认为，药用以旱芹为佳，有醒脑健神、降压、润肺、止咳、利尿等保健作用。凡妇女月经不调、红白带等人群，常食有益。对患有高血压的人群，可用芹菜打浆代茶饮。

4．菠菜 又称波斯菜、菠棱菜、鹦鹉菜、赤根菜，属藜科植物。

菠菜叶绿梢嫩，质柔味美，营养价值高，含有维生素 C、维生素 K、维生素 E、核黄素、胡萝卜素等多种维生素，以及钙、锌、铁等矿物质和蛋白质。

菠菜及其种子均可入药，其性味甘、凉、滑、无毒。《本草纲目》记载：菠菜能"通血脉，开胸膈，下气调中，止渴润燥"，有补血止血、利五脏、通血脉、止渴润肠、滋阴平肝、帮助消化等保健功效，对高血压、头痛、目眩、风火赤眼、糖尿病、便秘等人群有益。

（二）根菜类

1．白萝卜 又称莱菔、萝白，属十字花科植物。白萝卜的品种很多，依其栽培时间可分为春萝卜、夏萝卜和秋萝卜三大类。

白萝卜营养丰富，含碳水化合物、维生素及钙、磷、铁等矿物盐。另外，还含有芥子油、多缩戊糖、氢化果胶、腺嘌呤、精氨酸、胆碱、组氨酸、淀粉酶等有益成分，有促进人体胃肠蠕动、增进食欲、帮助消化的功能。白萝卜可做成许多种味美可口的菜肴，既可生吃，也可熟食。白萝卜又是食品加工的好原料，可以腌制、酱制和干制。

白萝卜性味甘、辛、平、微凉，有清热、解毒、利尿、消炎、化痰、止咳等保健功效。据研究，白萝卜的种子可以提取出芥子油，对链球菌、葡萄球菌、肺炎球菌、大肠杆菌均有抑制作用。

2．胡萝卜 又称黄萝卜、丁香萝卜，属伞形花科植物。目前全国各地均有栽培，分为紫红、朱红、橘黄、棕黄等不同颜色的品种，有的粗壮，有的瘦削细长。

胡萝卜含有丰富的胡萝卜素，对维持人体的皮肤和眼睛的正常生理功能有着重要的作用。据研究，人体每天所需要的维生素 A 有 95%是由植物性食品里所含的胡萝卜素合成的，只有 4%～5%是来自动物性食品。此外，胡萝卜还含有多种维生素及矿物质，其含糖量也高于一般蔬菜。胡萝卜有许多种吃法，生、煮、炒、炖均可。

胡萝卜性味甘、平、微温、无毒，有健胃脾、助生津、安五脏及益气补中等保健功效。常食能防治由维生素 A 缺乏引起的不适症状。医学研究发现，胡萝卜还有降压、强心、抗炎和抗过敏等作用。

3．芜菁 又称大头芥、蔓菁、大头菜，属十字花科植物。

芜菁的根如圆萝卜，可当蔬菜，做羹更佳，但一般不生食，多用于腌制咸菜。

芜菁的根、叶、花、种子都可入药，其性味辛、甘、苦、温、无毒，有消食、下气、止咳、消渴、解热、去毒、消肿、去心腹冷痛等保健功效。

（三）茄果类

1. 茄　　又称落苏、矮瓜、吊菜子，属茄科植物。从颜色来分，茄有白茄、紫茄、青茄、花茄4种；从形状上分为圆茄、长茄、矮茄3种。

茄的营养价值高，含有糖类、各种维生素和钙、磷、铁等矿物质。茄还含有维生素P，这是其他各种蔬菜所不及的。维生素P以紫茄含量较高，它有增强细胞间黏着力、防止微血管脆裂出血、促进伤口愈合的作用。

中医认为，茄性味甘寒、无毒，具有散血、止痛、去瘀、利尿、消肿、解毒等保健功效。患高血压、动脉硬化症、咯血、皮肤紫斑病及坏血病的人群，经常吃茄可辅助治疗所患疾病。

2. 辣椒　　又称辣茄、秦椒、辣子，属茄科植物。辣椒的品种较多，以果实形态分，有圆形灯笼椒、长圆锥形羊角椒、圆锥形辣椒等；以辛辣强度分，有甜椒、半辛辣椒和辛辣椒等。

辣椒的营养价值很高，维生素C和胡萝卜素的含量是其他蔬菜所少有的。辣椒还含有具特殊香辣味的辣椒素，适当食用可以帮助消化，增进食欲。

辣椒性味辛、热，有温中散寒、开胃消食的作用。其根可活血消肿。食用辣椒能刺激唾液腺及胃液的分泌，可以健胃及驱除肠内的不良气体；外用能促进皮肤血液循环，可缓解冻疮、风湿痛、腰肌痛。胃和十二指肠溃疡、急性肠炎、肺结核、咯血、食管炎、喉痛、痔疮等人群，宜慎服辣椒。

3. 番茄　　又称西红柿、番柿、洋柿子，属茄科植物。番茄的品种较多，按照植株形态分为蔓性种和矮性种；按果实颜色分为大红、粉红和黄色3种。

番茄含有丰富的维生素、矿物质、碳水化合物、有机酸和番茄红素等营养物质。其碳水化合物以葡萄糖和果糖为多，淀粉含量极少。果实中的有机酸主要是柠檬酸，苹果酸次之。番茄的维生素C含量较高，由于它受着酸的保护，因此在烹调中不易被破坏。平时适量地多吃番茄，可增进心肌功能，解除疲劳，对心脏病患者有益。

番茄性味酸、平、微甘、无毒，有清热解毒、凉血平肝的保健功效。番茄中所含番茄红素对多种细菌和真菌有抑制作用，还有帮助消化和利尿的作用。

（四）瓜类

1. 黄瓜　　又称胡瓜、王瓜、刺瓜、青瓜、勤瓜，属葫芦科植物。黄瓜在我国分布极广，南北各地普遍栽培，为夏季主要蔬菜之一。黄瓜质爽脆，味甜美，生吃、凉拌、熟食均可，也可腌渍和酱制。

黄瓜含有碳水化合物，维生素及钙、磷、铁、镁、钾等营养物质。黄瓜所含的碳水化合物主要是葡萄糖、鼠李糖、半乳糖、果糖等。黄瓜含有丰富的钾盐，患有心脏病、肾脏病及水肿病的人群，多吃黄瓜大有裨益。黄瓜中的纤维素能增进肠道蠕动，使腐败残渣及时排出体外。鲜黄瓜含有抑制糖类物质转化为脂肪的丙醇二酸，肥胖者常食有好处。

黄瓜的叶、藤、根、果实均可入药。黄瓜的叶和藤性味微寒，具有清热利水、除湿、滑肠、镇痛等保健作用。临床实践证明，黄瓜藤有良好的降压效果和降低胆固醇的作用。

2. 冬瓜　　又称东瓜、枕瓜、白瓜，属葫芦科植物。

冬瓜所含的营养成分与黄瓜近似,并且冬瓜果肉中含腺嘌呤,瓜瓤含葫芦巴碱、组氨酸等,雌花含精氨酸、天冬氨酸、谷氨酸,种子中含尿素分解酶、皂苷、脂肪、蛋白质等。冬瓜与其他瓜菜不同的是含钠量低,不含脂肪,肥胖者可常食,肾脏病、水肿病、糖尿病等人群常吃对健康有益。

冬瓜茎、叶、皮、瓤、种子均可入药。其性味甘凉,无毒,具有清热、解毒、利尿、消肿等保健作用。冬瓜子还有清肺热、化痰、消痈排脓的功效。炒熟久服,益脾健胃,补肝明目。冬瓜瓤肉可用于糖尿病人群。绞汁服,止燥、解渴、利小便、治五淋。

3. 南瓜　　又称饭瓜、番瓜、金瓜、倭瓜,属葫芦科植物。其分类上包括三个植物学种,即普通南瓜(中国南瓜)、笋瓜(印度南瓜)、西葫芦(美洲南瓜)。

老熟南瓜含有丰富的糖类和淀粉,以及维生素、矿物质等,既可作菜又可代粮。南瓜的种子含油率约50%,炒食脆香可口。

中医认为,南瓜性味甘温、无毒,有补中益气、消炎止痛、解毒杀虫等保健功效。南瓜肉可润肺益气;南瓜瓤可清暑利湿;南瓜蒂有清热安胎作用;南瓜根有清热、渗湿、解毒、治黄疸等作用;南瓜藤也有清热作用;南瓜子味甘性苦,是有效的驱虫剂。

4. 苦瓜　　又称凉瓜、癞瓜、锦荔枝,属葫芦科植物。每当夏秋高温季节,苦瓜就成为清暑、解热、增进食欲的佳肴。

苦瓜的营养价值并不逊于其他瓜菜,果实中含有苦瓜苷、5-羟色胺和多种氨基酸,特别是维生素C的含量较高。苦瓜所含的苦瓜素,有增进食欲、帮助消化、降低血糖的作用,糖尿病患者常吃有益。

苦瓜的茎、叶、果实均可药用,其性味苦寒、无毒,有除邪热、解乏、清心明目、益气壮阳等保健作用。常用于中暑发热、牙疼、肠炎、痢疾的治疗;也外用治痱子、疖肿、疮等。

(五)豆类

1. 豇豆　　又称长豆角、带豆、饭豆,属豆科植物。豇豆是夏秋季主要蔬菜,其嫩荚炒、蒸、焖均可。

豇豆含较高的蛋白质、碳水化合物、维生素和矿物质。其矿物质具有高钾、高镁、低钠的特点,对缺钾或需要高钾低钠的患者在营养治疗上有益。

豇豆的豆、叶、根、果皮均可入药,其性味甘、咸、平、无毒,有健脾利湿、清热解毒、止血消渴等保健功效。肾病人群宜食,并能补五脏、暖胃肠、理中益气、兼调经脉。

2. 菜豆　　又称芸豆、四季豆、刀豆、玉豆,属豆科植物。嫩荚或种子可鲜食,也可以罐制、腌渍、冷冻、干制。

菜豆的嫩荚和种子含有丰富的蛋白质、碳水化合物、膳食纤维、维生素和矿物质,其蛋白质、钙、铁和B族维生素的含量均高于鸡肉。菜豆是一种高钾、高镁、低钠食品,尤其适合心脏病、动脉硬化、高血脂、低血钾症者食用。

菜豆的种子、果壳、根均可入药,性味甘平、无毒,具有温中下气、益肾补虚的保健功效,主治虚寒呃逆、呕吐、腹胀、肾虚、腰病、痰喘,有镇静作用。

(六)葱蒜类

1. 韭菜　　又称韭、起阳草,属百合科植物。韭菜是多年生草本蔬菜,叶片生长迅速,一年中可多次收获。

韭菜的主要营养成分有维生素C、维生素B_1、维生素B_2、烟酸、胡萝卜素、碳水化合物及矿物质。韭菜还含有丰富的膳食纤维，可以促进肠道蠕动，并能减少对胆固醇的吸收，起到预防和治疗动脉硬化、冠心病等疾病的作用。韭菜中含有挥发性精油及硫化物等特殊成分，散发独特的辛香气味，有助于增进食欲，增强消化功能。

中医认为，韭菜叶、根和种子均可入药。熟食性温味甘，生食性味辛热。叶和根有兴奋、散瘀、活血、止泻、止血、补中、助肝、通络的保健功效。适用于跌打损伤、噎膈、反胃、肠炎、吐血、鼻血、胸痛等人群。种子为激性剂，有固精、助阳、补肾、治滞、暖膝等功效，适用于阳痿、早泄、遗精、多尿等人群。但是，阴虚内热及疮疡、目疾患者均忌食韭菜。

2. 蒜 又称大蒜、葫、葫蒜，属百合科植物。蒜各生长期所得的蒜苗、蒜薹、蒜头均可食用，蒜头可生食、盐渍、糖渍、酱制或制成蒜片、蒜粉、蒜油等产品。

蒜含有蛋白质、糖、维生素、矿物质、蒜素等成分。其中的锗和硒等元素可抑制肿瘤细胞的生长。蒜素是天然的植物广谱抗生素，对多种致病菌如葡萄球菌、链球菌、结核杆菌和霍乱弧菌等都有明显的抑制和杀灭作用。生吃蒜是预防肠道感染病的有效方法。

蒜性温、味辛，以鳞茎部入药，具有广谱抗菌、消炎、驱虫、健胃等保健功能。适于脘腹冷痛、痢疾、泄泻、肺痨、百日咳、感冒、痈疖肿毒、肠痈、癣疮、蛇虫咬伤、钩虫病、蛲虫病、带下阴痒、疟疾、喉痹、水肿等人群食用。但是，阴虚火旺者、胃溃疡、十二指肠溃疡、肝病患者、眼疾患者忌食蒜。

3. 葱 又称葱白、香葱，属百合科植物。葱常作为调味品或蔬菜食用，在烹调中扮演重要的角色。

葱含有挥发油、烯丙基硫醚，还含有脂肪、糖类、胡萝卜素、维生素C、烟酸、钙、镁、铁等成分。葱有特殊的香辣味，不但能对菜肴除腥增香，而且能增进食欲。

葱味辛、性微温，具有发汗解表、通阳、解毒、抑菌和舒张血管等保健作用。主要用于风寒感冒、恶寒发热、头痛鼻塞、痢疾泄泻、虫积内阻、乳汁不通、二便不利等人群。

（七）薯芋类

1. 山药 又称薯芋、山薯、山芋，属薯芋科植物，以河南怀庆地区出产的"怀山药"尤佳。

山药块茎含薯芋皂苷元、多巴胺、山药碱、淀粉酶、自由氨基酸和多种矿物质，还含具有降血糖作用的山药多糖。

我国历来重视山药在医疗保健方面的作用。《本草纲目》概括其有五大功用："益肾气，健脾胃，止泻痢，化痰涎，润皮毛。"中医认为，山药性温、味甘、无毒，入脾、肺、肾经，有补中益气、健脾胃、长肌肉、强筋骨、助五脏、止泄泻、治消渴、补肺益肾的保健效用。适用于脾胃虚弱、倦怠无力、饮食减少、便溏腹泻、妇女脾虚带下、肺虚久咳咽干、肾气亏耗、腰膝酸软、下肢痿弱、消渴尿频等症状的人群。中成药中的"六味地黄丸""金匮肾气丸"等，都是以山药为主要原料配制而成的。

2. 生姜 又称鲜姜，属姜科植物，为多年生宿根草本植物。生姜除作调味品外，还可腌渍、糖渍、干制，供常年食用。

生姜含挥发油，主要为姜醇、姜烯、水芹烯、柠檬醛、芳樟醇等；又含辣味成分姜辣素，分解生成姜酮、姜烯酮等。此外，还含有谷氨酸、天冬氨酸、丝氨酸、甘氨酸、苏氨酸、丙氨酸等。姜辣素对口腔和胃黏膜有刺激作用，能促进消化液分泌，增进食欲。可使肠张力、节律和蠕动增加。有末梢性镇吐作用，有效成分为姜酮和姜烯酮的混合物。对呼吸和血管运动中枢有兴奋作用，能促进血液循环。生姜提取液对金黄色葡萄球菌、白色葡萄球菌、伤寒杆菌、绿脓杆菌均有明显的抑制作用。

生姜有嫩、老之分，药用以老姜为佳，其性味辛、微温，有散寒、温中、兴奋、发汗、止呕、解毒等保健作用。生姜能促进消化液的分泌，增强食欲；姜还有抑制肠内异常发酵及促进气体排出的作用。对延髓、呼吸中枢及血管运动中枢均有兴奋作用，能增进血液循环，使血压上升，促进发汗。生姜还有调节呼吸，利于新陈代谢等作用。但患痔疮、痈疮者不宜服用生姜；患有肠结核、胃出血和细菌性痢疾的人群也不能食用。

（八）水生菜类

1. 藕 又称莲藕，属睡莲科植物。

藕含有多种有效物质，营养价值高。荷叶含维生素C及荷莲碱；藕富含天冬碱、葫芦巴碱、卵磷脂、淀粉、蔗糖、葡萄糖、蛋白质、脂肪、维生素和矿物质等；莲子含蛋白质、脂肪、糖类、灰分、荷莲碱、维生素及铜、锰、钛等矿物质。

藕性味甘、平、涩、无毒。其花、叶、茎、须、节、藕、莲房等均可入药。生藕甘凉入胃，可消瘀凉血、清烦热、止呕渴；熟后由凉变温，失去消瘀热的功效，而有甘温、益胃、滋阴、补心的保健功效。藕节即根茎节，对于各种出血如吐血、尿血、便血、子宫出血等有效。藕节的止血作用在于含有丰富的单宁酸，因单宁酸有收缩血管的作用，故能止血。莲子入心、肾、脾三经，滋补元气，并有固精、安神、补虚、止泻的功效。莲心是清热、固精、安神的良品，针对高热引起的烦躁不安、神志不清及梦遗滑精等症有效。莲房即花托，形似蜂窝状，味苦，性涩湿，散瘀治滞、清心通肾，适于瘀血腹痛、子宫出血、白带过多的人群。莲须入肾、心经，有固精、止血的作用。荷叶味苦性平，色青气香，干叶能生发元气、助脾开胃、清热解暑。荷梗即叶柄，有顺气、宽胸、通乳的作用。荷花多用于暑热烦渴、吐血诸症。

2. 荸荠 又名马蹄、地栗、乌芋等，属莎草科植物。荸荠是一种很好的水生蔬菜，可以生食、炒、煎，也可以做配菜，甜脆爽口，别有风味。

荸荠中的磷含量是所有根茎类蔬菜中最高的。荸荠中所含的荸荠英是一种抗菌物质，对金黄色葡萄球菌、大肠杆菌及绿脓杆菌有抑制作用。荸荠性味甘寒，具有清热、止渴、开胃、消食、化痰、益气、明目的保健功效，适用于温病口渴、舌赤少津、小儿口疮、咽干喉痛、消化不良、大便燥结、血痢下血等人群。

第四节　蔬菜的抗营养因子

蔬菜中含有一些影响营养素消化吸收的物质，此类物质统称为抗营养因子。这是蔬菜在进化过程中形成的自我保护物质。目前研究较多的抗营养因子有蛋白酶抑制剂、生物碱、皂苷、草酸等。它们可以阻碍营养物质的消化吸收和利用，从而降低食物的营养价值。部分抗营养因子甚至会导致食物中毒，因此蔬菜必须合理选择、贮藏和加工。

一、生物碱

生物碱是一种含氮的有机化合物，主要存在于植物中，已知有2000种以上。存在于蔬菜中的生物碱主要为马铃薯中的龙葵碱和黄花菜中的秋水仙碱。

（一）龙葵碱

1. 来源和毒性 龙葵碱，又称龙葵素或茄碱，存在于马铃薯、茄、未成熟的番茄等茄科植物中，以马铃薯中的龙葵碱中毒最典型。马铃薯幼芽、芽眼及表皮绿色部分的龙葵碱含量高，发芽、表皮变青和光照均可大幅度提高马铃薯中龙葵碱含量，甚至可增加数十倍。例如，将马铃薯暴露于阳光下5d，其表皮中的龙葵碱含量可达到500～700mg/kg。

龙葵碱有较强的毒性，一般人只要口服290mg以上即可引起中毒。而且龙葵碱对热稳定，一般烹调不易被破坏，只能剔除掉。

2. 中毒机制 龙葵碱主要通过抑制乙酰胆碱酯酶的活性引起中毒反应。乙酰胆碱是重要的神经传递物质，乙酰胆碱酯酶可将乙酰胆碱水解为乙酸盐和胆碱。而龙葵碱会导致组织中的乙酰胆碱大量蓄积，使一些以乙酰胆碱为传导介质的神经处于过度兴奋状态，最后转入抑制和衰竭。龙葵碱对胃肠道黏膜有较强的刺激性和腐蚀性，对中枢神经有麻痹作用，尤其对呼吸中枢及运动中枢作用显著。

3. 中毒表现 潜伏期为数十分钟至数小时，多数为2～4h。起初为咽喉抓痒感及灼烧感，并伴有上腹部灼烧感或疼痛，其后出现胃痛加剧、恶心、呕吐、呼吸困难、急促，伴随全身虚弱和衰竭。轻者1～2d自愈，重症者可由心脏衰竭、呼吸麻痹而致死。

4. 预防措施 马铃薯应存放在干燥、凉爽、无阳光直射的地方，防止发芽和变绿。不吃生芽过多、有黑绿色皮的马铃薯。轻度发芽的马铃薯在食用时应彻底挖去幼芽和芽眼周围部分，以免食入毒素而引起中毒。龙葵素与稀酸共热生成茄啶及一些糖类，因此烹调时可加些醋来破坏龙葵素。

（二）秋水仙碱

1. 来源和毒性 新鲜黄花菜中秋水仙碱含量较多。秋水仙碱本身并无毒性，但经肠道吸收后在体内氧化生成二秋水仙碱，二秋水仙碱有剧毒。成年人如果一次食入0.1～0.2mg秋水仙碱（相当于50～100g鲜黄花菜）即可引起中毒，一次摄入3～20mg可导致死亡。

2. 中毒表现 一般在4h内出现中毒症状，轻者口渴、喉干、心慌、胸闷、头痛、呕吐、腹泻；重者出现血尿、血便、尿闭与昏迷等。

3. 预防措施 由于秋水仙碱溶于水，并对热不稳定，通过烹调加工可减少其含量。例如，干制时的杀青处理、烹调时的热处理，都可使秋水仙碱的毒性消失。因此，避免秋水仙碱中毒的措施是不食用未经热处理或热处理不彻底的鲜黄花菜。干黄花菜一般不存在秋水仙碱中毒问题。

二、氰苷类

苷类是糖或糖的衍生物与另一类非糖物质通过糖的端基碳原子连接而成的化合物，又称配糖体。非糖物质称为苷元或配糖基。苷类根据苷元的类型可以分为氰苷、醇苷、黄酮苷、皂苷、硫苷、强心苷等。蔬菜中的有毒苷类主要是氰苷类化合物。

1. 来源和毒性 氰苷类物质是由氰醇衍生物的羟基和D-葡萄糖缩合形成的糖苷。在一些豆类、木薯的块根中含有氰苷。氰苷为剧毒物质，对人的最小致死量为0.4～1mg/kg体重。中毒原因主要是生食或食入未煮透的木薯，一般食用150～300g生木薯即可引起严重中毒或死亡。

2. 中毒机制 毒性来源于氰苷水解后产生的氢氰酸（HCN），氢氰酸解离出的氰离子极易与人体内细胞色素氧化酶分子中的铁结合，破坏细胞色素氧化酶在生物氧化中的电子传递功能，导致细胞的呼吸链中断，产生细胞中毒性缺氧症，使机体陷入窒息状态。氰苷对中枢神经系统的作用是先兴奋后麻痹，呼吸麻痹是氢氰酸中毒致死的主要原因。

3．中毒表现 中毒症状主要是口中苦涩、流涎、恶心、呕吐、腹痛、头痛、头晕、心悸、倦睡无力等，重症者胸闷、呼吸困难、瞳孔散大，严重者意识不清、昏迷或抽搐，出现休克或呼吸循环衰竭而死亡。

4．预防措施 氰苷易溶于水，且极易被酸或同存于植物中的酶水解，这是通过加工处理去除与降低氰苷毒性的化学基础。预防木薯中毒的具体措施如下。

1）因大部分氰苷存在于皮内，故加工木薯时应去皮。

2）将剥除内皮后的木薯长时间用水浸泡和水煮。有些地方剥去内皮后先用水泡3~5d，换水煮两次，煮时将锅盖打开，使氢氰酸逸出，方可食用。

3）严禁生食木薯，不要空腹食木薯，一次也不宜多食。

三、有毒植物蛋白

有毒植物蛋白类物质主要有植物红细胞凝集素和酶抑制剂。

（一）植物红细胞凝集素

1．来源 植物红细胞凝集素是植物合成的一类对红细胞有凝聚作用的糖蛋白，存在于豆科、大戟科蔬菜中，如大豆、菜豆、蚕豆、豌豆、扁豆等。豆科蔬菜中的红细胞凝集素集中在子叶和胚乳的蛋白体中，随着逐渐成熟含量增加，而发芽时含量迅速下降。凝集素的化学本质是蛋白质，故加热处理可解除其毒性。因此，扁豆、菜豆等豆类中毒常因加热不彻底，如开水漂烫后做凉拌菜等。

2．中毒机制 凝集素是一种有毒蛋白质，大多为糖蛋白类物质。能与血细胞膜上的特定受体部位结合，使人的血红细胞发生凝聚而造成中毒。当外源凝集素结合到肠道上皮细胞时，可造成消化道对维生素、矿物质及其他营养素吸收能力的下降，从而造成动物营养素缺乏和生长迟缓。有些植物的凝集素为非特异性，能作用于各种动物和各种血型的人；有些植物的凝集素则具有血型特异性。

3．中毒表现 中毒的潜伏期为30min~5h，发病初期多数患者胃部不适，继而以恶心、呕吐、腹痛为主，部分患者可产生头晕、头痛、出汗、畏寒、四肢麻木、胃部灼烧感、腹泻，一般不发热，病程为数小时或1~2d，预后良好。儿童对大豆红细胞凝集素较敏感，中毒后可出现呕吐、腹泻、头晕、头痛等症状，潜伏期为几十分钟至十几小时。

4．预防措施 凝集素不耐热，受热很快失活，因此豆类在食用前一定要彻底加热。在烹调菜豆时应炒熟煮透，最好炖熟。进食生豆浆后会出现恶心、呕吐、腹痛、腹胀和腹泻等症状，豆浆应煮沸后继续加热5min才可饮用。

（二）酶抑制剂

1．蛋白酶抑制剂 在大豆、扁豆、豌豆、红小豆、绿豆、黑豆、菜豆、豇豆、花生等植物种子中普遍存在蛋白酶抑制剂类物质，对人体中的胰蛋白酶和胰凝乳蛋白酶具有强烈的抑制作用，属于抗营养类物质，并对胃肠有刺激作用。如果对这些食物不加热熟化而生食，不仅蛋白质的消化吸收受到影响，还代偿性地引起胰腺肿大。例如，生大豆蛋白质的消化吸收率仅为40%左右，而制成熟豆浆后的消化吸收率可达到95%以上。

马铃薯、甘薯等薯类中的蛋白酶抑制剂种类较多，特异性各不相同，可作用于多种蛋白酶，如丝氨酸蛋白酶、羧肽酶、木瓜蛋白酶等。马铃薯和甘薯中的蛋白酶抑制剂具有抗病、抗炎、抗癌等功能，对人体非常安全。

2．淀粉酶抑制剂 淀粉酶抑制剂常见于菜豆、芋头中，生食这些食物，会引起淀粉消化不良。热处理可有效消除酶抑制剂的作用。

3．胆碱酯酶抑制剂 配糖生物碱是一种天然存在的抗胆碱酯酶物质，最常见的胆碱酯酶抑制剂是龙葵碱，该物质在马铃薯、茄、番茄等茄类植物中存在。

四、草酸

草酸是生物体的一种代谢产物，广泛分布于植物、动物和真菌中，并在不同的生物体中发挥不同的功能。

1．来源 草酸是蔬菜中普遍存在的成分，不过含量差异很大，最多的能够相差百倍。一般来说，苋科和伞形科的蔬菜含草酸相对较多。例如，菠菜中草酸含量为 0.97%，苋菜中含量是 1.09%，马齿苋中含量达 1.31%。十字花科的蔬菜，特别是质地脆嫩的常见蔬菜，如大白菜、小白菜、圆白菜、芥蓝、芥菜等，草酸含量都较低，在 0.1% 以下。番茄、黄瓜、南瓜、马铃薯、甜豌豆等是低草酸蔬菜。

从食物中摄入的，叫外源性草酸；人体自身产生的，叫内源性草酸。实际上，草酸是人体的正常代谢物质，通常含量很低。甘氨酸、羟乙酸、羟脯氨酸、维生素 C 等物质在体内代谢之后都可能转变为草酸。特别是维生素 B_6 摄入不足的时候，形成草酸的风险会更大。

2．危害 草酸可与钙、铁、锌等形成不溶性的盐类，因草酸盐不易吸收而排出体外，降低了矿质元素的生物利用率。所以草酸往往被认为是一种矿质元素吸收利用的拮抗物。草酸若被人体吸收，则在血液中与钙形成溶解度很低的草酸钙，可能引起肾结石、膀胱结石或尿道结石。据医学统计，肾结石中的 75% 左右是草酸钙沉淀，也有磷酸盐和尿酸盐沉淀。

3．预防措施 食物中的钙能在胃肠道中与草酸结合，形成草酸钙沉淀而排出体外，减少膳食中草酸的吸收量，阻止草酸被小肠吸收，起到预防肾结石的效果。目前医学界认为，草酸摄入并不是引起肾结石的主要原因，能代谢成草酸的物质摄入过多、膳食钙摄入过少、蛋白质摄入过多等都是促进肾结石形成的可能原因。蔬菜经过合理的烹调处理可以减少草酸含量。例如，草酸含量高的菠菜、苋菜等，沸水焯烫就可以去除 40%～70% 的草酸。

五、硝酸盐和亚硝酸盐

1．来源 所有蔬菜中都含有硝酸盐和亚硝酸盐，不同种类的蔬菜之间、同种蔬菜的不同种植方式之间，硝酸盐和亚硝酸盐的含量也会显著不同。蔬菜中亚硝酸盐主要来源于：①腐烂蔬菜、久贮的新鲜蔬菜及久置的煮熟蔬菜，蔬菜原料中的硝酸盐在硝酸盐还原菌的作用下转化为亚硝酸盐；②刚腌的蔬菜（暴腌菜）含有大量亚硝酸盐；③食用叶菜类过多时，大量硝酸盐进入肠道，若肠道消化功能欠佳，则肠道内的细菌可将硝酸盐还原为亚硝酸盐。

2．中毒机制 亚硝酸盐被人体吸收进入血液后，可将血红蛋白中所含的二价铁氧化为三价铁，使正常的血红蛋白变为高铁血红蛋白，失去运送氧气的功能。当血液中的高铁血红蛋白达到一定浓度时，就会发生组织缺氧症状，引起呼吸、神经和循环系统损害。

3．中毒表现 一般潜伏期为 1～3h，中毒的主要表现是由组织缺氧而引起头痛、头晕、皮肤青紫、恶心、呕吐及疲倦乏力等症状；严重者可有呼吸急促、心跳加快、抽搐、昏迷，甚至因呼吸和循环衰竭而死亡。

4. 预防措施　　蔬菜应妥善保存，防止腐烂，不吃腐烂的蔬菜；食剩的熟菜不可在高温下长时间存放后再食用；不要食用刚腌的蔬菜，至少腌制 15d 才能食用；不要在短时间内吃大量叶菜类，或先用开水焯烫后再烹调。

第五节　贮藏与加工对蔬菜营养价值的影响

蔬菜原料大多易腐败，需要及时进行贮藏与加工处理。由于营养成分稳定性的差异和贮藏加工方法的不同，蔬菜的营养价值有升有降。只有掌握加工贮藏过程对蔬菜营养价值的影响规律，才能减少营养素的破坏和损失，并较大程度地提高蔬菜的营养价值。

一、贮藏对蔬菜营养价值的影响

蔬菜贮藏的方法很多，按照贮藏原理可大致分为 4 类：一是维持新鲜蔬菜原料最低生命活动的方法，在 0～5℃贮藏能抑制蔬菜呼吸作用和酶的活力，延缓贮存物质的分解；二是抑制蔬菜生命活动的方法，如冷冻贮藏、高渗透压贮藏、使用食品添加剂等，可使蔬菜中微生物和酶的活性受到抑制，但这些因素一消失，其活性迅速恢复，蔬菜仍会腐败；三是运用发酵原理的贮藏方法，如乳酸发酵、乙醇发酵和乙酸发酵的主要产物是抑制腐败菌生长的有效物质，可延缓蔬菜的腐败变质；四是利用无菌原理的贮藏方法，通过热处理、微波、过滤等方法将蔬菜中腐败菌的数量降低至能长期贮存所允许的最低限度，密封以防止再次污染，从而保证蔬菜的长期贮藏。

1. 常温贮藏对蔬菜中营养素的影响　　新鲜蔬菜在采收和贮藏中会发生蒸腾和呼吸作用，呼吸作用会导致可利用碳水化合物的损失，使粗纤维增加。例如，刚采收的甜玉米，水分含量 72%，糖分含量 4%。若在 30℃存放 12h，糖分损失 50%；3d 后糖分损失 90%，水分降至 65%，不能消化的谷皮含量从 1.8%增加到 2.8%；但若在 2℃贮藏 5d，水分仅降低 2%，糖分仅降低 1%。

新鲜蔬菜在贮存期损失最多的是维生素，尤其是维生素 C，损失率与其存放时间、温度有关。在室温下贮存 2～4d，维生素 C 损失约 10%，随着时间延长，损失率逐渐增加；马铃薯贮藏 3 个月，维生素 C 损失约 1/3，7 个月后损失约 2/3。芦笋青茎在 20℃贮存 7d，维生素 C 损失约 80%，但若在 0℃贮存，损失率仅 20%。绿色蔬菜在室温下数天，维生素丧失殆尽，在 0℃则可保存 50%。

2. 冷冻贮藏对蔬菜中营养素的影响　　冷冻贮藏通常是指在-18℃以下贮藏，在此温度下，微生物生长受到抑制，某些酶的活性降低。冷冻贮藏工艺包括预冻结、冻藏和解冻。

1) 预冻结。蔬菜采收到冻结之前的贮存时间越短，则维生素损失越小，但蔬菜在冻结前需要烫漂，水溶性维生素可有大量损失，冻结期间维生素损失一般很小。

2) 冻藏。维生素的损失率取决于蔬菜种类、预冻结处理方式、包装类型、包装材料和贮藏条件等。例如，在-7～18℃，温度每升高 10℃，可引起青豆、菠菜等的维生素 C 以 6～20 倍的速度加速降解。所以通常将蔬菜冻结到-18℃以下，可较好地保持蔬菜的原始营养价值。

3) 解冻。对维生素损失的影响较小，但可能有水溶性维生素随解冻时的渗出物流失。

冻藏通常被认为是保持蔬菜营养质量及长期保藏蔬菜的较好方法。冷冻过程本身对营养物质的破坏很小，但是冷冻前的修整、磨碎、烫漂和解冻过程会导致营养物质的损失。一是来自物理分离,如预冻结的去皮、修整和解冻时的汁液渗出等;二是由于沥滤,特别是烫漂时的沥滤或化学降解。蔬菜类经冷冻后主要是维生素的损失,如维生素 B_6 会损失37%~56%。由于维生素C是蔬菜中最容易发生降解的水溶性维生素,常被用作衡量蔬菜中其他维生素损失情况的指示剂。利马豆、甘蓝、花椰菜和菠菜在-18℃贮藏6~12个月,维生素C的损失率分别为51%、49%、50%和65%。此外,冻藏中营养素保存率与冻藏时间和温度有关,从-18℃上升至-7℃,蔬菜的维生素C降解率提高了6%~20%。

二、加工对蔬菜营养价值的影响

蔬菜加工通常是为了杀灭微生物或钝化酶、破坏某些营养抑制剂和毒性物质、提高消化率和营养价值、增加方便性及维持和改善感官性状等。蔬菜加工方法多种多样,如加热、冷冻、发酵、盐渍和糖渍等,在这些物理、化学和生物因素的作用下,蔬菜的营养价值发生了一定的变化。

(一)加工前处理对蔬菜营养价值的影响

1. 清洗与整理 蔬菜加工前必须进行清理、修整和漂洗等处理。蔬菜在进行修整时,营养素的损失一般高于其重量损失,原因是蔬菜的外皮和皮下组织是生物代谢最活跃的部位,维生素含量比其他部位高。例如,蔬菜叶维生素含量通常外层高于内层,莴苣外部的青叶虽比内部的嫩叶老,但其钙、铁和胡萝卜素含量比嫩叶高;而圆白菜外面的绿叶胡萝卜素含量为内层白色叶的21倍,铁为3倍,维生素C为1.5倍。

蔬菜在没有受到任何机械性损伤时,在清洗过程中营养素的损失很少,但在经过修整、剪切等前处理后再清洗,可引起酶促褐变反应及水溶性营养素的丢失。蔬菜在修整和浸泡中,水溶性维生素和无机盐损失可分别高达60%和35%,这取决于浸泡时间和浸泡水温。蔬菜切片或切碎后在空气中放置,维生素损失较大。例如,黄瓜切片后放置1h,维生素C的损失率为35%,但对胡萝卜素和烟酸基本没有影响。蔬菜中 Fe^{2+} 不稳定,最终氧化为 Fe^{3+},可与草酸结合成不溶性的草酸铁,使吸收利用率降低。

2. 烫漂与沥滤 蔬菜在装罐、冷冻和脱水前大多要烫漂,以钝化引起质量下降的酶或驱除组织中的气体,防止杀菌时胀罐。烫漂的损失率受多种因素的影响。

1) 蔬菜和维生素的种类。蔬菜单位表面积越大,损失越多。例如,菠菜表面积大,在热烫后各维生素损失率一般比青豆和豌豆高(表2-11)。维生素C和维生素 B_1 对热不稳定,损失相对大;而维生素K、维生素 B_2、烟酸和生物素等通常较稳定。

表2-11 一些蔬菜焯烫后部分维生素的平均损失率(%)

食物名称	维生素 B_1	维生素 B_2	烟酸	维生素C
青豆	9	5	7	26
豌豆	12	25	27	24
菠菜	23	19	39	39
芦笋	8	10	5	5

资料来源:陈葆新,1989

2) 产品成熟度。产品成熟度不同,烫漂中营养素保存情况不同。例如,青豆成熟度越高,烫漂时维生素C和维生素 B_1 保存率就越高。

3) 烫漂类型。烫漂方式不同,营养损失不同。一般沸水烫漂的营养素损失高于蒸汽烫漂,而微波处理损失较少。此外，烫漂或蒸煮时，若与水接触则蔬菜中矿物质的损失可能很大，这是沥滤的结果。硝酸盐的损失无论从防止罐头腐蚀还是对人体健康来说都是有益的。

4）烫漂时间和温度。蔬菜中营养素保存情况与烫漂时间和温度有关，烫漂时间越长，损失越大。通常短时高温比长时低温所致营养素的损失少。例如，青豆在71℃、99℃分别烫漂6min、2min，维生素C以99℃、2min烫漂处理时保存较多，因为高温可迅速驱除氧气并钝化酶活性。

5）冷却方法。烫漂后的冷却方法影响营养素保存率，空气冷却比水冷却损失要小。当蒸汽烫漂用空气冷却时无需喷淋或浸渍，沥滤损失可减到最小。烫漂时维生素的损失主要由蔬菜切口或对敏感表面的抽提、沥滤及水溶性维生素的氧化和加热破坏所引起，包括水洗、水流槽输送、冷却和沥滤等。烫漂期间水溶性维生素的损失一般在0～60%。当用蒸汽或微波烫漂、空气冷却时，可使这一损失减至5%～10%。

尽管烫漂可引起蔬菜维生素的损失，但烫漂本身也是保存维生素的一种方法。例如，青豆贮藏中采用烫漂处理后维生素C、维生素B_1和维生素B_2分别损失50%、20%和30%，而未烫漂贮藏的损失可达90%、70%和40%。蔬菜在-20℃贮存1年后，烫漂处理的蔬菜维生素C保存率更高。

（二）热加工对蔬菜营养价值的影响

食品工业的热处理加工包括烫漂、巴氏消毒、高温杀菌和烹调等。热加工可以延长蔬菜的保存期、改善蔬菜的感官性状（如色、香、味、形）、提高营养素的利用率等。热加工的有利作用为：第一，蔬菜的热加工除了软化纤维性多糖、改善口感外，还可以使原来有序的蛋白质变性，便于蛋白酶作用，从而提高了蛋白质的消化率；第二，加热可使淀粉颗粒膨胀，易被消化酶作用；第三，加热可杀灭蔬菜中的微生物和钝化引起蔬菜败坏的酶，使营养物质免遭氧化分解和损失；第四，加热可破坏蔬菜中的天然有毒蛋白质，如某些毒性物质、酶抑制剂和抗维生素因子等，从而使其营养价值提高。例如，加热可破坏菜豆的胰蛋白酶抑制剂和植物细胞凝集素。

但不管采用哪种加热方法，热处理均可使蔬菜中营养素发生不同程度的损失，主要是维生素的破坏，其损失率取决于蔬菜品种和维生素的种类、热处理的温度和时间、传热速度、蔬菜pH、氧含量及有无金属离子等。

1. 热烫 蔬菜加工成罐头时，需进行热烫处理以钝化某些酶、稳定色泽、改善风味，并排除组织中空气，便于装罐。热烫一般采用的温度是82～100℃，时间2～5min。热烫时某些水溶性维生素由于沥滤有一定损失。浸在热水中或暴露在热蒸汽中都可达到热烫的目的，采用蒸汽热烫时营养素的损失低于焯烫。例如，菠菜采用蒸汽热烫2.5min，维生素C损失率仅3%，豌豆蒸汽热烫6min，维生素C基本无损失。

2. 加热灭菌 由于原料不同，采用的灭菌方法则不同，常用的有巴氏灭菌、高温灭菌、超高温瞬时灭菌、高压蒸汽灭菌等。灭菌温度普遍在85℃以上，灭菌温度越高、时间越长，维生素损失越大。在灭菌加热中采用直接法超高温瞬时灭菌和巴氏灭菌均可减少维生素的损失。

加热灭菌对维生素的影响与维生素的种类有关，脂溶性维生素A、维生素D和维生素E热稳定性相对较好，水溶性维生素B_2对热稳定，其他的水溶性维生素如维生素B_1、维生素B_6、维生素B_{12}、叶酸和维生素C对热敏感，并以维生素C和维生素B_1损失相对较大，如表2-12所示。

表 2-12 一些蔬菜加热灭菌后部分维生素的平均损失率（%）

食物名称	维生素 B_1	维生素 B_2	烟酸	维生素 C	胡萝卜素
青豆	29	4	8	45	13
豌豆	46	18	35	23	3
菠菜	76	24	22	48	0
番茄	4	0	2	7	20

资料来源：陈葆新，1989

热处理对矿物质的影响很小，在各种热处理下，矿物质成分没有显著变化。大多数蔬菜蛋白质在杀菌时可提高其生物价，这主要是加热提高了植物蛋白质消化率、破坏了植物中天然存在的抗营养因子，但过度加热也会使营养价值下降。

（三）脱水加工对蔬菜营养价值的影响

脱水加工的原理是脱除水分、抑制微生物的腐败作用。脱水处理可大大减少蔬菜的重量和体积。食品工业上有许多不同的脱水或干燥方法，如烘房干燥、隧道式干燥、滚筒干燥、喷雾干燥、日光干燥及冷冻干燥等。此外，蔬菜的糖渍和盐渍都不同程度地脱去原料中的水分，使其在适当条件下贮存，防止变质。由于失去了水分，干制蔬菜的各营养成分含量高于新鲜食品，但有些营养素有一定损失，其损耗与蔬菜品种及脱水方式有关。

利用阳光或自然风使食物脱水干燥是一种古老的脱水干燥方法。由于长时间与空气接触，一些不稳定的维生素损失率大于人工脱水。

加热干燥有空气对流干燥、滚筒干燥和真空干燥等。维生素类在人工加热干燥中损失率一般在 16%～37%，食品黏度大，损失率可降低。蔬菜干燥时维生素 B_1、维生素 B_2、烟酸和泛酸的损失率都低于 10%。若在干燥过程中利用氮气或二氧化碳进行气体调节，降低干燥过程中的氧气含量，可明显降低干燥过程中维生素 C 的损失量。

（四）生物加工对蔬菜营养价值的影响

生物发酵可提高植物蛋白质的生物利用率，而且由于一些游离的呈味氨基酸释出而具有特殊风味。例如，用蒸熟的大豆接种小孢根霉发酵，再用蒸汽杀菌的发酵制品进行大白鼠喂养实验，蛋白质功效比值（protein efficiency ratio，PER）明显提高且饲料消耗量减少。

干豆中不含维生素 C，发芽后其蛋白质营养基本不变，但棉子糖和水苏糖等不被人体吸收的寡糖消失，植物凝聚素和植酸盐被分解，磷、锌等矿物质释放出来。黄豆发芽到长度为 1.5～6.5cm 时，绿豆芽长 4～6cm 时，每 100g 可食部分维生素 C 最高可达 15.6mg 和 19.5mg。高寒地区冬季可把豆芽作为维生素 C 的良好来源。黄豆发芽成黄豆芽后胡萝卜素含量增加 2 倍，维生素 B_2 增加 3 倍，烟酸增加 2 倍，维生素 B_{12} 增加达 10 倍。

（五）烹调加工对蔬菜营养价值的影响

蔬菜是维生素、无机盐和膳食纤维的主要来源。蔬菜的洗涤、搭配及烹调方法不当，均可使某些营养素损失和破坏。蔬菜烹调一般采用炒、煮、蒸等，易流失破坏的是水溶性维生素和无机盐。维生素 C 损失约为 50%，钙、磷、铁损失率在 25% 以下。

1. 烹调加工对蔬菜中营养素的影响　　不同烹调方法的营养素损失不同。用蒸法加热

30min，马铃薯和菜豆的维生素 C 损失分别约为 37%和 28%；用煮法加热 20min，分别加 250g 和 600g 水，蔬菜中维生素 C 损失约为 14%和 32%。对于蔬菜来说，油炸法比沸煮法损失更多的维生素 C。胡萝卜素则较稳定，烹调后的损失率通常在 10%～20%。在相同的加热烹调条件下，各种维生素的损失程度由高到低依次为维生素 C、维生素 B_1、维生素 B_2、其他水溶性维生素及脂溶性维生素。蔬菜较好的烹调方式是凉拌、急火快炒和快速蒸煮。蔬菜经烹调后维生素的损失率还与蔬菜种类有关，见表 2-13。

表 2-13　炒菜时不同蔬菜中维生素 C 和胡萝卜素的损失率（%）

蔬菜种类	烹调方法	维生素 C	胡萝卜素
绿豆芽	油炒（9～13min）	41	—
豇豆	成段油炒（23～26min）	33	7
韭菜	成段油炒（5min）	48	6
油菜	成段油炒（5～10min）	36	24
小白菜	成段油炒（11～13min）	31	6
甘蓝	成段油炒（11～14min）	32	—
菠菜	成段油炒（9～10min）	16	13
大白菜	成段油炒（12～18min）	43	—
青椒	成丝油炒（1.5min）	22	10
胡萝卜	成片油炒（6～12min）	—	21
马铃薯	成丝油炒（6～8min）	46	—
雪里蕻	成段油炒（7～9min）	31	21

资料来源：王光慈，2001

为防止蔬菜中维生素和矿物质的损失，第一，应尽量减少用水浸泡、弃掉汤汁和挤去菜汁的做法；焯水法可除去大部分草酸，但以自然沥干为好，以免其他营养素随水流失。第二，烹调加热时间不宜过长，叶菜应急火快炒，做汤时宜后加菜以减少维生素 C 的氧化破坏。第三，新鲜蔬菜不宜久存，如菠菜存放 2d 后，维生素 C 损失 50%以上；蔬菜不宜在日光下曝晒。第四，烹制后的蔬菜应尽快吃掉，加醋烹调可降低 B 族维生素和维生素 C 的损失，加芡汁也可降低维生素 C 的损失。

2. 常用烹调方法对蔬菜营养价值的影响

1）煮。煮是以水为导热材料将食物煮熟的方法，具体是将原料放入多量的汤汁或清水中，先用武火煮沸，再用文火烧熟。煮可使蛋白质及碳水化合物部分水解，对脂肪无明显作用。煮有助于人体对淀粉和蛋白质的消化吸收。但水煮常使水溶性维生素破坏或与钙、磷等无机盐一起溶于水中，如弃掉汤汁则营养素损失较多。水煮蔬菜持续 20min 则有 30%维生素 C 被破坏，另有 30%溶于水中。其他耐热性不强的 B 族维生素也遭破坏。若加碱则损失更严重。

2）蒸。蒸是以水蒸气加热烹制食物的方法，具体是将原料置于容器中，加好调味品、汤汁或清水（不加汤汁或清水称旱蒸）上笼蒸熟。特点是温度高，可超过 100℃。维生素损失与煮相近，但无机盐流失较少。

3）焖。一般是先用油将原料加工成半成品，再加入各种调味料和少量汤汁，微火长时间焖至酥烂。维生素 C 和 B 族维生素损失较大，但可提高其他营养成分的消化利用率。

4）煎。煎是以油为导热材料的烹调方法。煎的温度虽然高于煮的，但时间较短，维生素损失较少。

5）炒。炒是先将锅用武火烧热，再下油烧至八成热左右，并依次下料。采用急火快炒，除维生素C损失较多外，其他营养素均保持较好。

6）熘。熘与炒的火力及时间差不多，只是熘时往往要加醋及勾芡，对维生素起到保护作用，维生素的损失比炒的少一些。

7）炸。炸是将原料用武火在多油的锅里烹制的方法。炸的特点是香、酥、脆、嫩。油炸对于原料中的蛋白质和矿物质几乎没有影响，而短时高温油炸有利于原料中热不稳定维生素的保留，但油炸食品高脂高热量，不宜过多食用。

8）烤。烤是利用热辐射和热空气的对流来传热的一种烹调方法。分明火烧烤和间接烘烤两种方式。明火烧烤时维生素A、维生素C和B族维生素破坏较大，脂肪和蛋白质也易变性；间接烘烤使原料生成硬结层，可减少内部各营养成分的损失。据报道，马铃薯在204℃的电炉中烧烤1h，维生素C、维生素B_1、维生素B_2、维生素B_6、烟酸和叶酸的保留率在90%以上。利用微波烧烤比电炉更有利于维生素B_1的保留。

9）微波。微波也是利用热辐射来传递热量的，但不同的是热量传递的顺序是由里及表。国外关于微波烹制食物的文献很多，Chung等比较了微波和传统烹调方法所造成的豌豆中维生素的损失，发现微波烹调会损失20.2%的维生素B_1和40.8%的维生素B_2，明显小于传统烹调方法所造成的损失。但对维生素C和β胡萝卜素的影响没有显著性，而且不同功率的微波炉对维生素的影响也没有显著性差异。对矿物质影响方面，微波烹调鹰嘴豆造成的矿物质损失低于传统的烹调方式。

（六）食品加工新技术对蔬菜营养价值的影响

随着食品工业的快速发展，超低温粉碎技术、超高压技术、真空技术和超高温杀菌技术等现代食品加工高新技术不断应用到蔬菜加工中。

1. 超低温粉碎技术　　超低温粉碎技术是将蔬菜在-160~-80℃的超低温状态下，瞬时粉碎成微米级超微细粉的技术。由于将材料冷却冻结到脆点以下，在处理过程中原料处在低温状态和惰性介质中，有效抑制了芳香成分的挥发和物质的氧化变质，最大限度保持了蔬菜的营养素及活性物质。

2. 超高压技术　　食品超高压技术（UHP）是利用帕斯卡定律，在常温或较低温度下，以液压作为压力传递介质对密闭容器内的食品进行加压处理的一种纯物理的冷加工技术。与传统热加工技术相比，不会破坏蔬菜原有的营养、风味及色泽等有效成分；可以在保持蔬菜原有风味下"冷杀菌"，经简单加热后再食用而扩大半调理食品的用途；同时由于处理过程为液体介质的瞬间压缩过程，灭菌效率高，能耗低。

3. 真空技术　　真空技术包括真空冷冻干燥、真空充气包装和真空喷雾干燥等。真空冷冻干燥技术可最大限度地保存蔬菜中的各种维生素、碳水化合物和蛋白质等营养成分，营养素损失最少；可较好地保留新鲜蔬菜的色、香、味，以及保持产品良好的复水性和速溶性，被公认为是生产高品质脱水蔬菜的首选方法。与其他干燥法相比，冷冻干燥法的营养成分损失少，维生素C保存率在90%以上。蕨菜冷冻干燥时，主要营养成分氨基酸、维生素C、维生素E和胡萝卜素保存率分别比热风干燥蕨菜时高10%、63.4%、61%和7.7%。冻干食品具有多孔结构，复水性好，但成本较高。

其他真空技术包括真空浸渍技术、真空油炸技术和真空充气包装等。真空浸渍技术可使不良生化反应受到抑制，营养成分损失极少；真空油炸技术可避免高温处理所带来的如炸油的聚合劣变、食品的褐变和营养成分的损失等负面影响；真空充气包装技术可防止食品氧化变质，减少维生素的损失和防止风味劣变。

应用于蔬菜加工业的高新技术还有超高温杀菌技术、辐照技术、真空油炸技术等，都有着十分广阔的应用前景。现代蔬菜加工业的发展趋势是追求安全、营养、美味、方便和多样化，因此，采用食品加工高新技术以最大限度地保持蔬菜营养成分和提高产品品质是现代蔬菜加工业发展的必然趋势。

第六节　蔬菜产品的开发与利用

一、蔬菜干制

干制也叫干燥，是指在自然条件下或人工控制条件下促使蔬菜中水分蒸发的工艺过程。一般来说，干制包括自然干制如晒干、风干等，以及人工干制如烘房烘干、热空气干燥、真空干燥等。干制是借助于热力作用，将蔬菜中水分减少到一定限度，使制品中的可溶性物质提高到不适于微生物生长的程度。与此同时，由于水分下降，酶活性也受到抑制，这样制品就可得到较长时间的保存。

蔬菜干制是一种既经济又大众化的加工方法。因为干制设备可简可繁，生产技术容易掌握，生产成本比较低廉。干制成品体积小，重量轻，携带方便，容易运输和保存。此外，干制品可以调节蔬菜生产的淡旺季，有利于解决蔬菜周年供应问题。

（一）原料的选择

选择适合于干制的原料，能保证干制品质量、提高出品率，降低生产成本。干制时对蔬菜原料的要求是：干物质含量高，风味好，菜心及粗叶等废弃部分少，皮薄肉厚，组织致密，粗纤维少。

对蔬菜来说，大部分蔬菜均可干制，但黄瓜、莴笋干制后失去柔嫩松脆的质地，也失去了食用价值。下面列举一些果蔬干制原料的要求。

1. 黄花菜　宜选用花蕾黄色或橙黄色的品种，于花蕾充分发育、花未开放时采收。花蕾长度在 10cm 左右。成品黄色，含水量为 17%左右。'荆州花''茶子花''大乌嘴''小乌嘴'等品种以及陕西大荔黄花菜较适合干制。

2. 马铃薯　要求块茎大，圆形或椭圆形，无疮病和其他疣状物，表皮薄，芽眼浅而少，修整损耗不超过 30%，果肉白色或浅黄色，干物质含量不低于 21%，其中淀粉含量不超过 18%。原料不宜久藏，否则糖分高，制品褐变严重。适宜干制的品种有'白玫瑰''青山''爱尔兰''卵圆'等。

3. 胡萝卜　要求中等大小，钝头，表面光滑，须根少，皮肉均呈橙红色，无机械损伤，无病虫害及冻僵情况，心髓不明显，成熟充分而未木质化，胡萝卜素含量高，干物质含量不低于 11%，糖分不低于 4%，废弃部分不超过 15%。'大将军''长橙''无敌'等品种适于干制。

4. 洋葱　要求中等或大型鳞茎，结构紧密，颈部细小，肉色呈一致的白色或淡黄色，青皮少或无，无心腐病及机械伤，辛辣味强，干物质不低于 14%。适合干制的品种有'南京黄皮''天津黄皮'等。

5. 青豌豆 要求豆荚大，去荚容易，豆粒重量不低于豆荚重量的45%。豆粒深绿色，成熟一致，含糖量不低于45%，复水率高。适宜干制的品种有'阿拉斯加''灯塔'等。

6. 甘蓝 要求结球大、紧密、皱叶、心部小，干物质含量不低于9%，糖分不少于0.5%，复水率高。适宜干制的品种有'大平头种'和'小平头种'。

7. 刀豆 要求鲜嫩，青绿色，肉质肥厚无筋，豆荚粗细均匀，无虫蛀及斑疤，干物质含量不低于8%，糖分不低于2%，刀豆长度在7cm以上；于幼嫩时，即荚内种子尚未形成或仅是皱形时采收。适宜于干制的品种有'白花白籽'和'红花黑籽'等。

（二）原料的预处理

原料干制前要进行洗涤，以除去表面的污物和泥沙，这对保持制品清洁、改善外观和提高制品质量均很重要。洗涤后还应根据原料的品质、大小、成熟度进行选别分级，剔除不合格的部分，以获得重量一致的干制品。

对于外皮比较粗糙的蔬菜如马铃薯、毛笋等在干制前还需进行去皮处理，以提高制品品质，同时也使水分易于蒸发，促进干燥。去皮方法有手工去皮、机械去皮、热力去皮和化学去皮。

此外，很多蔬菜干制前还要进行切分处理。马铃薯、胡萝卜等可切成圆片、细条或方块；甘蓝、白菜可切成细条形状；生姜切成薄片状。切分多采用机械进行。

（三）原料的热烫处理

干制原料除以上预处理工序外，大多需要热烫处理。原料经过热烫后，钝化氧化酶，减少氧化变色和营养物质的损失；另外，可使细胞透性增强，有利于水分蒸发，缩短干制时间；此外，热烫排除组织中的空气使干制品呈半透明状，使外观品质提高。

热烫的最大弊病是可溶性物质的损失，特别是用沸水热烫的损失更大。切分越细小，损失越多。采取热烫水重复使用的方式，热烫水的浓度随热烫次数增多而增大，可减少热烫损失。

绿色蔬菜要保持其绿色，可在热烫水中加入0.5%的碳酸氢钠或者用其他方法使水呈中性或微碱性。因为叶绿素在碱性介质中加水分解，会生成叶绿酸、甲醇和叶醇。叶绿酸仍为绿色；如进一步与碱反应形成钠盐，则绿色更加稳定。

蔬菜可采用热水热烫或蒸汽热烫。热烫的温度和时间应根据原料种类、品种、成熟度及切分大小不同而异。一般情况下，热烫水温为80~100℃，时间为2~8min。热烫过度使组织软烂，影响质量。相反，如果热处理不彻底，则会促进褐变。例如，白洋葱、荸荠热烫不完全，变红的程度比未热烫的还要严重。

（四）蔬菜干制方法

干制方法可分为自然干制和人工干制。

1. 自然干制 自然干制是在自然条件下，利用太阳辐射能、热风等使蔬菜干燥的方法。自然干制方法简便，设备简单。但自然干制受气候条件影响大，如在干制季节，阴雨连绵，会延长干制时间，降低制品质量，甚至会霉烂变质。

2. 人工干制 人工干制是人为控制干燥环境和干燥过程而进行干燥的方法。和自然干制相比，人工干制可大大缩短干燥时间，并获得高质量的干制产品。人工干制设备包括烘灶、烘房及各种干制机。另外，冷冻升华干燥、膨化干燥、真空油炸脱水、微波干燥等先进技术也已经运用于蔬菜的干制加工，产品能较好地保持色、香、味和营养价值，且复水容易。

（五）蔬菜在干制过程中的化学变化

1. 颜色变化 蔬菜在干制过程中或贮藏中，常会变成黄色、褐色或黑色等，一般统称为褐变。根据褐变发生的原因不同，又可将之分为酶褐变和非酶褐变。

1) 酶褐变。影响蔬菜酶褐变的因素为底物（单宁、酪氨酸等）、酶活性（氧化酶和过氧化物酶）和氧气，只要控制其中之一，即可抑制酶褐变。单宁是蔬菜褐变的基质，其含量因原料的种类、品种及成熟度不同而异。因此，干制时应尽量选择单宁含量少而且充分成熟的原料。氧化酶在71～73.5℃、过氧化物酶在90～100℃时，5min即可被破坏。因此，干制前，采用沸水或蒸汽进行热处理可有效抑制酶褐变。

2) 非酶褐变。蔬菜在没有酶参与时也会发生变色反应，其变化原因主要是羰氨反应和色素物质的变色。

羰氨反应引起变色的程度取决于糖的种类、氨基酸的含量和种类、温度3个方面。温度升高，羰氨反应明显加速，褐变加重。但是如果温度低，时间延长，也会发生褐变。例如，产品在90℃条件下仅加热几秒钟，不发生褐变；而在16℃条件下保持8～10h，会产生明显的褐变。

蔬菜中的色素主要有叶绿素、胡萝卜素、叶黄素和花青素。其中胡萝卜素和叶黄素在加工过程中性质比较稳定，不容易发生变色。而叶绿素和花青素在加工过程中不稳定，容易引起变色。

2. 营养成分的变化 在干制时，蔬菜中的糖类、维生素、矿物质、蛋白质等会发生不同程度的变化。一般情况下，糖分和维生素损失较多，矿物质和蛋白质则较稳定。

1) 糖分的变化。蔬菜含有的糖分主要是葡萄糖、果糖和蔗糖。不同种类的蔬菜，这三种糖的含量有较大差别。自然缓慢干制的蔬菜，酶活性不能很快被抑制，呼吸作用仍要进行一段时间，从而消耗一部分糖分和其他有机物质。干制时间越长，糖分损失越多，干制品的质量越差，重量也相应降低。干制温度过高时糖分焦化，产品颜色加深，味道变差。

2) 维生素的变化。蔬菜在干制时，各种维生素的破坏损失是一个值得注意的问题，其中以维生素C氧化破坏最快。维生素C的破坏程度除与干制环境中的氧含量和温度有关外，还与抗坏血酸酶的活性和含量密切相关。氧化与高温共同作用，可能使维生素C全部破坏。但在缺氧加热的条件下，则可以使维生素免遭破坏。此外，阳光照射和碱性环境中也易使维生素C遭到破坏，但在酸性溶液或者在浓度较高的糖溶液中则较稳定。因此，干制时对原料的处理方法不同，维生素C的保存率也不相同。

另外，其他维生素在干制时也有不同程度的破坏。维生素B_1对热敏感，维生素B_2对光敏感；胡萝卜素也会因氧化而遭受损失。未经酶钝化处理的蔬菜在干制时胡萝卜素损耗量高达80%。

3. 挥发物质损失 干燥时，水分从产品中逸出，水蒸气中总是夹带着微量的各种挥发物质，致使产品特有的风味损失，无法恢复。

二、蔬菜制汁

蔬菜汁一般是指从天然蔬菜中直接压榨或提取而得到的汁液。人工加入其他原料调配而成的称蔬菜汁饮料。蔬菜汁与人工配制的蔬菜汁饮料在成分和营养功效上截然不同，前者为营养丰富的保健食品，而后者纯属嗜好性饮料。

（一）原料的选择

加工蔬菜汁的原料要求出汁率高，色泽美且稳定，糖酸比适宜，具有良好的风味，并且在加工贮藏中能保持这些优良的品质。蔬菜汁加工对原料的成熟度要求较严，未成熟或过熟的蔬菜均不合适。此外，加工蔬菜汁的原料要强调特别新鲜、无霉变和腐烂。下面列举几种常见的蔬菜汁原料。

1. 番茄 番茄汁是蔬菜汁的主要种类，要求原料色泽鲜红，番茄红素含量高，果实红熟一致，无青斑、黄斑等；胎座红色或粉红色，种子周围胶状物最好为红色，果蒂小而浅。果实可溶性固形物含量高，维生素 C 含量高，风味浓，pH 低。番茄制汁对成熟度要求严格，过熟的果实常会产生"沙味感"，但未熟果也没有良好的风味。

2. 其他蔬菜 发酵性菜汁常用甘蓝发酵制取，要求有适宜的成熟度。用于调配的菜汁有菠菜、芹菜、食用甜菜、香芹、莴苣、甜椒等。胡萝卜也常用于制汁，常制成果菜混合汁，色泽艳丽，营养丰富。南瓜，特别是成熟的黄肉南瓜，是制取带肉果汁的良好原料，含丰富的类胡萝卜素，且具有一定的疗效价值。

（二）原料的预处理

1. 挑选与清洗 为了保证蔬菜汁的质量，必须剔除霉变、腐烂和未成熟的蔬菜。清洗是减少杂质污染、降低微生物污染和农药残留的重要措施，特别是带皮压榨的原料更应注意洗涤，洗涤一般需先浸泡后再喷淋或用流动水冲洗。

2. 破碎 胡萝卜、南瓜、番茄等榨汁前常需破碎，特别是皮和果肉致密的蔬菜，更需借助破碎来提高出汁率。但破碎必须适度，若过度细小，肉质变成糊状，造成压榨时外层的蔬菜汁迅速被压出而形成厚饼状，使内层的蔬菜汁不易榨出，造成出汁率降低。

3. 加热处理和酶处理 取汁前进行热处理的目的在于提高出汁率和品质。因为加热使细胞质中的蛋白质凝固，改变细胞的结构，同时使蔬菜软化，果胶部分水解，降低了蔬菜汁的黏度；另外，加热抑制多种酶类，如果胶酶、多酚氧化酶、脂肪氧化酶、过氧化氢酶等，从而不使产品发生分层、变色、产生异味等不良变化；再者，对于一些含水溶性色素的蔬菜，加热有利于色素的提取；胡萝卜等具有不良风味的蔬菜，加热有利于除去不良味。

（三）制汁

蔬菜含有丰富的汁液，大多以压榨法取汁。取汁所用压榨机必须符合下述要求：工作快速、压榨量大、结构简单、体积小、容量大、与原料接触表面有抗腐蚀性等。目前主要有连续螺旋式压榨机、气动压榨机、带式压榨机、打浆机等设备。

蔬菜汁是复杂的多分散相系统，它含有细小的胶态或分子状态及离子状态的溶解物质，这些粒子是蔬菜汁混浊的原因。在澄清汁的生产中，须利用果胶酶、明胶等除去这些影响产品稳定性的粒子。为了得到澄清透明且稳定的果汁和菜汁，澄清之后的果汁必须过滤，目的在于除去细小的悬浮物质，设备有袋滤器、纤维过滤器、板框压滤机、真空过滤器、离心分离机等。滤材有帆布、不锈钢或尼龙布、纤维、棉、木浆、硅藻土等。

（四）调整、混合

为了增加蔬菜汁制品的营养，改善风味和色泽，蔬菜汁加工时常需进行调整和混合，包括加糖、酸、水、维生素 C 和其他添加剂，或将不同的果蔬汁进行混合。番茄是最常用的混合菜汁基料，适合于与菠菜、芹菜、青菜、胡萝卜等几乎所有蔬菜混合。另外，果品与蔬菜也常混合制汁，如胡萝卜、石刁柏与凤梨混合，胡萝卜与柑橘、苹果混合，南瓜与苹果混合等。

（五）均质、脱气

生产混浊蔬菜汁时，为了防止产生固液分离现象，常进行均质处理。均质即运用高压均质机将蔬菜汁中的细小颗粒进一步细微化，使果胶和蔬菜汁亲和，以保持蔬菜汁的稳定性。

蔬菜细胞间隙中存在着大量的空气，在原料的破碎、取汁、均质、搅拌、输送等工序中也混入大量的空气。空气中的氧气可导致蔬菜汁的营养成分有损失和色泽变差，因此，必须采用一定的机械和化学方法除去蔬菜汁中的气体。通过脱除蔬菜汁内的氧气，可以防止维生素等营养成分的氧化，减轻色泽的变化，防止挥发性物质的氧化及异味的出现；通过除去吸附在蔬菜汁悬浮颗粒上的气体，可以防止装瓶后固体物的上浮，减少装瓶和高温瞬时杀菌时的起泡量。脱气的方法有加热法、真空法、充氮置换法等，且常结合在一起使用。

（六）杀菌和包装

蔬菜汁可以采用无菌灌装系统，它包括产品的杀菌和无菌充填密封两部分。杀菌可消灭酵母、霉菌等微生物，以防止发酵；还可钝化果胶酯酶等各种酶类，以避免不良变化。蔬菜汁一般采用高温短时杀菌，从而保持营养成分和色泽、风味。pH<4.5 的产品采用 85～95℃条件下 10～15s 的工艺，pH>4.5 的产品则用 135～150℃条件下 2～3s 的工艺。复合纸、塑料、金属罐、玻璃瓶等包装容器可采用过氧化氢（双氧水）、乙醇、紫外线、放射线（γ射线、β射线）、超声波、加热等方法杀菌，也可以几种方法联合使用。为了保证充填和密封时的无菌状态，还须进行机器的杀菌和空气的无菌处理。

三、蔬菜罐藏

蔬菜罐藏是将经过一定处理的蔬菜装入包装容器中，经过密封杀菌，使罐内食品与外界环境隔绝而不被微生物再污染，同时杀死罐内有害微生物（即商业灭菌）并使酶失活，从而获得在室温下长期保存的保藏方法。罐头食品在常温下可保存 1～2 年，食用方便；因经过密封和杀菌处理，已无致病菌和腐败菌且没有微生物再污染的机会，食用安全卫生。

（一）原料的选择

用作罐藏的蔬菜原料要求新鲜饱满，成熟适度且一致，具有一定的色香味、无不良气味，肉质丰富，粗纤维少，质地柔嫩细致，没有虫蛀和霉烂及机械损伤，能耐高温处理。罐藏蔬菜原料的选择通常从品种、成熟度和新鲜度三个方面考虑。例如，豌豆罐头应选用幼嫩豆粒；罐藏加工的番茄要求可溶性固形物含量在 5%以上，番茄红素含量达到 12%以上。罐藏用蔬菜原料越新鲜，加工质量越好。因此，从采收到加工，间隔时间越短越好，一般不要超过 24h。例如，甜玉米、豌豆等应在 2～6h 加工，否则其糖分就会转化成淀粉，风味变差，杀菌后汤汁混浊。

用于罐藏的蔬菜原料主要有以下几种。

1. 芦笋 芦笋也称石刁柏，是一种多年生宿根性植物，食用部分是其幼嫩带有细小鳞片的微茎。供罐藏加工的芦笋有两种类型：一种是在培土下生长的白色芦笋，在未形成叶绿素之前，于地下 15cm 处切取，以肉质白嫩、清香者为上；另一种是长出地面的绿色芦笋，待其长到 10～15cm 高时自地面切取。芦笋在采收后组织变化很快，易木质纤维化和弯曲，采后应迅速加工处理。

优良的罐藏品种要求植物生长旺盛、早熟、丰产、抗病；组织致密，粗壮幼嫩，乳白色或绿色，粗细一致，不弯曲，无开裂，无空心；肉质细微、纤维少，滋味、气味鲜美，没有苦味或苦味少。

2. 番茄 番茄的罐藏制品有整番茄、番茄酱、番茄汁和调味番茄酱等。供罐藏的品种，要求果形中等，果面光滑，颜色鲜红且全果着色均匀，果肉厚，果心小，种子少，番茄红素、可溶性固形物及果胶含量高，酸度适当，香味浓且抗裂果。用作整番茄的果实，横径以 30～50mm 为宜，生产番茄汁的应选大果型为好，而生产番茄酱等制品应采用大果型番茄与小果型番茄混合搭配较好。

3. 竹笋 竹笋是我国特产，竹笋罐头很受欢迎。供罐藏的竹笋有冬笋和春笋。冬笋是未出土之前掘取，这时组织脆嫩，粗纤维少，肉质呈乳白色或淡黄色，味道鲜美，没有苦涩味；要求无病虫害，笋肉无损伤。春笋原料要求新鲜质嫩，肉质白色，笋体充实无明显空洞，无霉烂、病虫害和机械伤，无畸形，无干缩。罐藏优良品种有产于福建、广东、广西、海南、台湾等地的'绿竹笋'和'麻竹笋'，浙江天目山区所产的'早竹笋''石竹笋''广笋'，陕西秦岭以南和长江流域的'毛竹笋'和'淡竹笋'。

4. 胡萝卜 胡萝卜有橙红色和黄色两种，罐藏采用橙红色的品种。要求肉质根新鲜肥嫩，形态完整，表面光滑，内部完全呈橙红色或红色，心髓部不明显，粗纤维少，无木质化现象，干物质含量在 11.5% 以上，糖分不少于 4%，无病虫害和机械伤。罐藏胡萝卜除整装以外，常以切片、丁块或与其他原料混合装箱。

5. 菜豆 又称四季豆。罐藏上要求新鲜饱满，色泽深绿，脆嫩无筋，豆荚横断面近似圆形，肉质丰富，成熟一致，豆荚不弯曲。我国供罐藏用的主要品种有'小刀豆''棍儿豆''白子长箕''曙光'等品种。

6. 青豌豆 产品称青豆。罐藏品种要求丰产，植物生长一致，植株上豆荚成熟一致，豆粒光滑饱满，质地鲜嫩，含糖量高，粒小有香气，色泽鲜绿，种脐无色，在杀菌贮藏中能保持其固有色泽。罐藏豌豆品种有圆粒和皱粒两类。圆粒豌豆质粗硬，含糖分低。皱粒是指豌豆种子老熟干燥后的表观，在幼嫩时种皮仍保持光滑，此类品种成熟早，色泽保持好，质柔软，含糖分高，风味香甜，但不及圆粒种丰实。罐藏加工原料以皱粒为主。我国生产上常用'大青荚''小青荚''宁科百号'等品种。

7. 甜玉米 玉米有粉质和糖质两种类型。粉质类型用作粮食和饲料，糖质类型主要用于罐藏加工，因其含糖量甚高，口味甜糯，所以称为甜玉米。甜玉米有黄色和白色两种。甜玉米罐头有整粒、糊状或两者相混进行装罐。罐藏上要求甜玉米含糖量高，种粒柔嫩，风味甜香，耐煮，色泽金黄或白色，成熟度整齐一致。甜玉米从柔嫩阶段到粗硬多淀粉阶段时间很短，要在适当的成熟度采收。甜玉米采收后应及时加工，否则糖分转化快，甜度下降，品质劣变。

8. 荸荠 荸荠制罐后的最大特点是色白而质脆。罐藏用种要求丰产，抗性强，新鲜肥嫩，含糖量高，淀粉少，粗纤维少，肉色洁白，质地爽脆，无黑斑和黑丝，球茎扁圆，形状端正，蒂部平坦无凹陷，无抽芽和萎缩，无虫害和机械伤，要求横径 30mm 以上。我国的荸荠罐藏良种有广西的'桂林马蹄'，浙江的'余杭大红袍''黄岩荸荠'，江苏的'苏州荸荠'。

9. 黄瓜 黄瓜常加工成酸黄瓜罐头。罐藏要求黄瓜无刺或少刺，新鲜饱满，深绿色，瓜形正常，组织脆嫩（种子尚未发育），直径30～40mm，长不超过110mm，粗细均匀，无病虫害及机械伤。常用的黄瓜罐藏品种有'哈尔滨小黄瓜'和成都的'寸金子'等。

（二）装罐

蔬菜罐藏工艺过程包括原料的预处理、装罐、排气、密封、杀菌、冷却、保温及商业无菌检验等。装罐前应对空罐进行清洗和消毒，以清除灰尘、微生物、油脂等污物及氯化锌残留物，以保证容器的卫生。金属罐先用热水冲洗，再用100℃沸水或蒸汽消毒30～60s，然后倒置沥干备用。玻璃瓶用洗瓶机刷洗，再用清水或高压水喷洗数次，倒置沥干备用。罐盖也进行同样处理，或用75%乙醇消毒。

罐藏时一般都要向罐内加注汤汁，蔬菜罐头多用1%～4%的食盐溶液，也有用调味液或清水的。加注汤汁的目的在于增进风味、排除空气、提高初温，并加强热传递效率。

经预处理的蔬菜原料应趁热装罐，可提高罐头的中心温度，有利于杀菌。在装罐时要确保装罐量符合要求，罐内保留一定的顶隙，并保证内容物在罐内的一致性。

装罐的方法可分为人工装罐和机械装罐。蔬菜原料由于形态、大小、色泽、成熟度、排列方式各异，所以多采用人工装罐，主要过程包括装料、称量、压紧和加汤汁等。对于颗粒状、流体或半流体食品如青豆、甜玉米、番茄酱、蔬菜汁等常用机械装罐。装罐时一定要保证装入的固形物达到规定的要求。

（三）排气、密封

排气是指密封前将罐内顶隙间的、装罐时带入的和原料组织细胞内的空气尽可能从罐内排除的技术措施，从而使密封后罐头顶隙内形成部分真空的过程。罐头食品排气的方法主要有热力排气法和真空排气法。通过排气，阻止需氧菌及霉菌的生长；防止或减轻因加热杀菌时空气膨胀而使容器变形或破损的程度；控制或减轻罐藏食品贮藏中出现的罐内壁腐蚀；避免或减轻食品色香味的变化；避免维生素和其他营养素遭受破坏。

食品罐头经过排气、密封、杀菌和冷却后，罐头内容物和顶隙中的空气及其他气体收缩，水蒸气凝结为液体，从而使顶隙形成部分真空状态。罐头真空度是指罐外大气压与罐内残留气体压力的差值。一般要求在26.7～40kPa。罐头内保持一定的真空度，能使罐头底盖维持平坦或向内凹陷的状态，这是正常罐头食品的外表特征，常作为检验罐头的指标。

（四）杀菌、冷却

我国各罐头厂普遍采用的是装罐密封后杀菌。蔬菜罐头的杀菌方法一般可分为常压杀菌和加压杀菌两种。我国几种常见蔬菜罐头的杀菌条件如表2-14所示。

表2-14　我国几种常见蔬菜罐头的杀菌条件

罐头种类	罐型	杀菌条件
青豆	15173	15～30min～反压冷却/121℃
菜豆	7114	10～15～10min/121℃
菜豆	8113	10～17min～反压冷却/121℃
芦笋	7114	15～15min～反压冷却/121℃
芦笋	8160	15～17～15min/121℃
整番茄	850	10～35min/100℃

续表

罐头种类	罐型	杀菌条件
整番茄	3005	25～60min/100℃
冬笋	1124	15～20min～反压冷却/121℃
竹笋	1124	15～50～10min/116℃

热杀菌结束后的罐内食品仍处于高温状态,应当迅速冷却,否则食品质量就会受到严重影响,如蔬菜色泽变暗、风味变差、组织软烂,甚至失去食用价值。此外,在50～55℃停留时间过长,还能促进嗜热性细菌繁殖,致使罐头变质腐败。因此,罐头杀菌后冷却越快越好。罐头杀菌后一般冷却到38～43℃即可。

第三章 花卉的营养与保健

本章要点：了解花卉的营养保健功效、花卉的毒性与禁忌，理解花卉的膳食文化与养生理论。重点是识记各类花卉的营养保健功效。

第一节 花卉的膳食文化与养生理论

中国历史悠久，幅员辽阔，不同地域的气候、土壤及水质具有较大差异，这为食材（各种动植物）的多样性提供了条件，也孕育出了各具特色的膳食文化与传统。花卉作为一种独特的饮食原料很早就走进了人们的视野，并日益受到重视。本节主要介绍我国花卉的膳食文化历史及发展状况、国外花卉饮食概况和养生理论。

一、花卉的膳食文化

在远古时代，人类没有摆脱生存危机，花卉在人们眼中和其他植物没有分别，花卉的根、茎、花、叶、果实各个部分都可食用，人们考虑更多的还是生存问题。当社会发展到一定程度时，有了一定的物质基础，人类从生存需要转而追求精神享受，这时花卉才和其他植物区分开来，多了一种文化价值和艺术价值。

（一）我国花卉膳食文化的历史及发展状况

1. 先秦时期 花卉的膳食文化从远古时代便开始积累，但史前的情况尚无从考证，关于食用花卉的文字记载可追溯至战国时期的《吕氏春秋·本味篇》。它记载了商初精通烹饪技术的大臣伊尹向汤王介绍当时天下的美味："菜之美者，昆仑之蓣，寿木之华""阳华之芸，云梦之芹，具区之菁"，说明商代人的概念里花卉是属于蔬菜之列的，而且是比较名贵的蔬菜，由此看出商代花卉的用途还是偏重于食用。《淮南子·修务训》有神农"尝百草之滋味，水泉之甘苦，令民知所辟就，当此之时，一日而遇七十毒"的记载，从此开辟了食物治病的先河。古人所讲的"百草"，就是包括五谷、杂粮、蔬菜、水果及花卉等，即今日之动物性、植物性和矿物性的食用原料和药物性原料。以秦汉时的《神农本草经》来讲，上、中、下三品共记载 365 种药物，其中很多药物如菊花、石斛、兰草、桔梗、牡丹、百合、辛夷等，既可作药材，也可作食材或调味品，这些植物还具有很高的观赏价值，可以作为观赏花卉。

战国时期，餐食兰花、菊花的情况也常见于诗人笔端。屈原《楚辞》中有："朝饮木兰之坠露兮，夕餐秋菊之落英"，这是直接以菊花为食；"播江离与滋菊兮，愿春日以为粮芳"，是把菊花与粮食掺在一起做成干粮食用；"蕙肴蒸兮兰藉，奠桂酒兮椒浆"，是指把蕙兰蒸制成食物，用于祭祀神灵，用花卉食品祭祀神灵，而供品当非寻常之物，由此可见，花卉食品在当时是珍品。

2. 秦汉时期　　秦汉时期，由于烹饪技术简单，烹饪器皿种类少，对花卉的利用大多限于制酒、制酱或直接食用。这一时期食花已没有了太多先秦时的宗教与神话色彩，人们对花卉食品养生保健的实用价值更为重视，如重阳节饮用菊花酒，约始于春秋战国时期，是由帝王进行打猎习武、歌舞宴会、祈祷祭祀等活动逐渐演变而来的，至西汉时，皇宫里出现了九月九日饮用菊花酒以祈长寿的习俗。

汉代还有一种名贵花酒叫作百末旨酒。《汉书·礼乐志》有"百末旨酒布兰生，泰尊柘浆析朝醒"的句子，意思是将各种花卉研成末掺入酒中制成美酒，味道醇香浓郁。汉代时人们还用芍药、兰花制作美味佳肴。

3. 魏晋南北朝时期　　随着对花卉补益作用的深入认识，花卉的养生保健价值在魏晋时期进一步受到人们的重视。据《太平广记》记载，曹奂为陈留王时，有波斯国人来朝贡，壶中有神浆如凝脂，即桂浆也，饮可令人长寿。另外，曹植的《仙人篇》里有"玉樽盈桂酒，河伯献神鱼"的句子。可见，桂花酒是三国魏晋之时人们崇尚的保健饮品。这一时期的花卉饮料还有用石榴花酿制的榴花酒，南朝梁孝元帝的《赋得石榴诗》可为证明："涂林未应发，春暮转相催。燃灯疑夜火，连珠胜早梅。西域移根至，南方酿酒来。叶翠如新剪，花红似故栽。还忆河阳县，映水珊瑚开。"

木槿花朝开夕落，花朵娇艳，甜滑可食。现今我国一些地区的人们仍保留着烹食新鲜木槿花和夏季采收鲜花晒干、贮藏至冬日食用的习惯。殊不知，其历史可追溯至三国两晋时期。《艺文类聚》引《外国图》曰："君子之国，多木槿之花，人民食之，去琅耶三万里。"晋顾微《广州记》又云："平兴县有华树似槿又似桑，四时常有花，可食，甜滑无子，此舜木也"，舜，一名木槿，其花即木槿花。

4. 隋唐五代时期　　隋唐是我国封建社会的鼎盛时期，花卉饮食也随着社会物质文化、精神文化品位的普遍提高而得以提升。供食用的花卉种类、花卉菜肴种类和食用花卉的用途都呈现日趋丰富、多元化的态势。

唐代，珍贵的花卉食品被帝王作为祭礼的供品。魏征的《五郊乐章·雍和》中有："芝芝兰羞，芬芬桂醑"之句，描述的是皇帝与百官举行黄、青、赤、白、黑五方上帝的大典时用兰花做成的佳肴和桂花酿制的美酒进行"迎俎"的祭礼。《郊庙歌辞·武后大享昊天乐章》又有"兰羞委荐，桂醑盈斝"之句。这些记载表明兰花做的佳肴和桂花酿制的美酒是唐代祭祀典礼上常备的供神灵享用的美味、佳酿。

花卉食品在唐代还是庆贺岁时节日的传统食品。九月九日重阳节自汉代兴起以来，为历代所沿袭，至唐被定为三大节日之一。《新唐书·文艺中》记载，"（中宗）秋登慈恩浮图，献菊花酒称寿"；《太平御览》引唐代孙思邈的《齐人月令》记载，"重阳之日必以糕、酒登高远眺，为时宴之游赏，以畅秋志。酒必采茱萸、甘菊以泛之，既醉而归"。不但如此，文人学士还在这一年一度的盛大节日里，作诗唱和，抒发感怀。王维的《奉和圣制重阳节宰臣及群官上寿应制》诗云："四海方无事，三秋大有年，百生无此日，万寿愿齐天，芍药和金鼎，茱萸插玳筵，无穷菊花节，长奉柏梁篇。"可见，重阳节的宫廷宴会上除了菊花外，殿春的芍药也在花馔之列。随着人们对事物认识水平的提高，唐代重阳节与汉代相比，逃避灾难的意识已日趋淡化，而饮酒赋诗、祈求长寿、寻求美好生活的意味有所加强；同时，饮菊花酒也因文人的广泛参与，多了几分雅致情趣。

寒食节食杨花粥是唐代的另一节日习俗。唐代冯贽的《云仙杂记·洛阳岁节》记载："洛阳人家……寒食装万花舆，煮杨花粥。"清明时节，正是杨花飘飞的时候，用其煮粥正合时宜。花朝节食百花糕点，则是唐代宫廷和官僚阶层的一种节日习俗。百花糕是一种用各种花卉制作的糕点，据传是女皇武则天的发明：有一年花朝节，武则天率宫女游园赏花，看着满园争奇斗艳的鲜花，她突发奇想，令宫女遍摘各色鲜花，和米捣碎，蒸制成糕，名曰"百花糕"，以后每年花朝之日，她都要把这种甘香可口的糕点分赐群臣享用。

5. 宋元时期 宋代花卉饮食的新发展，首先表现在花卉饮食的制作开始出现于一些饮食谱录中，其次表现在入菜花卉种类的增多和制作方法的丰富上。宋人林洪的《山家清供》是一部重要的饮食谱录，书中首次专门收录了以梅花、菊花、栀子花、桂花、松花等花卉为原料的十余种花卉食品，并详细介绍了"蜜渍梅花""汤绽梅""梅粥""荼蘼粥""雪霞羹""紫英菊""黄菊煎""金饭""梅花汤饼""广寒糕""松黄饼"等十多种花卉菜肴的制作方法。从后来明清时期一些食谱中的餐花记载看，《山家清供》中不少花卉菜肴的吃法一直延续到清代都没有太大的变化，足见其对后世影响之深。

宋代还流行一种用药物配制的饮料——汤，汤在宋代是第三大饮料，其地位仅次于酒和茶。宋代朱彧的《萍洲可谈》曰："今世俗客至则啜茶，去则啜汤。汤取药材甘香者屑之，或温或凉，未有不用甘草者，此俗遍天下。"宋无名氏《南窗纪谈》亦云："客至则设茶，欲去则设汤，不知起于何时。然上自官府，下至闾里，莫之或废。"宋代，汤的品类众多，有橘汤、暗香汤、天香汤、茉莉汤、柏叶汤、橙汤等。其中暗香汤（梅花）、天香汤（桂花）、茉莉汤（茉莉花）等均是用花卉配制而成的汤品。

饮茶之风自唐普遍兴起，宋代始盛。唐宋时期流行饮团茶，南宋末期随着散茶的推广又出现了熏花茶。只是由于时人认为"茶有真香，而入贡者微以龙脑和膏，欲助其香。建安民间试茶，皆不入香，恐夺其真。若烹点之际，又杂珍果香草，其夺益甚。正当不用"，因此花茶未能在社会上普遍生产、饮用，至元代才逐渐发展起来。

6. 明清时期 明清花卉饮食在前代的基础上有所发展创新。入菜的花卉种类更为扩大，制作方法也较前代精细，食品的花色、品种多样。尤其清代，花卉食（饮）品不但多，而且如"王谢堂前燕"，越来越多的"飞入寻常百姓家"。

清代富察敦崇的《燕京岁时记》记载北京的岁时餐饮："三月榆初钱时，采而蒸之，合以糖面，谓之榆钱糕。四月以玫瑰花为之者，谓之玫瑰饼。以藤萝花为之者，谓之藤萝饼。皆应时之食物也"；"京师谓端阳为五月节，初五日为五月单五，盖端字之转音也。每届端阳以前，府第朱门，皆以粽子相馈贻，并副以樱桃、桑葚、荸荠、桃、杏及五毒饼、玫瑰等物"；"酸梅汤以酸梅合冰糖煮之，调以玫瑰木樨冰水，其凉振齿。以前门九龙斋及西单牌楼邱家者为京都第一"；"（中秋）至十五月圆时，陈瓜果于庭以供月，并祀以毛豆、鸡冠花"。这些记载表明，清代花卉饮食不光种类丰富，而且不再只是皇室和达官显贵们的专利，已成为流行于市井里巷、深受大众欢迎的风味食品。

明清时期花茶的制作日臻成熟，生产不断扩大，用于窨制花茶的香花种类也大大增加，木樨、玫瑰、蔷薇、兰蕙、橘花、栀子、木香、梅花，一切有香之花皆可作茶。清朝中后期，花茶开始大批量生产，畅销于华北、东北。据清人福格《听雨轩丛谈》记载："今京师人又喜以兰蕙、茉莉、玫瑰熏袭成芬者，渐亦遍于海内，唯吴越专尚新茶，不嗜花熏，固是出产之地，易得嫩叶耳。"不唯民间，清代宫廷也崇尚饮花茶，据《爱新觉罗家族全书·养生妙方》引清代《内务府则例》记载，清宫每年由各地进贡的茶有福建武夷茶、严顶花茶、功夫花香茶、小种花香茶、郑宅香片茶、天柱花香茶、郑宅芽茶、莲心尖茶、三味茶、乔松品质茶、花香茶、浙江龙井茶、龙井雨前茶、龙井茶、黄茶、日铸茶、桂花茶等。其中花茶占相当一部分。

明清时期粥类饮食也发展到登峰造极的程度。粥不但是人们日常必备的饮食，而且成为养生保健佳品。花粥以其色、香、味的绝对优势，受到人们的特别关注和喜爱。清代黄云鹄的《粥谱》就记载了莲花粥、松花粉粥、木槿花粥、桂花粥、地黄花粥、菊花粥、牡丹花粥、芍药花粥、萱草花粥、木香花粥、藤萝花粥、兰花粥等十几种花粥。这些记载只有粥名和粥的养生补益作用，没有做法，即便如此，我们也可从中窥出清代花粥的灿烂夺目和时人对其珍视程度。

明清时期，饮食谱录大量出现，其中有很多花卉饮食制作的记载。例如，明代高濂的《遵生八笺》和《草花谱》、屠隆的《考槃馀事》、王象晋的《群芳谱》、朱橚的《救荒本草》，以及清代徐珂的《清稗类钞》、顾仲的《养小录》、汪灏的《广群芳谱》、陈元龙的《格致镜原》等论著中均有关于花卉食用的条目。这一时期食用的花卉种类更为丰富，栀子花、菊花、芙蓉花、凤仙花、芍药、茉莉、玉簪花、兰花、金盏花、莲花、藤花等均成为入菜佳品。食用方法也有进一步的突破和创新：将花瓣拖面后用油或蜜煎食；将花或苗叶炸熟，油盐调食；将花蒸熟晒干用作馄饨或点心馅；熏制花茶；制作美酒；用花配制火锅汤料。总之，是汲取以往之精华，集历代之大成。

清代在京城生活的文人、官僚、普通民众的花卉饮食习俗，虽不能与帝王家族的宫廷花卉饮食相媲美，但他们也能自得其乐。花卉饮食相关的时令节俗，不仅存在于宫廷，民间也非常盛行。从二月到九月，京城的花事不断（表3-1）。

表 3-1 花卉相关的节日庆典及文化内涵

节日名称	农历时间	庆典内涵	执行功能	民俗解释
花朝节	二月十二	拜花神献花/花市	标志春季气候开始	庆花神生日 戴花祛凶
浴佛节	四月初八	赏花、敬佛/普结良缘	以水、酒、花敬献佛祖，确认圣水的存在	祭奠佛祖
端午节	五月初五	吃粽子、饮菖蒲酒/戏水竞技	由家庭空间向社区空间扩展	屈原投江 白蛇救夫
中秋节	八月十五	鸡冠花、鲜果拜月/吃月饼	家庭团圆共同尝新形式的丰饶仪式	嫦娥保佑 兔爷显灵
重阳节	九月初九	登高饮菊花酒/赏菊	标志秋季气候开始	秋游去灾 登高祈福

资料来源：张红伟，2012

农历二月十二是花王神诞辰，也就是我们俗话说的"花朝节"，这一天在宫廷和民间都是一个重要节日。《清稗类钞·时令类》中记述了慈禧太后在颐和园过花朝节的热闹场景，且明代就建有花神庙，花农都会在这一天到花神庙进香献花。到三月二十九，附近各花会照例到此献艺，称为"谢神"。届时，城里的"幽人韵士"也会前来观艺，并即兴赋诗唱和，花农借机在庙外卖鲜花、花籽、熏香草等物，一时形成的集市庙会热闹非凡。

清代北京每年都要在四月初八浴佛节这天举行浴佛仪式。《北京岁华记》记载："四月初八日，各寺浴佛。十三日，上药王庙。诸花盛发，白石庄、三里河、高粱桥外皆贵戚花厂，好事邀宾客游之。"《日下旧闻考·风俗》记载，届时，满城的寺院，纷纷搭起临时的棚座，用黄巾大旗幡高挂，书上"普结良缘"四字，棚中则会摆放茶水盐豆，免费供过往的路人食用，这种施舍给他人熟豆的习俗，称为"结缘"。都人成群结队地前往寺庙游玩，除了"结缘"外，还会虔诚地听堂中高僧诵佛经。都人还会在浴佛节这天，准备难得的花卉点心，将榆荚捣烂，拌到糖面中，蒸成榆钱糕；玫瑰花、藤萝花与糖拌馅，做成花饼等。

端午节即农历五月初五的端阳节，又名端五节，它与春节、中秋节一样，是我国民间最为隆重的三大节日之一，至今仍为大多数人所重视。不仅吃粽子是人们过端午节特有的风俗，而且据《荆楚岁时记》记载，南北朝以前就有于端午节插艾的习惯。人们把艾蒿和菖蒲插在门前，或放在窗边、灶旁、水缸边等，以驱除邪气。与此同时，人们还将丁香、木香、白芷等花卉草药装在香袋内，悬挂在身上，具有防病功能。因为艾蒿含有挥发性芳香油、鞣酸、树脂等成分，有杀虫、驱寒湿等作用；菖蒲含芳香油脂和挥发性油，有驱秽、灭菌、杀虫等作用；它们与丁香做成药物有利于预防一些传染病。至明朝时，人们开始用菖蒲泡酒喝。据《本草纲目》记载："菖蒲酒，治三十六风，一十二痹，通血脉，治骨痿，久服耳目聪明。"端阳节还有斗百草的习俗。即在这一天到郊外去踏青时，采集各种花草标本，然后进行比赛，看谁采集的品种多、花草奇，谁就获胜。

中秋节是我国人民比较重视的传统佳节之一，人们在中秋节团聚赏月，寄托思念家人和故乡之情。关于中秋节的起源有两个说法，一个是根据《礼记》上记载："天子春朝日，秋夕月"，人们推测中秋节是起源于古代帝王的祭祀活动。一部分人则指出中秋节和古代农业耕作收获有关，他们认为"中秋"指的是秋之中期，也就是秋天的中间那一天，所以推测出"中秋"可能是古人"秋报"遗留下来的习俗。中秋节除了赏月、拜月和吃月饼外，还有赏桂花和饮桂花酒等习俗。《本草纲目》云："桂花生津，辟臭，治疗虫牙痛。"桂花酿的酒色泽浅黄，香味突出，口感柔和，能够健脾胃，助消化，活血益气，男女老少皆可饮用。

重阳节又叫菊花节，每年农历九月初九都会登高饮菊花酒，因为"九九"通"久久"，所以又有长久之意，因此常在此节日进行祭祖、敬老的活动，重阳节的正式确立是在唐朝，从此节日名正言顺起来，人们也在节日期间进行祭祀等活动，节日被赋予了特殊的意义。菊花酒被认为是辟邪去灾的佳品，经常被赋予这种特殊的寓意。《本草备要》记载："菊花味兼甘苦，性察平和，备受四气，饱经霜露，得金水之精，益肺肾二脏"；由于饮菊花酒能令人健康长寿，因此，古人每年都要在菊花生长季节，采其茎叶，与黍米和在一起酿酒，再保留至第二年重阳食用。这种饮菊花酒的风俗，自汉朝开始，到清代末年，一直盛行不衰。对于浪漫文人尤其是如此，每到重阳来临，文人无不呼朋唤友，登高抒怀，饮酒赋诗，曾留下许多登高饮菊酒的著名诗篇，如王缙的"今日登高樽酒里，不知能有菊花无"，李清照的"东篱把酒黄昏后"，张志真的"酥糕美酒细品尝，赏完桂花赏菊黄"，梁简文帝的《采菊篇》"相呼提筐采菊珠，朝起露湿沾罗襦"。岑参的《行军九日思长安故园》"强欲登高去，无人送酒来。遥怜故园菊，应傍战场开"，描述了作者九月九日尽管身处紧张的行军途中，却仍念念不忘重阳节登高，不忘菊花酒和赏菊，甚至幻想菊花能开遍战场旁边。可见，重阳节赏菊、饮菊花酒的民俗在古人特别是文人的意念中是何等的根深蒂固。《本草纲目拾遗》记载："（菊）治诸风头眩，明目祛风，搜肝气，益血润容。"现代药理学研究表明，菊花具有抗菌、抗炎、抗氧化、舒血管、降血脂、驱铅等多种药理作用。

中国古代花卉饮食的发展变化是饮食文化不断丰富的过程，是新的社会风尚不断代替旧的社会风尚的过程，是社会物质文化和精神文化不断进步的结果。它所折射出来的是整个古代社会物质生活和文化风尚的流变。

（二）国外的花卉膳食文化简介

在国外，花卉被用作食用或烹饪的调味品也有上千年历史了。据早期文献记载，古罗马人像中东人、印度人及中国人一样把花卉应用于烹饪。维多利亚女王统治时期，食用鲜花在北美和欧洲均受到热捧。当前，出现了越来越多的食用花卉食谱、烹饪杂志文章和电视上专门的烹饪栏目，证明食用鲜花的潮流正在恢复。

欧美人常常用三色堇（*Viola tricolor*）、矢车菊（*Centaurea cyanus*）、玫瑰（*Rosa rugosa*）、旱金莲（*Tropaeolum majus*）及朱槿（*Hibiscus rosa-sinensis*）等色泽鲜艳的可食用花卉来装饰餐盘，可以起到增进食欲的作用。有些花卉常常被当作蔬菜食用，如西蓝花（*Brassica oleracea* var. *italic*）和花椰菜（*Brassica oleracea* var. *botrytis*），人们食用的是其花序。此外，一些药用花卉也可以食用或作为调味品，如葱蒜类植物、百里香（*Thymus vulgaris*）、薄荷（*Mentha* spp.）和鼠尾草（*Salvia japonica*）等。一些果树开的花也可以作为烹饪的甜味剂，如柑橘类植物的花（包括橙、柠檬、酸橙、葡萄柚和金橘）。

鲜食花卉就像鲜食蔬菜、水果一样，是欧美人最常用的食用方式，因为他们认为花卉中富含的维生素、抗氧化物质及生物活性物质在高温下易遭到破坏。除此之外，还可以制成干花泡茶饮用或拌糖做成花酱保存以后食用。食用花卉能够为沙拉、汤类、主菜、餐后甜点、饮料等食品增加色泽、香味及口感。因此，食用花卉的开发利用潜力非常巨大。现实生活中，普通消费者与专业厨师对食用花卉的接受度不同，这与花卉的种类及这两类人群本身的特点有关。例如，对紫罗兰、琉璃苣和旱金莲这三种食用花卉的味道、香气和外观属性进行选择，普通消费者注重紫罗兰的味道，而厨师更注重香气和外观。同样的，消费者比厨师更喜欢琉璃苣的香气。而厨师更喜欢把旱金莲应用到菜品中。因此，不同的人群对购买食用花卉偏好是不一样的。此外，不同的食用花卉的味道、香气和外观这三种属性影响着消费者对其应用的方式（做餐盘装饰花或配菜、沙拉或主菜），也影响着消费者获得花卉的途径（购买有机种植的花卉或自己种植）。50岁以下的、接受过大学教育或中等职业技术教育的人们，以及具有两个或以上成年人的家庭更倾向于自己种植食用花卉。50岁以上的老人、女性更愿意直接购买有机种植的食用花卉。购买食用花卉时，他们首先看重的是色泽，其次是价格，再次是包装容器大小。此外，相对于单一色泽的花卉，消费者更喜爱几种色彩混合搭配的花卉。消费者通常最喜欢黄色、橙色和浅蓝色。

总之，人们对食用花卉的接受度受到以下因素的影响：社会群体类型（厨师、普通消费者或其他）、花卉的种类和特性（味道、质地、外观、色泽）、消费者个人的特性（受教育程度、性别、年龄、收入）及食用花卉销售时的包装（花卉组成、大小和价格）。

二、花卉的养生理论

先秦诸子思想为养生思想的发展奠定了基础，汉唐医学的发展则为养生理论的发展提供了更广阔的空间。东汉的《神农本草经》是我国现存最早的药物学专著，分上、中、下三品，共载药365种，主养命延年的上药就有120种。例如，其中提到："菊，服之身轻不老""百合主邪气腹胀心痛，利大小便，补中益气。生川谷""鸢尾，味苦，性平，有小毒。治蛊毒、邪气、鬼疰诸毒，破癥瘕，积聚、大水，下三虫，生山谷""连翘，味苦平。主寒热，鼠瘘、瘰疬、痈肿、恶创、瘿瘤、结热、蛊毒。一名异翘，一名兰华，一名轵，一名三廉。生山谷"。上药中"菊花、百合、鸢尾、连翘、菖蒲"等花卉几乎都有"益寿、轻身、延龄"的功效。也因为这些上药的功效多与道家的养生思想相契合，所以多为后世道家论著所引用。晋代道家、医学家葛洪所著的《抱朴子》中所述的道教养生、神仙羽化思想与《神农本草经》就有关联。他的著作《抱朴子·仙药》记载，南阳郦县山谷中有甘谷水，因山谷之上种有很多甘菊，菊瓣落入水中，所以水是甜的。邻近甘谷水的居民长期饮用此水，平均寿命有八九十岁，居民认为是得益于谷上的菊花。另外《抱朴子·金丹》中还记有用菊花炼制丹药的方法："用白菊花汁、地楮汁、樗汁和丹蒸之，三十日，研合服之，一年，得五百岁，老翁服更少不可识，少年服亦不老。"

东汉著名医学家张仲景也非常重视养生。他所撰的《伤寒杂病论》中，多处论及饮食相宜的道理及老年病的保养防治。魏晋养生文化多受玄学的影响，嵇康、葛洪、陶弘景等多在自己的论著中谈论养生。其中，嵇康就著有《养生论》《答难养生论》等。葛洪也在其所著的《金匮药方》《肘后备急方》中阐述具有道教理念的养生观。尤其值得一提的是《肘后备急方》这部著作，其中记载的药方启发了屠呦呦运用现代科学试验方法，提取了治疗疟疾的有效成分青蒿素，为全世界治疗疟疾事业做出了巨大贡献，她因此也是中国第一个获得诺贝尔生理学或医学奖的人。嵇康的《养生论》中出现了关于"芳香疗法"的记载，提到"合欢蠲忿，萱草忘忧"，意思是合欢能让人消除郁忿，萱草能让人忘记忧愁。晋代左贵滨的《郁金颂》说："伊有奇草，名曰郁金，越自殊域，厥珍来寻。芳香酷烈，悦目怡心。明德惟馨，淑人是钦"，讲的是郁金香的芳香气味浓烈，使人舒心悦目。

医学知识及学术思想在隋唐五代得到进一步发展，养生文化更为兴盛。由于杨贵妃喜爱牡丹，当时有些人为了投其所好而改良牡丹品种，这时的植物栽培技术也进入了一个高速发展阶段，这为花卉养生理论提供了一个重要的条件。《新唐书》中描述武则天"虽春秋高，善自涂泽，虽左右不悟其衰"，《花里话》也记载"武则天花朝日游园，令宫女采百合，和米捣碎蒸糕，以赐从臣"，武则天喜食花卉，曾令宫女采集百花，和入米粉制成"百花糕"，还赐给朝中百官。孙思邈的《千金方》以及其弟子孟诜撰写的《食疗本草》对后世影响深远，后者是我国最早以"食疗"命名的著作。在我国医药发展的早期，某些药、食在概念上并没有明显的划分，用于果腹就名为食，用其治病则谓之药。在医药发展过程中，关于食物营养价值和食用禁忌的著作，与关于药物治疗的著作几乎同时出现。因而，以食物为主体的"食经"和以药物为主体的"本草经"开始融合，"食疗"就是在本草中诞生的一个新分支。

宋元明清时期，是养生文化的鼎盛时期，随着工商业蓬勃发展，人们的生活方式也更加多样化。这一时期的养生文献形式，除传统的药物类养生专著外，很多文人将独到的养生理念撰写进自己的笔记、食谱中。这一时期与养生有关的著作有290余种。据统计，宋代食疗古籍作者26人，成书26卷，文献数量为历朝之最。宋代文学家、美食家苏轼对很多美食挥毫泼墨阐述其食疗养生理念。在《苏东坡全集》中，仅"饮食"二字就出现1000多次，他主张多吃蔬食、粥食养生，认为吃自种、自制的蔬菜，就是在享受自然之味。在煮粥的时候，加入一些蔬菜、花卉，则会更加美味营养。自己酿制桂花酒和竹叶茶是他生活中的养生良品。可见苏东坡的生活中充满了养生之道，而养生的理念也显现在他生活的细节之中。南宋林洪所撰的《山家清供》，是一部颇具特色的记录江南民间饮食风俗的食谱类著作。其记录了菊花、梅花等多种花卉食品的食疗特点，还记载了很多膳食治疗和预防保健的作用。

元代饮膳太医忽思慧创作了中国第一部营养学专著《饮膳正要》，养生学论著有了创新性的发展。作者重视食物的性味、食用禁忌、食疗作用，强调以食疗疾的养生思想。他认为人的"保养之道"重在"摄生"与"养性"。"善摄生者，薄滋味，省思虑，节嗜欲，戒喜怒，惜元气，简言语，轻得失，破忧阻，除妄想""善养性者，先饥而食，食勿令饱，先渴而饮，饮勿令过"。他的这种通过护养调摄，达到"守中"的养生思想，对后世的养生保健有很强的指导作用。

明代高速发展的商品经济为饮食文化的发展提供了物质基础，养生学理论也发展得更加成熟。李时珍在总结历代本草著述和自己临床经验的基础上，广泛吸取民间药方，亲自采药验药，重修本草，旁征博引，去伪存真，系统挖掘和整理了祖国中药学宝库，写出了千古流芳的《本草纲目》一书。该书记载了1000多种药物，记述了近千种草花及木本花卉的性味、功能及主治病症。例如，其中记载的桔梗、贝母、龙胆、石蒜、芍药等植物既具有很高的药用价值，又具有极高的观赏价值。除了《本草纲目》这样的药物学典籍外，还出现了大量的烹饪食谱，以及分散于文人笔记中的饮食类著述。文震亨的《长物志》、高濂的《遵生八笺·饮馔服食笺》、冒襄的《影梅庵忆语》、刘基的《多能鄙事》、刘若愚的《明宫史》、宋诩的《宋氏养生部》中的饮食部分等，都不乏养生学的理论阐释及花卉饮食的相关论述。

高濂于万历十九年所著的《遵生八笺》是明代重要的饮食专著。其中涉及茉莉、菖蒲、梅花、桂花、芙蓉、菊苗等数十种花卉的食方。这些食方从侧面反映了作者提倡"养生务尚淡薄"的理念，同时这一理念也体现在著作的排版上。文中将茶、粥、蔬菜这些清淡之食放在篇首重点突出，而对酒类、糕点等只是简单着墨。行文融合了道家的养生观点。作者认为仙经中所记载的服用药饵的方法，对世人有益，各人可根据具体情况选择服用，以帮助其祛病延年。

清代的食尚，是中国古代饮食文化体系中最具特色与个性的一个组成部分。在上层社会的带动下，食饮养生成为一种潮流文化，也促进着养生理念从理论到实践上更趋完善。清代众多关注饮食、热爱饮食文化的文学家、思想家、美食家，也都在他们的文化成果中纷纷展现对养生之道的重视。李渔的《闲情偶寄》中，列有反映其"求美尚真"观点的《饮馔部》；袁枚在《随园食单》中将其饮食美学思想、饮馔烹饪技艺及食养保健之道展现得淋漓尽致；顾仲的《养小录》兼具南北及中原风味，独具特色；无名氏撰的清代食谱大观《调鼎集》中所阐释的烹技艺道，也是弥足珍贵的。

《闲情偶寄》是清代杰出戏曲理论家、文学家李渔谈论生活艺术的著作，全书从衣食住行到器玩戏曲，将人们生活的方方面面细腻地展现出来。遭逢明清易代，家道中落的李渔饱尝生活的忧患，非常崇尚节俭，讲求实用，所以在《闲情偶寄·饮馔部》中谈到的饮食无不是寻常的蔬菜瓜果。这些食材虽然朴素，却较全面地反映了李渔"重疏食、主清淡、忌油腻、求食益"的饮食思想和养生观。另外，从作者在"谷食第二"对于"汤"的阐释，也可以看出，养生之道贵在消化。吃饭喝汤有益于消化是显而易见的，所以善养生的人、持家的人、宴请宾客的人都不能没有汤。在饮食规范以及养生的理念上，李渔与高濂也有类似的观点。例如，高濂用"君臣之法"比喻饮食的主副位置。简单的饮食顺序，反映的却是他不简单的处事理念及其对治理国家的观点。他还认为肉食不如蔬食，远肥腻而近蔬食，是发扬了上古"草衣木食"的遗风。这些食养观点都是有一定科学道理的，饮食规范才能保养精神。

在清代以前，花卉饮食主要存在于宫廷和家境殷实的商人、文人之中，随着花卉品种越来越多，可食用的资源也越来越丰富，民间也逐渐流行了起来，到了清代，花卉饮食已和市井小民的生活融合，花卉的食用方式也多种多样，同时也具有养生保健功能。《红楼梦》中多次提及花卉养生保健的功效。例如，在第七回中也提到"冷香丸"，用春天开的白牡丹花蕊十二两、夏天开的白荷花蕊十二两、秋天开的白芙蓉花蕊十二两、冬天开的白梅花蕊十二两，将这四样花蕊于次年春分这一天晒干，一齐研好；又要用雨水这日的雨水十二钱、白露这日的露水十二钱、霜降这日的霜十二钱、小雪这日的雪十二钱，把这四样水调匀，和了药，再加十二钱蜂蜜、十二钱白糖，制成龙眼大的丸子，盛在旧瓷坛内，埋在梨花树根底下。其配制方法琐碎无比，可见当时对于花卉养生研究的深入。

到了当代，生产力和经济都发展到了很高的水平，中国共产党第十九次全国代表大会报告指出，中国社会的主要矛盾已经转化为人民日益增长的美好生活需要和不平衡、不充分的发展之间的矛盾。其中"美好生活的需要"就包括人们对美好生活环境、健康饮食的需要。花卉饮食逐渐成为一种时尚，不仅追求视觉、味觉的享受，更追求对身体的滋补。各种花草茶、鲜花饼、花卉精油等保健产品琳琅满目。人们运用液相/气相色谱技术等现代科学研究了食用花卉的化学成分，结果表明这些花卉富含多种人体所需要的营养成分，包括22种氨基酸，16种维生素，铁、镁、钾、锌等27种常量和微量元素，以及多种类脂、激素、黄酮、类黄酮、生长素、核酸、类胡萝卜素、花青素等具有抗氧化功效的植物性营养素，能够行气解郁、疏肝和胃、润肤养颜、补脾益气，能缓解人们的工作压力，治疗身体的各种小毛病，调理身体机能，保健防病。这也是许多人士热衷于它的原因。以花入景、闻花赏景能够令人心旷神怡，放松心情。有研究指出，花的香气是来自薄壁组织中的许多油细胞，油细胞能分泌出芳樟醇、罗勒烯等有香气的芳香油，芳香油很容易扩散到空气里，当这些芳香油在空气中扩散后，送到我们鼻子里，我们就能嗅到花朵散发出来的香气了。花卉释放的多种香气成分能够使人的注意力集中，工作效率高，不同种类的花的香味会使人产生不同的感官体验。可见，当代花卉养生理论是建立在有机化学、生物学、现代医学等坚实科学技术基础之上的。

综上所述，花卉饮食与养生之道密切相关。从食疗角度讲，《神农本草经》《食疗本草》《山家清供》《遵生八笺》等多部著作中对于花卉饮食的记述，都不难发现花卉饮食的烹饪技艺、食饮卫生、食饮宜忌与养生效用的关系。另外，对花卉饮食多有关注的先秦诸子，后世文学家、美食家大多注重精神修养。例如，《庄子》《神农本草经》《抱朴子》《影梅庵忆语》等论著中，多有利用花卉饮食修身养性、静以养生的追求。特别是花卉饮食与道家养生思想的融合，更加丰富了古代养生学的内涵。而现代分析化学等技术则从科学的角度证明了花卉具有养生保健功能。

第二节 食用与药用花卉分类

花卉在人类的饮食和医药卫生等方面有着不可或缺的作用。从古至今，不知有多少文人墨客将花卉的食用及养生价值记录在案。例如，《左传·宣公三年》中有"以兰有国香，人服媚之如是"；三国时期曹植的《仙人篇》中有"玉樽盈桂酒"；晋人顾微的《广州记》云："平兴县有华树似槿又似桑，四时常有花，可食，甜滑无子，此舜木也"；嵇含的《南方草木状》记载了华南及其以南地区的近20种热带药用植物，如豆蔻花、益智、蜜香等。在唐代，桂花糕、菊花糕已被视为宴席珍品。张璐的《本经逢原》中记录有："倒挂金钟，额痛血闭，血气刺痛，厉风恶疮多用之，皆取其散恶血之功也。"近年来，国外也兴起食花热，很多鲜花都用来做色拉和甜点。例如，美国人用紫罗兰、玫瑰、旱金莲等花瓣拌色拉；保加利亚、土耳其人用玫瑰花制成糖浆等；日本人用樱花烹调"樱花宴"。所以，花卉作为食材和药材的历史悠久、种类繁多。近年来，餐饮业将食花、药膳作为经营品牌，花卉食品的营养价值被更多的人所认可，食用范围和品种也越来越广泛，因此有必要对食用花卉与药用花卉进行分类，便于人们识别、记忆。

一、食用花卉分类

食用花卉是指能够食用的观赏植物，其可食部分包括根、茎、叶、花和果实。据不完全统计，我国的可食用花卉有180多种，约分为97科100多属。根据《卫生部关于进一步规范保健食品原料管理的通知》（卫法监发〔2002〕51号）规定，既是食品又是药品的物品名单，包括丁香花、菊花、槐花、代代花、白扁豆花、金银花。丹凤牡丹花、茶树花为新资源食品；允许玫瑰花［重瓣红玫瑰（*Rose rugosa* cv. Plena)］作为普通食品生产经营；允许鸡蛋花（*Plumeria rubra* L. cv. Acutifolia）作为凉茶饮料原料使用。而茉莉花、桂花、玫瑰花、栀子花、白兰花、荷花、山茶花、菊花、金雀花、苦刺花、丁香花、梨花、桃花、百合花、芙蓉花、海棠花、月季花则被《绿色食品 食用花卉》（NY/T 1506—2007）列举为食用花卉。

（一）按花卉的生物学特性分类

按生物学特性可将食用花卉分为草本食用花卉、木本食用花卉和多浆食用花卉三类。

1. 草本食用花卉 草本食用花卉是指具有观赏价值且茎木质化程度低、支持力较弱的可食用花卉。根据生育期长短的不同，其又可分为一年生、二年生和多年生草本食用花卉。

1）一年生草本食用花卉：是指从播种到开花结实后植株死亡的、全部生活史在一年内完成的食用花卉，通常春季播种，夏秋开花，冬季枯萎，常见的有紫苏、鸡冠花、千日红、凤仙花、马齿苋等，既可以泡茶，也可以做成菜肴。紫苏叶片可以泡茶，鸡冠花可以炒肉或者与肉同蒸，其花序还可做成"花玉鸡"。

2）二年生草本食用花卉：是指全部生活史在两年内完成的食用花卉，通常秋季播种，冬季进行营养生长，第二年春季开花，夏季结实后枯萎，如金盏菊、美人蕉、大丽花、羽衣甘蓝、晚香玉、紫罗兰、报春花等。其中，紫罗兰、报春花可以做花卉色拉，羽衣甘蓝可炒食，金盏菊可泡茶，大丽花的根茎可烧肉，晚香玉的果实也可以食用。

3）多年生草本食用花卉：如萱草、石斛兰、蜀葵、桔梗、芍药、百合、玉簪、荷花、菊花、薄荷、艾叶、千屈菜等可以凉拌、做粥、泡茶、炒食。

2. 木本食用花卉 木本食用花卉是木质部发达的、可食用的、具有观赏价值的花卉。按照其形状可以分为三类。

1）乔木：如桃花、槐花、白玉兰、合欢、梨花、梅花、桂花、蜡梅花、樱花、云南山茶等，其花大多可以煮粥、做汤食用或做糕点，如桂花糕。

2）灌木：如迎春、扶桑、牡丹、月季、杜鹃、茉莉花、栀子花、含笑、木槿、木芙蓉、连翘、紫荆、米兰等，大多可煮粥、熬汤、做花糕或者鲜花饼，或者作为一些菜品的配菜以供人们食用。

3）藤本：如凌霄花、紫藤、金银花等。在北京地区有"紫藤饼""紫藤粥""炸紫藤鱼"等。凌霄花加水煎汁，去渣取汁，加入阿胶、糯米可煮成凌霄阿胶粥。金银花枸杞茶也很有名，具有美白肌肤、明目保健的作用。

3. 多浆食用花卉 多浆食用花卉是指植物的根、茎、叶三种营养器官中至少有一种是肥厚多汁并具备储藏大量水分功能的、可食用的花卉。按科属分为仙人掌类和其他多肉植物类。

1）仙人掌类：如仙人掌、昙花、霸王花。仙人掌可以炒菜，昙花、霸王花可以熬汤。

2）其他多肉植物类：如芦荟属，可食用的品种有洋芦荟、好望角芦荟、库拉索芦荟、元江芦荟等。

（二）按花卉的食用部位分类

根据花卉不同的食用部位可将食用花卉分为4类。

1. 食根茎类花卉 例如，荷花的根茎即莲藕，可炖汤、炒食或凉拌；百合的鳞茎能炒食；福建观音座莲的块茎可煮食、烤食或蒸食；蕉芋的块茎可炒食、凉拌、腌制食用，也可加工成淀粉或粉丝；蜀葵的茎也能够作食蔬。

2. 食叶类花卉 例如，蒲公英的叶片用作凉菜；金银花的嫩叶可用来煮汤；甜叶菊的叶片可制作食品添加剂；月光花嫩叶可炒食；藿香的叶可作蔬菜或调料食用；甜薰衣草的叶可做花草茶；青薄荷的嫩枝叶可做食用香料；合欢嫩叶可炒食；此外，薄荷、蜀葵、益母草等的嫩叶等均可做花草茶，或作蔬菜食用。

3. 食花类花卉 例如，黄花菜和百合的花可凉拌、炒食，也可做汤；凌霄花可作蔬菜，也可用来酿酒；菊花和桂花可做汤、糕点，也能酿酒、泡茶；玫瑰和月季用来制作鲜花饼，也可以调制饮料、制作花茶；紫罗兰可做花草茶，也可作食蔬；千日红可做花草茶；夜来香的花可与肉类一起煎炒；凌霄花的花瓣可用来做汤或者泡酒；金盏菊的花可泡茶、凉拌、煮汤；阔叶薰衣草的花可用来做糕饼；合欢花可与大米一同煮粥；还有槐花、蜀葵等的花也可食用。

4. 食果实类花卉 例如，红木的果瓢可用来提取食用色素，也可做果品和点心；四照花的果实可以直接食用，也可用作酿酒原料；向日葵的种仁及红花的种子由于含油率高，可提炼食用油；薏苡的果实营养丰富，可磨粉食用；紫苏的种子可榨取食用油；蜀葵、龟背竹的种子也能够食用。

总体而言，通常食用花卉的各个部位都可食用，但某些种类的花卉仅有局部可食用。例如，郁金香、菊花、玫瑰仅花瓣可食用，雏菊、旱金莲仅嫩芽可食用。此外，一些花的有些部位（如玫瑰花白色的部分、菊花花瓣底端）具有苦涩味，应去除后再食用。

（三）按花卉的应用途径分类

根据花卉不同的应用途径，可将食用花卉分为以下几类。

1. 制作菜点的花卉 花卉的烹饪和制作方法可谓是多种多样，通过煮、炒、炸、烧、烤、熘、炖、蒸、煸、焗等可制成火锅、热炒、粥品、糕点、冷盘、沙拉等。以鲜花为原料或者配料制作菜肴，不仅可改善菜肴的色、香、味，又可增加人们食欲，还因为花卉丰富的营养，具有滋补健身的作用。

1）制作菜肴。以花卉作主辅原料，既可做凉菜，又可做热炒和甜品，花卉一般能够使菜肴去腻增鲜，提色提香。中国的一些地方菜式中就有不少是以鲜花作为配料烹制出来的，如京菜中的菊花烩鸡丝、桂花干贝、茉莉鸡脯，徽菜中的荷叶包鸡，沪菜中的菊花黄鱼羹、白玉兰炒鸡，苏菜中的桂花栗子，闽菜中的菊花鲈鱼，鲁菜中的荷叶鸭子等。还有牡丹鳜鱼、牡丹龙虾、荷花鸡丁、葵花肉、玉兰花炒肉片、百合花炒鱿鱼、槐花酥炸大虾、三丝黄花菜、兰花猪肚、芍药三丝、月季蚕豆肉丝、梅花乳鸽、佛手花兔丁、素炒黄花菜等常见菜品。当然，制作花卉菜也必须要注意，如有的花卉的花粉有毒，需要去掉花粉，清洗干净才能食用，如凌霄花。菊花有两种味道，味苦的不能食用，只有甘菊才可食用。因此做菜时一定要注意花卉的选择。另外，由于各种花卉的成分和药理功能不同，家庭选用入肴时一定要对其有所了解。

2）制作糕点。摘取不同花卉，如山茶花、菊花、玫瑰花和薄荷、艾叶等的鲜嫩花瓣和叶片，与面粉、鸡蛋、白糖和成面团，或油炸成酥饼、麻花，或蒸成花卷、包子，或烘烤成面包、糕点等。花点由来已久，《山堂肆考·饮食·卷二》中提到武则天常令宫女采收花粉制作花精糕，分赐群臣；随着发酵技术的发展，宋代鲜花饼更为盛行，百合酥、桂花饼、菊花饼、桃花糕、牡丹饼、橘饼等都曾是当时的首都东京（开封）街头的市井糕点。清代的《御膳缥缈录》记载有慈禧命人将芍药的花瓣与面粉混合，油炸成薄饼食用来养颜益寿。鲜花点心品类众多，味道独特，如以玫瑰为主要材料的云南鲜花饼、莲子茯苓糕、桂花糕、菊花糕、莲花饼、莲子孩儿饼、薄荷糕、槐花馒头等都是我国的传统花点。

3）调制花馅。用不同的鲜花作配料，调制成各种鲜花馅，做包子、包饺子等，如鲜花包子、鲜花水饺、核桃花包子、槐花饺子、榆钱花包子等，清香可口，鲜美无比。金盏菊的花也可用作点心的馅料，玫瑰、月季可做鲜花饼的馅料。

4）烹制花粥。花粥是以花卉的一部分（包括根、茎或枝、叶、花瓣、果实等）配合五谷杂粮，加入调味品熬制而成的半流质的食品。因鲜花中含有钙、镁、锌、硒、铜等微量元素和生物碱、植物激素、酯类、花青素和维生素等多种营养成分，故常喝花粥有较好的美容养颜、祛病治疾的作用。常见的鲜花粥有：荷叶粥，具有清热解暑、健脾和胃的作用；合欢花粥，有解郁安神的功效；百合粥，适宜于病后身体虚弱且伴有心烦失眠、低热易怒者；桃花猪蹄粥，能够活血益气、润肤美容、化瘀生新；车前草粥，具有清热明目、化痰止泻的作用；菊花粥，可以清火明目、益肾利尿；梅花粥，可疏肝理气、养脾化积、消除咽喉肿痛；代代花粥，能够理气和胃；玉兰花粥，能润肺利窍、祛风散寒。此外，还有玫瑰花粥、茉莉花粥、杏花粥、菜花粥、扁豆花粥、金银花粥、黄花菜粥、决明花粥、白兰花粥、莲子竹米粥、芦荟排骨粥、木槿花粥和牡丹花粥等。

5）制作花汤。鲜花入汤，不仅使汤富有营养、味道新奇，而且将花瓣洒于汤中，既增加了人们对美的视觉享受，又促进了食欲。例如，鲜薄荷鲫鱼汤，在起锅前放入新鲜的薄荷，再煮10min，即成色香味俱佳的汤食。木槿豆腐汤，即将白木槿花去花蒂，最后与豆腐同煮，再调制成味道鲜美的汤汁。还有桂花羹、菊花黄鱼羹、百合草鸡汤等都是将鲜花放入即成的汤内，调制成令人垂涎的美味佳品。此外，常见的花汤还有牡丹银耳汤、芙蓉花炖猪肝、茉莉海蚌汤、蜡梅虾米豆腐汤等。

2. 制作饮品的花卉

1）制作花汁饮料。花汁饮料是将多种花汁进行混合调配制成的饮料。常用来制作花汁饮料的花卉有玫瑰、金银花、蜡梅花、菊花、荷花、桂花、白兰花、洋槐花、木槿花、玉兰花等。玫瑰花汁是最为常见的花汁饮料，它是一种品质和口感俱佳、营养价值完好的饮料，能够促进人体血液循环，缓解并减轻过敏性皮炎。它是运用现代生物工程技术浸提的玫瑰花汁液经过一系列的调制，获得的一种纯天然、低糖、低热量、高品位的健康饮品，常饮还可润肤养颜，并使人体有香，从而大大减少人的体臭、口臭和运动后的汗臭味等。枇杷花薄荷饮料是以枇杷花、薄荷为原料，配以白砂糖、柠檬酸制作而成的清香爽口的健康饮料。常见的花汁饮料还有玫瑰花石榴汁、黄芪玫瑰花汁、鲜刺槐花饮料、人参花大枣复合饮料等。目前云南地区人们在鲜花饮料生产上也做了许多工作，他们利用花的天然香味、色素及营养成分研制出了金银花保健饮料、菊花营养液、桂花藕粉、玫瑰茄花饮料、芦荟系列饮料、玫瑰花饮料等，这些产品色泽艳丽、风味芳香，深受消费者欢迎。

2）用作花茶。花茶是由茶叶和鲜花窨制而成的。我国花茶的生产始于南宋，距今已有1000多年的历史。古代的花卉主要用来熏制花茶，制作汤一类的饮料，而当今社会，也将花茶和健康美容联系在一起。可用来制作花茶的花卉种类有很多，如茉莉花、菊花、玫瑰花、栀子花、玉兰花、桂花、荷花、柚子花、树兰花、珠兰花等。这些花一种或几种混在一起，所泡之茶，香气或浓郁、清爽，或甜美、馥郁。在各种花茶中，茉莉花茶产量最大，淡淡的茉莉清香给人一种心旷神怡的感觉；桂花茶，既有茶香味浓醇的特点，还融入了桂花的清香；玫瑰花茶，气味芳香，味道甘甜，具有疏肝理气、醒脾养胃、和血散瘀、排毒养颜等功效，还可以用来治疗某些皮肤病;金盏花茶有发汗作用,能缓和发热、感冒的症状;鸡冠花茶祛风凉血,主治风疹;仙人掌茶养阴生津、宁心安神;银杏叶茶宁心降脂、收敛止泻;莲花茶清心凉血、活血止血;菖蒲茶主治失眠、健忘、智力低下、胆怯、虚惊等症。

3)调制花酒。花酒是以花酿制而成的液体。制作花酒有酿造法和浸泡法两种。酿造法是将花粉或完整的花做成酒,再与其他原料一起发酵而成的。浸泡法是将花及其花粉浸泡于白酒中,再经过过滤、调配、包装等过程制作而成的。将花发酵制成酒,酒香浓郁,但花的营养成分部分被破坏。以花泡酒,工艺流程简单,香气物质和营养成分均不易被破坏,因此常以浸泡法来制作花,营养价值高,且可保持花卉鲜艳的色泽,如桂花酒、当归芍药酒、槐花酒、枸杞酒、菊花酒、枣花酒、松花蜜酒、莲子酒等。其中,菊花酒清香甜美,能够强身益寿,是我国传统节日重阳节的饮品。大部分的花酒也具有药用和保健作用,如金银花白酒由于含有多种对人体有益的元素,具有益气通脉、活血止痛的功效,对风湿、关节、腰腿痛、跌打损伤等有较好的保健作用。玫瑰酒能活血调经、疏肝解郁;梅花酒可调理经络拘急、肢节酸痛;竹叶酒和松针酒具有祛风活血、通经舒络的功效;佛手花丁香酒可理气和胃、降逆止痛;石斛养生酒具有益气养阴、补益肝肾的功用。

3. 作为添加剂原料的花卉

1)用于提取鲜花芳香油。据统计,约有40%的植物鲜花中含有丰富的芳香物质,所以开发利用其芳香物质是花卉工业一个重要的发展方向。现代化分离技术增强了人们对花卉芳香油的提取利用。现已从白玉兰花、玫瑰花、丁香花、月季花、金莲花等的花瓣中提取出了芳香油和食用香精,用作食品添加剂、增色剂及矫正剂。常用的鲜花芳香油提取方法有蒸馏法、吸收法、浸提法和压榨法四大类,分离方法有层析法、化学法和分馏法。

2)提取和生产花卉色素。在食品工业中,曾使用化学合成色素进行食品的染色和加工。随着科学技术的发展,人们发现一些合成色素具有微毒性或致癌性,而天然色素无毒,且具有一定的防病治病作用,所以天然色素如花卉色素的开发和利用显得尤为重要,也受到了人们的青睐。花卉色素种类繁多、数量巨大,据其化学结构可分为以下几类:黄酮类化合物、卟啉类化合物、蒽醌类化合物和类胡萝卜素,其中类胡萝卜素有胡萝卜素、玉米黄素、番茄红素、叶黄素、番红花素、辣椒红素、胭脂素等。常用于提取色素的花卉有菊花、榆叶梅、孔雀草、槐花、鸡冠花、向日葵、蒲公英、番红花、牵牛花等。

二、药用花卉分类

花卉不仅可以用作食材,还由于其具备某些药效成分,是良好的医疗保健佳品。药用花卉是指既有药用价值又有观赏价值的开花植物。其植株的全部或一部分供药用或作为制药工业的原料。近年来,花卉的药用研究得到了长足发展,许多花卉的有效成分、有用部位和药理作用被广泛研究。

花卉的各个成分对人体有不同的生理效应,如花卉植物中的黄酮、萜类、挥发油、有机酸等,具有抗病毒、抗氧化衰老、抗肿瘤、增强机体免疫力等作用。维生素和花色素被人体吸收后能清除体内具有氧化破坏性的自由基,延缓衰老,也有助于防止和减少癌症及心血管疾病的发生。纤维素能够清洁肠壁,促进胃肠蠕动,防止肠道恶性肿瘤的发生。花瓣内含有芦丁,能增加毛细血管的韧性,主治血热妄行所引起的吐血、崩血、血瘤及大肠火盛或湿热瘀结所引起的肠风、痔血、便血等疾病。可入药的花卉种类繁多,可按其入药部位和药用功效两种方式进行分类。

（一）根据入药部位分类

1. 全草入药花卉　蒲公英和秋英全草入药，均具有清热、解毒之效，蒲公英还可消肿散结，秋英能明目化湿；益母草多用于治疗高血压、妇女痛经、月经不调、产后出血、闭经等症状；薄荷对感冒、头痛具有一定的疗效；此外，活血丹、海金、石竹、石斛、夏枯草、长春花、虞美人、铜锤玉带草、凤尾草等也是可全草入药的花卉。

2. 部分入药花卉　即花卉的一部分可作为主药或配药来入药。例如，夜来香的花和叶可入药；仙人掌的茎可入药；蜡梅的根、叶可入药；芦荟的叶、花、根均可入药。芍药以根入药，且白芍和赤芍的功用稍有不同，一般是白补赤泻、白收赤散。牡丹以其根、皮入药，具有解热、镇痛、抑菌、降压的作用。《千金方》中以牡丹皮为散，水服3指撮，可治疗外伤跌损、瘀血不出；《圣济总录》中记载的牡丹汤能治疗伤寒热毒发斑。牡丹皮还具有治疗高血压、过敏性皮炎的功效。《泉州本草》记载，建兰根捣烂绞汁，以冰糖调制炖服，可治肺痨咯血；《四川中药志》中有蕙兰根治疗带下色白、妇女经闭的方子；此外，山茶的花蕾入药可收敛止血；千日红花可止咳定喘、平肝明目；月季花可治月经不调；凤仙花可益痛经；鸡冠花对月经不调有效；千张纸的种子入药，具有消炎镇痛的作用；万寿菊的花和根具有清热解毒的作用；杜鹃花的根性甘、温、酸，能够治疗风湿疼痛、吐血、痢疾等疾病；金雀花的根皮入药，具有化痰止咳、舒经活血的功效；萱草根入药具有凉血利水的功效；洋槐花粉是极好的镇静剂和健胃剂；板栗花粉能够补血、益肝；野玫瑰和苹果的花粉对心肌梗死和胃结石有显著的疗效；扶桑、仙人掌叶对腮腺炎有一定的作用；铁树叶片可止鼻血；连翘，性味苦，具有清热解毒、散结消肿的作用；女贞子性味甘、苦、凉，具有补肾滋阴、养肝明目之功用；冬青子主治头昏目眩、腰膝酸软、须发早白、骨蒸潮热等症；枸杞子有滋补肝肾、益精明目之功用。人参、曼陀罗、射干、桔梗、满山红等花卉的部分部位也可以入药，对减缓或治疗一些疾病的症状具有一定的积极作用。

3. 需提炼后入药的花卉　玫瑰、薰衣草、茉莉、天竺葵、迷迭香、薄荷、檀香、丁香、鼠尾草、洋甘菊等可提炼精油，其药效各不相同。玫瑰精油能够抗皱祛纹、调节内分泌、治疗痛经；薰衣草精油可消炎杀菌、促生新肌、舒缓神经、改善失眠；茉莉花精油能减缓痛经、调理肌肤、淡化疤痕及妊娠纹；天竺葵精油对平衡油脂，促进血液循环，治疗月经不调、痛经、乳房胀痛等有很好的功效；迷迭香精油可紧肤止痒、活化脑细胞、增强记忆力，对眩晕、头痛、偏头痛的治疗有一定的功效；薄荷精油能治疗皮肤发炎、改善粉刺、清热解毒、止头痛；檀香精油具有保湿、柔软肌肤的功用，对性冷淡的改善也具有一定的作用；丁香精油是牙痛的特效药，能够杀菌抑菌；鼠尾草精油可改善头发色泽及毛孔粗大，也可改善女性生理卫生；洋甘菊精油可止痛、改善贫血，对敏感肌肤有一定的缓和功效。此外，金鸡纳霜、藿香正气水、板蓝根冲剂、维C银翘片、双黄连口服液、复方桑菊感冒片、半夏止咳糖浆、复方鲜竹沥液、强力枇杷露、桂龙咳喘宁胶囊等都是花卉经提炼后入药的。

（二）根据药用功效分类

1. 清热理气类花卉　治疗胃肠疾病，如气滞、气逆、气虚、或吐或泻等；具有理滞气、清湿热等功效。这类花卉如丁香花、芙蓉花、金银花、黄菊花、茉莉花等。

2. 凉血解毒类花卉　能止泻、止血、止带，清热解毒、散瘀消肿，治疗跌打损伤、皮肤杂病等。这类花卉较多，如金银花、石榴花、菊花、山茶花、凌霄花、木槿花、鸡冠花、玉簪花、玫瑰花、白花蛇舌草、辛夷花、赤芍、迎春花等皆可。

3. 活血化瘀类花卉 治疗心血管病，如高血压、高血脂、冠心病等。常用花卉有桃花、菊花、决明子、槐花、月季花、玉兰花、向日葵花、桂花、玫瑰花、红花等。

4. 化痰止咳类花卉 清除呼吸道痰，如咳嗽咽燥、理气宽胸、暑热心烦、小儿百日咳等；具有顺气止咳、解暑生津等功效。这类花卉如旋覆花、款冬花、栀子花、杜鹃花、桂花、千日红、芫花、蜡梅花、代代花、百合等。

5. 引血止滞类花卉 治疗和调理一些妇科疾病，如痛经、闭经、崩漏等，甚至在行血、止滞、引产等方面也有一定的调理作用，常用花卉有牡丹、益母草、白芍、月季花、玫瑰花、红花等。

6. 宽中理气类花卉 治疗胃寒呕吐、胸闷失眠、疏肝解郁、月经不调等。这类花卉如佛手花、梅花、玫瑰花、合欢花、代代花、鸡冠花、丁香花等。

花卉的药用与食用的分类并不是绝对的，同一种花卉可以有不同的应用途径。随着花卉栽培技术的发展，大多数的花草一年四季均可以生产。有的花草可谓全身是宝，即全株都可以食用，或者入药，如蒲公英、苦苣。大部分的花卉是药食同源的，既可以食用，也可以入药。例如，兰花清香鲜爽，既可使肴馔去腻提香，又能清除肺热；菊花既可制作菊花丸子、菊花鱼片，又可沏水饮用，防治感冒风热，治疗疮疡肿毒；荷花既可做花粥、花茶、花肴，又能治疗中暑、吐血、失眠等症；牡丹和月季有调经活血之功用，又可调制花卉饮料；梅花能煮粥，又有收敛止痢、解毒镇咳的功效，还可驱虫。

花卉的食用和药用均是依据花卉的用途来分类的，作为一种经济作物，花卉在我国的资源丰富，品种繁多，发展前景十分广阔。目前，我国有很多地区已经大面积种植花卉，但大多以鲜切花观赏为主，而用以菜肴和食疗及中药的少之又少，主要是人们的生活环境及生活水平还不足以使他们认识到花卉养生保健的好处。因此，花卉的开发利用潜力巨大，是人们追求回归自然过程中又一个重要的精神和物质来源。

第三节 花卉的营养保健功效

一、营养价值及特点

花卉多姿多彩，芬芳馥郁，生机盎然，优雅别致，不仅给人以美的享受，而且花卉富含脂肪、多糖、淀粉、蛋白质、多种氨基酸及维生素，还有非常丰富的微量元素等人体不可缺少的营养成分，具有较高的营养价值。

早在 2000 多年前，屈原在《离骚》中就写道："朝饮木兰之坠露兮，夕餐秋菊之落英"，这说明饮用木兰花露、食用菊花已成为古人的一种习俗。《神农本草经》中说："菊，服之身轻不老。"唐代民间已有将菊花糕、桂花鲜栗羹和木香花粥作为宴席上的珍肴；宋代林洪编著的《山家清供》就有梅粥、蟹酿橙、广寒糕（桂花）、锦带羹（文官花）等花卉食品的记载。近年来，随着生活水平的不断提高，人们更加追捧健康、新奇的鲜花食品。重庆某餐饮企业就抓住了市场先机，开发出的诸如"丝丝相连"（用霸王花的花蕊做成）、"玫瑰蜂蛹"（以白玫瑰花瓣和蜂蛹入菜）、蜡梅炒腊肉、鲜炸菊花、梅花酒等"百花宴"受到人们的喜爱。

古罗马人很早就已开始了嚼食鲜花的习俗，近年来在美国也掀起了一股新的食用花卉的热潮。餐饮行业中的时尚菜肴：凡是高档酒店、大宾馆、大饭店，总少不了用花卉作为菜肴的重要点缀品，能引起消费者的注意和提高食欲，既有营养又很时尚。厨师做好餐汤后把玫瑰花撒在汤的表面，用蒲公英的蓓蕾做沙拉，用花瓣做油煎饼馅料。而玫瑰香味的糕点与莴苣类植物油则最受食客欢迎。吃鲜花的风尚是加利福尼亚州的酒店老板与花农无意中联袂掀起的复古风潮。加利福尼亚州的迦彬特里雅有个天堂农场，其老板努音是加利福尼亚州首批出售有机食用鲜花的人，生意很好，常常供不应求。他种了近40种食用鲜花。最先种的是旱金莲，之后发现芝麻菜花既好看、味道又鲜美，便开始大量种植。接着又推出紫罗兰、三色紫罗兰、菊花、蒲公英等。努音表示："其中以三色紫罗兰与紫罗兰最受顾客和厨师青睐，因为它们五彩缤纷，色香味俱佳。"现在，天堂农场的顾客遍及美国各地。以鲜花餐走红赚大钱的餐厅，如今也不单加利福尼亚州有，达拉斯有间豪华餐厅的招牌菜就是一道"腌制玫瑰花"。而费城一间大名鼎鼎的餐厅自推出"木槿花汁水"以来，便名声大振，众多食客慕名而至。

鲜花的种类有很多，但只有一些是可食用的。因此，正确识别它们至关重要。表3-2列出了一些可用于烹饪食用的鲜花名录。据统计，全球共有97科100属的180种食用花卉。食用花卉是许多国家的美食之一，如中国的黄花菜（*Hemerocallis citrina*）、梅花（*Prunus mume*），印度的石梓花（*Gmelina arborea*）、火焰花（*Phlogacanthus curviflorus*）、爵床花（*Justicia adhatoda*）和木蝴蝶花（*Oroxylum indicum*）等，泰国的三角梅（*Bougainvillea glabra*）、肉桂（*Cinnamomum cassia*）、硫华菊（*Cosmos sulphureus*）和锦葵花（*Malva sinensis*）等，墨西哥的龙牙花（*Erythrina corallodendron*）和刺桐花（*Erythrina variegata*），中欧的接骨木（*Sambucus williamsii*）等都被用于食用。

表 3-2　食用花卉的特性

中文名	拉丁学名	气味、风味	可食用部位	烹饪方式	生理活性
秋海棠	Begonia grandis	淡柠檬味	叶、花和茎	做沙拉	消炎，治疗痉挛、胃病和眼疾
琉璃苣	Borago officinalis	酥脆，黄瓜味	花朵和叶	做糕点装饰花及配菜	治疗痉挛、高血压、发烧、气喘、支气管炎、腹泻、心悸和肾病，也能镇痛、壮阳、利尿
金盏菊	Calendula officinalis	微苦	花瓣	做沙拉、黄油、米饭，炖汤时可加入花瓣，也可泡茶	消炎，调经，退烧，抗口腔炎、肺炎感染、大肠炎等感染
矢车菊	Centaurea cyanus	微甜，有刺激性丁香味	花瓣	泡茶，也可用作食物着色剂	镇痛、抗氧化，治疗眼部炎症
菊花	Dendranthema morifolium	微苦或很苦	去掉花朵下部带苦味的部分，只用花瓣作食用	泡茶	治疗便秘、头晕、高血压、肺炎、大肠炎、口腔炎、发热等
黄花菜	Hemerocallis citrina	微甜，有芦笋和西葫芦的味道	幼芽、去掉雄蕊后的花朵	做沙拉、炖汤	治疗肌肉拉伤、发烧及口腔疾病
玫瑰	Rosa rugosa	甜，有芳香气味	去掉白色苦味部分后的花瓣	做沙拉、布丁	利尿、通便，治疗眼疾、风湿及肾病

续表

中文名	拉丁学名	气味、风味	可食用部位	烹饪方式	生理活性
丁香花	*Syringa vulgaris*	柠檬味、辛辣味	花朵、花瓣、全花	做沙拉，与蛋白、糖一起可以结晶	退热、消除体内寄生虫
旱金莲	*Tropaeolum majus*	胡椒味、芥末味	花朵、叶	做沙拉、与醋一起腌制	杀菌、使伤口愈合、化痰、抗坏血病
郁金香	*Tulipa gesneriana*	甜生菜味、嫩豌豆味、黄瓜味	花瓣（某些人群多对其强烈过敏）	做沙拉	退烧、抗癌、通便、化痰
三色堇	*Viola tricolor*	甜香味	全花	做沙拉或泡茶	外用，治疗皮肤病

资料来源：Luana et al., 2017

花卉可用作酿酒工业的原料，经酒曲处理酿成菊花酒、桂花酒、兰花酒、玫瑰酒等。这些花卉酒皆是借用花卉的食用价值开发出来的产品，是人们日常生活中不可缺少的和重要的饮品。花卉还可以作为食品添加剂，专制面包、糕点的副食及生产各类饮料的工厂均将花卉作为重要的作料，生产出桂花糕、玫瑰饼、代代花饮料、洛神花饮料等。

这些营养物质对人体的生理功能有奇妙的调节作用，有很好的保健功能。例如，对心血管系统有良好的保护作用，能增强毛细血管强度，预防心脑血管病的发生；能促进脑细胞的发育，增强中枢神经系统的功能，故能促进儿童智力的发育，有效减轻脑疲劳；由于花粉能促进内分泌腺体的发育，促进新陈代谢，有抗衰老的作用。

花卉的食用价值主要体现在其含有天然的丰富营养成分，花朵中含有大量的糖、脂肪、蛋白质、无机盐和维生素，还含有人体必需的铁、锌、镁、钾等微量元素。花朵可以分为花粉、花蜜、花瓣、柱头、子房及其他部分。许多花的花粉更是一个微型营养库，是一种浓缩型的完全营养剂，被称为"绿色黄金""全能营养库""微型营养库"。花粉含优质蛋白高达30%以上，含22种氨基酸，比蛋、奶、肉类高出8倍；含15种维生素，比任何水果都高，其他还含有80余种生物活性物质和丰富的核酸。花粉还含有碳水化合物、脂肪酸、类胡萝卜素和类黄酮。花蜜富含多种糖类（果糖、葡萄糖和蔗糖）、自由氨基酸、蛋白质、无机离子、脂类、有机酸、酚类、生物碱、萜类化合物。花瓣是花朵上的主要部位，富含维生素、矿物质和抗氧化物质。

水分在食用花卉中所占比重最大，通常在70%~95%（表3-3），因此它们含有较低的热量。因此，甘蓝、花椰菜、西蓝花等花卉在开花的时候通常作为蔬菜食用。然而，有些研究指出有的花卉热量值较高（每100g鲜重所含热量为75~465kJ），可能是由于某些情况下总碳水化合物的含量较高。事实上，碳水化合物是食用花卉中最丰富的营养素。例如，加勒比刺桐（*Erythrina caribaea*）和米兰莎蔷薇（*Rosa micrantha*）每100g干重的碳水化合物含量分别为42.4g和90.2g，蛋白质、灰分、脂类的含量要低一些（表3-3）。有些研究者测定了食用花卉中还原糖的含量，如细洋葱（*Allium schoenoprasum*）为10.6g/100g干重，米兰莎蔷薇为9.6g/100g干重，高枝丝兰（*Yucca filifera*）为53.8g/100g干重。细洋葱和千日菊、万寿菊等花卉的纤维素含量为6.1~55.4g/100g干重。纤维素含量变化较大，可能是由于测定的方法不同，有的测定的是粗纤维，有的测定的是总膳食纤维。秋海棠属的花卉蛋白质的含量为2.0~52.3g/100g干重。米兰莎蔷薇及印度紫荆木（*Madhuca indica*）花瓣中的脂肪含量为1.3~6.1g/100g干重。矿质元素（灰分）的含量差异也较大，在2.6~15.9g/100g干重。灰分中主要含钾、磷、钙、镁（表3-4），这些元素在不同食用花卉中的含量差异较大，但其钾含量普遍高于钠含量，钾对预防心血管疾病有益。欧盟第 1169/2011 号法规规定，成人每日应从食物中摄取镁 375mg、磷 700mg、钾 2000mg，食用一些花卉能为人们提供每日摄取这些元素的需求。例如，46g 倒挂金钟干花、34g 玛格丽特菊干花及 12g 孔雀草干花能为一个健康的成人分别提供每日所需的镁、磷和钾元素量的 25%。

表 3-3 一些食用花卉的营养成分

中文名	拉丁名	花卉部位	水分/%	营养成分/（g/100g 干重）					热量/（kJ/100g 鲜重）
				总碳水化合物	纤维素	蛋白质	脂肪	灰分	
龙舌兰	*Agave americana*	全花	87.4	62.1	12.7	16.4	2.8	5.8	—
细洋葱	*Allium schoenoprasum*	全花	80.0	50.0	6.1	15.3	3.4	3.8	243
花椰菜	*Brassica oleracea* var. *botrytis*	全花	93.4	43.6	21.7	18.0	2.9	13.9	75
西蓝花	*Brassica oleracea* var. *italica*	全花	92.6	10.0	28.0	52.3	2.0	15.4	84
金盏菊	*Calendula officinalis*	花瓣	89.3	62.1	13.1	13.6	3.6	7.7	151
美国刺桐	*Erythrina americana*	全花	86.6	44.5	17.3	26.2	2.3	9.6	—
加勒比刺桐	*Erythrina caribaea*	全花	88.5	42.4	17.7	27.4	1.5	10.1	—
印度紫荆木	*Madhuca indica*	全花	73.6	86.0		5.3	6.1	2.6	465
米兰莎蔷薇	*Rosa micrantha*	花瓣	71.6	90.2	—	4.3	1.3	4.2	465
千日菊	*Gerbera jamesonii*	全花	81.7	74.3	55.4	15.6	2.2	7.9	121
万寿菊	*Tagetes erecta*	全花	83.4	85.2	55.4	7.9	1.9	4.8	117
旱金莲	*Tropaeolum majus*	全花	89.3	66.9	42.2	18.6	3.1	5.9	88
圆三色堇	*Viola × Wittrockiana*	全花	87.2	64.5	9.3	16.8	5.0	4.4	197
高枝丝兰	*Yucca filifera*	全花	88.1	—		8.5	25.9	2.1	9.7	—

资料来源：Luana et al.，2017

表 3-4 一些食用花卉所含有的矿质元素

中文名	拉丁名	矿质元素含量/（mg/100g 干重）									
		Ca	Cu	Fe	K	Mg	Mn	Mo	Na	P	Zn
红掌	*Anthurium andraeanum*	283	1.3	3.5	$2.27×10^3$	136	4.5	0.67	70	331	7.0
秋海棠	*Begonia grandis*	246	1.4	1.9	$1.30×10^3$	106	3.1	0.44	66	142	3.2
矢车菊	*Centaurea cyanus*	253	0.9	7.1	$3.66×10^3$	142	2.4	0.50	76	548	7.5
玛格丽特菊	*Argyranthemum frutescens*	270	2.3	5.4	$2.74×10^3$	110	8.2	0.31	93	447	5.7
小白菊	*Chrysanthemum parthenium*	346	2.4	5.9	$3.65×10^3$	198	7.4	0.31	115	508	6.0
番红花	*Crocus sativus*	139	—	16.0	$1.40×10^3$	113	—	—	10	279	—
石竹	*Dianthus chinensis*	426	2.5	8.5	$3.07×10^3$	161	6.5	0.48	99	460	6.2
倒挂金钟	*Fuchsia hybrida*	286	3.2	9.7	$2.35×10^3$	204	5.0	0.85	150	257	13.7
凤仙花	*Impatiens balsamina*	275	0.9	4.9	$1.92×10^3$	138	4.1	0.26	64	260	5.9
茶香玫瑰	*Rosa odorata*	273	2.3	3.5	$1.95×10^3$	141	3.4	0.63	76	223	4.5
孔雀草	*Tagetes patula*	370	1.2	9.3	$4.06×10^3$	219	8.4	0.39	122	510	14.2
旱金莲	*Tropaeolum majus*	299	1.0	5.7	$2.18×10^3$	132	5.2	0.26	78	427	8.0
圆三色堇	*Viola × Wittrockiana*	486	1.95	7.3	$3.96×10^3$	190	7.9	0.84	132	514	11.5

资料来源：Luana et al.，2017

二、保健与医疗功效

在众多花卉种类中，有许多种花卉具有保健与医疗功效，药用价值突出，起到防病治病的作用。大部分花卉兼具观赏与医疗保健的双重作用。因此，有"无花不治病""百花皆是药"之说。在日常生活中，随处可见的花花草草皆有保健与医疗功效，花中仙子的荷花，花中之相的芍药，花中西施的杜鹃花，凌霜傲雪的梅花，终年常绿的金银花等，无不具有观赏与医疗两大功效。例如，在盛夏，把荷花阴干研末，加米熬煮成荷花粥，食之有消暑补气、解渴生津之功效。在仲秋，把菊花蒂晾干，煮粥，粥味清香，有清火明目、养肝、利尿作用，对慢性咽炎、尿频、小便短赤等有效。冬末春初，用蜡梅熬粥，可养胃化食，生津养阴，对咽炎、神经官能症疗效显著。

花卉的保健与医疗功效主要是由于花卉中含有多种药用化学成分，有的含有芳香族化合物，可以提炼芳香精油，用以美容肌肤；有的具有抗氧化活性；有的具有抗菌作用。

（一）花卉作为香料的保健功效

从香花中提取芳香油，用于香水、香精、香皂等日用化工产品。例如，从白兰花、桂花、茉莉、米兰、兰花等香花中提取的芳香油，用于制作花香型化妆品等。从玫瑰花中提取 1000g 香精相当于 2000~3000g 黄金的价值。玫瑰香油是最珍贵的经久不衰的香料之一。

玫瑰花含有 300 多种化学成分，如芳香的醇、醛、脂肪酸、酚、碳酸和它的衍生物，含有香精的油和脂。除提取玫瑰油外，还可以加工成玫瑰浸膏或凝固体，它还可生产玫瑰精油和其他产品，是玫瑰油化妆品、食品、制药及高级香烟等工业的重要天然原料，国际上玫瑰油每千克价值 4000 美元。

（二）花卉作为健美护肤佳品的保健功效

美容业的发展离不开花卉，除花的色、香、味、形之美外，花卉的各个部分，如芦荟的叶、牡丹的花瓣、菊花苗、菊花花瓣及花粉都是面粉、面脂、面膜、洗面奶、爽身粉、去皱防斑霜、沐浴精等化妆、美容、护肤之品的添加剂，多含有花卉的有效成分，因此是美容、护肤、健美的重要佳品。

（三）花卉的抗氧化类物质

人们对食用花卉抗氧化活性及生物活性化合物进行了大量研究（表 3-5，表 3-6）。从花卉中提取抗氧化物质需要用到几种不同的方法，包括不同的溶剂、提取次数、提取温度（表 3-5）。不同食用花卉的抗氧化活性变幅也较大。许多研究都表明，总酚含量与抗氧化能力具有较高的相关性，说明酚类化合物对抗氧化能力起主要作用。此外，花卉中含有的类黄酮物质、酚酸类物质、花青素和生物碱也具有抗氧化性，因此测定这些积累物质的含量对于准确评估花卉的生物活性至关重要。如表 3-6 所示，不同花卉种类具有不同的酚类化合物，其中报道最多的是类黄酮和有机酸。

表 3-5 一些食用花卉生物活性化合物的提取方法和抗氧化程度

花卉中文名及拉丁名	提取方法	抗氧化活性及生物活性化合物	程度
龙舌兰 Agave americana	60%乙醇室温下浸提24h	DPPH 自由基清除活性	0.875μg/mL [EC_{50}]
		类黄酮含量	$1.21×10^3$μg/g DW
		总抗氧化能力	4.65mg AAE
		铁离子还原能力	98.6μg/mL [EC_{50}]

续表

花卉中文名及拉丁名	提取方法	抗氧化活性及生物活性化合物	程度
紫草 *Lithospermum erythrorhizon*	甲醇或丙酮 60℃萃取 5h，沸水煮 1h	DPPH 自由基清除活性	20%～90%［Conc=1000μg/mL］
		总酚含量	50.4～64.1mg GAE/g
		β胡萝卜素	57.8%～95.6%
		还原能力	0.4～2.2［Conc=1000μg/mL］
金盏菊 *Calendula officinalis*	80%甲醇或96%乙醇或100%异丙醇 17～22℃条件下浸提 14h	DPPH 自由基清除活性	1.5～3.0mmol Trolox/g
		FRAP	0.25～2.0mmol Fe^{3+}/g
		总酚含量	120～150mg GAE/100mL
		类黄酮含量	40～100mg QE/100mL
黄花菜 *Hemerocallis citrina*	70%甲醇室温下过夜浸提	DPPH 自由基清除活性	63.3%～94.6%［Conc=150μg/mL］
		还原能力	0.2～0.68［Conc=80μg/mL］
		超氧阴离子清除活性	61.5%～95.7%［Conc=160μg/mL］
		维生素 C	16.3～36.1mg/100g FW
		β胡萝卜素	1.69～1.97mg/100g FW
		酚类	65.0～112.0mg/100g FW
槐花 *Sophora japonica*	85%甲醇室温下浸提 48h	DPPH 自由基清除活性	10.4～142.0μg/mL［EC_{50}］
		ABTS 自由基清除活性	10.4～142.0μg/mL［EC_{50}］
		FRAP	0.88～6.70mmol Fe^{2+}/g DW
		总酚含量	29.3～144.0mg/g DW
		类黄酮含量	53.3～237.0mg/g DW
		还原能力	13.9～69.8μg/mL［EC_{50}］
梅花 *Prunus mume*	甲醇、水体积比 30∶70，60℃浸提 1h	DPPH 自由基清除活性	43.1mg/mL［EC_{50}］
		FRAP	2.94mmol/L
		ABTS 自由基清除活性	169μg/mL［EC_{50}］
		总酚含量	150mg/g DW
		OH 清除能力	6.20μg/mL［EC_{50}］
木槿 *Hibiscus syriacus*	99.7%乙醇室温下提取 24h	DPPH 自由基清除活性	83.1%～97.4%
		FRAP	$2.35×10^3$μmol Fe^{2+}/100g DW
		总酚含量	$4.60×10^3$～$5.44×10^3$mg/100g DW
		类黄酮含量	$2.15×10^3$～$2.77×10^3$mg/100g DW
		黄酮醇	330～572mg/100g DW
		总鞣酸	$2.85×10^3$～$4.42×10^3$mg/100g DW
		总花青素	155～206mg/100g DW
旱金莲 *Tropaeolum majus*	水、丙酮体积比 30∶70，1℃过夜浸提	DPPH 自由基清除活性	91.9μmol TE/g FW
		ABTS 自由基清除活性	458μmol TE/g FW
		总酚含量	406mg GAE/100g FW
		花青素	72mg pdg 3-Glu/100g FW
		维生素 C 含量	71.5mg AAE/100g FW

续表

花卉中文名及拉丁名	提取方法	抗氧化活性及生物活性化合物	程度
牡丹 Paeonia suffruticosa	类黄酮：70%甲醇4℃提取24h，多酚类：70%甲醇水溶液4℃提取24h	DPPH 自由基清除活性	18.7%～32.7%
		类黄酮含量	0.01%～13.2%
		总酚含量	3.85～11.4mg GAE/100mg DW
		ABTS 自由基清除活性	1.19～3.58mmol Trolox/g DW
		羟自由基清除能力（HRSA）	0.56～2.27mmol/10g DW
		FRAP	1.04～3.03mmol/g DW
毛西番莲 Passiflora foetida	石油醚和乙醇萃取或在室温下用水浸提24h	DPPH 自由基清除活性	641～769μg/mL
		ABTS 自由基清除活性	$3.68×10^3～3.99×10^3$μmol/g DW
		总酚含量	4.8%～5.7%
		单宁含量	0.5%～1.1%
		金属螯合活性	$5.78×10^3～6.75×10^3$mg EDTA eq/g
		OH 清除能力	62.5%～65.5%
华丽玫瑰 Rosa hybrida cv. Noblered	1%三氟乙酸溶于甲醇（体积百分比），4℃提取2d	DPPH 自由基清除活性	76.5%[样品浓度＝50μg/mL]
月季 Rosa chinensis	用丙酮提取亲水性抗氧化物质，用正己烷提取亲脂类抗氧化物质	TEAC	11.1～21.1μmol/（L TE·g DW）
		总花青素含量	0.23～0.70 Abs 520nm/g DW

资料来源：Luana et al.，2017

注：ABTS. 2,2′-连氮基-双-3-乙基苯并噻唑啉-6-磺酸；DPPH. 2,2-二苯基-1-苦基肼；AAE. 维生素 C 当量；pdg 3-Glu. 天竺葵素-3-葡糖苷；EC_{50}. 最高响应一半时的提取浓度；DW. 干重；FW. 鲜重；EDTA. 乙二胺四乙酸；FRAP. 铁还原抗氧化能力；GAE. 没食子酸当量；TE. 水溶性维生素 E 当量；Abs. 吸光度；eq. 当量；Conc. 浓度；Trolox. 水溶性维生素 E；QE. 槲皮素当量；TEAC. 水溶性维生素 E 抗氧化能力当量

表3-6 可食用花卉中的一些酚类化合物

化合物类型	花卉中文名及拉丁名	具体化合物及英文名称
类黄酮	龙舌兰 Agave americana	槲皮素-3-糖苷，山萘酚-3,7-O-二葡糖苷，槲皮素-3-O-糖苷
	蜀葵 Althaea rosea	飞燕草素-3-O-葡糖苷，矢车菊素-3-O-葡糖苷，矮牵牛-3-O-葡糖苷，马来酰胺-3-O-葡糖苷
	细洋葱 Allium schoenoprasum	花青素-3-O-β-葡糖苷，花青素-3-乙酰葡糖苷，花青素-3-葡糖苷
	雏菊 Bellis perennis	芹菜素-7-O-β-D-葡糖苷酸，芹菜素-7-O-β-D-葡糖苷，花青素-3-O-[4″-O-（丙二酸）-2″-O-(β-D-葡糖醛酸)-β-D-葡糖苷]
	矢车菊 Centaurea cyanus	天竺葵素-3-(6″-琥珀酰葡糖苷)-5-葡糖苷
	菊花 Chrysanthemum morifolium	木犀草素-7-O-6-丙二酰葡糖苷，槲皮素-3-O-葡糖苷，槲皮素-7-O-葡糖醛酸苷
	菊苣 Cichorium intybus	飞燕草素-3-O-β-D-葡糖苷-5-O-(6-O-丙二酰-β-D-葡糖苷)，花翠素-3,5-二-O-β-D-葡糖苷
	朱锦 Hibiscus rosa-sinensis	矢车菊素-3-槐糖苷（cyanidin-3-sophoroside）
	火龙果 Hylocereus undatus	山萘素-3-O-β-D-松萝双糖苷，异鼠李素-3-O-β-D-松萝双糖苷

续表

化合物类型	花卉中文名及拉丁名	具体化合物及英文名称
类黄酮	牡丹 Paeonia suffruticosa	槲皮素-3,7-二-O-葡糖苷，山萘酚-3,7-二-O-葡糖苷，异鼠李素-3,7-二-O-葡糖苷，木犀草素-7-O-葡糖苷
	天竺葵 Pelargonium hortorum	天竺葵素-5-二葡糖苷，天竺葵素-3-葡糖苷-5-(6-乙酰基)，矢车菊色素，芍药素，飞燕草素，矮牵牛素，锦葵色素
	月季 Rosa chinensis	山萘素阿拉伯糖苷，天竺葵素-3,5-二-O-葡糖苷，槲皮素-3-O-鼠李糖苷
	白刺花 Sophora davidii	木犀草素，槲皮素，维生素
	西洋蒲公英 Taraxacum officinale	木犀草素-7-葡糖苷，木犀草素-7-二葡糖苷
	红车轴草 Trifolium pratense	染料木苷 6″-O-丙二酸酯，芒柄花素-7-O-β-D-葡糖苷 6″-O-丙二酸酯，鹰嘴豆芽素 A-7-O-β-D-葡糖苷
	旱金莲 Tropaeolum majus	花翠素的衍生物，花青素的衍生物，天竺葵素-3-槐糖苷
	圆三色堇 Viola × Wittrockiana	槲皮素，飞燕草素，矮牵牛素，山萘酚，木犀草素，芍药素，马维林素，壬烯醛，咖啡酸，绿原酸
	三色堇 Viola tricolor	芦丁，三色堇素
酚酸	蜀葵 Althaea rosea	阿魏酸，香草酸，丁香酸，对香豆酸，对羟基苯甲酸，咖啡酸
	莳萝 Anethum graveolens	高丽酸，龙胆酸，绿原酸，咖啡酸，对香豆酸，苯甲酸，芥子酸，对茴香酸
	菊花 Chrysanthemum morifolium	绿原酸，5-芥子酰基奎宁酸，咖啡酸
	罗勒 Ocimum basilicum	迷迭香，紫草，香草酸，对香豆酸，羟基苯甲酸，丁香酸，阿魏酸，原儿茶酸，咖啡酸，龙胆酸
	梅花 Prunus mume	3-O-咖啡因，5-O-咖啡因奎宁，4-O-咖啡因奎宁酸
	突厥蔷薇 Rosa damascena	没食子酸
	迷迭香 Rosmarinus officinalis	12-O-甲基麦角酸，迷迭香酸

资料来源：Luana et al., 2017

类黄酮包括无色化合物（如黄酮醇）和有色化合物（如花青素）两类。花青素使花朵呈现红色和蓝色，它是类黄酮中最重要的一类物质，其中矢车菊素、飞燕草素和天竺葵素最常见，另外，在堇菜属花卉中还发现有锦葵素、芍药素等不常见色素。在类黄酮物质中，主要包含槲皮素、山萘酚、杨梅黄酮和芦丁等黄酮醇；黄酮类主要包括芹菜素、木犀草素、黄烷-3-醇类，如儿茶素和表儿茶素。

酚酸类物质又分为羟基苯甲酸和羟基肉桂酸两个亚组。花中最常见的羟基苯甲酸是香草酸、绿原酸、原儿茶酸和丁香酸，而常见的羟基肉桂酸是阿魏酸、咖啡酸和对香豆酸。然而，一些酚酸对于特定花卉种类更具特异性，如迷迭香花朵中的鼠尾草酸和迷迭香酸。

正是由于食用花卉中含有这些抗氧化剂和特殊化合物，人们鲜食或摄取其提取物才对身体健康有所裨益。

（四）花卉的抑菌活性

有的食用花卉含有抑制微生物的物质。例如，印度楝树花中的甲醇和丙酮提取物能抑制蜡状芽孢杆菌的生长。据报道，木槿花的水和乙醇提取物对各种革兰氏阳性和革兰氏阴性食源性细菌病原体具有抗菌活性，这可能是由于多酚、类黄酮和单宁的作用。菊花精油、金盏菊的乙醇提取物、大花葱的有机溶剂和水提取物中含有类黄酮、生物碱、樟脑、酚类和单宁类物质，都有显著的抗菌效果。

用大花田菁（*Sesbania grandiflora*，一种印度的食用花卉）花瓣的甲醇提取物进行的一项研究表明，这种食用花卉的酚类提取物（主要是芦丁）对金黄色葡萄球菌、弗氏志贺氏菌、伤寒沙门氏菌、大肠杆菌和霍乱弧菌具有抑制作用。大叶田菁、番泻叶（*Cassia angustifolia*）和小夜来香（*Telosma minor*，一种泰国传统花卉）的浸提溶液含有类黄酮，能抑制蜡状芽孢杆菌、大肠杆菌和金黄色葡萄球菌等病菌的活性。红花密枝柽柳（*Tamarix gallica*）的花对人类病原体菌株如藤黄微球菌（最强活性）、大肠杆菌（最低活性）和念珠菌（中等活性）具有较好的抗菌性。这些结果表明，红花密枝柽柳花的甲醇提取物比真菌抑制细菌生长更有效，可能是由于从其中检测到的活性分子如丁香素、香豆酸和没食子酸及儿茶素使这些提取物具有强烈的抗氧化特性。

高良姜（*Alpinia officinarum*）的花在亚洲美食中被生吃或制成泡菜，它对革兰氏阳性菌具有广谱的抗菌活性，但是当用有机溶剂（己烷或乙醇）提取时，对革兰氏阴性菌显示很少或没有抗微生物效力。这些例子都表明部分可食性花具有一定的抗菌活性，因此它们可以部分替代化学合成抗生素的作用。

（五）食用花卉对人体健康的作用

表 3-2 中列举了一些常见的食用花卉对人体健康的作用。尤其是玫瑰花化合物中含有的己烷部分能够抑制脂质过氧化并防止氧化损伤，以及促进自由基清除。此外，由于三萜类化合物的存在，食用菊花花瓣提取物中的可溶性正己烷和不可皂化脂质部分减轻了 12-*O*-十四酰基佛波醇-13-乙酸酯（TPA）诱导的小鼠急性炎症。金盏菊花的提取物在体外甲基噻唑基二苯基-四唑鎓溴化物（MTT）中表现出有效的抗人类免疫缺陷病毒（HIV）活性。菊花的乙醇提取物在体内急性和慢性刺激性接触性皮炎中显示出抗炎活性，因为白细胞介素-1β（IL-1β）和肿瘤坏死因子-α（TNF-α）（促炎性细胞因子）的产生被抑制，随后阻断白细胞聚集。此外，据报道，香椿花中所含的天然酚类化合物（阿魏酸、没食子酸、香豆酸和芦丁）能抑制细胞增殖，因此可用于治疗和预防肿瘤疾病。

食用花卉中含有大量的植物化学物质，如花青素、黄酮、大黄酸（从决明子的乙酸乙酯提取物中分离的），具有显著的抑制细胞增殖的作用，对一些癌症有疗效。此外，据报道，木槿花、沙枣和石榴花等可食花卉能控制动物体重，并对肝脏纤维化有预防作用。所有这些研究都证明了可食用花卉对人类健康有巨大的潜在价值。

三、各类花卉的营养与保健功能

（一）丁香 *Syringa vulgaris*

1. 植物简介 丁香花绽放于春夏之交，花繁叶茂，惹人喜爱。属于丁香属木樨科，丛生大灌木或小乔木。原产我国东北、华北地区。丁香花原为紫色，白花丁香是紫丁香的变种。

2. 食用与药用价值 鲜花可以生吃，也可以把花朵与蛋清、酸奶或面糊混匀，加少许白砂糖后油炸。其花朵中含有的化学物质主要有：紫苏烯为丁香花芳香气味的主要成分，此外还含有呋喃型萜烯醛、丁香苯甲醛、丁香醇、β-罗勒烯、苯乙酮、芳樟醇、苄基甲基醚、1,4-二甲氧基苯（氢醌二甲醚）和吲哚。丁香花托含有少量的茴香醛、8-羟甲基内酯、肉桂醇和榄香素。丁香花具有降血压、杀菌、消炎、保护神经系统等作用。丁香叶的水煎剂用作收敛剂解热，花可以浸渍在油中被用来舒缓肌肤。将丁香树皮、果实和叶子碾碎，并在水中煮沸后服用可以开胃和解热。

丁香花有杀菌作用，可配合燥湿止痒的地肤子泡脚，对治疗足癣、足部湿疹有良好的效果。

具体做法为：将100g丁香花洗净后放入浴足盆中，再将35g地肤子研成粉末放入盆中，加入准备好的约3000mL沸水搅拌，待药草的香味渐浓，其中的成分溶解后，再注入足量凉水，使水温在30℃以下即可开始泡脚，浸泡约15min。

（二）茉莉花 *Jasminum sambac*

1. 植物简介 茉莉花起源于印度、斯里兰卡、缅甸和中国的云南、贵州、广西等地，为常绿小灌木，高可达1m。叶色翠绿，花色洁白，香味浓厚，是常见的庭院及盆栽芳香花卉。

2. 食用与药用价值 茉莉花主要用来熏制花茶，也可提取精油，它也是制作香水的重要原料。茉莉花也用于草莓甜点和红茶。花可以加入糖浆中，而糖浆则被用作冰糕或冰淇淋的基础甜味剂，也可以将其倒在柠檬、无花果和桃上再食用。

茉莉花茶内含多种营养成分，主要成分为茉莉花素、芳樟醇、芳樟醇酯、苯甲醛、脂类、苯甲酸等。花瓣中含有的挥发油性物质有缓解胸腹胀痛、行气止痛的功效。此外，茉莉花还能抑制多种细菌滋生，可治疗皮肤溃烂、目赤等病。

常饮茉莉花茶可以祛痰治痢、清肺明目、抗衰老、坚齿、益气。取适量茉莉花煎水熏洗，配菊花6g、金银花9g，对治疗目赤肿痛与迎风流泪有特效。

（三）番红花 *Crocus sativus*

1. 植物简介 番红花又称藏红花、西红花，是一种鸢尾科番红花属的多年生花卉，也是一种常见的香料。是亚洲西南部原生种，最早由希腊人人工栽培。主要分布在欧洲、地中海及中亚等地，明朝时传入中国，《本草纲目》将它列入药物之类，中国浙江等地有种植。

2. 食用与药用价值 番红花为著名的珍贵中药材，主要药用部分为小小的柱头，具有强大的生理活性，因此显得十分珍贵。其柱头在亚洲和欧洲作为药用，有镇静、祛痰、解痉的作用，用于胃病、调经、麻疹、发热、黄疸、肝脾肿大等的治疗。花含胡萝卜素类化合物，其中主要为番红花苷、番红花酸二甲酯、番红花苦苷及挥发油，油中主要为番红花醛等。其干燥柱头味甘性平，能活血化瘀、散郁开结、止痛。用于治疗忧思郁结、胸膈痞闷、吐血、伤寒发狂、惊怖恍惚、温毒发斑、妇女经闭、血滞月经不调、产后恶露不尽、瘀血作痛、麻疹、跌打损伤等，能凉血解毒、解郁安神。国外用作镇静、祛风剂。

番红花的红色柱头很名贵，用于食品调味和上色，又用作染料。其带有强烈的独特香气和苦味。在地中海地区和东方菜肴，以及英国、斯堪的那维亚和巴尔干的面包中作调色和调味佐料，也是法式菜浓味炖鱼的重要成分。常用的吃法有口服、泡水、泡酒、拌饭菜、蒸鸡蛋等，番红花不宜使用太多。用黄油或油烹制时，温度不宜过高。将番红花浸于热的液体（可使用食谱上要求的液体）中15min左右，可以使番红花的色泽更匀称。番红花还被用来为家禽、海鲜和鱼类等上色。

（四）木芙蓉 *Hibiscus mutabilis*

1. 植物简介 木芙蓉又名芙蓉花、拒霜花、木莲、地芙蓉、华木，原产于中国。为锦葵科木槿属落叶灌木或小乔木。其喜温暖、湿润环境，不耐寒，忌干旱，耐水湿。对土壤要求不高，瘠薄土地也可生长。

2. 食用与药用价值　　木芙蓉叶、花、根皆可入药。而花还可以用来做膳食，是经济价值较高的植物。《本草纲目》记载："木芙蓉花并叶，气平而不寒不热，味微辛而性滑涎黏，其治痈肿之功。殊有神效。"李时珍此论，将木芙蓉的根、叶、花的功效及主治症状描述得很明白、简要。

（1）芙蓉叶　　凉血、解毒、消肿、止痛、止血。主治痈疽疮毒，缠身蛇丹，目赤肿痛，水火烫伤，跌打损伤等。

1) 痈疽疮毒，红肿热痛。五倍子（微炒）30g，生大黄10g，芙蓉叶20g研细；醋1盅，勺内熬滚，投入药粉拌匀，敷患处上留顶，纸盖之，干则以醋抹之。

2) 热疮红肿，收根束毒。重阳前芙蓉叶，端午前苍耳（烧存性）各等份，研末，蜜水调涂四周，其毒自不走散。

3) 带状疱疹。鲜芙蓉叶适量，阴干，研末，用米浆涂患处。

4) 烫伤。香油调芙蓉叶，研细末，外敷。

5) 赤目红肿。芙蓉叶，研细末，水和，贴太阳穴。

6) 阴囊胀坠疼痛。芙蓉叶、黄柏各10g，研为末，马钱子1个，醋磨，调敷阴囊。

7) 流行性腮腺炎。芙蓉叶研为细末，用鸡蛋清调匀，敷油纸上，贴患处，外用纱布固定，每日换药2次，直至肿消。

（2）芙蓉花　　清热凉血，消肿解毒。主治痈肿，疔疮，烫火伤，肺热咳嗽，呕血，崩漏，白带。

1) 呕血，崩漏，目赤肿痛，肺痈。芙蓉花30g，水煎服。

2) 痈疽肿毒。芙蓉叶、芙蓉花、牡丹皮各适量，水煎外洗。

3) 蛇头疔（指头上疔疮）。鲜芙蓉花，冬蜜捣烂外敷，每日2～3次。

4) 烫伤。芙蓉花适量，研末，调香油外敷。

5) 虚劳咳嗽。芙蓉花30～60g，鹿含草30g，糖60g，炖猪心、肺汤服。用盐不用糖亦可。

6) 经血不止。芙蓉花、莲房各等份，研为末，用米汤送服。

（3）芙蓉根　　解毒消肿，清热凉血。主治痈肿，白带，咳喘，目赤。其与叶、花相同，但作用稍逊。既可外敷，又可内服。

（五）菊花 *Chrysanthemum morifolium*

1. 植物简介　　菊花在植物分类学中是菊科菊属的多年生宿根草本植物。它是中国十大名花之三，花中四君子（梅兰竹菊）之一。陶渊明的"采菊东篱下，悠然见南山"的名句歌颂了菊花高风亮节、高洁、雅致的品格。中国人有重阳节赏菊和饮菊花酒的习俗。在古神话传说中菊花还被赋予吉祥、长寿的含义。

2. 食用与药用价值　　菊花具有很好的养生保健之功用。慈禧爱吃白菊花以清头目、泻胃火，治口苦便秘、头痛目赤等，所以菊花不但是名贵花卉，同时也是时尚的保健药品，既治病又防病。而其叶、苗、花及不同品种菊花有不同效用。

（1）菊花叶　　清热解毒，平肝祛风。主治疔疮，痈疽，头风，目眩。

1) 疔疮肿毒。菊叶1把，捣汁服。

2) 无名肿毒。白菊花叶及根，捣出自然汁1茶盅，滚酒调服；或酒煮服。

（2）菊花苗　　清肝明目。主治头风眩晕，目生翳障。
1）清目宁心。甘菊苗，摘洗净，细切，与米及盐煮粥。
2）女人阴肿。甘菊苗捣烂煎汤，先熏后洗。
（3）菊花　　性味甘苦凉。入肺、肝经，有疏风清热，明目平肝，解毒凉血之功用。主治头痛，风热感冒，眩晕，目赤，心烦潮热，疔疮，肿毒。
1）风热头痛。菊花、石膏、川芎各10g，水煎服。
2）风温咳嗽，身热欲饮。菊花10g，桑叶10g，杏仁10g，连翘10g，芦根30g，桔梗5g，薄荷3g，用水600mL，煮取300mL，早晚分服（《温病条辨·桑菊饮》）。
3）眩晕。甘菊适量，曝干，研末，与米蒸作酒服（徐嗣伯的"菊花酒"方剂）。
4）热毒上攻，目赤面肿。菊花、甘草各适量，研为末，捣罗为散，夜卧时温水调下三钱匕（《圣济总录·菊花散》）。

（六）杜鹃花 *Rhododendron simsii*

1. 植物简介　　杜鹃花又名映山红、山石榴，为常绿或平常绿灌木。相传，古有杜鹃鸟，日夜哀鸣而咯血，染红遍山的花朵，因而得名。杜鹃花一般春季开花，每簇花2～6朵，花冠漏斗形，有红、淡红、杏红、雪青、白色等，花色繁茂艳丽。

2. 食用与药用价值　　杜鹃花品种较多，仅介绍分布于东北及内蒙古等地的兴安杜鹃和黄杜鹃的药用价值。

（1）兴安杜鹃
1）兴安杜鹃叶。性味苦寒，止咳化痰，清肺平喘，主治支气管炎。经药理研究，兴安杜鹃叶经乙醇或水提取的各种制剂和挥发油口服液、腹腔注射液均有止咳作用。慢性支气管炎，用兴安杜鹃叶粗末，白酒500mL，浸7d过滤，每次服15～20mL，日服3次。
2）兴安杜鹃根。清热利湿，止痢解毒，主治菌痢。治细菌性痢疾，兴安杜鹃根250g，加水1.5～2L，煎取500mL，每次服100～200mL，1日3次。经临床应用有效率为90%，治以黏液便为主的症状效果好。

（2）黄杜鹃　　常称闹羊花、羊踯躅、羊不吃草。分布于江苏、浙江、福建、江西、湖南等省。其根、果、花序入药。但其花有大毒，有祛风、除湿、定痛之功用。主治风湿顽痹，伤折疼痛，皮肤顽癣，并可用于手术麻醉止痛。由于本品有毒，不宜多服、久服，体弱者忌服。必须在医生指导下用药，以防中毒，危及生命。

（七）玉兰 *Magnolia denudata*

1. 植物简介　　玉兰为木兰科落叶乔木，别名白玉兰、望春、玉兰花。原产于中国中部各省，现北京及黄河流域以南均有栽培。花白色到淡紫红色，大型、芳香，花冠杯状，花先开放，叶子后长，花期10d左右。中国著名的花木，南方早春重要的观花树木。

2. 食用与药用价值　　《本草纲目拾遗》上描述玉兰可消痰，益肺和气，蜜渍优良。玉兰花含有挥发油，其中主要为柠檬醛、丁香油酸等，还含有木兰花碱、生物碱、望春花素、癸酸、芦丁、油酸、维生素A等成分，具有一定的药用价值。玉兰花性味辛、温，具有祛风散寒通窍、宣肺通鼻的功效。可用于头痛、血瘀型痛经、鼻塞、急慢性鼻窦炎、过敏性鼻炎等症。现代药理学研究表明，玉兰花对常见皮肤真菌有抑制作用。玉兰花含有丰富的维生素、氨基酸和多种微量元素，有祛风散寒、通气理肺之效。可加工制作成小吃，也可泡茶饮用。

（八）辛夷花 *Magnolia liliiflora*

1. 植物简介 辛夷花又名紫玉兰，木兰科木兰属，为中国特有植物，分布在中国云南、福建、湖北、四川等地，生长于海拔 300~1600m 的地区，一般生长在山坡林缘。花朵艳丽怡人，芳香淡雅，为中国有 2000 多年历史的传统花卉和中药。

2. 食用与药用价值 紫玉兰的树皮、叶、花蕾均可入药；花蕾晒干后称辛夷，气香、味辛辣，含以柠檬醛、丁香油酚、桉油精为主的挥发油，主治鼻炎、头痛，作镇痛消炎剂，历来是中医治鼻病的主药，于花前蕾期采摘，置通风良好处阴干备用。李时珍在《本草纲目》中对其治疗鼻病的疗效作了肯定的论述。现代研究证明，辛夷所含的挥发油对鼻黏膜血管有收缩作用，并能促进分泌物的吸收，从而改善鼻孔的通气功能。

1）慢性鼻窦炎、过敏性鼻炎。辛夷花 9g，水煎服。

2）治急慢性鼻炎、鼻窦炎。可取辛夷、苍耳子各 10g，用纱布包煎，取其浓缩汁滴鼻，每日 3 或 4 次，疗效好。

3）感冒头痛，鼻塞。辛夷花 9g，山栀子 9g（打碎），菊花 9g，加水 400mL，煎至 200mL，每日分 2 次服，日服 1 剂。

4）牙齿痛。辛夷花 15g，水煎，含口中 10min 再吐去，每日含数次。

5）鼻渊头痛，鼻塞不通，不闻不臭，常流浊涕。辛夷花、苍耳子各 10g，甘草 5g，加水 400mL，煎至 200mL，每日分 2 次服，日服 1 剂。

注意事项：本品因有毛，用于内服的，要用布将辛夷花包起来煎煮。

（九）桂花 *Osmanthus fragrans*

1. 植物简介 桂花是木樨科常绿灌木或小乔木，是中国传统十大名花之一，为集绿化、美化、香化于一体的观赏与食用兼备的优良园林树种。仲秋时节，丛桂怒放，夜静轮圆之际，把酒赏桂，陈香扑鼻，令人神清气爽。在中国古代的咏花诗词中，咏桂之作的数量也颇为可观。桂花自古就深受中国人的喜爱，被视为传统名花。

2. 食用与药用价值 桂花的不同部位有不同的营养保健功效。

（1）桂花 淡黄白色，含有芳香物质，具有芳香和胃、生津辟浊、化痰理气之功。常作食物的芳香添加剂，制成各种桂花制品，如桂花茶、桂花酒。桂花主要是食用，若作药用常将桂花制成桂花露，即桂花经蒸馏而得的液体。桂花露具有疏肝理气、醒脾开胃之功用。主治口臭，口燥咽干，胸闷嗳气，纳差多痰，牙龈肿痛等。常用桂花露口服，每次 10mL 左右。

（2）桂花子 有暖胃，平肝，益肾，散寒，止哕之功用。主治肝胃气痛，民间常用其作为止痛剂。

（3）桂树根 祛风止痛。主治风湿疼痛，肾虚牙痛。

1）虚火牙痛。桂树根 60g，地骨皮 30g，生地黄 30g，露蜂房 10g，细辛 3g，水煎服。

2）风湿骨痛。桂树根 60g，杜仲 15g，桑寄生 10g，续断 15g，水煎服。

（十）佛手 *Citrus medica* var. *sarcodactylis*

1. 植物简介 佛手为芸香科柑橘属常绿灌木或小乔木，高达丈余，果实在成熟时各心皮分离，形成细长弯曲的果瓣，状如手指，故名佛手。果大供药用。

2. 食用与药用价值 佛手有极高的观赏价值，不但形态如佛手，色泽金黄，而且香气浓郁，既可制作蜜饯食用，亦常入药，一般中药配方部有售，常称为佛手片、佛手柑。而其花亦常入药，但中药房无售，需自己采集备用。

（1）佛手柑　理气疏郁，和胃化痰。

1）痰多咳嗽，胸闷气滞。佛手片10g，加酒煎服。

2）胃脘胀痛，嗳气不舒。佛手片10g，水煎服。或配代代花2g，白芍10g，炙甘草5g，水煎服。

3）妇人白带，腰背酸痛。佛手30g，猪肠30cm，水煎服。

4）干呕欲吐，嗳气不舒。佛手片10g，姜半夏10g，吴茱萸2g，水煎服。

5）痢下后重，腹胀腹痛。黄连10g，广木香10g，佛手片10g，白芍10g，炙甘草5g，水煎服。

（2）佛手花　调理气机，平肝下气。肝胃不和，脘腹胀痛，嗳气频频。佛手花3g，代代花2g，绿萼梅6g，厚朴花10g，玫瑰花8g，水煎频服。

（3）佛手露（佛手果实的蒸馏液）　悦脾，和胃，宽胸，解郁，疏肝，养阴。气滞膈阻，烦热骨蒸，肝胃阴虚。佛手露10mL，开水冲服。

总之，佛手的功效近于香橼、代代，清香之气尤胜，故能醒脾开胃，快膈化滞，为治呕良药，并可制露作饮，功能为顺气宽胸，疏肝解郁，为悦脾之妙品。

（十一）金银花 *Lonicera japonica*

1. 植物简介　金银花，又名忍冬，为忍冬科忍冬属植物。"金银花"一名出自《本草纲目》，由于花初开为白色，后转为黄色，因此得名金银花。

2. 食用与药用价值　金银花全身皆是药，藤、花、叶各有各的用处，各有各的疗效，是广大群众普遍应用的药品和保健品，既可作茶，又能制露，还常入药。现代研究证明，金银花含有绿原酸、木犀草素苷等药理活性成分，对溶血性链球菌、金黄葡萄球菌等多种致病菌及上呼吸道感染致病病毒等有较强的抑制力，另外还可增强免疫力、抗早孕、护肝、抗肿瘤、消炎、解热、止血（凝血）、抑制肠道吸收胆固醇等。其临床用途非常广泛，可与其他药物配伍用于治疗呼吸道感染、菌痢、急性泌尿系统感染、高血压等40余种病症。

（1）金银花　清热疏风，解毒凉血。主治温病发热，热毒血痢，肠痈，肿毒疔疮。

1）预防乙脑、流脑。金银花、连翘、大青叶、芦根、甘草各10g，水煎代茶，每日1剂，连服3～5d。

2）瘟病初起但热不寒而渴。金银花30g，连翘30g，桔梗10g，竹叶12g，薄荷5g，荆芥10g，甘草5g，牛蒡子15g，淡豆豉10g。上杵为散，每服20g，用鲜芦根煎汤服。

3）痢疾腹痛，里急后重。银花炭15g，白蜜水调煎服。

4）热淋尿频，尿痛。金银花、海金沙、天胡荽、金樱子根、白茅根各30g，水煎服，5～7剂为1个疗程。

5）一切肿毒，不问已溃未溃。金银花取自然汁半碗，服之，以渣敷上。

6）急性乳腺炎初起，红肿热痛。金银花、蒲公英各15g，连翘12g，青皮、陈皮各8g，甘草5g，水煎服，轻者每日1剂，重者每日2剂。

（2）金银花藤　清热通络。主治热毒血痢，筋骨疼痛，痈肿疮毒。

1）四时外感，发热口渴，肢体酸痛。金银花藤30g（鲜者100g），煎汤代茶频饮。

2）热毒血痢，腹痛泻血。金银花藤30～60g，浓煎服。

3）诸般肿痛，一切痈疽，疗疮热毒。金银花藤 150g，甘草节 30g，水煎服。

4）风湿性关节炎。金银花藤 30g，豨莶草 12g，鸡血藤 15g，老鹳草 15g，白薇 12g，水煎服。

（3）金银花子　凉血止痢。主治肠风，血痢。常用金银花子 30g，水煎服。对于形寒痢下腹痛者忌用。金银花子在霜降至立冬采收，晒干，置锅内微炒，然后入药。

金银花作为保健品主要制成银花露，银花露甘凉润口，清香扑鼻，养阴生津，可防小儿疮疖、痱子和流感，是人们喜欢的饮品。同时金银花泡茶，清凉可口，又能杀菌解毒。以金银花为主制成的饮料、保健品和药品对预防感冒、咽喉炎、口腔炎及热毒疔疮都有较好的效果，故东南亚国家将银花露称为"神水"。金银花是一种治病疗疾的良药，又是一种极好的保健饮品的原料。建议每人能种一株，以防病养生，保健益身。

（十二）朱槿 *Hibiscus rosa-sinensis*

1. 植物简介　朱槿又名扶桑、佛槿、中国蔷薇。常绿直立分枝大灌木，高 1～3m；全年开花，生于枝端叶腋内，有长梗；花萼钟状，长 1.5～2cm，五裂片；花冠茎约 10cm，常为玫瑰红色，也有其他颜色。由于花色大多为红色，所以中国岭南一带将之俗称为大红花。

2. 食用与药用价值　根、叶、花均供药用。朱槿根和叶全年可采，洗净晒干。花，春夏季采收，晒干备用。味甘，性平，有清热解毒、利尿消肿的作用。

1）腮腺炎、急性结膜炎。朱槿根 30g，加水 500mL，煎至 200mL，分 2 次服。

2）痈疮肿毒。鲜朱槿叶适量，捣烂，敷患处。亦可用鲜朱槿叶或鲜花同木芙蓉叶各等量，捣烂，和蜂蜜调匀，敷于患处。

3）汗斑。鲜朱槿叶适量，搓烂，外擦患处。

（十三）栀子 *Gardenia jasminoides*

1. 植物简介　栀子为茜草科栀子属灌木，高 0.3～3m，花芳香，通常单朵生于枝顶，果卵形、椭圆形或长圆形，黄色或橙红色，果实有较高的药用价值。性喜温暖湿润气候，好阳光但又不能经受强烈阳光照射，适宜生长在疏松、肥沃、排水良好、轻黏性酸性土壤中，抗有害气体能力强，萌芽力强，耐修剪。是典型的酸性花卉。

2. 食用与药用价值　其叶、花、根均可入药。栀子花洁白纯净，清心寡欲，给喧闹的环境带来安静，因此养心安神是栀子花的一大功效。栀子主要的作用是治病、防病，既可食用，又可药用。既可内服，又能外用，所以它是中药中的佼佼者。

（1）栀子　苦寒泻火，凉血解毒，清利湿热，并能促进胆汁分泌，降低血压。主治黄疸，淋病，血尿，呕血，咽痛，扭伤肿痛，热疔疮毒。

1）伤寒吐、泻后，虚烦不得眠。栀子 10g，豆豉 10g，水煎服。

2）湿热黄疸。栀子 10g，黄柏 10g，甘草 5g，水煎服。

3）尿血淋痛。鲜栀子 30g，冰糖 15g，水煎服。

4）癃闭（小便不通）。栀子 7 枚、盐少许、独头蒜 1 枚，共捣烂，敷脐。

5）胃脘热痛。山栀子 9 枚炒焦，水煎取汁，加入姜汁饮之。

6）外伤肿痛。栀子、面粉加醋同捣后，敷患处。

7）小儿高热不退，诸药无效。栀子 3 枚研碎，加面粉、醋调后，敷内关，每日 1 换，至热退，一般 3 次。

8) 疮疡肿痛。栀子 10g，金银花 15g，蒲公英 10g，水煎服。另取金银花藤适量，捣烂，敷患处。

栀子入药，有生用、炒用，生用有通便泻火之力，炒用有清热泻火之功用；生用多作外用，炒用常作内服，故药房多配炒用山栀子，又称焦山栀子。

（2）栀子叶　　消肿理伤。常捣烂敷伤处，以治跌仆伤肿。

（3）栀子花　　清热凉血，清肺止咳。即可入药，又可做菜。

1) 肺热咳嗽，痰黄而稠。栀子花 3 朵，蜂蜜少许，煎服。

2) 鼻出血不止。栀子花焙干研末，吹鼻中。

食用方法：食用其花，以清肺化痰。取花，用梅酱糖蜜制之，作羹果。或花用水漂洗，用面入糖、盐作糊，花拖油炸食之。

（4）栀子根　　清热解毒，凉血活血。主治感冒高热，黄疸肝炎，呕血，鼻出血，菌痢，淋病，肾炎水肿，痈肿疮毒。

1) 黄疸肝炎。山栀子根 30～60g，煮瘦肉食之。

2) 鼻血不止。山栀子根 30g，白茅根 30g，侧柏叶 15g，藕节炭 10g，水煎服。

3) 赤白痢下。栀子根适量，加冰糖煎服。

栀子培植粗放，香花不娇，四季常绿，洁净纯白，佛家禅友。花药食兼优，清肺热专长；果清热泻火，直捣三焦，生者外用，亦可作染料；根清病毒，治疗感冒，治黄疸肝炎独擅。故栀子全身皆是治病良药，保健养生不可少。

（十四）石斛 *Dendrobium nobile*

1. 植物简介　　石斛是被誉为"中华九大仙草之首"的药用植物，为兰科石斛属草本花卉。石斛花姿优雅、玲珑可爱、花色鲜艳、气味芳香，被喻为"四大观赏洋花"之一。

2. 食用与药用价值　　石斛，味甘，性寒。入肺、胃、肾经。有清热养胃，生津止渴之功用。《神农本草经》中将其列为上品。《本草纲目拾遗》称其为"滋阴补益珍品"。古往今来称其为滋阴补虚、养生保健之品，一年四季皆可服用。其临床应用甚广，主要有以下几个方面。

1) 补阴强身，延缓衰老。中国科学院机关门诊部在 1995 年对该院 100 位科学家服用石斛进行追踪观察，这些科学家多年事已高，疾病缠身，常有口干舌燥、咽喉疼痛、神疲乏力等阴虚内热之症，服用石斛后这些症状明显改善。一般可单味鲜石斛 10～30g，水煎服；或用干石斛与西洋参等量，研细，装入胶囊服用。

2) 养阴生津，健脾和胃。明代张景岳说："石斛，用治脾胃之火，去嘈杂如饥及营中蕴热。"现代研究发现，石斛的化学成分能刺激小肠平滑肌收缩，促进肠胃蠕动，促进胃液分泌而助消化，对慢性浅表性胃炎、萎缩性胃炎有较好的效果。

3) 退翳明目，治疗目疾。石斛有补益肝肾，滋养脾胃之功用。古方石斛夜光丸沿用至今，疗效确切，为后世医家所推崇。现代医学证明，石斛对老年性白内障有延缓作用。

4) 降低血糖，养阴润燥。实验证明，石斛对高血糖动物模型具有显著降低动物血糖的作用，并使血糖降低至正常水平。同时，石斛具有抗氧化作用，能减少自由基对胰岛功能的损伤，使胰岛 B 细胞释放和合成胰岛素增加，从而降低血糖。

5) 清热养阴，宣痹止痛。现代研究表明：石斛碱有明显止痛作用。凡肝肾阴虚、燥热内盛者，出现肢节疼痛、口干舌燥、肌肉萎缩，常与益气养血、活血祛风之品配合应用，如木瓜、金银花藤、生地黄、丝瓜络、川黄柏、知母等。

石斛目前应用甚广，是为养阴清热、扶正补虚之品，阴虚内热、体质虚弱、免疫低下、气阴两亏者可以选用。但不能作为单纯补品或保健品甚至作为食品应用。

（十五）荷花 Nelumbo nucifera

1. 植物简介 荷花是睡莲科莲属多年生水生草本花卉，又名莲花、水芙蓉等。花期6～9月，有红、粉红、白、紫等色，或有彩纹、镶边。坚果椭圆形，种子卵形。

2. 食用与药用价值 荷花的色、香、姿、韵使我们在炎炎夏日得到舒适、清凉、飘香的环境，能调节空气的湿度和温度，有益健康。荷的各个部分都是药食兼优的保健、防病之品。

（1）荷叶　清暑辟秽，醒脾和胃。主治眩晕，中暑。

1）夏月中暑，头晕头胀，恶心呕吐，胸闷不适。鲜荷叶1张切碎（或用干荷叶30g），金银花15g，西瓜翠衣15g，丝瓜皮15g，鲜竹叶20g（清络饮），水煎服。

2）防治暑热。荷叶包六一散（即荷包六一散）开水冲泡，有防中暑的作用。一般取六一散10g，用鲜荷叶1/4张，包裹后，用线扎好，外刺若干个小孔，用开水冲泡。

3）漆疮。因漆过敏，而皮肤红肿、瘙痒。荷叶适量，水煎外洗。

（2）荷叶边　清肝止泻，主治夏日腹泻，头脑胀痛。

1）夏日腹泻，泻下如水，肠鸣腹痛。荷叶边（炒）30g，六一散（包）10g，炒苍术10g，川黄连5g，煨葛根30g，水煎服。或单味荷叶边炒炭后研吞亦可。

2）夏日中暑，头胀头痛，时欲呕吐。荷叶边30g，白芷10g，石菖蒲10g，苏梗10g，姜半夏10g，明天麻10g，水煎服。

（3）荷梗　理气宽胸。主治食欲缺乏，胸腹胀闷。常配伍谷芽、麦芽（各）10g，荷梗20g，藿香10g，佩兰10g，水煎服。

（4）荷蒂　安胎止血，和胃。主治胎动不安，赤白痢下。

1）先兆流产。妊娠3～4个月，阴道出血，腰痛，小腹胀坠。荷蒂3只，苏梗10g，黄芩10g，苎麻根30g，杜仲10g，藕节炭10g，水煎服。

2）赤白痢下。荷蒂3～5g，白头翁10g，秦皮10g，炒白芍10g，广木香10g，水煎服。

3）带下赤白。荷蒂3～5g，木槿花10g，白术10g，车前子10g（包），川柏10g，水煎服。

（5）莲须　涩精止遗。主治梦遗滑泄。滑精（白天）或梦遗（夜间）不止，莲须10g，刺猬皮、金樱子各30g，芡实15g，水煎服。

（6）莲房　止血。主治血崩、便血、溺血。

1）血崩。阴道大量出血，当以止血为先。方用莲房30g，蓦头回30g，仙鹤草30g，血余炭10g，阿胶10g（另烊化），水煎服。

2）溺血。小便出血。方用莲房30g，白茅根30g，女贞子10g，旱莲草10g，水煎服。

3）便血。大便下血。方用莲房30g，地榆炭10g，槐米炭10g，大黄炭10g，水煎服。

（7）莲子　清心除烦，健脾和胃。主治噤口痢。痢下不止，口噤不食，方用莲子30g（石莲肉更佳），石菖蒲10g，山药30g，川黄连3g，葛根15g，生黄芪30g，茯苓10g，水煎服。

（8）莲心　清心安神。主治高热神昏，或目赤肿痛。目赤肿痛，方用莲心10g，夏枯草10g，青葙子10g，龙胆草5g，甘草5g，水煎服，并可外洗。

第四节 花卉的毒性与禁忌

一、花卉的毒性与禁忌概述

现代家庭都喜欢用花卉来装点居室,喜欢把花摆放在阳台、走廊、客厅,甚至有些人还将花卉放在卧室内。许多家庭都有种花养花或采摘花枝瓶插的习惯,五颜六色、芳香扑鼻的花朵不但能令人身心愉快,还能有益于健康。有些花卉本身具有防病治病作用。例如,美人蕉能够吸收毒性很强的氟;丁香分泌出的挥发油有杀菌功效等。然而,并非所有的花卉都对人体有益,有些花卉可能含有一些人们不太了解的毒性。在常见植物中,有100多种花卉含有有毒物质,对人或家畜能够产生毒害作用。有些植物的茎、叶、果均含有一定的毒素,对人体不利,如长期接触或误食会引起中毒,有些植物会产生一些有害挥发性气体。花卉的毒性需要引起人们的注意,避免对人体健康造成不必要的危害。例如,夜丁香在夜间能放出浓香,但其气味对人健康不利,如长时间将其摆在客厅或卧室内,则引起人头昏、失眠、咳嗽,甚至气喘、烦闷。水仙含石蒜碱、水仙碱等,鳞茎中还有拉丁可毒素,误食则引起肠炎、呕吐、下痢,严重的会痉挛、麻痹;叶和花能使人皮肤红肿。

据统计,能作为人类食用的花卉有180多种,如菊花、金银花、桂花、玫瑰、芦荟、茉莉、薄荷、百合、海棠花、荷花、月季、黄花菜、薄荷、三色堇、桃花、槐花、杏花等。然而并非所有人都适宜食用这些花卉,比如体质属寒者不宜食用性寒冷的金银花,稍进食不慎即易导致腹部冷痛、手脚发凉。食用花卉前必须仔细鉴定后方可食用,因为有些花卉有毒,应避免误食。目前,联合国粮食及农业组织(FAO)、世界卫生组织(WHO)、美国食品药品监督管理局(FDA)或欧洲食品安全局(EFSA)等国际官方机构都没有列出食用和不食用花卉清单。然而,欧洲涉及新型食材、新型食品的规章(EC No. 258/97)中提供了一些关于食用花卉安全性的信息。因此,还没有任何法律来明确界定和规范食用花卉的市场营销。然而,涉及食用鲜花的食源性疾病暴发案例(表3-7)已有报道。其中的主要问题是违规使用农药导致有毒物质如乐果和亚硫酸盐残留,或诱发病原体如沙门氏菌滋生。这些事实表明,有必要采取足够的措施使得食用花卉得到安全栽培和妥善保存。因此,应该对生产者、食品加工者和消费者普及这些食用花卉的知识。

表3-7 归因于一些鲜花的食源性疾病

花卉名称	来源国	检测到的有害物	报道国	年份
椴树花	阿尔巴尼亚	乐果	意大利	2014
木槿花	埃及	感染昆虫和霉菌啮齿类动物排泄物	波兰	2008
肉桂花	斯里兰卡	亚硫酸盐	西班牙	2005
干万寿菊花	埃及	沙门氏菌	波兰	2004

资料来源:Luana et al.,2017

二、花卉毒性的种类与特点

不同花卉的毒性种类不同。按花卉植物含主要有毒成分进行分类,可以将有毒花卉分为五大类。

（一）含生物碱的有毒花卉

含有生物碱的有毒花卉有曼陀罗、白花曼陀罗、虞美人、石蒜花、水仙花、郁金香等。

曼陀罗（*Datura stramonium*）是茄科曼陀罗属草本或半灌木，在低纬度地区可长成亚灌木。曼陀罗在世界各大洲均有分布，我国各省份都有分布，常生于住宅旁、路边或草地上，也有作药用或观赏而栽培的。曼陀罗全株皆有毒，含莨菪碱和东莨菪碱，其中果实及种子的毒性最大，干叶片的毒性比新鲜叶片的毒性轻一些。如果人不小心误食，会出现口舌干燥、瞳孔放大、心跳加速、周身潮红燥热、视线模糊不清、嗜睡、头脑昏沉、产生幻觉及神志错乱等中毒症状，情况严重的则会令神经中枢过于兴奋而逆转成抑制作用，机体机能突然降低，呼吸困难而亡。此外，即使外敷曼陀罗也会出现周身性的中毒症状。莨菪碱的化学式为 $C_{17}H_{23}NO_3$，相对分子质量为289.37，难溶于水，可溶于沸水和乙醇、氯仿。莨菪碱是一种副交感神经抑制剂，药理作用类似于阿托品，但毒性较大，临床应用比较少。莨菪碱有止痛解痉功能，对坐骨神经痛有较好疗效，有时也用于治疗癫痫、晕船等。东莨菪碱的化学式为 $C_{17}H_{21}NO_4$，相对分子质量为303.35，具有散瞳及抑制腺体分泌的作用，对呼吸中枢有兴奋作用，但对大脑皮质有明显的抑制作用。此外，其还有扩张毛细血管、改善微循环及抗晕船晕车等作用。临床用的一般是它的氢溴酸盐，可用于全身麻醉前给药、晕动病、震颤性麻醉、狂躁性精神病和有机磷中毒等。

虞美人（*Papaver rhoeas*）是罂粟科罂粟属的一年生草本植物，原产于欧洲，我国各地常见栽培，为观赏植物。花和全株入药，含多种生物碱，有镇咳、止泻、镇痛、镇静等功效。虞美人全株有毒，主要含有丽春碱型生物碱，其中果实毒性最大，家畜误食中毒后一般出现狂躁、嗜睡、脉搏加速、呼吸不均等症状，重则死亡；人误食后会引起中枢神经系统中毒，严重者可导致生命危险。

（二）含苷类的有毒花卉

苷又称配糖体或甙，一般为白色结晶，是由糖或糖的衍生物（如糖醛酸）的半缩醛羟基与另一非糖物质中的羟基以缩醛键（苷键）脱水缩合而成的环状缩醛衍生物。根据苷元的化学结构和药理作用的不同，苷类可分为强心苷、氰苷、芥子油苷、皂苷等。强心苷在医药上可用小剂量作为强心药物，大剂量即可使心脏中毒；氰苷在酶和酸的作用下释放出氢氰酸，氰酸根离子可与细胞色素氧化酶的铁相结合，从而破坏细胞色素氧化酶的作用，使组织不能进行正常的呼吸作用，机体陷于窒息状态；芥子油苷水解后产生的芥子油类异硫氰酸化合物对皮肤有刺激作用，也能引起严重的肠胃炎，也有促进甲状腺肿大的作用；皂苷有特殊的刺激作用和溶血作用，许多著名的中药中有效成分为苷类物质，如人参、甘草等。含苷类的有毒花卉主要分布在夹竹桃科、百合科、无患子科、蔷薇科等植物中，如夹竹桃、黄花夹竹桃、铃兰、万年青等。

夹竹桃（*Nerium indicum*）是夹竹桃科夹竹桃属的一种常绿直立大灌木，常在公园、风景区、道路旁或河旁、湖旁周围栽培。其枝、叶、皮中均含有夹竹桃苷，毒性极强，误食叶片会引起恶心、烦躁，严重时还会致死。夹竹桃苷的化学式为 $C_{32}H_{48}O_9$，相对分子质量为576.73，是一种白色晶体，熔点为250℃，可溶于甲醇、乙醇、氯仿，几乎不溶于水（阚毓铭等，1988），具有强心、利尿的作用，但使用时需谨慎。

（三）含非蛋白质氨基酸（毒氨基酸）的有毒花卉

非蛋白质氨基酸是相对于组成蛋白质的 20 种常见氨基酸而言的，是指除组成蛋白质的 20 种常见氨基酸以外的含有氨基和羧基的化合物。非蛋白质氨基酸多以游离或小肽的形式存在于生物体的各种组织或细胞中。其中有毒的非蛋白质氨基酸约 20 种，大多具有积累中毒的作用，主要存在于豆科植物和毒蘑菇中。某些氨基酸如甘氨酸、谷氨酸等是动物中枢神经系统中的重要递质，与这些氨基酸结构相似并且能够进入中枢神经系统的一些非蛋白质氨基酸也能作为"伪神经递质"而产生神经系统毒性。植物中有毒氨基酸一次摄入量的毒性通常较低，只有多次摄入、长期积累才会产生严重的毒害作用。含毒氨基酸的有毒花卉主要分布在豆科、百合科、龙舌科等植物中，如含羞草、香豌豆、大巢菜等。

含羞草（*Mimosa pudica*）是豆科含羞草属的多年生草本或亚灌木，原产于美洲热带地区，现广泛分布于世界热带地区，长江流域常有栽培作为观赏。全草供药用，有安神镇静的功能，鲜叶捣烂外敷治疗带状疱。含羞草的叶子受到外力触碰会立即闭合，所以得名含羞草。人们看到含羞草时，总是好奇地去碰碰它，欣赏这奇妙的变化。含羞草之所以会有这种反应，正是由于体内含有一种有毒物质——含羞草碱。含羞草碱是一种毒性很强的有机物，如果频繁接触，会导致头发脱落或者周身不适。含羞草碱的化学式为 $C_8H_{10}N_2O_4$，相对分子质量为 198.18，是一种毒性氨基酸，结构与酪氨酸相似，其毒性作用可能是由抑制了利用酪氨酸的酶系统活性，或代替了某些重要蛋白质中的酪氨酸的位置所致。

（四）含酚类及其衍生物的有毒花卉

植物中酚类成分的种类比较多，有简单的酚类、酚酸类和其他复杂的酚类衍生物，包括香豆素、黄酮、异黄酮、醌类、鞣质等。香豆素是具有苯骈 α-吡喃酮母核的一类化合物的总称，往往以游离状态或与糖结合成苷的形式存在。黄酮类化合物大多数以苷的形式存在，种类较多，其中黄酮在栽培植物中最为常见，异黄酮具有雌激素的作用，动物如果大量摄入异黄酮，可引起不孕或流产；鞣质，又称单宁，可使蛋白质变性或沉淀，大量摄入鞣质会刺激胃肠道黏膜，引起胃肠炎。含酚类及其衍生物的有毒花卉主要分布在鸢尾科、菊科、芸香科、漆树科、豆科、茄科等植物中，如鸢尾、木蜡树、珊瑚樱、漆树等。

鸢尾（*Iris tectorum*）是鸢尾科鸢尾属多年生草本，产于山西、安徽、江苏、浙江、福建等地，生于向阳坡地、林缘及水边湿地。鸢尾对氟化物敏感，可用于检测大气环境污染。根状茎可入药，具有消积、消瘀、通便等功效，可用于治疗关节炎、肝炎、跌打损伤等。根茎中含鸢尾苷、鸢尾甲黄苷 A、鸢尾甲黄苷 B、香英兰乙酮苷、草夹竹桃苷及香英兰双葡萄糖苷等物质。全株有毒，其中根茎和种子毒性最大，尤其是新鲜的根茎。牛和猪等误食后会引起腹痛、呕吐、消化器及肝发生炎症。鸢尾苷的化学式为 $C_{22}H_{22}O_{11}$，相对分子质量为 462.40，具有醛糖还原酶抑制作用。

（五）含萜和内酯类的有毒花卉

萜烯简称萜，是一系列萜类化合物的总称，是分子式为异戊二烯的整数倍的烯烃类化合物。萜烯是一类广泛存在于植物体内的天然来源碳氢化合物，可从许多植物，特别是针叶树得到。在植物界中，单萜和倍半萜类化合物是某些挥发油的主要成分；二萜、三萜和多萜化合物多数是植物的树脂、皂苷、色素的主要成分。具有毒性的萜类化合物主要是倍半萜内酯和一些二萜、三萜类化合物。有毒的倍半萜内酯化合物，如马桑中含有的马桑毒素；有毒的二萜类化合物较多，如杜鹃花科植物中的木藜芦毒素；三萜类化合物如马鞭草科马缨丹植物中含有的马缨丹烯。含萜和内酯类的有毒花卉主要分布在马桑科、瑞香科、杜鹃花科、木兰科、马鞭草科等植物中，如马桑、瑞香、马缨丹、杜鹃花等。

杜鹃（*Rhododendron simsii*）是杜鹃花科杜鹃花属落叶灌木，生于海拔 500~2500m 的山地疏灌丛或松林下，为中国中南及西南典型的酸性土指示植物。因花冠鲜红色，为著名的花卉植物，具有较高的观赏价值，目前在国内外各公园中均有栽培。全株可供药用，有行气活血、补虚的功效，可治疗内伤咳嗽、肾虚耳聋、风湿等疾病。黄色和白色杜鹃花中含有四环二萜类毒素，中毒后会引起呕吐、呼吸困难、四肢麻木等，重者会引起休克，严重危害人体健康。

不同花卉的毒性种类见表 3-8。

表 3-8 有毒花卉名录

花卉中文名及拉丁名	毒性物质名称	毒性物质的化学式	含有毒物质的部位	中毒症状
曼陀罗 Datura stramonium	莨菪碱 东莨菪碱	$C_{17}H_{23}NO_3$ $C_{17}H_{21}NO_4$	全株	产生幻觉，严重的会出现惊厥、喉头水肿，甚至窒息致死
虞美人 Papaver rhoeas	丽春花碱	$C_{21}H_{21}O_6N$	全株	引起中枢神经系统中毒，严重者还可能发生生命危险
夹竹桃 Nerium indicum	夹竹桃苷	$C_{32}H_{48}O_9$	花粉、枝、叶、果实	恶心、烦躁，严重者昏睡，甚至抽搐
含羞草 Mimosa pudica	含羞草碱	$C_8H_{10}N_2O_4$	全株	过多接触会使人落发，眉毛变稀
鸢尾 Iris tectorum	鸢尾苷	$C_{22}H_{22}O_{11}$	全株	牛、猪误食引起腹痛、呕吐、消化器及肝发生炎症
杜鹃 Rhododendron simsii	四环二萜类化合物		花、叶	呕吐、呼吸困难、四肢麻木
万年青 Rohdea japonica	万年青苷	$C_{29}H_{44}O_9$	根、茎	恶心、呕吐、腹泻，继而胸闷、四肢发冷、心率减慢，渐渐昏迷，心脏传导阻滞及心跳停止
水仙 Narcissus tazetta var. chinensis	前多花水仙碱	$C_{18}H_{22}ClNO_5$	全株	恶心、腹痛、脉搏频微、出冷汗、下痢、呼吸不规律、体温上升、昏睡、虚脱，严重者发生痉挛、心脏停搏而死
石蒜 Lycoris radiata	石蒜碱	$C_{16}H_{17}NO_4$	全株	食鳞茎后恶心、呕吐、头晕、水泻、舌硬直、心动过缓、手足冰凉、烦躁、惊厥、血压下降、虚脱，多死于呼吸障碍
天南星 Arisaema heterophyllum	三萜皂苷		全株	对局部黏膜及皮肤有强烈的刺激作用，引起局部黏膜糜烂、水肿等症，并对神经系统有抑制作用，表现为运动性失语、智力发育障碍等
铃兰 Convallaria majalis	铃兰毒苷	$C_{29}H_{42}O_{10}$	全株	大量食入后心脏中毒，初期呕吐下痢、脉搏减少，继而心律不齐，最后心脏停搏而死
萱草 Hemerocallis fulva	天门冬素	$C_4H_8N_2O_3$	花、根	瞳孔扩大，呼吸抑制，甚至失明死亡

续表

花卉中文名及拉丁名	毒性物质名称	毒性物质的化学式	含有毒物质的部位	中毒症状
马兜铃 Aristolochia debilis	马兜铃酸	$C_{17}H_{11}NO_7$	全株	作中药服用过量可引起中毒,中毒症状有恶心、呕吐、腹痛、腹泻、便血、尿血及蛋白尿、呼吸抑制、血压下降等
蜡梅 Chimonanthus praecox	洋蜡梅碱	$C_{22}H_{26}N_4$	果实、枝、叶	牛、山羊、鹿等动物食其叶后引起中毒,鹿中毒后出现四肢强直性痉挛、站立困难、角弓反张,呼吸急促、心跳快而弱,大约1h后死亡
皂荚 Gleditsia sinensis	三萜皂苷		豆荚、种子、叶、茎皮	人口服200g皂荚的水煎剂可中毒死亡,服后10min出现呕吐,2h后腹泻、继之痉挛、神志昏迷、呼吸急促,8h后死亡
醉鱼草 Buddleja lindleyana	蒙花苷	$C_{28}H_{32}O_{14}$	花、茎、叶、根	头晕、呕吐、腹痛、呼吸困难、四肢麻木和震颤等
苦楝 Melia azedarach	川楝素	$C_{30}H_{38}O_{11}$	全株	恶心、呕吐、剧烈腹痛、腹泻、头痛、头晕、嗜睡、视物模糊、全身麻木、无力、体温升高、瞳孔散大、抽搐、心慌、血压下降、心律不齐、心力衰竭、呼吸困难、发绀、狂躁或萎靡、神志恍惚,因呼吸麻痹而死
酢浆草 Oxalis corniculata	草酸盐		全株	流涎、呕吐、腹泻、脉搏缓慢、肌肉颤动、瞳孔放大、抽搐、强直性痉挛、血尿、呼吸困难、发绀、虚脱
飞燕草 Consolida ajacis	二萜生物碱		全株	行走困难、脉搏及呼吸变慢、体温降低;严重时肌肉抽搐乃至运动失调,最后全身性痉挛、呼吸衰竭而死
绣球 Hydrangea macrophylla	氰苷		全株	牲畜采食叶(带花)过量后,表现疝痛、呼吸急迫、下痢
珊瑚樱 Solanum pseudocapsicum	茄碱	$C_{45}H_{73}NO_{15}$	全株	恶心、嗜睡、腹痛和瞳孔散大等,还可能引起鼻、唇部皮肤脱落、心跳减慢、血压降低,多量可致死
女贞 Ligustrum lucidum	女贞子苷 紫丁香苷	$C_{31}H_{42}O_{17}$ $C_{17}H_{24}O_9$	根、茎皮	误食根5~6h后出现频繁呕吐,呕吐物为带有青草味的绿色液体。腹痛、腹泻、精神萎靡、面色青灰、口唇发绀、瞳孔散大、轻度脱水并伴有低热
翠雀 Delphinium grandiflorum	牛扁碱 甲基牛扁碱	$C_{25}H_{41}NO_7$ $C_{37}H_{50}N_2O_{10}$	根	步履失常,两腿强直,大便干结、腹痛。而后出现恶心、呕吐,呼吸缓慢然后转速,严重时可致呼吸肌麻痹,窒息而死
白鲜 Dictamnus dasycarpus	白鲜碱	$C_{12}H_9NO_2$	根、果实	接触果实并暴晒能够引起炎症,先出现斑疹、不规则的红色斑点,偶尔有豆粒大小的水泡
马缨丹 Lantana camara	马缨丹烯A 马缨丹烯B	$C_{31}H_{44}O_5$ $C_{35}H_{52}O_5$	枝、叶	牛、羊食后可引起慢性肝中毒,发生胆汁郁滞症,高热、体弱、步态不稳、腹泻,继之便秘和严重黄疸及光敏感

续表

花卉中文名及拉丁名	毒性物质名称	毒性物质的化学式	含有毒物质的部位	中毒症状
苏铁 Cycas revoluta	苏铁苷	$C_8H_{16}N_2O_7$	种子、茎顶部髓心	头晕、呕吐、无汗、失去知觉,甚至死亡
紫藤 Wisteria sinensis	金雀花碱 紫藤苷	$C_{15}H_{26}N_2$ $C_{11}H_{14}N_2O$	豆荚、种子、茎皮	食用豆荚或种子后呕吐、腹痛、腹泻以致脱水
杏 Armeniaca vulgaris	苦杏仁苷	$C_{20}H_{27}NO_{11}$	种仁	瞳孔散大,惊厥,因呼吸衰竭而死。轻微中毒可刺激消化道,口内苦涩、流涎、上腹不适,恶心、呕吐、腹痛、腹泻、水样便,并出现头痛、眩晕、烦躁不安、心悸、血压升高。口唇发绀,全身无力
桃 Amygdalus persica	苦杏仁苷	$C_{20}H_{27}NO_{11}$	种仁	呕吐、腹泻、呼吸困难
无患子 Sapindus mukorossi	皂苷(常春藤苷元)	$C_{30}H_{48}O_4$	果实	恶心、呕吐
洋金花 Datura metel	莨菪碱 东莨菪碱	$C_{17}H_{23}NO_3$ $C_{17}H_{21}NO_4$	全株	产生幻觉,严重的会出现惊厥、喉头水肿,甚至窒息致死

资料来源:许国震和卢炯林,1999

三、花卉室内摆放的禁忌

花卉具有美化环境、净化环境的功能。随着人们物质生活水平的不断提高,文化生活水平的不断丰富,室内花卉已成为人们生活中不可或缺的一部分。居室内摆放几盆花草,不仅可以装点居室,欣赏鲜花的美丽,还可以净化室内空气,保持空气清新自然,有益身心健康,但如果不注意室内养花的各种禁忌,反而会造成室内污染,对人体的健康不利。利用花卉植物装饰室内环境有以下 5 点禁忌。

1. 忌多养散发浓烈香味和刺激性气味的花卉 室内如果摆放香型花卉过多,香味过浓,则会引起人的神经产生兴奋,特别是人长时间待在卧室内,会引起失眠,如兰花、百合花、夜来香、郁金香、五色梅等都能散发出浓郁的香气;万年青等散发的气体对人不利;郁金香、洋绣球散发的微粒接触过多,会引起皮肤过敏、发痒。

2. 忌摆放的花卉数量过多 夜间大多数花卉会释放二氧化碳,吸收氧气,而夜间居室大多封闭,空气与外界不够流通。如果室内摆放花卉过多,会减少夜间室内氧气的浓度,影响夜晚睡眠的质量,出现如胸闷、频发噩梦等。

3. 忌摆放有毒性的花卉 有一品红、黄花杜鹃、状元红、水仙花等花草。例如,水仙花的鳞茎中含有拉丁可毒素,如果小孩误食后会引起呕吐等症状,叶和花的汁液使皮肤红肿,若汁液误入眼中,会使眼睛受害;含羞草接触过多易引起眉毛稀疏、毛发变黄,严重时引起毛发脱落等。

4. 忌摆放易引起人过敏的花卉 一些花卉会让人产生过敏反应,像月季、玉丁香、五色梅、洋绣球、天竺葵、紫荆花等,人碰触抚摸它们,往往会引起皮肤过敏,甚至出现红疹,奇痒难忍。

5. 忌摆放有刺的花卉或摆放不稳 例如,仙人掌类的植物有尖刺,有儿童的家庭或者儿童房间尽量不要摆放。另外为了安全,儿童房里的植物不要太高大,不要选择稳定性差的花盆架,以免伤害儿童。

四、食用花卉的禁忌

食用花卉是指可供人们日常生活食用的花卉。食用花卉的功能主要是供作菜肴和药用入食。随着食用花卉研究的不断深入，又出现了风味各异的花卉饮料。食用花卉在我国具有悠久的历史，早在春秋战国时代就有关于食用菊花的最早记载。目前在中国的几大菜式中仍保留了花卉调味的菜肴，如鲁菜中的桂花丸子、粤菜中的白菊花五蛇羹、京菜中的芙蓉鸡片、川菜中的兰花鸡丝等，这些佳肴不仅味道鲜美，而且营养价值丰富，还具有保健的功能。虽然食用花卉有着很多好处，但仍然有不少食用禁忌，切不可随意食用，以下的五大食用禁忌要特别注意。

1. 充分了解所食用的花卉　　人参、何首乌、藏红花等都是常见的中药，但是药三分毒，食用之前一定要充分了解花卉的功效，避免食用后身体出现不良反应。

2. 切勿过量食用　　某些食用花卉通过刺激和督促人体的某些器官来实现免疫的提升、症状的改善，持续大量的刺激会产生不良影响，建议最好定期食用，给身体吸收利用的时间，遵循"少吃多餐"的原则。而且有些花卉中含有对人体有害的物质，一旦服用过量会引起中毒反应，对人体造成伤害甚至威胁生命。

3. 不能随意混搭　　花卉搭配种类越多，其功效越多，对身体造成不良影响的可能性也就越高。要根据自己的体质情况来选择合适的食用花卉，即便是混搭，种类也不宜超过 3 种。在搭配时，那些药性温的花卉最好不要和性寒的花卉一起食用。有些花卉之间所含物质可能会发生化学反应生成对人体有害的物质，因此在食用前需了解食用花卉搭配的禁忌。

4. 不宜多食性凉、寒的花卉　　饮食养生所讲的"性"，是指食物有寒、凉、温、热等不同的性质。寒性食物应该尽量避免食用，否则体内湿气加重将会严重影响人体健康。大多数女性的体质都偏凉，一些过于性寒的花卉不宜作为日常食用的选择，一般在上火时食用两三天即可，以免养生不成反伤胃。

5. 注意食用方法　　某些食用花卉中的有效成分在高温条件或者其他条件下容易分解失效。在冲泡玫瑰花茶时，75～90℃的水温是最好的，如果用 100℃的开水冲泡不仅不能够溶解出更多的有效成分，反而不利于营养物质的泡出。

第五节　花卉产品的开发与利用

花卉产品大致可以分为花卉食品（包括鲜花糕点、花卉菜肴、花粥、花汤、花酱等）、花卉饮品（包括花酒、花茶、花卉饮料等）和非食用类花卉保健品（花卉精油、花卉蜡烛、花卉枕头、香囊、花露水、花卉香皂、花卉沐浴露、花卉面膜）三大类。本节仅重点介绍前两类。

一、花卉食品

鲜花富含蛋白质、脂肪、糖类、氨基酸，以及人体所需的多种维生素和微量矿物质元素，具较高的营养价值。例如，野菊花、马兰花嫩茎、槐花、榆钱中的钙、磷、铁及维生素含量很高。萱草别名黄花，萱草既是名花又是名菜，具有较高的营养价值，每 100g 含蛋白质 14.1g、脂肪 1.1g、碳水化合物 62.6g、钙 463g、磷 173mg，特别是胡萝卜素的含量很高，每 100g 干品高达 3.44mg。此外，花卉的特殊香气也可提升食品的独有风味，桂花糕、鲜花饼等便是如此，利用花卉芳香的特性是花卉食品中最重要的特点。

花卉有独特的药理功能，花卉中有很多品种是传统的珍贵中药材。许多鲜花不仅有清热解毒、理气养血之功，还有清胆健脾、提神之效。常食鲜花可增强免疫、祛病益寿、养颜美容，国外的一些研究也表明，花瓣富含保护健康的抗氧化剂、矿物质及维生素。例如，蒲公英等则富含类胡萝卜素；山楂花还含有保护心脏和加强血管的生物类黄酮、维生素等；食用菊花可以散风清热、明目解毒；百合具有润肺止咳、清心安神、通利大小便的功效；食用仙人掌具有利尿作用，是肾炎、糖尿病患者的理想保健食物。

（一）鲜花糕点

食用花卉加工成糕点，鲜花作为食品配料，能赋予食品一定的香气，改善食品风味，提高食品的质量和价值。鲜花糕饼有菊花饼、莲花饼、桂花糕、玫瑰鲜花饼、桂花年糕、菊花糕、莲花糕、藤萝饼等，都是我国传统的著名花糕。

1. 桂花年糕

【做法】糯米面加水和匀，每500g糯米面加冷水150g。放在蒸笼上蒸约30min。将其倒在案板上，稍放点桂花，用湿布蘸凉开水，将蒸好的糯米面拍成长条，再切成块；可以直接蒸食，也可用油炸食。用黄米面做亦可。

【功效】桂花性温、味辛，可化痰散瘀，对食欲减退、痰饮咳喘、肠风血痢、经闭腹痛有一定的功效。

2. 玫瑰鲜花饼

【做法】摘取鲜玫瑰花，摘瓣，去花蒂，用清水洗净后，通过腌制，与炒熟的蜜糖拌在一起，做成玫瑰馅儿，再用富强粉和成面团，与发酵后的面团分层折叠后做皮，将馅儿包好，按扁，呈圆饼形，再经烘炉烤制，鲜花饼就制成了。

【功效】每100g鲜玫瑰花含玫瑰油约3g。其主要成分为香茅醇、橙花醇、苯乙醇和丁香油酚，此外还含有脂肪、维生素、槲皮苷、苦味质、鞣质等物质。

明代《食物本草》中说："玫瑰花食之芳香甘美，令人神爽。"玫瑰果实含丰富的维生素C、葡萄糖、果糖、木糖、蔗糖、柠檬酸、苹果酸及奎宁酸等，食之有益于人体健康。

3. 藤萝饼

【用料】藤萝花、精面粉、白糖等。

【做法】将白糖加入面粉中与水一起搅拌成柔韧滋润的面团；将面粉与食用油调和，搅揉到均匀且软硬适中为止，形成油酥面；锅内白糖加水溶化后，加入饴糖，熬制到可以拔出糖丝为止，再将过了箩的面粉和食用油加入糖浆内，拌到糖馅合适且不起疙瘩为止（用时再加入鲜藤萝花）；将面团擀成片，油酥面放在面片上，折叠后再擀成片，包入馅料擀成面饼，放入烤盘内置160℃左右的烤炉中烤10min左右出炉即成。

【功效】藤萝饼是北京的特色传统小吃，老北京四季糕点之一。酥皮层次丰富，口味香甜适口，酥松绵软，具有浓郁的鲜藤萝花清香味并有解毒、止吐泻等功效。

（二）花卉菜肴

1. 菊花火锅

【用料】鲜杭白菊30g，鲤鱼片或鸡肉片适量，鸡汤足量，生姜末、葱、醋、食盐、黄酒适量。

【做法】鲜菊花放在温水中漂洗20min捞出，沥干水。鱼去鳞、鳃、肠杂，取肉洗净，切作薄片；杀鸡取净肉，切成小块。锅中入鸡汤，放鱼骨及鱼杂、鱼片（或鸡肉），并放生姜末、葱、醋、食盐、黄酒，煮熟后放菊花瓣，煮2min后食用。

【功效】菊花配鱼或鸡肉食用，清香可口，鲜美无比，有清肝明目、益胃健脾的药膳效果，曾被太医推荐给慈禧太后治疗"头目昏、眼干涩"病症。

2. 茉莉花豆腐

【用料】鲜茉莉花 30g,豆腐 150g,植物油、姜末、葱花、料酒、酱油、食盐、味精适量。

【做法】茉莉花去蒂,豆腐切成长方形小块。锅中放油烧热,下葱花、姜末煸出香味,加清水、料酒、食盐、酱油适量,将豆腐倒入锅中烧沸后改用文火炖 10min,放入茉莉花,并放味精,略翻动起锅食用。

【功效】《饮馔服食笺》一书记载:"茉莉花嫩叶采摘洗净,同豆腐熬食,绝品。"本膳鲜香可口,使人增进食欲。茉莉花新鲜嫩叶也可烧煮食用,解油腻,芳香开胃。

3. 鸡冠花炖猪肺

【用料】白鸡冠花 20g,猪肺 100g,冰糖 30g。

【做法】白鸡冠花洗净,用纱布袋装好封口;猪肺洗净,切成颗粒,冰糖打碎。把白鸡冠花、冰糖、猪肺同放炖盅内,加水 200mL,先用武火烧开,再改用文火炖煮 1h 即可。

【功效】清热解毒,凉血止血,对于劳损不足、心中烦热、咯血、呕血等有效。

4. 栀子花烩豌豆

【用料】栀子花 200g,鸡蛋 3 个,葱花、生姜丝、植物油、食盐、味精适量。

【做法】栀子花去杂,洗净,放沸水中稍焯,切成碎末;鸡蛋在碗中打匀,将栀子花放鸡蛋液中,搅拌均匀。锅中加油,烧至八成熟,倒入栀子蛋花,炸熟,沥油后,撒葱花、姜丝,放食盐、味精拌匀即可。

【功效】本膳清香脆嫩,具有清热养胃、宽肠利气的功效,适宜于胃热口臭、牙龈肿痛、大便不畅者。

(三) 花卉粥

1. 薰衣草黑米粥

【用料】薰衣草 15g,黑米 100g,红糖 30g。

【做法】将薰衣草放大碗中,冲入沸水,半小时后,将水倒出备用;大碗中再冲入沸水,浸泡半小时。将两次冲泡的薰衣草水混合,以此汁代水,加黑米煮粥,粥将成时,放入红糖即可。

【功效】本粥不但有薰衣草的香味,还有黑米的清香,以养胃阴,安和心神。

2. 桃花猪蹄粥

【用料】桃花 1g,猪蹄 1 只,粳米 150g,葱、生姜、食盐、酱油、香油、味精适量。

【做法】桃花焙干,研成细末,备用;粳米淘洗干净;猪蹄放入锅中,加适量清水,用旺火煮沸,撇去浮沫,改用文火炖至猪蹄熟烂,放粳米继续用文火煨粥,粥成时加入桃花末,放食盐、酱油、生姜末、葱花、香油、味精拌匀,分数次食用。

【功效】本粥有活血润肤、益气通乳、丰肌美容、化瘀生新之功效,适用于祛色斑,滋润皮肤。产后服用此粥,有助于通乳汁,祛瘀血,调养补益。

3. 百合粥

【用料】百合 50g,粳米 60g,冰糖适量。

【做法】百合、粳米分别淘洗干净,放锅中,加水,用小火煨煮,米熟粥成,加糖调味食用。

【功效】本粥对中老年人及病后身体虚弱而有心烦失眠、低热易怒者尤适宜。此外,在百合粥中加银耳有较强的滋阴润肺功效,加绿豆可加强清热解毒之效。

(四) 花汤

1. 旱金莲鸭片汤

【用料】旱金莲花 3 朵(鲜花用 15g),鸭脯肉 150g,香菜 15 个,鸡蛋、干淀粉、食盐、味精、黄酒、香油适量。

【做法】旱金莲花瓣洗净，切段；鸭脯肉切成片，入碗内，放适量食盐及黄酒，拌匀入味后加入鸡蛋清、干淀粉抓匀上浆。锅中放适量清水，烧沸后撒入鸭片，放食盐、味精，再放旱金莲花瓣、香菜，稍煮后出锅，盛汤碗中，滴入香油即成。

【功效】旱金莲花和鸭脯肉煲汤，汤鲜味美，鸭片滑嫩，清口诱人，滋而不腻，补而不燥，适于阴虚内热重者调补食用。

2. 玫瑰木耳大枣汤

【用料】玫瑰花 3 朵，木耳 30g，大枣 20 枚。

【做法】玫瑰花、木耳、大枣分别洗净，沥干水。大枣、木耳放锅中，加水约 3000mL，用旺火烧沸后改用小火煮 20min，放花瓣再煮 3min 即可，吃木耳、大枣，喝汤。

【功效】玫瑰花、木耳均有活血作用，有助于美容保健；大枣是养血美容佳品。三物同用，活血驻颜，润肤祛斑，健美肌肤。

3. 茉莉银耳汤

【用料】茉莉花 20 朵，银耳 15g，冰糖适量。

【做法】银耳加水浸半天，洗净。取银耳放砂锅中，用小火炖烂，放冰糖，撒入茉莉花稍煮一下，放凉食用。

【功效】银耳有养阴补虚的作用，与茉莉花同用，适于病后体弱、神疲乏力、咳嗽气短或有咯血者食用。

4. 荷花鸡蛋汤

【用料】荷花花瓣若干，小青菜 150g，鸡蛋 1 个，葱花、生姜丝、食盐、黄酒适量。

【做法】摘取荷花花瓣洗净，青菜洗净，切碎；鸡蛋打入碗中，加食盐、黄酒搅拌均匀；炒锅加油烧热，倒入蛋液，用文火煎至两面金黄，取出切碎备用。炒锅再上火，加油烧热，下葱花、生姜丝煸香，放鸡汤，加食盐、黄酒，用大火烧沸，撇去浮沫，加青菜末、荷花瓣、蛋饼末，煮沸即可。

【功效】荷花有祛湿消暑的功效，配用性平的青菜、鸡蛋，适于暑热天消暑开胃进食。

5. 山药莲藕桂花汤

【用料】山药 200g，莲藕 150g，桂花 10g，冰糖 50g。

【做法】莲藕去皮，洗净，切成 0.3cm 厚的片，放入清水中浸泡；山药去皮，洗净，切成 1cm 厚的片，用清水冲洗数遍，浸泡在清水中。锅中放清水，先放藕片，用大火煮沸后改小火煮 20min，把山药倒入锅中，搅拌均匀，用小火煮 20min，倒入桂花，放入冰糖，与莲藕、山药一起拌匀，再用小火煮 5min 即可。

【功效】山药、莲藕、桂花一并煮成汤，是一道香甜滋润的甜品，山药软滑，莲藕爽口，桂花香气四溢，食之可补脾肾，养颜美肤。

（五）花酱

1. 香梨果+千日红花酱

【用料】香梨 600g，柠檬半个，白糖 80g，千日红花若干朵。

【做法】将香梨洗净去皮，将梨削成丝，在上铺一层糖。将所有的梨如法炮制，腌制片刻，锅里烧开水，将腌制后的梨直接倒入锅中，中火加热拌匀后，挤入半个柠檬的汁，不断加热搅拌直到液体稍微浓稠后转小火。后将千日红花瓣放入锅中，一同搅拌，最后将果酱熬至浓醇趁热装入容器，密封后盖好瓶盖，然后放入冰箱冷藏。

2. 月季花酱

【用料】月季花花瓣 2000g，白糖 2000g。

【做法】月季花花瓣 2000g 洗净，控干水分，在 2000g 白糖中压碎，加入 2000mL 水放入锅内熬煮，待花瓣变软浸透后，再加入 2000g 白糖，继续熬煮，熬好后加入 3 个柠檬的柠檬汁，最后统一装入容器封口保存。

3. 玫瑰花酱

【用料】鲜玫瑰花 1kg，白砂糖 2.4kg。

【做法】将备好的玫瑰花花瓣与白砂糖一起揉搓。使玫瑰花瓣与白砂糖充分融合，将揉搓好白砂糖的玫瑰花装入瓶中，盖好瓶盖，放置在太阳下晾晒 3d，然后继续加入白砂糖在太阳下腌渍。以后每天搅拌一次，半个月左右香气浓郁即为成品。

二、花卉饮品

（一）花卉酒类

花酒在中国古代就已盛行，据《西京杂记》记载："菊花舒时，并采茎叶，杂黍米酿之，至来年九月九日始熟，就饮焉，故谓之菊花酒。"唐代李颀的《九月九日刘十八东堂集》中就有"风俗尚九日，此情安可忘。菊花辟恶酒，汤饼茱萸香"的句子。可见古时人们在"九九"重阳节登高、赏菊、饮菊花酒，不禁令人心驰神往。三国时曹植的《仙人篇》里写道："玉樽盈桂酒。"除了菊花酒以外，古人还用其他的花卉酿酒，如桂花酒、菊花酒、玫瑰酒等。另有"梨花酒"之说，其香气迷人，兼有营养和观赏价值。

花卉酒即利用花卉与水以一定配比提取花汁，添加糖及酵母（果酒酵母）发酵而成，或将花与酒有机结合起来，酿制成富含营养成分和多重保健功效的酒。花卉酒是一种新型的低度酒，绿色天然，营养丰富。

目前花卉酒主要有浸泡酒、配制酒和发酵酒 3 种。主要的工艺流程介绍如下。

浸泡酒即将花或花粉等浸泡于发酵好的酒中而成。浸泡法制花卉酒的关键在于花的粉碎与浸提和酒的品种选择。浸泡底物可有多种选择，如糯米酒、葡萄酒、啤酒等，目前选择糯米酒居多。

主要工艺流程：花或花粉→拣剔清洗→浸泡→封存→调味→过滤→检测→灌装→成品。

配制酒即将花卉浸提液或花卉香料与酒以一定比例调配，加入其他辅料配制而成的酒。酒的品种也有多种选择，配制灵活，工艺简单。以桂花糯米酒为例。

主要工艺流程：桂花→清洗→浸提→过滤→澄清→桂花汁；糯米→浸泡→蒸熟→冷却→拌曲→糖化发酵→成熟出汁→糯米酒；调配（糯米酒＋桂花汁＋蔗糖＋柠檬酸）→后熟→澄清→杀菌→成品。

发酵酒即花卉直接用酵母发酵，或花卉与发酵底物共同发酵而成。酿造法制花卉酒的关键在于花的浸提、发酵底物的选择、工艺流程的确定上。发酵的工艺流程多种多样，这就为花卉酿酒的研究创造了更多的参数。

一般的工艺流程：原料花卉→精选→粉碎→浸提→冷却→过滤→调配→杀菌→冷却→接种→发酵→过滤→杀菌→成品。该发酵工艺过程简单，操作方便。原料为花卉，以酒精度为基准补加糖，以酸度为基准补加一定量的柠檬酸，再加入其他的辅料，发酵数日即可。发酵出的酒酒质醇和爽净，酒色晶莹清澈透明，余味深长。

花卉酒的种类具体介绍以下几种。

1. 桂花糯米酒 桂花糯米酒是以糯米和桂花为原料，经过酒曲的混合发酵制作而成的，既具有普通糯米酒的香气，又有桂花清新淡雅的风格，不仅增加了糯米酒的色、香、味感官品质，而且提高了糯米酒的营养价值与保健功效。有研究表明，以加曲量1%、发酵温度30℃、发酵72h、调配桂花汁30%、糯米酒50%、蔗糖8%、柠檬酸0.1%为糯米酒加工的发酵工艺条件和桂花糯米酒的配方，可以制得一种具有桂花特殊香味和一定保健功能的优质桂花糯米酒。毛泽东在《蝶恋花》中写道："我失骄杨君失柳，杨柳轻飏直上重霄九。问讯吴刚何所有，吴刚捧出桂花酒。"桂花酒是古往今来的佳酿之一，桂花酒具有香甜醇厚、开胃醒神、健脾补虚的功效。

2. 菊花糯米酒 以糯米和菊花为主要原料，经发酵制得的糯米酒与菊花浸提液进行调配勾兑，制得一种营养丰富、具有独特风味的功能性菊花保健糯米酒。当采用原料配比为菊花浸提液30%、糯米酒70%、柠檬酸0.4%～0.6%、蔗糖8%～14%、维生素C 0.6%～0.8%时，可使成品酒微酸爽口，口味纯正，酒香、米香、菊花香协调。酿造工艺简单，具有可操作性。

《神农本草经》将菊花列为上品，《本草纲目》《中华药典》也对其药用价值有许多说明。菊花能够清热降火、舒肝明目、解毒凉血。菊花中还含有菊苷、胆碱、黄酮等，可治疗高血压、冠心病等。

3. 桂花蜜酒 桂花蜜酒以精白糯米为原料，配入优质生麦曲和糖化酶及活性黄酒干酵母为糖化发酵剂，采用传统摊饭工艺，利用清浆水和桂花混合酿造，并经长期低温养醅期，再经贮存、调配、冷冻、过滤，产品典型性强，功能性好。适量饮用，具有滋养、调理、养容、养生作用。发酵中加入新鲜桂花等植物料，对桂花蜜酒特殊风味的形成和养生功能具有一定的作用。

4. 玫瑰蜜酒 玫瑰蜜酒是以粳米、糯米为主粮，根霉白药为糖化发酵剂，制淋饭酒母，在发酵喂入糯米饭的同时，加入红曲米和酶制剂，并配入糖腌制的新鲜玫瑰花和芳香植物料参与糖化发酵而成，然后压榨分离、组合、勾兑、调味而成。色泽橙红，清亮透明，风味独特。口感纯正、爽适、顺和、甜润，具有一定的愉悦性和时尚性。

5. 茶花酒 有学者以茶树花为主要原料，经生物发酵、过滤、勾兑、陈酿、降度、杀菌等工序制成的新一代风味型酒，酒精度低，色泽透亮，口感较温和，富含茶多酚、氨基酸、茶多糖、蛋白质等营养物质。

6. 槐花葡萄酒 槐花葡萄酒是槐花浸泡酒液与糖浆及调味酒按一定比例配制而成的，以槐花为原料，干白葡萄酒为基酒，添加白砂糖、柠檬酸、调味酒等，富含维生素、氨基酸、多糖类物质和锌、铁、钙等矿物质元素，营养丰富，甘醇清香。酒品风味独特，甘醇清香，而且具有保健作用。

7. 玫瑰酒 玫瑰酒是利用其花瓣与水以一定配比提取花汁，添加糖及果酒酵母进行发酵而成的（李强，2011）。有人对玫瑰花浸提的最佳参数进行了研究，试验表明在25℃、接种量75mL/L、料液比3∶7的条件下，发酵15d为最佳工艺。玫瑰酒属花果类露酒，酒质醇和爽净，酒色晶莹清澈透明，余味深长带甘，酒体甜绵柔和，回味香甜可口，酒香芬芳，玫瑰花香突出，花香酒香协调。玫瑰花中含有蛋白质、氨基酸、维生素C、胡萝卜素等多种营养物质，玫瑰酒能起到健胃消食、抗衰老等作用。

8. 花卉香槟酒 谢亮等研制了花卉香槟酒，向玫瑰浸提液中加入糖，接入香槟酵母，发酵后液体颜色明亮、清澈，口感佳，是具有良好风味、品质、色泽的新型香槟乙醇饮品。

9. 红景天枣玫瑰功能性酒 以红景天、枣和玫瑰为功能性原料，糯米为发酵原料，将功能性原料和糯米同蒸熟共发酵可获得红景天枣玫瑰功能性酒。通过试验研究确定最佳工艺条件为：糯米∶红景天∶枣∶玫瑰的比例为15∶1∶1.5∶1.5；最佳发酵温度为30℃；通过出酒率确定发酵时间为12～15d，采用明胶澄清法。该产品营养价值高，美容和抗衰老保健作用效果好，市场潜力大，开发价值高。酿造后清亮透明有光泽，无杂质及悬浮物，具有适宜的红景天、红枣、玫瑰花香及糯米酒醇香，红景天香、花香、酒香协调，醇厚适宜，口味纯正，无异味，具有景天枣玫瑰功能性酒的独特风格。

（二）花卉茶类

花卉茶是以花卉植物的花蕾、花瓣或嫩叶为材料，经过采收、干燥、加工后制作而成的保健饮品。花卉茶起源于欧洲，一般特指那些不含茶叶成分的香花类饮品，所以花卉茶其实是不含"茶叶"的成分。花卉茶种类繁多、特征各异，因此，在饮用时必须弄清不同种类的花卉茶的药理、药效特性，才能充分发挥其保健功能。

1. 玫瑰百里香茶

【用料】玫瑰干花5朵，柠檬百里香1枚，混合果粒茶1小匙。

【做法】将混合果粒茶以沸水浸泡出茶汁，待茶汁凉后加入冷开水制成冰块备用。将玫瑰花、柠檬百里香以开水泡出浓茶汁，加入果粒茶冰块，即可饮用。

【功效】百里香自古即被视为药用植物，现今各种芳香疗法也包含百里香的成分。百里香含有麝香草酚成分，可以促进消耗、恢复体力、保持呼吸道畅通、止咳化痰、预防感冒、消除疲劳、抗风湿等。某品牌漱口水就采用了从百里香中提取的成分。

2. 芍药花茶

【用料】完整展开的芍药花朵。

【做法】取完整芍药花朵烘干而成。

【功效】芍药是著名的"女神之花"，芍药花茶不仅美观，还有养血柔肝，使气血充沛、容颜红润等功效。芍药还可促进血液循环，抑制皮脂分泌与游离氨基酸形成，对预防雀斑、粉刺、暗疮等具有功效。

3. 月季花茶

【做法】夏季采取新鲜的半开放月季花15g，烘干贮藏，饮用时以开水冲泡。

【功效】有活血调经、消肿解毒之功效。由于月季花的祛瘀、行气、止痛作用明显，故常用于调理月经不调、痛经等。

4. 珠兰茶

【用料】茶叶3g，珠兰3g，薄荷6g。

【做法】将上述原料用沸水浸泡即可。

【功效】珠兰可清头目、化湿和中；茶叶能清头明目、利小便。薄荷能助珠兰顺气和中，又可助茶叶清头目。可用于治疗感冒暑热，头胀目昏，口淡苔腻，小便短少。

5. 菊花茶

【用料】新鲜菊花。

【做法】鲜花经过采摘、阴干、生晒蒸晒、烘培等工序制作而成。

【功效】不同菊花的功效不同，黄菊清热去火，白菊养肝明目。将白菊花与桑叶、枸杞等搭配冲泡，效果更明显。菊花茶还可与金银花、山楂等搭配，可消脂降压，适用于肥胖症、高脂血症和高血压患者。与茉莉花搭配可清热解毒，用于预防热度所致的风热感冒、咽喉肿痛、痈疮，还可避暑降火等。

（三）花卉饮料类

花卉饮料为多种花卉混合调配而成的饮料。花卉饮料是近年来异军突起的一种新型产品。除了常见的菊花露、桂花露之外，被饮料行业看好的花卉原料还有白兰花、月季花、山茶花、白芍药花、赤芍药花、丝瓜花、南瓜花、韭菜花等，以上很多花卉制作的饮料对多种疾病有很好的辅助疗效。例如，"玫瑰魅力鲜花汁"是应用现代生物工程技术精制的创新饮料，是新一代纯天然、低糖低热量、高品位的健康饮品，保留了玫瑰花的营养保健成分和特殊物质，常饮可润肤养颜，能让人的体内散发香味，可以大大减少人的体臭、口臭和运动后的汗臭味，也有助于促进血液循环、缓和过敏性皮肤炎。因玫瑰鲜花富含维生素A、维生素C、维生素E和玫瑰油等多种成分，对除皱、美白，甚至减肥都有不错的效果。许多花卉制作的饮料对多种疾病有很好的辅助疗效。例如，金银花加水蒸馏，可制成金银花露，气味清香，具有良好的清暑解毒作用；茉莉花茶能滋阴养胃，平肝解郁，解疮毒，治目赤头痛；扶桑花茶可补血、凉血解毒等。

1. 鸡冠花饮

【用料】白鸡冠花 9g，向日葵 9g，冰糖 50g。

【做法】将白鸡冠花、向日葵洗净，加水煎煮 60min，之后放入冰糖调味。

【功效】可治风疹。

2. 槐菊饮

【用料】新鲜槐花 30g，白菊花 10g，甘草 10g。

【做法】新鲜槐花洗净，烘干；甘草加水煮开；以干槐花和白菊花为茶，用煮开的甘草水冲泡，加盖闷 10min 即可饮用。

【功效】清热解毒，清肝明目，降血压。

3. 茉莉金橘饮

【用料】茉莉花 5g，金橘饼 10g，粳米 100g。

【做法】将茉莉花研成细末，金橘饼切成丁状；粳米淘洗干净，加水煮成稀粥，再入金橘饼煮两三沸；之后取出上清液加入茉莉花末即可。

【功效】此饮品清香可口，具有疏肝理气、健脾健胃的功效，适用于腹胀腹痛、痢疾等症状。

4. 木槿花蜜饮

【用料】木槿花 50g，蜂蜜适量。

【做法】将木槿花去杂洗净放锅内，加水煮沸，之后再加蜂蜜少许，煮至再沸，出锅即成。

【功效】清热利湿，润燥通便，健脾健胃。

5. 洛神花柠檬水

【用料】水 4 杯，细砂糖 3/4 杯，干洛神花 1 杯，新鲜柠檬汁 1 杯。

【做法】在小锅里倒入水和细砂糖，中火煮到糖完全熔化，烧开后倒入干洛神花，关火后加盖闷 20min，然后过滤出洛神花，之后加入新鲜的柠檬汁。饮用时加入冰块口感更佳。

【功效】洛神花柠檬水令人清爽、酸甜果味，而且富含维生素 C、花青素等。

6. 金银花露水

【用料】金银花 15g，蜂蜜适量。

【做法】金银花洗净放于锅内，加入 4 碗水。大火烧开后小火煎 15min 后弃渣取汁，放凉后加入蜂蜜即可。

【功效】金银花含有肌醇和绿原酸、异绿原酸、木犀草素、皂苷、鞣质及挥发油、生物碱等多种有益于人体健康的物质。适宜炎夏酷暑头昏头晕、口干作渴、多汗烦闷或中暑者食用；适宜小儿夏天食用，以防痱子；适宜各种炎性感染、腮腺炎、化脓性扁桃体炎患者食用。但金银花性凉，平素脾胃虚寒、腹泻便溏者勿食。

第四章 果品的营养与保健

本章要点：了解果品的膳食文化与养生理论。熟悉果品的分类，果品功能食品的开发。重点掌握不同果品的营养保健功能，贮藏加工对果品营养素的影响。

果品是大自然赐予人类的天然珍品，它以艳丽多姿的形色、芬芳浓郁的果香、香美醇厚的滋味，给人们带来无尽的享受。水果中蕴含着丰富的营养源，可为人体提供各种营养物质，而且有些营养高于其他食品，甚至是在其他食品中无法获得的。水果中含有丰富的维生素，其中的维生素 C 对组成皮肤的结构性物质胶原蛋白的形成具有重要意义，能使人们保持健美柔嫩的肌肤，比如鳄梨、刺梨都具有美容的功效。民谚有"一日吃三枣，终生不显老""要想皮肤好，粥里加红枣"。中医认为食用红枣能够补气，可改善怕冷、手脚冰凉症状，并可减少烦躁和抑郁。

人体是有机的、极其复杂的、相互作用的、精巧结合而组成的一部"机器"。为了保证它的正常运转，就要经常添加润滑剂。果品就是在人体正常生命活动中起着重要作用的"润滑剂"。水果是调节人的机体吸收、消化、排泄等生理机能的重要物质，它参与保持、控制机体的平衡机制，维持与调节机体免疫系统的功能与代偿能力。

健康是人类在生存发展中所永恒追求的主题，同时也充分表明健康是人类最大的一笔财富。在这个追求过程中，最简单也是最有效的办法就是依据千百年来中华民族所沿袭下来的平衡膳食的传统经验，把它认真继承和发展下去，因为我们相信食物就是最好的保健品。

第一节　果品的膳食文化与养生理论

自古以来，"民以食为天"，而果品在我国膳食营养中占有重要地位。在人类农耕文明起源之前，水果是人类祖先最主要的充饥食物之一。人类对食品和营养的认识仅仅是为了生存，后来逐渐发展到利用果品等食物来治疗疾病及调理身体，争取健康长寿。公元前 3 世纪，我国最早的医典《黄帝内经》中就有"五果为助"的记载，说明那时候人们已对果品有了一定的认识。古时所说的"五果"，具体所指的是桃、李、杏、枣、梨，而实际上泛指一切果品。古语有云"遍尝百果能成仙"，这里所说的"仙"，指的是健康长寿、延年益寿的意思。经常吃些果品，对调节人体代谢、预防疾病、益寿延年确实有不可低估的作用。

在我国古代"医食同源""药膳同功"的食疗与药膳中，果品是其中主要的食物部分。有些果品具有良好的滋补效果，是人们喜食的滋补强身食品。有些果品有清热去火功效，是节令保健佳品。可以说所有的果品都有食疗食补作用，既是佳果，又是良药。

如今，水果在维护人体健康中的重要作用越来越广泛地为人们所认识。现代营养学认为，果品具有保健养生、防病治病的功效。研究表明，新鲜的果品含有水分、糖类、矿物质、膳食纤维、脂肪、蛋白质和维生素，即被现代营养学家称为人类健康所必需的7种营养和健康物质，具有平衡膳食结构、调节人体机能、维持机体良好代谢等功效。例如，水果自身含有的糖类、酶、生物干扰素等物质，都是人体生命运转不可或缺的组成部分；水果中所含的低分子糖，适合各种年龄段的人体吸收；大多数水果中都含有维生素C，可刺激人体产生防癌、抗病物质——干扰素；而苹果酸、枸橼酸可以减轻疲劳；果胶和纤维素具有刺激胃肠蠕动、增强消化功能的作用。如果是食用了不易消化或油腻的食物后，吃些水果就可以解除油腻，帮助消化。

一、我国果品生产现状与发展趋势

营养、健康、安全是21世纪人类社会关注的焦点问题。粮食作物为全世界基本的食品安全提供了能量保证，而果品则是人类营养和健康安全的根本物质保证。

果树（fruit tree）是指能生产人类食用的果实、种子及其衍生物的木本或多年生草本植物。水果（fruit）则是指可供人类食用的果树的果实或种子。水果以其特有的色、香、味及营养价值成为人们喜爱的一种食品。我国果树资源丰富，种类、品种繁多，共有300多种果树，其中经济栽培的有30余种，主要有苹果、柑橘、梨、香蕉、桃、葡萄、荔枝、龙眼、山楂、李、杏、樱桃、柿、枣、猕猴桃等。随着生活水平的提高，人们对果品的要求也越来越高，不仅需要种类多、质量好，还要求营养丰富且能周年均衡供应，从而推动了果树生产和果品贮藏、加工产业的发展。

目前，我国是世界水果生产大国，2011年，我国水果生产总面积1183万hm^2，占农作物生产面积的7.02%；我国水果总产量为22 768.0万t，占农作物产量的22.65%，在种植业中仅次于粮食和蔬菜，居第三位。2015年水果面积1536.7万hm^2，其中主要为柑橘（251.3万hm^2）、苹果（232.8万hm^2）、梨（112.4万hm^2）；2015年我国水果总产量2.71亿t，其中主要为苹果（4261.3万t）、柑橘（3245.2万t）、梨（2005.7万t）。

随着人民生活水平的不断提高，人们通过合理食用不同果品补充人体对不同营养物质的需求，来增强体质和预防疾病。果品以提供矿质营养、维生素为主。营养学家指出，每人每年需80~90kg果品才能满足人体正常需要。目前，我国水果总产量2.71亿t，人均水果占有量约为58kg，低于发达国家水平，尚不能满足人体正常需要。

根据我国国情和居民膳食结构特点，人们通常把水果当作补充维生素、矿质营养、糖、有机酸、纤维素的主要食品，维生素C、维生素A、维生素B、维生素E、胡萝卜素是健身防病的重要营养元素，矿质营养中以钙、磷、铁、钾等比较重要，有机酸、纤维素有助于消化。

水果中含有丰富的多酚类、类胡萝卜素等生物活性成分。多酚类具有抗氧化、抗癌、抗衰老、增强免疫、调节毛细血管、抑菌、降血压、降血脂等生物学作用。葡萄多酚是从葡萄中提取的天然植物多酚类活性物质，广泛存在于葡萄的皮、籽、果肉中。成熟苹果的主要酚类为儿茶素、原花青素及绿原酸等。葡萄和红葡萄酒等富含白藜芦醇，且葡萄浆果中的白藜芦醇主要分布在果皮上。草莓等富含鞣花酸。樱桃、红葡萄、草莓、蓝莓等富含花青素。苹果、樱桃、杏、梨等富含表儿茶素。草莓、杏、桃、樱桃、芒果等富含儿茶素。草莓、樱桃、葡萄和柑橘等富含水杨酸。葡萄、石榴等含有没食子酸。芹菜素大量存在于水果中。类胡萝卜素是水果的植物色素，不仅是合成维生素A的前体，而且具有抗氧化活性、增强人体免疫力、预防心血管疾病、防癌抗癌等生物学作用。含有番茄红素的水果主要有草莓、桃、葡萄、柿、杏、西瓜、番木瓜、芒果、红肉脐橙等。含有胡萝卜素的水果主要有芒果、苹果、鲜枣、菠萝、猕猴桃、山楂、柑橘、草莓、甜樱桃、葡萄、梨等。含有叶黄素的水果主要有猕猴桃、桃、柿、柑橘、芒果、香蕉、番木瓜等。

随着人们生活水平的提高和保健意识的加强，人们对果品的需求不仅是为了满足数量需要，而且在追求风味、口感品质的同时，对产品营养及其保健功效愈加重视。因此，果品生产在由重数量向重质量发展转变的基础上，一方面应通过栽培技术等调控措施最大限度地提高品质与营养成分含量，另一方面应充分开发利用高营养价值和富含特异功能成分的水果种质，形成新兴高效水果产业。

二、果品的膳食与养生

古往今来，"吃"在我国一直就是一门学问，"民以食为天"就足以说明食的重要性。除此之外，我国自古流传下来的有关吃的俗语还有"冬吃萝卜夏吃姜，不劳医生开药方"等，而与此相对的，外国也有"An apple a day, keeps the doctor away"（一天一个苹果，医生不来找我）等诸如此类的谚语，由此可见，"吃"文化是无国界的，吃得好，不仅能维持生存，更能活得健康。

食物是人类赖以生存的物质基础，"吃什么"与"怎样吃"是一门复杂的学问。随着生活日益富裕，人们越来越关注养生保健。新鲜水果具有较好的保健功效，但是并不能没有限度地食用。例如，草莓、杏、李等水果中含有草酸，在人体内不易被分解，经代谢作用后形成的产物仍然是酸性物质，倘若进食过多，可导致体内酸碱度失衡引发疾病。柿含有鞣质，遇酸会凝固成块，有可能导致"结石"症，还会妨碍铁的吸收，所以贫血者不宜吃柿，而梨性属寒凉，吃多了易伤脾胃。

药膳发源于我国传统的饮食和中医食疗文化，药膳是在中医学、烹饪学和营养学理论指导下，严格按药膳配方，将中药与某些具有药用价值的食物相配伍，采用我国独特的饮食烹调技术和现代科学方法制作而成的具有一定色、香、味、形的美味食品。它是中国传统的医学知识与烹调经验相结合的产物。它"寓医于食"，既将药物作为食物，又将食物赋以药用，药借食力，食助药威，二者相辅相成，相得益彰；既具有较高的营养价值，又可防病治病、保健强身、延年益寿。"药王"孙思邈在《备急千金要方》中指出："夫为医者，当须先洞晓病源，知其所犯，以食治之，食疗不愈，然后命药"，将食疗列为医治疾病诸法之首。"食能排邪而安脏腑，悦脾爽志以资气血"，食疗即可调整脾胃功能，使气血生化有源，泉源不竭，精血充盈，人的机体功能自然健康不衰。

果品通常又称水果，可分为鲜果、干果、坚果和野果。果品属碱性食品，具有寒性和热性之分。例如，山楂、樱桃、杨梅、龙眼、荔枝、榧子、大枣、葡萄、乌梅、木瓜、李、桃、石榴、橄榄、金橘性温；枇杷、苹果、橘、青梅、桑葚性平；梨、银杏、香蕉、柑橘、柚子、柿、核桃性寒。中医认为，寒性和热性食物应搭配食用，才能保持机体内寒热（阴阳）平衡，维持正常的生理活动。

果品食疗就是在人体内的阴阳相对平衡遭到破坏时，用果品调节和改变人体阴阳偏盛或偏衰的状态，达到防治疾病的目的。例如，选用山楂可以降血脂、降血压、防止动脉硬化；枸杞、龙眼肉可防治肝脏损害；红枣有补血、补脾胃、解药毒等功效；核桃仁有补肾固精、温肺定喘、润肠等疗效；银杏可治疗肺结核；柿能治地方甲状腺肿大；柑橘能治缺钙症；葡萄、香蕉、杏、樱桃能治缺铁症等。许多果品都是滋补中药，可以直接食用，也可以加工，还可用于配餐或药膳的烹制。

1. 猕猴桃、柑橘 天然流感预防针。盛产于秋天的猕猴桃，清热利尿，抗氧化成分丰富,可增强抵抗力,驱赶细菌及感冒病毒,还可增强心脑血管功能。柑橘也能预防感冒,建议整瓣连橘络一起吃,可滋润喉咙,效果更好。近期研究发现,增加维生素C的摄入对预防感冒非常有效,而柑橘、猕猴桃都含有丰富的维生素C。

2. 杨桃、菠萝、火龙果　　快速消化剂。现代人在应酬时难免大吃大喝,容易引起消化不良,可在应酬后将杨桃切片蘸点盐来吃。杨桃富含维生素C,能促进食物消化,还能防止致癌物亚硝酸盐合成,是应酬后很好的解毒剂。金黄色的菠萝利尿助消化,其中的蛋白酶可加速分解肉类,有时炭烤食物吃太多,肚子鼓胀不舒服,吃点新鲜菠萝可快速消除胀气。吃火龙果有助于润肠通便,也是应酬后很好的"救急"水果。

3. 西瓜　　消暑降温剂。西瓜是很好的降温"凉"方,也是中医的天然退烧药。但西瓜买回来不要放进冰箱,否则茄红素及其他营养成分会减少一半。西瓜味道虽好,却不可多食,因为西瓜性寒,吃多了容易伤脾胃,引起腹痛或腹泻。

4. 龙眼、苹果　　大脑活化剂。苹果有"记忆果"之称,它含锌丰富,能促进大脑发育、增强记忆力,亦有护心效果。龙眼是"智慧果",可以让大脑开窍,如果碰上连续工作加班或考试,思考变得迟钝,吃龙眼可恢复体力,让思绪敏捷。但龙眼偏热性,有口干舌燥或发炎症状时不要吃。

5. 香蕉、草莓、山楂　　血管保护伞。香蕉含钾离子,可降血压,预防心血管疾病。草莓含果胶及抗氧化物,可防止动脉硬化。山楂有消食化瘀的作用,能减少胆固醇在动脉内壁中的沉积,起到保护血管的作用。山楂还能增强血管收缩能力,增加心血排出量,降低血液黏稠度,保护心血管。胃不好的人最好在饭后吃山楂,吃后要刷牙漱口,因为山楂过酸会损伤牙齿。

6. 桑葚、葡萄　　补血剂。紫色的桑葚能行气活血、滋养眼睛、乌发、抗老化,可以让人拥有好气色,气色不好的人可以吃,但通常要连续吃上一两个月。用洗米水将桑葚洗干净后打汁连渣喝一杯,是日常保持好气色的秘方。夏天盛产的葡萄汁多甜美,可滋养肝肾补气血,让头发乌黑。葡萄皮上的维生素P可修复神经,连皮带籽打汁喝抗老化效果更好。桑葚中含有过敏物质及透明质酸,过量食用后容易发生溶血性肠炎,因此小孩不宜多吃。

7. 枇杷、梨　　化痰药。枇杷的镇咳化痰效果很好,喉咙感觉怪怪的,好像有痰,剥几颗新鲜枇杷来吃,可以舒缓喉咙不适。梨可以清喉降火,经常食用煮熟的梨,能增加口中津液,起到保养嗓子的作用。现代研究表明,梨具有清热、镇静的功效,营养价值很高,但是梨性寒凉,因此一次不要吃得过多。

8. 橙、桃　　安神剂。中医认为,柑橘类水果所具有的芳香可化湿、开窍、醒脑提神。当你不想吃东西时,闻闻橙、柠檬的清香,也能有所缓解。沁人心脾的果香味还有镇静安神的作用。桃可助排便,让爱美的人维持体重不发胖,从中医角度来看,也可活血化瘀、安定心神。桃虽好吃,但不可多食。胃肠功能差的老年人、小孩均不宜多吃。此外,桃含糖量高,糖尿病患者应慎食。

第二节　果品的分类

我国果树资源丰富,种类、品种繁多,共有300多种果树,其中经济栽培的有30余种,主要有苹果、柑橘、梨、香蕉、桃、葡萄、荔枝、龙眼、山楂、李、杏、樱桃、柿、枣、猕猴桃等。果品是指可供人类食用的果树的果实或种子。按生物学特性和果实的结构可分为仁果类、核果类、浆果类、柑果类、荔果类、聚复果类、坚果类。

一、仁果类

按植物学概念，这类果树的果实是假果，食用部分是肉质的花托发育而成的，果中心有多粒种子，主要有苹果、梨、枇杷、木瓜和山楂等。

（一）苹果

苹果（*Malus domestica*）是蔷薇科（Rosaceae）苹果属（*Malus*）植物，苹果原产于欧洲和中亚细亚，哈萨克的阿拉木图与中国新疆的阿力麻里有"苹果城"的美誉。鲜食苹果品种主要有红星系列、'红富士''乔纳森''国光'等。

（二）梨

梨（*Pyrus bretschneideri*）是蔷薇科（Rosaceae）梨属（*Pyrus*）落叶乔木植物，包括东方梨、西洋梨两大类，中国是梨属植物中心发源地之一，日本和朝鲜也是东方梨的原始产地。国内主要有'白梨''秋子梨''沙梨'等，其果实味道鲜美、风味独特，果肉脆嫩多汁、清甜可口。梨在我国古代就有"百果之宗"的美誉，梨果实可以蒸煮后食用，也可鲜食，因其味道鲜嫩、多汁，又被称为"天然矿泉水"。

（三）枇杷

枇杷（*Eriobotrya japonica*）属于蔷薇科（Rosaceae）枇杷属（*Eriobotrya*）植物，是南方特有水果。枇杷有20种，其中13种原产于我国，有2000年的栽培历史。依果实色泽可分为红沙枇杷、白沙枇杷两类。枇杷与大部分果树不同，在秋天或初冬开花，果子在春天至初夏成熟，比其他水果都早，为"果木中独备四时之气者"，因此有"果之冠""果中之皇"之称。

（四）山楂

山楂（*Crataegus pinnatifida*）属于蔷薇科（Rosaceae）山楂属（*Crataegus*）植物，果实可生吃或做果脯果糕，干制后可入药，是中国特有的药果兼用树种，具有降血脂、血压、强心、抗心律不齐等作用，同时也是健脾开胃、消食化滞、活血化痰的良药。全世界约有200种。按其口味分为酸、甜两种，河北省承德市兴隆县素有"中国山楂之乡"的美誉。

二、核果类

按植物学概念，这类果树的果实是真果，由子房发育而成，有明显的外、中、内3层果皮，外果皮薄，中果皮肉质，是食用部分，内果皮木质化，成为坚硬的核，主要有桃、李、枣、樱桃、杨梅、芒果、杏、橄榄、油橄榄和余甘子等。

（一）桃

桃（*Amygdalus persica*）属于蔷薇科（Rosaceae）桃属（*Amygdalus*），又叫山桃、蜜桃等，味道鲜美，营养物质丰富，是一种果实作为水果的落叶小乔木，花可以观赏，果实多汁，可以生食或制桃脯、罐头等，核仁也可以食用。全世界有3000个以上的品种，我国约有800个。

桃在我国有 3000 年以上的栽培历史，主要可分为'毛桃''油桃''蟠桃''寿星桃''山桃'等。果肉有白色和黄色的，桃有多种品种，一般果皮有毛，'油桃'的果皮光滑；'蟠桃'果实是扁盘状；'碧桃'是观赏花用桃树，有多种形式的花瓣。

（二）李

李（*Prunus salicina*）属于蔷薇科（Rosaceae）李属（*Prunus*）植物，别名嘉庆子、布霖、李、玉皇李、山李子。李果实 7~8 月成熟，饱满圆润，玲珑剔透，形态美艳，口味甘甜，是人们最喜欢的水果之一。全世界有李 30 种，其中栽培种有 10 多种。

（三）枣

枣（*Ziziphus zizyphus*）属于鼠李科（Rhamnaceae）枣属（*Ziziphus*）植物，又名枣子、干枣、红枣。枣起源于中国，在中国已有 4000 多年的栽培历史，全世界有 40 多个种，我国主栽品种有 10 多个，主要有'普通枣'和'毛叶枣'两种，我国枣产量占全世界枣总产量的 99%以上。

（四）樱桃

樱桃（*Prunus pseudocerasus*）属于蔷薇科（Rosaceae）李属（*Prunus*）植物，主要有中国樱桃、欧洲甜樱桃、毛樱桃和酸樱桃等科。樱桃栽培品种主要有'红灯''拉宾斯''梅枣''先锋''早大果'等。

（五）杨梅

杨梅（*Morella rubra*）属于杨梅科（Myricaceae）杨梅属（*Morella*）植物。杨梅在我国有 2000 年以上的栽培历史，主产浙江、江苏等南方地区。在我国主要有杨梅、毛杨梅、青杨梅、云南杨梅 4 种。杨梅具有除湿、消食、解暑、止咳、生津等功能，有"果中玛瑙"之誉。

（六）芒果

芒果（*Mangifera indica*）是漆树科（Anacardiaceae）杧果属（*Mangifera*）的植物，又名檬果、闷果、望果等。世界上约有 1000 种，我国也有 100 多个种，分为土芒果、南洋种、改良种、新兴品系等四大类，有'台农芒''象牙芒''鸡蛋芒''红金龙'等比较有名的品种，世界有 70 多个国家有芒果分布。果皮柠檬黄色，肉质细腻，气味香甜，富含维生素，素有"热带水果之王"之誉。

三、浆果类

按植物学概念，这类果树的果实多粒小而多浆，由子房或联合其他花器发育成柔软多汁的肉质果。主要有葡萄、猕猴桃、香蕉、柿、蓝莓、番木瓜、石榴、树莓、醋栗、越橘、果桑、无花果、杨桃、人心果、番石榴、蒲桃、西番莲等。

（一）葡萄

葡萄（*Vitis vinifera*）属葡萄科（Vitaceae）葡萄属（*Vitis*）落叶藤本植物。葡萄原产于欧洲、西亚和北非一带，多数历史学家认为西亚的伊朗是世界上最早酿造葡萄酒的国家。全世界约有8000个葡萄品种，主要分为酿酒葡萄和食用葡萄两大类。栽培品种有欧亚种群、北美种群及东亚种群，依据原产地不同，又可分为东方品种群及欧洲品种群。

（二）猕猴桃

猕猴桃（*Actinidia chinensis*）为猕猴桃科（Actinidiaceae）猕猴桃属（*Actinidia*）的一种浆果类落叶藤本果树，俗称为阳桃、羊桃、藤梨及猕猴梨等。猕猴桃属植物共有56种，其中我国有52种。我国是世界猕猴桃的起源中心，绝大多数种起源于我国。生产上利用价值较高的有美味猕猴桃、中华猕猴桃、毛花猕猴桃、软枣猕猴桃等种类。

（三）香蕉

香蕉（*Musa paradisiaca*）属于芭蕉科（Musaceae）芭蕉属（*Musa*）植物，又称甘蕉。热带地区广泛栽培，全世界有300多个品种，中国台湾有80个，大陆有30余个。中国以栽培香牙蕉类最普遍，少量栽培大蕉、粉蕉和龙牙蕉。香蕉肉质糯软，香甜可口，营养丰富。

（四）柿

柿（*Diospyros kaki*）属于柿树科（Ebenaceae）柿树属（*Diospyros*）植物，原产于中国，已有3000多年的历史。中国、日本、韩国是柿主产地。柿品种繁多，全世界有800多个品种，主要分为涩柿和甜柿两大类。柿果大，皮薄，肉质细嫩，汁甜如蜜，营养价值高。

（五）蓝莓

蓝莓（*Semen trigonellae*）属于杜鹃花科（Ericaceae）越橘属（*Vaccinium*）植物。蓝莓为小浆果，果实呈蓝色，原生于东亚与北美洲，为灌木，全世界越橘属植物有400余种，主要分为高丛蓝莓、矮丛蓝莓和兔眼蓝莓三大栽培种类。

（六）番木瓜

番木瓜（*Carica papaya*）属于番木瓜科（Caricaceae）番木瓜属（*Carica*）植物，作水果食用的番木瓜又称木瓜，也称石瓜、万寿果、乳果、番瓜等。原产于墨西哥南部及邻近的美洲中部地区，在我国主要分布在广东、海南、广西、云南、福建、台湾等地区。

（七）石榴

石榴（*Punica granatum*）属于千屈菜科（Lythraceae）石榴属（*Punica*）植物，别名安石榴、若榴。石榴果实营养丰富，色彩鲜艳，饱满多子，常用作喜庆水果，象征子孙满堂、多子多福，有"神仙果"美称。

四、柑果类

按植物学概念，柑果类果实是肉质果的一种，属于真果。由复雌蕊形成，外果皮呈革质，软而厚，有精油腔；中果皮较疏松；中间隔成瓣的部分是内果皮。外果皮坚韧革质，有很多油腺；中果皮疏松髓质，有维管束分布其间，干燥果皮内的"橘络"就是这些维管束；内果皮膜质，分为若干室，室内充满含汁的长形丝状细胞，是原来子房内壁的表皮毛发育而成的。向内生有许多肉质多浆的肉囊，由合生心皮的上位子房形成，这是柑橘类植物特有的一类果实。主要有橘、柑、柚子、橙、柠檬、枳、葡萄柚等。

（一）宽皮柑橘

宽皮柑橘（*Citrus reticulata*）属于芸香科（Rutaceae）柑橘属（*Citrus*）植物，中国是宽皮柑橘的原产地之一，种质资源丰富，优良品种众多，具有4000多年的栽培历史，宽皮柑橘主要有'温州蜜柑''蕉柑''碰柑''大红柑''红橘''朱橘''南丰蜜橘''本地早''砂糖橘'等主栽培品种。宽皮柑橘果实营养丰富，色香味俱佳。

（二）脐橙

脐橙（*Citrus sinensis*）属于芸香科（Rutaceae）柑橘属（*Citrus*）植物。主栽培品种为'纽荷尔''朋娜''林娜''华盛顿脐橙'等。脐橙品质优良、色泽鲜艳、营养丰富、多汁无籽，含有多种人体必需的营养成分。

（三）柠檬

柠檬（*Citrus limon*）属于芸香科（Rutaceae）柑橘属（*Citrus*）植物，又称洋柠檬、益母果、柠果等。原产于东南亚。我国四川省资阳市安岳县是"中国柠檬之都"，产量占全国总产量的80%以上。柠檬果实富含维生素C，又因其味极酸，深得孕妇喜爱，被称为益果、益母子。柠檬中含有丰富的柠檬酸，因此被誉为"柠檬酸仓库"。它的果实汁多肉脆，有浓郁的芳香气。因为柠檬味道特酸，故只能作为上等调味料，用来调制饮料、菜肴、化妆品和药品。

（四）柚子

柚子（*Citrus maxima*）属于芸香科（Rutaceae）柑橘属（*Citrus*）植物，又称胡柑、臭橙、臭柚，主要产于我国江西、福建、广东、广西等南方地区。农历八月十五左右成熟，因其皮厚耐藏，有"天然水果罐头"之称。'沙田柚''文旦柚''坪山柚''暹罗柚'被列为世界四大名柚。另外，还有'强德勒柚''琯溪蜜柚''龙都早香柚''北碚蜜柚'等优良品种。

五、荔果类

按植物学概念，这类果树的果实外果皮革质化，食用部位为假种皮。主要有荔枝、龙眼、韶子等。

（一）荔枝

荔枝（*Litchi chinensis*）属于无患子科（Sapindaceae）荔枝属（*Litchi*）植物，原产于我国岭南。荔枝是我国岭南佳果，色、香、味皆美，有"果王"之称。荔枝共有140多个品种，如'妃子笑''白蜡''灵山香荔''三月红''糯米糍''桂味''南局红''宋家香'等。

（二）龙眼

龙眼（*Dimocarpus longan*）属于无患子科（Sapindaceae）龙眼属（*Dimocarpus*）植物，又称"桂圆"，是我国热带名贵特产，我国已有2000多年的栽培历史，主要有'福眼''赤壳''乌龙岭'等10多个栽培品种。

六、聚复果类

按植物学概念，这类果树的果实皆是由一个花序发育而成的聚复果。主要有菠萝、草莓、树菠萝、面包果、番荔枝和刺番荔枝等。

（一）菠萝

菠萝（*Ananas comosus*）属于凤梨科（Bromeliaceae）凤梨属（*Ananas*）植物，又称凤梨，原产于巴西。16世纪时传入我国，属于岭南四大名果之一，菠萝分布在南北回归线之间，是世界上重要的果树之一，主要栽培品种有60～70个，可分为卡因类、皇后类、西班牙类和杂交种四大类。

（二）草莓

草莓（*Fragaria ananassa*）属于蔷薇科（Rosaceae）草莓属（*Fragaria*）多年生草本植物，又称为红莓、洋莓、地莓等。波兰、意大利、西班牙、荷兰、比利时、俄罗斯、罗马尼亚和英国等是世界主要草莓产地，约占世界产量的50%，有'丰香''章姬''红颜'等主栽品种。

七、坚果类

这类果树的果实或种子外部具有坚硬的外壳，可食部分为种子的子叶或胚乳。这类果实外有坚硬的壳，含水分少、脂肪及蛋白质多，所以又称为壳果或干果。主要有板栗、核桃、松子、开心果、巴旦木、山核桃、榛子、腰果、鲍鱼果、杏仁、夏威夷果、银杏、栎子、香榧等。

（一）板栗

板栗（*Castanea mollissima*）属于壳斗科（Fagaceae）栗属（*Castanea*）植物，主要分布于我国台湾地区、大陆绝大部分山区及越南，主要有板栗、锥栗、茅栗、日本栗、欧洲栗、美国栗等种类。其中主要栽培种类是中国河北迁西板栗、湖北罗田板栗，以及欧洲栗和日本栗。

（二）核桃

核桃（*Juglans regia*）属于胡桃科（Juglandaceae）胡桃属（*Juglans*）植物，又称羌桃、胡桃、核桃，在国际上核桃与腰果、扁桃和榛子一起并列为世界四大坚果，主要有核桃和山核桃。核桃仁含有丰富的营养素，每100g含蛋白质15～20g，脂肪较多，碳水化合物10g；并含有人体必需的钙、磷、铁等多种微量元素和矿物质，以及胡萝卜素、核黄素等多维生素。对人体有益，是深受老百姓喜爱的坚果类食品之一。

（三）松子

松子为松科（Pinaceae）植物白皮松（*Pinus bungeana*）、红松（*P. koraiensis*）、华山松（*P. armandii*）等多种松树的种子，又名新罗松子、罗松子、海子、红松果。主要产于云南、东北地区，我国东北三省是红松子的主产区。

（四）开心果

开心果（*Pistacia vera*）属漆树科（Anacardiaceae）黄连木属（*Pistacia*）植物，俗称阿月浑子，又名"无名子"，类似白果，开裂有缝而与白果不同，约有20种，分为中亚类群和地中海类群，有3500余年人工栽培历史。

(五)巴旦木

巴旦木(*Prunus dulcis*)是蔷薇科(Rosaceae)桃属(*Amygdalus*)中扁桃亚属(*Mandelic*)的植物,又名巴旦杏,俗称薄壳杏仁,主要产在天山以南喀什地区的英吉沙、莎车、叶城等县。巴旦木有40多个品种,分为5个大家族,分别是甜品巴旦木品系、厚壳甜巴旦木品系、软壳甜巴旦木品系、苦巴旦木品系、桃巴旦木品系。

第三节 果品的营养保健功效

一、营养价值及特点

水果是我国营养学家根据食物的特点及提供的营养素划分的谷类、水果和蔬菜、鱼肉蛋、奶类和豆类食品、油脂类等五大类食物之一,富含多种碳水化合物、维生素、矿质及膳食纤维,其脂肪含量偏低,是人类日常生活中维生素、矿物质和膳食纤维等多种物质的主要提供者。同时,新鲜的水果含水量高,大多在90%以上,质地细嫩,口感良好,并且所含的各种色素和芳香类物质,使得水果具有特殊的颜色和香味,赋予水果良好的感官性状,从而有利于增进人们的食欲、帮助消化和维持肠胃的正常功能,丰富人们口味的多样化选择。此外,果品中还含有多种蛋白酶类、生物类黄酮、生物碱等特殊生物活性物质,具有特定的保健功效。

(一)含有丰富的碳水化合物和膳食纤维

淀粉、糖类和有机酸是果品中的主要碳水化合物。糖类是水果碳水化合物的重要组分,也是其营养的主要成分和甜味的主要来源,是形成水果特有风味、香甜可口的主要因素。一般水果的含糖种类和数量因水果的种类与品种而异,其含糖量为5%~30%。例如,桃的含糖量为5%~15%,而枣可达15%~30%。糖种类中,桃、杏、李等核果类及柑橘类以含蔗糖为主;梨、苹果等仁果类果糖含量丰富;葡萄、猕猴桃、草莓等浆果类含果糖与葡萄糖多。通常在未成熟的水果中含有较多的淀粉,随着水果后期成熟,淀粉逐渐被水解为糖类物质。水果中含淀粉最多的是未成熟的香蕉和板栗,分别为18%和44%。水果还含有各种有机酸,主要为柠檬酸、酒石酸、苹果酸等。有机酸对增加食欲、助消化、软化血管、降低胆固醇等有重要的作用。例如,梨、苹果等仁果类及桃、李、杏等核果类含苹果酸较多;菠萝和柑橘类含柠檬酸多;葡萄和猕猴桃酒石酸的含量较大。有机酸不仅使水果具有一定的酸味,还能刺激体内消化液的分泌,有利于人体内食物的消化;使水果保持一定的酸度,对维生素C的稳定性具有保护作用,是维持人体内体液中酸碱和电解质平衡不可缺少的物质;而且有机酸与糖的含量共同影响着果实风味,即甜酸度,通常以糖酸比作为果实风味指标。此外,纤维素是一种重要的营养素,冠心病、动脉硬化、直肠癌、结肠癌等都与纤维素缺乏有关。它可促进肠道蠕动、排出有毒物,助消化。果品中丰富的纤维素、半纤维素、木质素、果胶等,是人类膳食纤维的主要来源。

(二)含有丰富的多种维生素

新鲜水果是人体维生素C、胡萝卜素、核黄素(维生素B_2)和叶酸(维生素B_9)等多种维生素的重要来源。在大多数水果中均含有人体所必需的维生素A、维生素B_1、维生素B_2、

维生素 B_6、维生素 E、维生素 K、烟酸和叶酸等，通常黄色水果中含维生素和胡萝卜素等较多，如枇杷、黄肉桃、柑橘、芒果、菠萝等；维生素 B_1 含量较高的有板栗、核桃、松子等干果类水果；维生素 B_2 含量较多的水果有板栗、枣、人参果、龙眼、杏仁等；富含维生素 C 的水果有苹果、猕猴桃、草莓、枣、山楂、荔枝、柑橘类和梨等，其中以猕猴桃最高，一般为 40~400mg/100g，有的高达 2000mg/100g 以上。许多水果中维生素 C 的含量特别丰富。例如，刺梨维生素 C 的含量高达 2585mg/100g，并含有丰富的维生素 P，达 600~1200mg/100g。人们日常生活中需要的胡萝卜素主要从芒果、柑橘和杏等含胡萝卜素较多的水果中获取，胡萝卜素含量分别为 8.5mg/100g、0.89mg/100g 和 0.45mg/100g。

（三）含有丰富的多种矿物质

果品中含有较多的钾、磷、铁、钙、镁、锌、硒、钠等矿物质，是人体中矿物质的主要来源之一。例如，水果中浆果类无机盐含量为 0.2%~2.0%、坚果类为 1.1%~3.4%、柑橘为 0.3%~0.9%、仁果类为 0.2%~0.9%、核果类为 0.4%~1%，其中以钾的含量最高，占其矿物质灰分的 50%左右。钠和钾以桃、葡萄干、椰子、枣、荔枝、核桃等水果中含量较多；铁以柿、核桃、草莓、枣、葡萄等中含量较多；磷在葡萄、桃、荔枝、椰子、核桃、山楂、板栗等中含量较多；钙以山楂、柠檬、枣、杏仁、柑橘等水果的含量丰富；碘则以核桃、龙眼干、板栗、柿等中含量较高。

（四）含有各种色素和芳香物质

果品含有叶绿素、叶黄素、花青素等多种色素物质，使得产品表面及内部呈现丰富的色泽，使食品具有特殊的颜色。同时，果品含有数十种芳香物质，表现出各种果品特有的芳香性气味。例如，苹果中有少量的苹果油和乙酸戊酯，柑橘中有松油醇、柠檬醛等，从而赋予果品良好的感官性状。

（五）含有生物类黄酮、生物碱等多种生物活性物质

果品中含有橙皮苷等黄酮类、辛弗林等生物碱类、柠檬醛等萜类、α-亚麻酸等不饱和脂肪酸类、大枣多糖等多糖类功效成分，从而具有助消化、抗氧化、降血脂、提高人体免疫力等多种保健功效。例如，苹果、柑橘及葡萄等含有生物类黄酮，为天然抗氧化剂，葡萄原花青素为很好的人体抗氧化剂，具有延缓人体衰老的作用。此外，猕猴桃籽油含有丰富的 α-亚麻酸，葡萄籽油含亚油酸等多不饱和脂肪酸，可以降低胆固醇、降血脂、预防心血管疾病。大枣中含有提高人体免疫力及预防癌症的微量组分，从而为果品营养功效的拓展及其保健产品开发奠定良好基础。

二、保健与医疗功效

果品中除了含有人体必需的多种营养素外，还含有对人体保健和疾病预防起特殊作用的功能成分。随着研究手段的进步和对营养健康的关注，越来越多的天然功能成分从果品中分离出来，并对其生物活性进行了深入系统的研究，以期在功能成分和健康关系方面认识更加深刻，从而更好地服务于人类健康。

（一）类胡萝卜素

类胡萝卜素（carotenoid）是由多个异戊二烯组成的一类脂溶性色素，是高度共轭的烯类

化合物，在果品中广泛存在。类胡萝卜素是一类色素的总称，因组成不同而呈黄、橙、红等不同颜色，从而使果品呈现不同色泽。类胡萝卜素是体内维生素 A 的主要来源，同时还具有抗氧化、免疫调节、抗癌、延缓衰老等功效。

类胡萝卜素存在于叶绿体和有色体中，以及像海藻、真菌、细菌等光合生物中，动物一般不生产类胡萝卜素。从 19 世纪初第一次分离出胡萝卜素至今，已经发现超过 600 种天然的类胡萝卜素。类胡萝卜素是疏水性分子，它们的结构类似于维生素 A，分为两个类型：一类可以转化为维生素 A，如 β 胡萝卜素、γ 胡萝卜素、α 胡萝卜素和 β 隐黄质，被称为维生素 A 的类胡萝卜素；另一类不能转化为维生素 A，主要是番茄红素、叶黄素和其同分异构体玉米黄质。一般的类胡萝卜素可以吸收蓝光，在植物和藻类中的两个关键作用是吸收光能在光合作用时汇总使用，同时保护叶绿素免受光损伤。某些类胡萝卜素（叶黄素和隐黄质）直接吸收破坏蓝光和近紫外线，合理摄入可以保护视网膜黄斑。

水果中含有丰富的类胡萝卜素资源（图 4-1），包括：①开环式的番茄红素；②β 胡萝卜素及其羟基衍生物，如 β 隐黄质和玉米黄素；③α 胡萝卜素及其羟基衍生物，如叶黄素；④类胡萝卜素环氧化物；⑤辣椒红素（capsanthin）和辣椒玉红素（capsorubin）等。在绿色、未成熟的水果中，叶绿体中存在大量的叶绿素。随着水果的成熟，叶绿体内的叶绿素则会降解，植物的组织会褪色。同时，类胡萝卜素在质体中合成并积累。其合成基因是在组织成熟过程中激活的。当八氢番茄红素合成和脱氢基因被激活时，生成的是番茄红素。若此时有 β-环化和羟基化基因被激活，则累积双环的 β 胡萝卜素和其羟基衍生物或单环的 γ 胡萝卜素和其羟基衍生物。当 ε-环化和 ε-羟基化基因也存在时，则生成 β 胡萝卜素和叶黄素。当有环氧基因存在时，生成的是类胡萝卜素环氧化物。

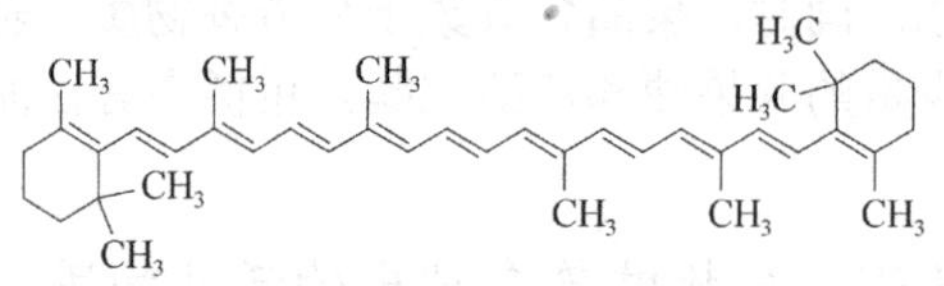

β胡萝卜素（β-carotene）

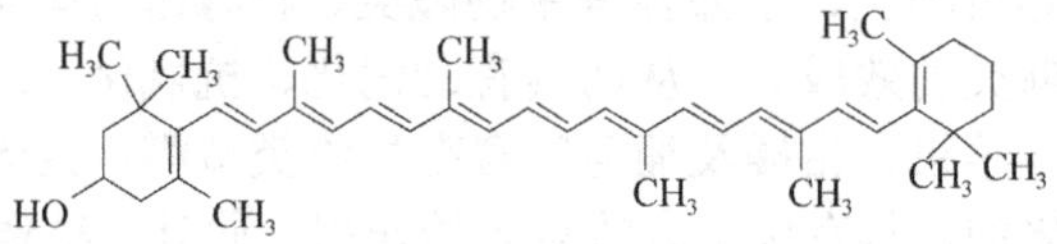

β隐黄质（β-cryptoxanthine）

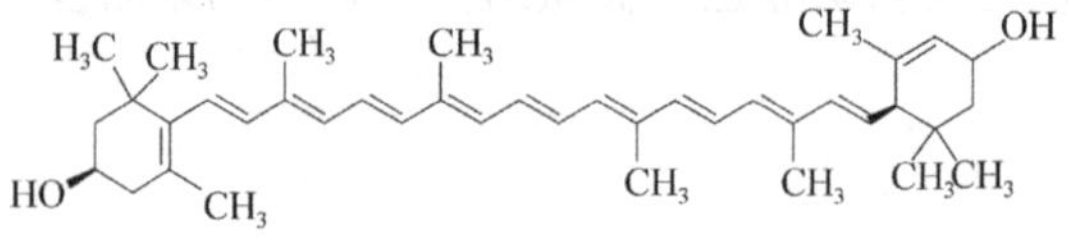

叶黄素（lutein）

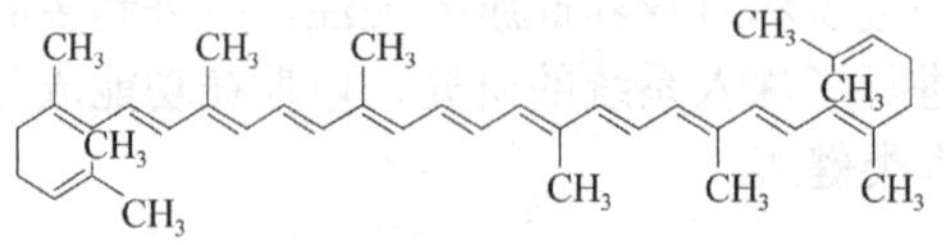

番茄红素（lycopene）

图 4-1　几种类胡萝卜素的结构

β胡萝卜素（β-carotene）是人体内最丰富的胡萝卜素之一，也是橘黄色脂溶性化合物，它是自然界中最普遍存在也是最稳定的天然色素。主要果品来源包括橙黄色的水果，如柑橘、木瓜、芒果等。β胡萝卜素是一种抗氧化剂，具有解毒作用，是维护人体健康不可缺少的营养素，在抗癌、预防心血管疾病、治疗白内障及抗氧化上有显著的功能，并进而防止由老化和衰老引起的多种退化性疾病。在膳食中经常摄取丰富胡萝卜素的人群，患动脉硬化、某些癌肿以及退行性眼疾等疾病的机会都明显低于摄取较少胡萝卜素的人群，很多动物实验也证明了这一观点。例如，眼睛的视力取决于眼底的黄斑，如果没有足够的β胡萝卜素来保护与支持它，这个部位就会发生退行性的病变，也就是老化，视力会衰退甚至最终发生夜盲。这种疾病多发生于老年人，虽然医学界认为这是衰老的一种表现，却同时指出这种退行性眼疾是可以通过摄取足够的β胡萝卜素来预防的。这一重大发现让人们对胡萝卜素有了新的认识，认为它不仅是实现均衡营养所必需的物质，同时还有助于人们预防疾病，延年益寿，提升身体素质和生活质量。

番茄红素（lycopene）是类胡萝卜素的一种，主要存在于成熟的红色水果中，如西瓜、草莓、葡萄、番石榴、木瓜、甜杏、柚子等，在番茄中含量最高，每100g番茄含番茄红素3~14mg。番茄红素是类胡萝卜素中抗氧化性较强的种类之一，有极强的清除自由基的能力，是一种很有开发价值的功能性天然食用色素。番茄红素能有效淬灭单线态氧和清除超氧阴离子自由基、增强抗氧化酶活性，防止蛋白质和DNA受到氧化破坏，因而可抑制机体老化、减缓疲劳、防止或减轻紫外线对皮肤的损伤。通过对前列腺癌、子宫癌、乳腺癌、口腔癌、肺癌、消化道癌、皮肤癌等的研究证实，番茄红素具有明显的抗癌效应。番茄红素可帮助预防及改善前列腺增生、前列腺炎等泌尿系统疾病，并有助于提高男性精子质量，降低不育风险。一项来自美国哈佛大学的研究发现，类胡萝卜素与前列腺癌有一定的关系。在类胡萝卜素的研究中，只有番茄红素具有明确的保护作用。男性每天在饮食中服用最大剂量的番茄红素（每天6.5mg以上）与服用最少者相比，可以使前列腺癌发生的危险减少21%。膳食中番茄红素含量降低会使皮肤癌发病率上升。番茄红素可以增强细胞免疫及体液免疫功能，增强单核巨噬细胞的活性，对非特异性细胞免疫也有明显的作用。番茄红素在糖尿病的发生和进展中起着保护作用。番茄红素可预防视网膜黄斑病变，保护视力。除此之外，还具有抗炎症、抗血凝等多种生理功能。

β隐黄质（β-cryptoxanthine），也称作隐黄质，是类胡萝卜素的一种，主要存在于黄色水果中，如木瓜、芒果、桃、橙、柑橘和西瓜等，可以维持水果的色泽和风味。β隐黄质经证实具有极强的抗氧化效果，并且可以在体内转化为维生素A。维生素A对维护机体视力健康、机体组织再生具有决定性作用。近期的研究表明，隐黄质能有效阻止一些癌细胞形成，有助于减少癌症和细胞的癌变风险，有助于改善骨密度和骨强度，发挥骨形成的刺激作用，有效预防骨质疏松，对骨骼健康有独特的疗效。

（二）花青素

花青素（anthocyanin）又称花色素，属类黄酮类化合物。花青素是最重要的维管植物颜料，它们无害，易溶于水，这使它们成为最佳的天然水溶性着色剂。花青素广泛存在于开花植物（被子植物）中，其在植物中的含量随品种、季节、气候、成熟度等不同有很大差别。据初步统计：在27科73属植物中均含花青素，如葡萄、血橙、蓝莓、茄、樱桃、红莓、草莓、桑葚、山楂等水果中均含有一定的花青素。

花青素（图4-2）由芳香环键接到一个含氧杂环，再由C—C键连接第三个芳香环组成。这些分子呈现出的颜色最早是鲍林在 1939 年发现的，他认为颜色强度是由苯基苯并（喃）离子（flavylium ion）共振结构决定的。自然界中已知天然存在的花色素有 250 多种，存在于 27 科 73 属的植物中。目前已确定的有 20 种花青素，其中只有 6 种在维管束植物中比较常见，即天竺葵色素（pelargonidin）、矢车菊色素（cyanidin）、飞燕草色素（delphinidin）、芍药色素（peonidin）、牵牛花色素（petunidin）和锦葵色素（malvidin）。花青素是果品的主要呈色物质，使水果呈现红色、紫红色、紫蓝色、蓝色等不同颜色。花青素颜色因其羟基数增加而加深，如果在间位碳侧链为甲氧基，则红色加深。花青素性质不稳定，随 pH 的变化而发生颜色变化，在酸性条件下呈红色，碱性条件下呈蓝色，中性条件下呈紫色。花青素可被亚硫酸及其盐类褪色，因其与亚硫酸生成的色烯-2-磺酸没有颜色。但经脱硫后又可复色，因而发生可逆的颜色变化。高温和光照会造成花青素分解并发生沉淀，许多浆果类果汁加工时会出现这种现象。花青素与金属离子反应形成盐类可引起颜色变化，大多呈灰紫色，与锡离子、铁离子、铜离子反应可形成蓝色或紫色。所以，含花青素的果品在加工时应使用不锈钢或铝制器具，罐装材料应用玻璃或涂料金属罐。

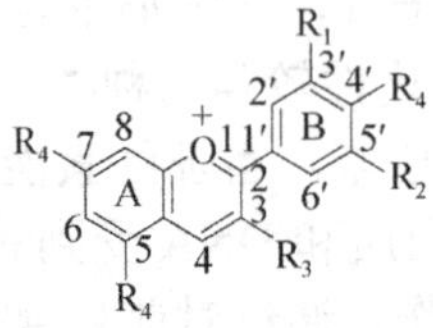

图 4-2 花青素的结构

R_1 和 R_2 是—H、—OH 或—OCH$_3$，R_3 是糖基或—H，R_4 是糖基或—OH

研究报告显示，花青素在抗氧化、保护心脏、癌症治疗和其他生物活性方面有重大用途。研究证明：花青素是当今人类发现的最有效的天然抗氧化剂，也是最强效的自由基清除剂，花青素的抗氧化性能比维生素 E 高 50 倍，比维生素 C 高 20 倍。花青素可被人体 100%地吸收，服用 20min 后，血液中就能检测到，并在体内维持长达 27h。与其他抗氧化剂不同，花青素有跨越血脑屏障的能力。从红葡萄酒中提取的花色苷能有效地清除超氧自由基和羟自由基。在体外实验中，花色苷能明显抑制低密度脂蛋白的氧化和血小板的聚集，这两种物质是引起动脉粥样硬化的主要因子。此外，花色苷可用于治疗抗糖尿病性视网膜病、乳房囊肿，治疗由毛细血管脆弱引起的微循环疾病，保持血管的正常通透性。还可以用于预防胆固醇引起的兔的动脉粥样硬化，作为肿瘤抑制剂、血管保护剂、辐射防护剂及抗发炎剂等。花青素还能够增强血管弹性，改善循环系统和增进皮肤的光滑度，抑制炎症和过敏，改善关节的柔韧性。

（三）原花青素

原花青素（proanthocyanidin）（图 4-3）属于缩合单宁，是一种生物类黄酮的多酚化合物，广泛分布于各种水果的核、皮或种子等部位，一般为红棕色粉末，气微、味涩，溶于水和大部分有机溶剂。因在酸性介质中加热产生花青素，故将这类多酚化合物命名为原花青素。它是由不同数量的儿茶素（catechin）、表儿茶素（epicatechin）及没食子酸酯通过共价键相连缩合而成的多聚体。按聚合度大小不同，分为二聚体、三聚体、四聚体等直至十聚体。通常将二至五聚体称为低聚体，五聚体以上称为高聚体。其中以二聚体分布最广，研究最多，也最为重要。原花青素主要存在于葡萄、苹果、山楂、草莓等水果中，在葡萄汁、苹果汁、红葡萄酒中也存在。研究者已从葡萄籽和皮中分离鉴定出了 16 种原花青素，且多属于低聚原花青素（oligomeric proanthocyanidin，OPC）。

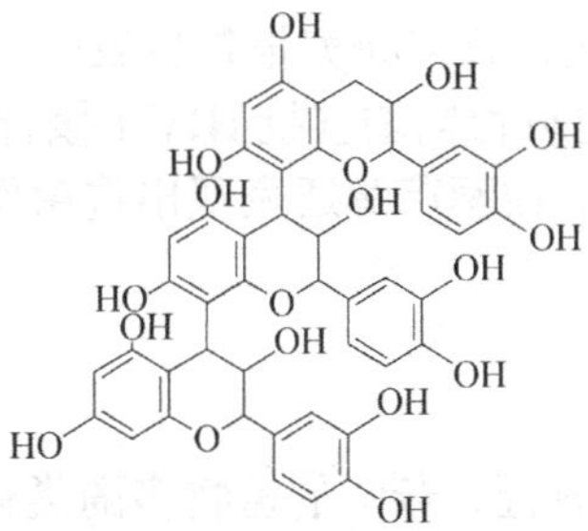

图4-3 原花青素的结构

原花青素是能有效清除人体自由基的天然抗氧化剂，由于它的水溶性好，使其在人体内的吸收率远高于其他物质，发挥作用的范围也更大，因而原花青素具有多种保健作用，可以辅助治疗80多种由自由基引起的疾病，如过敏、气喘、支气管炎、类风湿动脉炎、运动受伤、压力溃疡等，广泛应用于医药、保健品、食品及化妆品等领域。在欧洲，为了改善血液循环、治疗糖尿病性视网膜病、减轻水肿和抑制静脉曲张等，原花青素已用于临床治疗几十年。原花青素可以强化毛细血管、动脉与静脉血管，因此，它有消肿化瘀的功效。原花青素可以清除细胞膜中水溶性和脂溶性的自由基，因此，抑制了释放某些酶去伤害毛细血管壁的过程。法国允许用原花青素治疗糖尿病性视网膜病，这一方法显著减少了眼睛毛细血管出血，改善了视力。原花青素也已经用来预防糖尿病患者白内障手术后的并发症。原花青素能保护人体免受阳光伤害，恢复胶原蛋白活力，使皮肤平滑有弹性，抑制组胺产生，发挥抗过敏和抗炎作用。原花青素不仅帮助恢复皮肤弹性，也帮助关节、动脉及其他组织（如心脏）维持正常功能。原花青素和维生素C的组合可以使胆固醇分解，成为胆汁盐，进而排出体外，加快了有害的胆固醇的分解和排除。

（四）白藜芦醇

白藜芦醇（resveratrol）（图4-4）是蒽醌萜类化合物，红葡萄或红葡萄酒是白藜芦醇众所周知的来源。1939年首次发现白藜芦醇，20世纪70年代首次发现葡萄中含有这种物质，后来人们发现虎杖、花生、桑葚等植物中也含有这种成分。天然白藜芦醇是一种天然活性成分，它能以游离态（顺式、反式）和糖苷结合态（顺式、反式）两种形式在植物中分布及生物合成，且均具有抗氧化效能，其中反式异构体的生物活性强于顺式异构体，是葡萄中的一种重要的植物抗毒素。

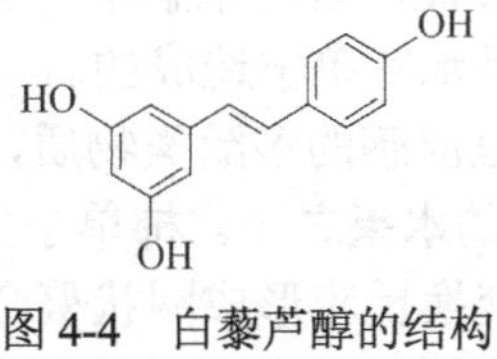

图4-4 白藜芦醇的结构

现代医学研究发现，白藜芦醇可以抑制脂质过氧化和类花生酸的合成，抑制血小板聚集，具有抗氧化、抗炎、血管舒张活性。国外大量的研究证明，白藜芦醇是葡萄酒，尤其是红葡萄酒中最重要的功能成分。20世纪80年代，世界卫生组织调查发现，尽管法国人偏爱奶酪等高脂肪食物，但冠心病发病率和死亡率低于其他西方国家，其可能是与法国人常饮含白藜芦醇的葡萄酒有关。此外，白藜芦醇是一种天然的肿瘤化学预防剂，在肿瘤发生的起始、增进和扩展3个阶段，都具有较好的防癌活性，并且对每一阶段的癌细胞均可产生抑制作用，其机制可能与其抗环氧合酶-1有关。许多研究报告也表明，白藜芦醇具有抗HIV-1和单纯疱疹病毒的抗病毒效果。白藜芦醇可以协同增强抗HIV-1核苷类似物齐多夫定（zidovudine）和去羟肌苷（didanosine）药物活性。白藜芦醇还表现出抗菌作用，包括抑制幽门螺杆菌不同菌株的增长。

（五）单宁

单宁（tannin）（图4-5）是一种涩、苦味的植物多酚类化合物，能结合并沉淀蛋白质、氨基酸和生物碱及其他各种有机化合物、金属离子。单宁广泛分布于植物体内，尤其是乔木、灌木和草本豆科植物。咖啡树、啤酒花分别检测出水解单宁和缩合单宁。水果中，石榴、柿、草莓和坚果类榛子、核桃、山核桃都有丰富的单宁。单宁可分为两种：①水解单宁，由核心的碳水化合物酯键连接酚类羧酸；②缩合单宁，由原花青素、黄烷-3-醇、儿茶素、表儿茶素或相应的儿茶酸缩聚而成。单宁有很强的蛋白质亲和性，形成蛋白质-单宁复合物。单宁与水溶性蛋白（如唾液蛋白）结合沉淀，使唾液失去润滑性，舌上皮组织收缩，有干燥感觉、产生涩味。

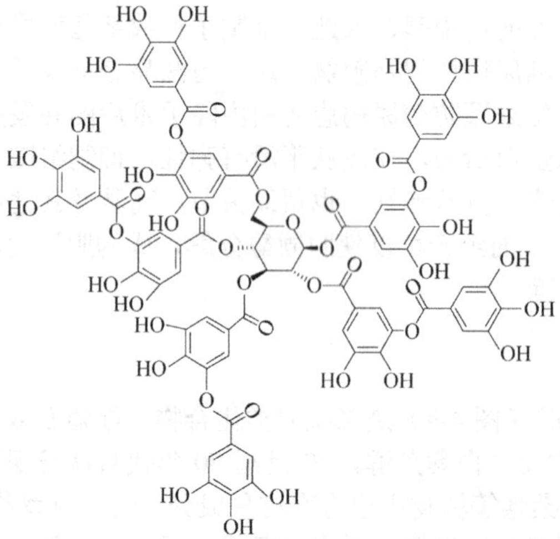

图4-5 单宁的结构

摄入过量缩合单宁会减少营养物质的利用率，使蛋白质吸收在很大程度上受到影响，降低吸收量。水解单宁对动物有潜在毒性，食用水解单宁含量高的饲料会导致肝、肾毒性，并导致动物死亡。橡树和黄木中毒就是水解单宁造成的。

柿单宁是存在于柿果实并使其呈涩感的多酚类物质，部分溶于水。涩柿果实中单宁含量为0.13%～1.54%，是单宁含量较高的水果之一。柿单宁主要为缩合单宁，柿单宁含有的许多邻位酚羟基可与金属离子进行配体交换反应形成网状螯合物，并在不同pH条件下沉淀下来，利用该特性进行金属元素的回收再利用。研究表明，单宁对多种细菌、真菌、酵母菌都有明显的抑制能力，而在相同的抑制浓度下不影响动物体细胞的生长。低聚缩合单宁可被微血管吸收进入血液而具有抗氧化作用，而多聚物（超过三个单体）无法吸收，或排出体外，或留在胃肠道中，因与蛋白质结合较强而保护胃壁免受乙醇、盐酸的伤害。单宁是有效的抗诱变剂，能减少诱变剂的致癌作用；可以提高染色体精确修复的能力；可以提高体细胞的免疫力，抑制肿瘤细胞的生长。在这些作用中，单宁的收敛性、酶抑制、清除自由基、抗脂质过氧化等活性得到了集中体现。此外，柿单宁能抑制蛇毒蛋白的活性，对眼镜蛇等的毒素有很强的解毒作用；单宁与生物碱和重金属结合生成沉淀，减少肌体的吸收；含大量缩合单宁的罗布麻水浸提液喷于烟丝上可制成低毒香烟，因为单宁与尼古丁结合形成难挥发的复合物，减少了烟雾中尼古丁的含量；用于化妆品中有美白、收敛、抗皱和保湿等作用。

（六）橙皮苷

橙皮苷（hesperidin）（图 4-6）又名橘皮苷，即维生素 P，是橙皮素与芸香糖形成的糖苷，为二氢黄酮衍生物，是柑橘特有的黄烷酮类。橙皮苷精制品为白色或苍白色粉末，呈微小针状晶体，在柑、橘、甜橙和柠檬等成熟果实的果皮和组织中含量较高，如内果皮含 30%～50%，橘络、核、果肉中含 30%～50%，外果皮含 10%～20%，汁液和橘囊中含量较低，占 1%～5%。

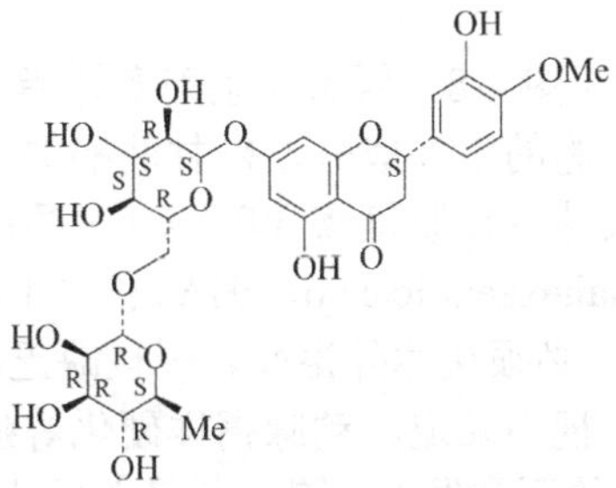

图 4-6　橙皮苷的结构

橙皮苷具有抗癌、抗氧化、抗菌、抗炎、调节免疫力、防辐射、保护心血管系统等药物活性。橙皮苷的抗癌机制可能与如下因素有关：抗始发突变作用；抗促癌作用；诱发肿瘤细胞分化和凋亡；促进致癌物的排出和解毒反应。橙皮苷能维持渗透压，保护毛细血管，增加血管韧性，降低血管脆性，有防止血管破裂出血或缩短出血时间的作用，并能降低胆固醇，也可用于高血压、动脉硬化和心肌梗死等心血管系统疾病的辅助治疗。它应用在食品工业中可作天然的抗氧化剂。

（七）柠檬苦素

柠檬苦素（limonin）（图 4-7）是植物次生代谢生成的一个含呋喃环并且高度氧化的四环三萜化合物，碱性柠檬酸苦素易溶于脂性有机溶剂，难溶于水，在甲醇、乙醇中溶解度较大。它主要存在于柑橘、葡萄柚、柠檬、香橙、橘、柚子等芸香科和楝科的多种植物中，是植物中重要的次生代谢产物，中性类柠檬苦素化合物不易溶于水，而酸性类柠檬苦素化合物可溶于水，并且很少产生苦味。

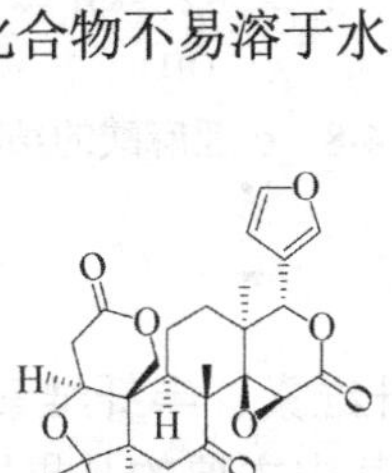

图 4-7　柠檬苦素的结构

柠檬苦素在柑橘中含量最高，以果核（种子）中含量较高，果皮中含量较少（0.005%～

0.01%)。从柑橘属植物中分离和鉴定的柠檬苦素类化合物有 50 多种，常见的有柠檬苦素（limonin）、诺米林（nomilin）、脱乙酰诺米林（deacetylnomilin）、黄柏酮（obacunone）、米林酸（nomilinic acid）等。柠檬苦素结构很不稳定，在加工过程中，柠檬苦素的结构会发生变化并且丧失活性。影响柠檬苦素的活性和稳定性的因素主要有温度、pH、与光和氧气接触时间的长短。柠檬苦素类似物同光与空气的接触时间越久，其抗癌活性也越差。柠檬苦素类似物糖苷在强酸或强碱时易发生水解，生成糖和苷元。pH 为 5~7 时柠檬苦素相对稳定；pH 增大时柠檬苦素则分解为柠檬酸。

柑橘中的柠檬苦素具有抑制肿瘤作用，主要通过抑制肿瘤细胞的生长、降低致癌因子诱发瘤的发生率和抗自由基这 3 条途径发挥抗肿瘤活性；能激发谷胱甘肽转移酶（GST）的活性；具有抗炎、镇痛、抗菌、抗氧化和兴奋中枢神经、抗焦虑和镇静等作用。

（八）α-亚麻酸

α-亚麻酸（a-linolenic acid）（图 4-8）属 ω-3 系列多烯脂肪酸，为全顺式 9、12、15 十八碳三烯酸。它是构成人体组织细胞的主要成分，以甘油酯的形式存在于深绿色植物中，是人体必需的脂肪酸之一。它进入人体后在脱氢酶和碳链延长酶的催化下转化为机体必需的生命活性因子二十二碳六烯酸（docosahexaenoic acid，DHA）和二十碳五烯酸（eicosapentaenoic acid，EPA）。人体不能合成 α-亚麻酸，必须从体外摄取。一旦缺乏，即会引起机体脂质代谢紊乱，导致免疫力降低、健忘、疲劳、视力减退、动脉粥样硬化等症状的发生。尤其是婴儿和青少年，如果缺乏会严重影响其智力的正常发育。国内营养学界认为 α-亚麻酸是人们的营养短板。主因是食物来源比较少，食物的精加工破坏了 α-亚麻酸，而且其本身生物活性高，易氧化，保存技术要求高。目前，α-亚麻酸是人们需要专项补充的一种严重缺乏的、急需补充的基础营养素。α-亚麻酸是维持大脑和神经系统正常所必需的因子，具有降血脂、降高血压、降胆固醇、抑制血栓形成、预防心肌梗死和脑梗死、抗衰老、增强智力和保护视力等作用。其代谢产物可以扩张血管，增强血管弹性，抑制癌症的发生和转移；抑制过敏反应，具有抗炎作用；降低血黏度、增加血液携氧量；帮助减肥。此外，α-亚麻酸还有抗抑郁、预防老年性痴呆等方面的作用，是维持人类正常生长发育、维护皮肤正常状态必不可少的。

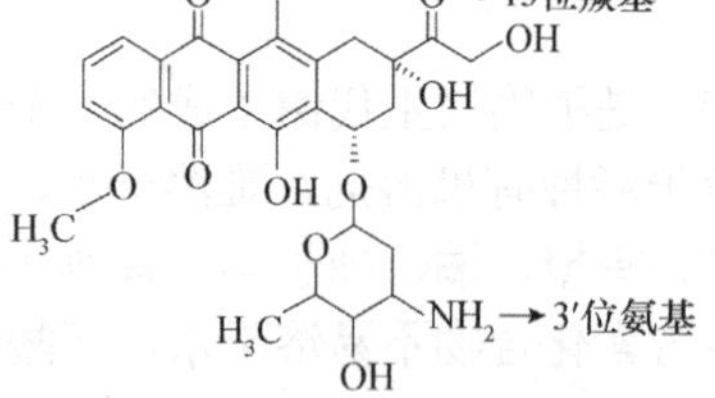

图 4-8　α-亚麻酸的结构

（九）多糖

果品中的多糖包括细胞壁成分如纤维素、半纤维素（包括木聚糖、阿拉伯聚糖、半乳聚糖、甘露聚糖等）、果胶质和淀粉等，其中主要的是果胶质。

1. 果胶质　果胶质是成熟果实中最主要的多糖。果胶质是一类复杂的胶体碳水化合物，主要是由脱水半乳糖醛酸以 1,4-键连接成的高分子化合物，也含有一些非糖醛酸化合物。多聚半乳糖醛酸的羧基可以部分地形成甲酯，其上的氢原子可部分或全部被甲基取代。根据所含甲酯程度不同,可分为果胶酸和果胶酯酸。果胶酸的酯化程度很低(约 5%酯化)。果胶酯酸的酯化程度较高,酯化程度在 45%以下的果胶酯酸在适宜条件下可与糖及酸形成凝胶,可用来制作果冻。不溶于水的原果胶在水解后生成果胶酯酸。原果胶可能是由于果胶物质的分子与细胞壁的其他成分(特别是半纤维素)以共价键结合,或由于低酯化的果胶物质与多价阳离子结合,导致其不溶。

苹果、梨、桃、李等果实的果胶物质鲜采的为 0.5%～1%。不溶性的原果胶与可溶性的果胶酸和果胶酯酸所占比例视果实的成长和成熟度及贮藏过程而异,未成熟的硬果不含可溶性的果胶物质,完全成熟的果实有 33%～67%呈可溶状态。草莓果实中含 0.5%～1.4%的果胶物质,在未完全成熟的果实中大部分(50%～95%)呈可溶状态,完全成熟时则全部呈可溶状态。

2. 淀粉　　淀粉是果品中能被人体利用的最重要的多糖。果实在未成熟时含有较多的淀粉,但随着果实的成熟,淀粉水解成糖,其含量逐渐减少。含淀粉较多的果品有板栗、香蕉、苹果、梨,含淀粉较多的蔬菜有薯蓣类、莲藕、荸荠、豆类、甜玉米等。贮藏过程中,由于淀粉积累,其含量也较高。贮藏过程中淀粉常转化为糖类,以供应采后生理活动的能量需要。随着淀粉水解速度的加快,水果耐贮性也减弱。果品中的淀粉有直链淀粉和支链淀粉两种,直链淀粉遇碘呈深蓝色,支链淀粉遇碘呈紫红色,可用此鉴别淀粉。淀粉在酸或酶的催化作用下进行水解,最后产物是 α-葡萄糖。

温度对淀粉转化为糖的影响很大。例如,在常温下晚熟苹果品种的淀粉较快地转化为糖,进而水果老化,果实变绵,酸性物质由于呼吸增强被大量消耗,味道变淡;而在低温条件下淀粉转化为糖的活动进行得较慢,从而推迟了苹果老化。因此,采用低温贮藏能抑制淀粉的水解。

(十)类黄酮

类黄酮是植物重要的一类次生代谢产物,它以结合态黄酮苷或游离态黄酮苷元形式存在于水果、蔬菜、谷物、根、茎、花、茶、酒等许多食源性植物中。到目前为止,超过 8000 种类黄酮化合物被鉴定出来。类黄酮化合物是一类水溶性植物色素,是许多水果迷人色彩的来源。其中黄烷酮主要在橘中存在,柑橘属的多种水果均含有大量的类黄酮化合物,如橘红素和川陈皮素。花青素则主要分布于草莓浆果、葡萄、葡萄酒和茶中。类黄酮化合物的一个重要作用是清除氧自由基。体外试验显示,类黄酮化合物有抗炎、抗过敏、抗病毒和抗癌特性。

三、各类果品的营养保健功能

(一)仁果类

1. 苹果　　每 100g 苹果中含碳水化合物 12.76g、脂肪 0.13g、蛋白质 0.27g、膳食纤维 1.3g、钾 90mg、钙 5mg、磷 11mg、维生素 B_1 0.3mg、维生素 B_2 0.028mg、维生素 C 4mg、有机酸、果胶等物质,是人们日常生活中最常食用的水果。

苹果中所含有的丰富的维生素 C 对心血管有保护作用;苹果中的果胶类物质和微量元素、维生素类物质不仅能促进肠胃中的锰、铅、铜、汞等诸多重金属的排放,调节体内血糖平衡,预防血糖的骤升骤降,还可促进人体中脂肪、中性类固醇及胆汁的排泄,有利于降低与性激素有关癌症的患病率;苹果中含有丰富的纤维素既能帮助肠胃消化,又具有一定的减肥功效,还能促进儿童生长及发育；苹果中还含有 17 种氨基酸类物质，其中有 7 种是人体必需氨基酸，多吃苹果可以满足人类对氨基酸摄取的需要。此外，苹果还含有微量元素氯，是胃酸的主要成分之一，又是人体液中的主要离子之一，对维持人体内的酸碱平衡和渗透压平衡具有一定作用，并对唾液的淀粉酶活性具有影响作用；如缺乏它，则食欲减退，影响人体生理化学平衡，阻碍对食物营养的消化吸收。

苹果性平、味甘酸，具有补脾、补心、益气、养胃等功效。普通人群均可食用，特别适宜婴幼儿和中老年人食用。饭前吃苹果会增加饱腹感，能减少进食量，达到减肥的目的。

2. 梨 每 100g 梨果肉含碳水化合物 7.3g、脂肪 0.1g、蛋白质 0.4g、钾 97mg、镁 5mg、钙 1mg、硒 0.7mg、纤维素 2g、维生素 B_1 0.01mg、维生素 B_2 0.04mg、维生素 B_3 0.1mg。梨在我国古代就有"百果之宗"的美誉，梨果实可蒸煮后食，也可生食。因其味道鲜嫩多汁，清甜怡人，所以又被称为"天然矿泉水"。

梨果实因其在营养保健上具有多种功效而有"全科医生"或"全方位的健康水果"之称。梨果实含有丰富的维生素类、鞣酸、果胶及膳食纤维等营养物质，具有保护心脏肌肉力、改善心肺功能及肠道功能、降低血压等辅助作用；梨果实中的膳食纤维类物质能改善肠道功能。

梨性凉、味甘、微酸，具有止咳生津、清喉降火，缓解咽喉发痒干疼、慢性支气管炎及肺结核患者疼痛作用。民间有"生者清六腑之热，熟者滋五脏之阴"的说法。经常食用煮熟梨果能生津护嗓。

3. 枇杷 枇杷果实可食部分中每 100g 含碳水化合物 7.0～8.4g、脂肪 0.1g、蛋白质 0.4g、纤维素 0.8g、磷 32mg、钙 22mg、铁 0.3mg、维生素 C 3mg、类胡萝卜素 1.33mg，其中钙、磷及胡萝卜素显著高于其他常见水果，并含有 8 种人体必需氨基酸。枇杷秋天养蕾，冬季开花，春天结子，夏初成熟，为果中独备四时之气者，因此，有"果之冠""果中之皇"之称。

枇杷中所含的有机酸主要是苹果酸、草酸、乳酸、柠檬酸、酒石酸、丙酮酸等，能刺激消化系统的消化腺分泌，能增进食欲、帮助肠胃消化吸收；枇杷中含有的苦杏仁苷具有止咳作用；枇杷果实及叶含有丰富的维生素 B 和胡萝卜素，具有保护视力、美容、促进生长发育的功效。

枇杷味甘酸，性凉，有润肺、止咳、止渴、下气等功效。枇杷树梗可做中药；树叶可清热，治胃病。

4. 山楂 每 100g 山楂果实中含碳水化合物 6.89～9.91g、脂肪 9.2g、蛋白质 9.7g、铁 2.1mg、钙 85mg、维生素 C 29.22～41.32mg、纤维素 2g、胡萝卜素 0.8mg。

山楂富含枸橼酸、牡荆素、槲皮素、熊果酸和黄酮类等成分，能防治心血管疾病，改善心脏活力；山楂含有槲皮苷，具有降低人体血压和胆固醇、软化血管及利尿作用。山楂所含的维生素 C、胡萝卜素等物质能阻断并减少氧自由基的生成，增强人体的免疫力；所含的黄酮类化合物牡荆素，有防衰老、抗癌的作用。

山楂味酸、甘，性微温。果实开胃消食、化滞消积，被广泛用于制造果丹皮、山楂饼、糖葫芦、山楂糕等酸甜食物。脾胃虚弱的人不宜过多食用山楂。

（二）核果类

1. 桃 每 100g 鲜桃中含碳水化合物 9.54g、脂肪 0.25g、蛋白质 0.91g、纤维素 1.5g、铁 0.25mg、磷 20mg、钾 190mg、镁 9mg、维生素 C 6.6mg、胡萝卜素 0.16mg、维生素 B_2 0.03mg、维生素 B_1 0.021mg、维生素 B_3 0.8mg。桃果形美观，肉质甜美，民间素有"仙桃"和"寿桃"

之美称。

桃含有多种维生素、有机酸及钙、磷等多种无机盐；铁元素含量丰富，一般为梨和苹果含量的4~6倍，是缺铁性贫血患者的理想食物；桃含钾多而含钠少，适合水肿患者食用，钾可交换体内过多的钠离子；桃仁的提取物有抗凝血作用，可以使血压下降，可用于高血压患者的辅助治疗。

桃肉味甘酸、性温，具有归胃、益气血、生津、润肠活血等功效，尤其适合老年体虚肠燥便秘患者食用。食用前一定将桃表皮毛洗干净，以免刺伤皮肤，引起皮疹；或被吸入呼吸道，引起咳嗽、咽喉痒等症状。

2. 李 每100g李肉中含碳水化合物11.9g、脂肪0.29g、蛋白质0.7g、磷20mg、钙17mg、铁0.5mg、维生素B_1 0.01mg、维生素B_2 0.02mg、维生素C 1mg、胡萝卜素0.1mg。李是夏季人们常食的水果之一。

李能促进人体内胃酸、胃液和胃消化酶的分泌，增加肠胃的蠕动功能。因而食用李果能促人肠胃消化，增进食欲；李果肉中含有多种氨基酸，如丝氨酸、谷酰胺酸、脯氨酸等，经常食用李可以减轻肝硬化、肝腹水等病症；李果实核仁中含大量的脂肪油和苦杏仁苷，它可加快肠道蠕动，促进干燥大便排出，具有润肠通便的作用，同时还具有止咳祛痰的作用。

李味甘酸，性平，清肝、泄热、生津。多食李易引起虚热脑胀、损伤脾胃、易生痰，体质虚弱的患者宜少食。

3. 枣 每100g鲜枣中含有碳水化合物20.2~43.1g、脂肪0.2g、蛋白质1.2g、磷23mg、钙21mg、铁0.48mg、钾250mg、维生素B_1 0.02mg、维生素B_2 0.04mg、维生素C 69mg，其中维生素的含量在水果中名列前茅，尤其是维生素C，鲜枣中最高达400~600mg/100g，有"天然维生素C丸"之美称。枣是一种重要的淀粉含量较高的木本粮食作物，自古就被列为"五果"（枣、李、杏、桃、栗）之一。

枣果富含环磷酸腺苷，是人体物质代谢和能量代谢的必需中间成分，能够消除人体疲劳、增强肌肉力量，增加心肌收缩力、扩张血管，对防治心脑血管系统疾病有良好作用；枣果中含有的葡萄糖、果糖、酸性多糖、低聚糖均能起到保肝、护肝作用，对慢性肝炎、肝硬化、过敏性紫癜、贫血等病症有辅助治疗作用；鲜枣富含的维生素C具有美容和保健功能，可以使体内多余的胆固醇转变为胆汁酸排出体外，减少胆结石的形成；枣果富含的铁和钙对防治骨质疏松和产后贫血有较好作用；枣果还含有芦丁等黄酮类物质，对高血压、冠心病有良好的防治功效。

枣果味甘，性温、平和，常食枣可治疗老年人气血津液不足，具有补脾和胃、增加肌力、镇静、催眠和降压的作用。

4. 樱桃 每100g樱桃中含碳水化合物14.4g、脂肪0.3g、蛋白质1.4g、膳食纤维0.4g、钙18mg、磷18mg、铁5.9mg、钾258mg、钠0.7mg、镁10.6mg、胡萝卜素0.15mg、维生素B_1 0.04mg、维生素B_2 0.08mg、维生素C 900mg、维生素B_3 0.4mg。樱桃果实成熟期早，生长发育期间施用农药少，有"绿色保健食品"之称。

樱桃果实营养丰富，钾含量高，钾能益脾胃、滋肝肾、抗贫血、促进人体内血液生成，但肾病患者不宜食用过多樱桃；樱桃含铁量高，位于水果之首，铁在人体免疫功能、蛋白质成分及能量代谢过程中发挥着至关重要的作用，常食樱桃可解决人体对铁元素的需求，以防人缺铁性贫血；樱桃的花青素含量高，能消除氧自由基离子对人体的有害作用。

樱桃果实味甘、性温，有调中益脾的作用，对调气活血、平肝去热有较好的疗效。但有溃疡症状及上火者宜少食。

5. 杨梅 每100g杨梅可食部分含碳水化合物12~14g、脂肪0.2g、蛋白质0.8g、膳食纤维1g、胡萝卜素0.3μg、钾149mg、镁10mg、磷8mg、钙14mg、钠0.7mg、铁1mg、锰0.72mg、锌0.14mg、酮20μg、硒0.31μg、维生素A 7μg、维生素C 9mg、维生素E 0.81mg、维生素B_1 10μg、维生素B_2 50μg。杨梅具有除湿、消食、解暑止咳、生津等功能,有"果中玛瑙"之誉。

杨梅含有的维生素C可直接参与体内糖的代谢和氧化还原过程;含有的维生素B具有防癌作用。杨梅果仁中含有的氰氨类物质和脂类物质等有预防癌细胞产生的作用;杨梅含有的有机酸可以阻止人体内糖转化为脂肪,有防止肥胖的作用。杨梅树皮中含有的杨梅素、异槲皮苷、槲皮苷等具有抗氧化性,可消除体内多余的自由基,广泛应用于食品、营养品、化妆品和医药行业。

杨梅味酸甘、性平,有生津止渴、健脾开胃之功效。酷暑时节,食杨梅有神清气爽、消暑解乏的作用,但多食易上火。

6. 芒果 每100g果肉中含碳水化合物14.0%~24.8%、蛋白质0.65%~1.31%、维生素A 3.8%、维生素C 56.4~137.5mg、胡萝卜素2281~6304μg,且人体必需的微量元素钾、磷、钙、硒等含量也很高。芒果兼有桃、杏、李和苹果等的滋味,能生津止渴、消暑舒神。因其果肉细腻,风味独特,深受广大人民群众的喜爱。果实滑润,果皮柠檬黄色。肉质细腻,气味香甜,富含维生素,素有"热带水果之王"之誉。

芒果维生素C含量高,常食芒果可以不断补充体内维生素C的消耗,并具有一定的降低胆固醇、防治心血管疾病的作用;芒果含有的维生素A前体物质胡萝卜素含量居水果之首,具有清肝明目的作用;芒果含有大量膳食纤维,能增加胃肠蠕动,对于防治便秘和结肠癌具有一定的作用;芒果所含的芒果苷具有止咳功效,对咳嗽、多痰、气喘等症有辅助治疗作用。

芒果味甘酸、性凉,具有清热、生津止渴、利尿、养胃止呕等功效。

（三）浆果类

1. 葡萄 葡萄果实含糖10%~30%、蛋白质0.15%~0.9%、脂肪0.16%、有机酸0.15%~0.4%,每100g果肉中含钙10mg、铁0.36mg、磷20mg、维生素0.04mg、胡萝卜素0.04mg、维生素B_1 0.04mg、维生素B_2 0.07mg、维生素B_3 0.19mg,葡萄皮中含矢车菊素、锦葵花素、芍药素、飞燕草素、矮牵牛素、锦葵花素-3-β-葡糖苷等多种色素类物质,被人们称为"水晶明珠"。

葡萄果实中主要的糖类为葡萄糖,是一种能被人体快速吸收的糖类,当人体出现低血糖时,及时食用葡萄和葡萄汁,症状能很快得到缓解。葡萄籽中含有的类黄酮物质是一种强抗氧化剂,可清除体内代谢产生的氧自由基,防止人体氧化衰老;葡萄籽中含有的原花青素和花青素类物质,具有显著抗氧化衰老作用。葡萄是含铁元素较多的水果,是贫血患者的重要营养食品,常食葡萄对过度疲劳者和神经衰弱者均有益处。

葡萄味甘酸、性平,具有补气、养血作用。但孕妇宜少吃。

2. 猕猴桃 猕猴桃果实含有丰富的蛋白质、矿物质等营养物质,尤其是维生素C含量高。据分析,中华猕猴桃果实中含可溶性固形物12%~18%、总糖8%~14%、总酸1.4%~2.0%、果胶0.7%~0.8%、脂肪0.3%、蛋白质0.6%~0.8%,微量元素硒含量为0.16mg/100g;毛花猕猴桃的维生素C含量达1000mg/100g以上,阔叶猕猴桃则达2148mg/100g,软枣猕猴桃每

100g 果实中含维生素 C 100～420mg；猕猴桃含有钙、磷、钾、铁、硫、镁、钠等多种矿物质和异亮氨酸、缬氨酸、酪氨酸、丙氨酸、苯丙氨酸、亮氨酸等十多种氨基酸，被称为"营养金矿""保健奇果"。因而猕猴桃在世界上被誉为"水果之王"。

猕猴桃还含有其他抗氧化的物质和膳食纤维类物质，属营养和膳食纤维丰富的低脂肪食品。果实含有的谷胱甘肽、猕猴桃碱及猕猴桃蛋白酶等能有效清除亚硝酸盐，阻断致癌物质 N-亚硝基吗啉在人体内的合成，其阻断率可高达 98.5%，对胃癌、食管癌等消化系统癌症有一定的疗效。猕猴桃富含的多种氨基酸能补充人体对氨基酸的需要；猕猴桃含有大量的肌醇，是一种天然糖醇类物质，能调节血糖代谢、人体内细胞的激素和神经的传导，防止糖尿病和抑郁症；猕猴桃富含的叶黄素能有效地预防白内障失明；猕猴桃中含有精氨酸，是一种血管扩张剂，有改善阳痿的作用。猕猴桃种子富含亚油酸、亚麻酸等多不饱和脂肪酸，其中 α-亚麻酸占 63.99%，具有健脑益智、降血脂、降胆固醇、防止动脉粥样硬化等作用。猕猴桃鲜果及其制品是飞行员、航海员、运动员、矿工、高原作业者及妇幼的良好营养品。

猕猴桃性寒，味甘、酸，尿频的人不宜多吃。月经过多，或有先兆性流产的女性忌吃。

3. 香蕉 每 100g 香蕉果肉含碳水化合物 22.84g、脂肪 0.33g、蛋白质 1.09g、铁 0.26mg、钙 5mg、磷 22mg、纤维素 2.6g、维生素 C 8.7mg，还含有维生素 B_1 0.031mg、维生素 B_3 0.665mg、维生素 E 0.1mg、胡萝卜素 26mg 及丰富的微量元素等。香蕉是淀粉含量高的水果之一，也有"智慧之果"的美称。

香蕉热量低，膳食纤维含量丰富，具有一定的减肥作用。香蕉含有人体需要的多种维生素和矿物质，含有丰富的钾和镁等微量元素。钾能防止血压上升及肌肉痉挛，镁则具有消除疲劳的效果，但空腹吃香蕉会使血液中镁元素骤升而破坏平衡，不利于身体健康。

香蕉味甘、性寒，具有清肠胃、促进肠胃蠕动的作用。但有胃痛、胃寒及腹泻者宜少食，胃酸过多、体质虚寒和肾功能障碍者不宜食用。

4. 柿 每 100g 柿果中含碳水化合物 10.8g、脂肪 0.1mg、蛋白质 0.7mg、维生素 A 20μg、维生素 C 16mg、维生素 B_1 0.02mg、维生素 B_2 0.02mg、维生素 B_3 0.02mg、铁 90.2mg、钙 10mg、磷 19mg、硒 0.24μg，还含有胡萝卜素等多种营养成分。

柿果富含的果胶类物质，是一种良好的水溶性膳食纤维，具有润肠通便作用；柿饼还具有润肺和止血等功效。新鲜柿果碘含量高，能够防治甲状腺肿大；柿饼和胃止血；柿和柿叶有降压、利水、消炎、止血等功效。

柿果味甘涩、性寒，具有生津、止渴、止血等功效。柿果富含单宁，但柿果含有的大量单宁酸会影响人体对铁质的吸收，导致血液合成受阻，故贫血患者不宜吃柿果；同时柿果的涩味是由鞣酸（又称单宁酸）引起的，空腹吃柿果易导致胃结石。

5. 蓝莓 每 100g 蓝莓鲜果中含碳水化合物 14.49mg、脂肪 0.33g、蛋白质 0.74g、维生素 A 3mg、维生素 C 9.7mg、钙 6mg、镁 6mg、铁 0.28mg、磷 12mg、锌 0.16mg。蓝莓果肉细腻，种子极小，甜酸适度，并具有香爽宜人的香气，有"美瞳之果""水果皇后"之美称，风靡当今欧美日等发达国家和地区，是联合国粮食及农业组织推荐的五大健康水果之一。

蓝莓果实中花青苷含量高达 163mg/100g，且种类丰富，其丰富的花青苷色素为蓝莓显示紫色的主要原因，花青苷不仅具有活化和促进人体内视红素的再合成作用，从而改善人眼视觉的敏锐程度，加快对黑暗环境的适应能力，从而保护眼睛，而且具有防癌和抗衰老作用，在欧美、日本等发达国家和地区都将它列在抗癌食品的首位；蓝莓含有丰富的维生素，能抗氧化，减缓衰老，减少氧自由基对细胞膜和其他细胞成分的损害，预防人体功能紊乱，具有增强人免疫能力和抗病能力、改善睡眠、增进脑力和减少早老性痴呆症等功效。

蓝莓性味甘平，食用蓝莓可预防多种慢性病的发生。但胃寒、胃酸过多者不宜多食。

6. 番木瓜 番木瓜每100g果肉含碳水化合物10.82g、脂肪0.26g、蛋白质0.47g、膳食纤维1.7g、维生素C 9.7mg、维生素E 0.3mg、维生素B_1 10.023mg、维生素B_2 30.357mg，还含有少量的枸橼酸、酒石酸、苹果酸等。番木瓜果肉厚实细致、香气浓郁、汁多、味甜、风味可口、营养丰富，且果皮光滑美观，有"万寿果""水果之皇""万寿瓜""百益果王"等美称，为岭南四大名果之一。

番木瓜果实富含亮氨酸、苯丙氨酸等17种以上氨基酸，以及丰富的铁、钙等矿质营养，并含有特异的番木瓜碱、木瓜凝乳蛋白酶等功效成分。其番木瓜碱具有预防肿瘤功效，能阻止致癌物质亚硝胺在人体内的合成，对白血病具有防治作用，番木瓜碱还有缓解痉挛疼痛的作用；番木瓜中含有一种酵素，能消化蛋白质，分解难消化的食物，有利于人体对食物的消化、吸收。

番木瓜性甘、味平，具有利气、散滞血作用。主要适用于脾胃虚弱、食欲减退及慢性萎缩性胃炎患者，缺奶的产妇，肥胖患者，消化不良者等人群，而孕妇、过敏体质人士则不宜食用。

7. 石榴 每100g石榴中含碳水化合物19.4g、脂肪1.2g、蛋白质1.7g、膳食纤维4.9g，其中维生素C 10mg、维生素B_1 10.07mg、维生素B_2 0.05mg、维生素B_3 0.29mg、钙10mg、铁0.3mg、钾236mg、锌0.35mg，果实以鲜食为主。石榴色彩鲜艳、饱满多子，常用作喜庆水果，象征子孙满堂、多子多福，有"神仙果"的美称。石榴成熟于国庆、中秋节期间，是探亲访友的喜庆吉祥礼品。

石榴含有多种氨基酸、鞣质类物质、糖类、有机酸、维生素及微量元素等，有助消化和抗菌等功效，并具有健胃提神、增强食欲、延缓衰老、软化血管、预防动脉粥样硬化等作用。石榴果皮中还含有生物碱，是一种广谱杀虫剂；石榴花、果实及根中所含的单宁，以及与单宁结合的鞣酸等物质具有止血功效；石榴富含的多酚类物质，具有抗衰老和防治肿瘤的作用。

石榴性温、味甘酸涩，有镇咳消痰、通肠止泻等功效。石榴含有硼酸和单宁，多食石榴能够消除口臭，还可调节人体内的水分，是较为理想的减肥果品。

（四）柑果类

1. 宽皮柑橘 宽皮柑橘果实营养丰富，色香味俱佳。每100g可食部分含碳水化合物12.8g、脂肪0.1g、蛋白质0.9g、纤维素0.2g、磷15mg、钙26mg、铁0.2mg、维生素C 16mg、维生素B_2 0.05mg、维生素B_3 0.3mg。宽皮柑橘的胡萝卜素含量仅次于杏，高于其他水果。宽皮柑橘还含有60余种黄酮类化合物，是一种防止衰老、美容的水果。

宽皮柑橘富含维生素C、类胡萝卜素和黄酮类化合物，具有天然的抗氧化作用，并对预防中老年心血管疾病具有一定作用；宽皮柑橘果核、果皮、囊衣中有两类苦味物质：一类是黄烷酮糖类化合物，如柚皮苷、新橙皮苷、枸杞苷等；另一类是三萜系化合物的衍生物柠檬苦素类，如柠檬苦素、诺米林等，其中诺米林具有杀死和抑制癌细胞的能力，特别是对胃癌具有一定的防治作用。宽皮柑橘含有的叶酸有降低血液中S-腺苷同型半胱氨酸的作用，而S-腺苷同型半胱氨酸可损伤动脉血管，是心血管疾病的危险因素之一；柑橘富含的枸橼酸有消除疲劳的作用。宽皮柑橘皮内侧的白色薄皮即白皮层含有丰富的果胶，可促进通便，对便秘患者有一定的疗效，并有降低胆固醇的功效。

宽皮柑橘性微温，味甘酸，具有润肺健脾、止咳化痰等功效。但新鲜柑橘食用过多易引起"上火"。

2. 脐橙　　每 100g 鲜果中含碳水化合物 11.1g、脂肪 0.2g、蛋白质 0.8g、膳食纤维 0.6g、维生素 A 23mg、维生素 C 33mg、维生素 E 0.56mg、胡萝卜素 0.16mg、维生素 B_1 0.05mg、维生素 B_2 0.04mg、维生素 B_3 0.3mg、钾 159mg、磷 22mg、钙 20mg。成熟脐橙果皮的油胞和果肉的汁胞中含有机物酮、醛、醇及萜烯类等，可以散发出诱人的香气，果肉食之清新盈口。

脐橙鲜果汁中的果糖能迅速补充运动后消耗的体力；脐橙果皮富含的叶酸可降低 S-腺苷同型半胱氨酸水平，可以振奋人的精神，有利于缓解心理压力，克服紧张情绪；脐橙富含的维生素和类胡萝卜素类物质能软化和保护人的血管，促进血液循环，降低体内胆固醇含量等；脐橙所含果胶可促进人体肠道蠕动，加速食物消化，使脂质类及胆固醇更快地排出体外；此外，脐橙果汁是一种良好的美容卸妆材料，能清洁面部油脂和污垢。

脐橙性微温、味甘酸，具有生津止渴、消痰降气、和中开胃等功效。可治食欲减退、腹泻等症。胸闷、恶心呕吐者，饮酒过量、宿醉未醒者尤宜食用。

3. 柠檬　　每 100g 鲜果含碳水化合物 4.9g、脂肪 1.2g、蛋白质 1.1g、膳食纤维 1.3g、维生素 C 22mg、维生素 E 1.14mg、胡萝卜素 0.5mg、维生素 B_2 0.2mg、钾 209mg、铁 0.8mg、钙 101mg、镁 37mg、锰 0.05mg、铜 0.14mg、锌 0.65mg、硒 0.5μg。柠檬是具有重要药用价值的水果，因其含有丰富的柠檬酸被誉为"柠檬酸仓库"。

柠檬果实中含有大量的柠檬酸，故味极酸，有很强的杀菌作用，柠檬酸能促进人体胃蛋白分解酶的分泌，增加肠胃蠕动性，经常被用来制作餐前开胃的冷盘凉菜及腌制食物；柠檬果汁液中还含有大量的柠檬酸盐，它能够抑制钙盐结晶的形成，从而阻止肾结石和胆结石的形成，大量食用柠檬能使部分慢性肾结石患者的结石变小；柠檬中含有的圣草枸橼苷能减少糖尿病患者过酸化脂肪的含量，预防糖尿病并发症的发生；柠檬含有丰富的维生素 C，对预防和治疗心血管疾病、高血压和心肌梗死等多种疾病具有一定功效；柠檬酸还具有提高血液凝血功能及造血功能（主要是血小板）等作用，可以大大缩短凝血时间和出血时间，具有止血作用；此外，新鲜的柠檬果实维生素含量丰富，是美容护肤的佳品，用柠檬果实切片敷脸能防止和消除人体皮肤黑色素沉着，具有美白效果；柠檬对孕妇具有良好的安胎止呕等作用，因此柠檬是适合女性的佳果。

柠檬性平、味酸、微甘，具有生津、止咳、开胃等多种功效。因味太酸而不宜鲜食，可以用来配菜、榨汁，柠檬果汁是一种鲜美爽口的饮料。

4. 柚子　　每 100g 果肉含碳水化合物 12.2g、脂肪 0.6g、蛋白质 0.7g、纤维素 0.8g、维生素 C 41mg、胡萝卜素 0.12mg、维生素 B_1 0.07mg、维生素 B_2 0.02mg、维生素 B_3 0.5mg、钙 41mg、磷 43mg、铁 0.9mg。柚子酸甜、清香、凉润，药用价值高，是人们喜食的水果之一。

柚子皮中含有柚皮苷、橙皮苷等，核中含有黄柏酮、黄柏内酯等生物活性物质，可降低血液循环的黏滞度，减少血栓的形成；柚子含有丰富的维生素 C 和矿物质元素，具有健胃、补血、润肺、清肠、利便等功效；柚子所含的天然维生素 P 能加快受伤的肌肤恢复、促进伤口愈合，对败血症等有良好的辅助疗效；新鲜的柚子肉中含有类胰岛素等成分，经常食用对糖尿病、血管硬化等疾病有辅助治疗作用，对肥胖者也有瘦身养颜功能；柚子肉含的天然叶酸，对于正在服用避孕药或怀孕中的妇女，有防止贫血和促进胎儿发育的功效。

柚子味甘酸，有健脾、止咳、解酒的功能，但其性微寒。

（五）荔果类

1. 荔枝　　每 100g 鲜果含碳水化合物 16.53g、脂肪 0.44g、蛋白质 0.83g、维生素 C 71.5mg、维生素 B_1 0.01mg、维生素 B_2 0.06mg、维生素 B_3 0.6mg、钾 171mg、钙 5mg、硒 0.14g。

荔枝果肉含丰富的葡萄糖、蔗糖等物质，总糖量占碳水化合物的 70% 以上，具有快速补充能量、增加营养的作用；荔枝果肉富含维生素 C，有助于增强机体的免疫功能和具有美容作用，可促进体内微细血管的血液循环，防止雀斑的发生，使皮肤更光滑。

荔枝性温、味甘酸，湿热。具有生津益血、理气止痛等作用。一般人均可食用，尤其适合老人、产妇、体质虚弱者。但食用荔枝易"上火"，阴虚肝热者食用过多会产生不良反应，民间可通过喝适量的淡盐水或蜜糖水来解决。此外，荔枝含较多果糖，食用后使人体血液中果糖含量迅速提高，以致葡萄糖相对降低，可导致低血糖症；空腹、过量食用鲜荔枝会刺激胃黏膜，可导致胃胀、胃痛。

2. 龙眼 每 100g 果肉中含碳水化合物 12～23g、脂肪 0.45g、蛋白质 1.41g、维生素 C 43.12～163.7mg、维生素 K 196.6mg，还含有维生素 B_1、维生素 B_2、维生素 P 等多种维生素。龙眼肉甜美可口，自古就深受人们喜爱，被视为珍贵补品，为我国历史上备受推崇的四大名果之一。

龙眼富含蛋白质、脂肪及多种维生素与矿物质，有利于人体必需营养素的提供；龙眼葡萄糖含量高，能为脑力工作者提供充足的能量；龙眼肉能抑制使人衰老的黄素蛋白脑 B 型单胺氧化酶（MAOB）的活性，有明显的抗衰老作用。此外，龙眼还具有一定的抗癌功效，日本大阪中医研究所过去曾对 800 多种天然食物、药物进行抗癌试验，发现龙眼肉水浸液对子宫颈癌细胞 JTC26 有 90%以上的抑制率。

龙眼味甘、性温，能够入药，有益气、补益心脾、养血安神、润肤美容、壮阳益气等多种功效，对于贫血、失眠、健忘及病后、产后身体虚弱等症状具有一定的治疗作用。

（六）聚复果类

1. 菠萝 每 100g 果肉含糖 12.63g、蛋白质 0.54g、有机酸 0.6g、纤维素 1.4g、维生素 A 0.08mg、维生素 B_1 0.08mg、维生素 B_2 0.03mg、维生素 B_3 0.49mg、维生素 C 36.2mg、胡萝卜素 0.08mg、铁 0.28mg、钙 13mg，其他矿物质含量也丰富。果实味道鲜美，香甜多汁。

澳大利亚昆士兰医学研究院的研究人员从菠萝叶中提取出来的两种菠萝朊酶分子，又称菠萝蛋白酶，能加速溶解人体内阻碍畅通的纤维蛋白和血凝块，降低血液黏度，改善局部的血液循环，减少心脑血管病和心脏病的死亡率，同时具有阻止肿瘤增生的功能，对遏制胸部、肺部、结肠、卵巢肿瘤及黑素瘤的生长有效。菠萝朊酶还可分解多余的蛋白质，帮助消化，具有减肥作用。此外，菠萝所含糖类、盐类和酶类物质有利尿作用，含有的蛋白酶能治疗水肿和炎症。但菠萝中含有的菠萝朊酶，对于我们口腔黏膜和嘴唇的幼嫩表皮蛋白具有刺激作用，如果不用盐水先泡就吃，口腔会有麻刺痛感觉。

菠萝性平，味甘微涩、酸味强，具有清热解暑、生津止渴、通利小便的作用。但低血压患者宜少食，怕冷、体弱的女性不宜多食，有菠萝过敏史者应避免食用。

2. 草莓 每 100g 果肉含有碳水化合物 10.1g、脂肪 0.53g、蛋白质 0.88g、膳食纤维 3.3g、维生素 A 4.3mg、维生素 B_1 0.03mg、维生素 B_2 0.1mg、维生素 B_3 0.33mg、维生素 C 82mg、钙 20mg、铁 0.55mg、磷 27mg 等。草莓外观一般呈心形，果红嫩多汁、鲜嫩美味、浓郁清香，有"水果皇后"之称。

草莓中类胡萝卜素含量十分丰富，它是合成维生素 A 的重要前体物质之一，具有清肝明目的作用。草莓富含多种维生素和矿物质，它们对肠胃、消化道和身体贫血均有一定的滋补调理作用；草莓含有的一种"草莓胺"物质对抑制恶性肿瘤细胞再生具有一定的作用；草莓富含果糖、葡萄糖、柠檬酸、苹果酸等，是一种较好的开胃水果。

草莓性凉、味甘，具有润肺生津、健脾和胃、利尿消肿等功效，对于肺热咳嗽、食欲减退、小便短少、暑热烦渴等症具有辅助治疗作用。但在早春一次食用不宜过多，否则易引起腹泻等不良反应。

（七）坚果类

1. 板栗　　每100g栗仁含碳水化合物44.3g、脂肪1.5~7.4g、蛋白质7g、纤维素1.2g、淀粉25g、钙5mg、铁1.2mg、胡萝卜素0.24mg、维生素B_2 0.15mg、维生素C 40mg、维生素E 1.45mg。所含蛋白质比大米多30%，脂肪高出大米20倍，含钾量比苹果高3倍多，与桃、杏、枣、李同为中国古代五大名果，且由于淀粉含量高而成为我国主要木本粮食果树之一。

板栗是碳水化合物含量较高的水果品种，能供给人体比较多的热能。板栗含有大量的淀粉、蛋白质、脂肪和维生素等多种营养素，素有"干果之王"的美称；板栗富含磷元素，具有壮腰健腿的功效，富含的核黄素具有治疗口腔溃疡功效；食用板栗还可以补充谷类和豆类中限制性氨基酸的不足，对改善人体的营养水平具有较重要的作用。

板栗味甘、性温，能补脾、养胃、补肾，对肾虚患者有一定的疗效。板栗生食难消化，熟食易滞气，消化不良者宜控制食用量。

2. 核桃　　核桃每100g果肉含碳水化合物10.7g、脂肪50~65g、蛋白质15~20g、膳食纤维9.6g、维生素E 43.21mg、钾385mg、磷294mg、钙119mg、锰3.44mg、铁7mg、锌2.17mg、硒462μg、胡萝卜素30mg，并含有维生素B_2、维生素B_3、维生素E、胡桃叶醌、磷脂、鞣质等多种营养物质。核桃被誉为"万岁子"，在国外有"大力士食品""营养丰富的坚果"和"益智果"等美称。

核桃仁含有丰富的磷脂类物质，对脑细胞和脑神经有良好的保健作用，能延缓脑神经的衰老，是益智、健脑的佳品；核桃仁中亚油酸含量高，为普通菜籽油的3~4倍，亚油酸是人体必需的脂肪酸，经常食用核桃有润肌乌发、防治头发过早变白和脱落等功效；核桃含有的叶酸有助于维持心肌代谢；核桃含有锌、锰等多种人体不可缺少的元素，它们是组成人体内分泌腺如脑垂体、胰腺、性腺的关键成分，食用核桃具有抗衰老的作用。

核桃味甘、性温，可补肾、补气养血。核桃生食营养损失少，且味道更鲜美，宜以鲜食为主。

3. 松子　　每100g松子肉含碳水化合物9.8g、蛋白质16.7g、脂肪63.5g、钙78mg、磷236mg、铁6.7mg等，松子不仅味美，而且营养价值高，有"长寿果"之美称。

松子富含维生素E，具有延缓衰老作用，是中老年人和年轻女士润肤美容的食物；松子富含亚油酸、亚麻酸等不饱和脂肪酸，能降低血脂，预防心血管疾病，对促进脑细胞发育也有较好功效；松子含有丰富的锌，锌是促进大脑发育和皮肤细嫩的主要元素；松子含有大量的钙、磷、铁、锰、钾等矿物质，能给机体组织提供丰富的营养成分，其中磷、锰对大脑和神经都有较好的补益作用，是脑力劳动者的健脑佳果，对阿尔茨海默病也有一定的预防和治疗作用。

松子性平、味甘，具有补肾益气、养血润肠、润肺止咳、滑肠通便等作用。松子含籽油较多，且属于高热量食品，食用过多易使体内脂肪增加而引起肥胖。

4. 开心果　　每100果仁含碳水化合物9.8g、脂肪54.84g、蛋白质20.19g、铁3mg、磷446mg、钠270mg、钾969mg、钙120mg、叶酸59mg，同时还含有烟酸、泛酸、矿物质等。开心果果仁是高营养的食品，开心果也被称为"美国花生"。

开心果中含有丰富的精氨酸和油脂类物质。油脂类物质的主要成分是油酸、亚油酸等不饱和脂肪酸，具有润肠通便的功能，还能够抑制人体对胆固醇的吸收、促进胆固醇的降解代谢，进而起到预防心血管疾病的功能；开心果镁、磷和锰含量丰富，对大脑和神经有补益作用，能治疗神经衰弱、贫血等症状。开心果含有较多的钾，对高血压的控制有益。开心果富含纤维、维生素 E、矿物质和抗氧化元素，具有低脂肪、低热量、高纤维的显著特点，具有抗衰老、强身健体的作用；开心果紫红色的果衣含有花青素，这是一种天然抗氧化物质，而翠绿色的果仁中则含有丰富的叶黄素，它不仅可以抗氧化，而且对保护视网膜和视力也有一定的作用。

开心果性温、味辛，能温肾暖脾、调中顺气、补益虚损。

5. 巴旦木　　巴旦木仁内含植物油 55%～61%、碳水化合物 10%～11%、蛋白质 10.49%，并含有少量胡萝卜素、维生素 B_1、维生素 B_2，巴旦木仁还含有钙、镁、钠、钾，同时也含有铁、钴等 18 种微量元素。巴旦木是世界四大著名干果之一，属于第三纪孑遗植物，被誉为"活化石"，是传统的保健滋补品。

巴旦木具有安神、补脑、明目、润肺、润肠健胃、益肾、生精等诸多功能，巴旦木仁中的脂肪含量较高，其中富含的不饱和脂肪酸具有多种重要的生理功能，作为保健油和治疗药物在日常生活和医学中得到较广泛的应用。

巴旦木性平，味甘，巴旦木扁桃仁含脂肪较多，大便稀薄、脾虚或寒湿痰饮者不宜食用。

第四节　果品的品鉴与科学食用

果品作为人类不可缺少的重要食物，不仅为人体提供多种营养物质，而且能够刺激食欲，调节体内的酸碱平衡，促进肠的蠕动，帮助消化，对人体的血液循环、消化系统和神经系统都有调节功能。随着社会经济的发展和人们环保意识、保健意识的加强，人们在色、香、味、形、营养等品质特性上对果品提出了更高的要求，科学家和生产者也开始把注意力从提高产量转移到改善品质上来。

一、果品的品鉴

在没有驯化出栽培物种的远古时代，果品都为野生状态，是作为人类的食物被利用的，产品的品质为次要。随着生产力水平的提高，人类进入文明社会，果品从主食降为副食，通过果品的鉴评，一是可以全面了解各种果品的营养功能、感官功能和生理调节功能，以充分利用果品资源；二是有助于指导人们科学地选购食物及合理地配制营养平衡膳食。

（一）果品品质的定义

品质（quality）是一个内含复杂而外延广阔的概念，容易领会其含义而又难以准确描述。品质在《牛津字典》里解释为"优良等级的程度"，《韦伯斯字典》认为它是和嗜好无关的"特性、作用、性质"。欧洲药品质量管理局认为"品质是产品满足人们需要的各种特征和特性的总和"，即产品的质量。但站在商学角度看，产品的质量主要涉及营养价值、食用质量、销售质量、运输质量及内部和外部质量等。

对于品质的评价和确定，也因作物种类和利用方式不同而有差异。翟风林（1991）将作物品质归纳为两方面：一是遗传品质，即由作物种质基因所决定的品质，栽培措施不能改变，育种是提高作物品质的重要途径；二是农艺品质，即栽培措施和环境条件相互作用的产物，以气候和施肥最重要。果品品质是指果品满足某种使用价值全部有利特征的总和，主要是指食用时果品外观、风味和营养价值的优越程度。根据不同用途，果品品质可分为鲜食品质、加工品质、内在品质、外在品质、营养品质、销售品质、运输品质和贮藏品质等。内在品质为营养品质,外在品质为商品品质。前者主要是指营养成分,如维生素、矿物质、特殊芳香物质、蛋白质、脂肪及有机酸等的含量及有害物质残留量的有无和高低等,对人体健康具有重要的意义。后者则侧重于外观性状,如大小、形状、色泽、质地等,是商品分级的主要依据。有的学者认为,应该根据农产品的理化性质、构成特点、产品用途、工艺流程、贮藏保鲜5个方面把农产品的品质分为14种类型,即物理品质、化学品质、外观品质、内含品质、食用品质(包括营养、烹调、蒸煮和卫生品质)、饮食加工品质(包括食品加工、酿造加工品质)、饮用品质、工业用品质、商品品质(销售、市场品质)、医用品质、一次加工品质、二次加工品质、保鲜品质和贮藏品质。显然,这是到目前为止对品质最为全面的描述。

(二)果品品质的评价

1. 果品的外观特性 果品的外观特性主要包括大小、形状和颜色。

1)果品的大小。受遗传决定,园艺植物不同种类和品种的产品大小差别非常大,表现出明显的多样性。园艺产品的大小一般用重量表示,果品中小型的如黑莓、樱桃,大型的如苹果、梨;同一果品中,如柑橘中小的有砂糖橘、红橘,大的有柚子。除用重量表示之外,园艺产品的大小还可以用尺寸(长度和直径)来表示。例如,苹果、梨的分级,我国出口鲜苹果等级规格(GB 10651-2008)中对苹果大小的要求为:无论是特级果(AAA级),还是一级果(AA级)、二级果(A级),均按果实横径计算,规定大型果横径不得低于65mm,中小型果不得低于55mm。

2)果品的形状。同大小一样,果品的形状也是由遗传特性所决定的,并受生长环境和栽培技术所影响,每一种类及其相应的品种都有固定的外观形状。例如,梨果实形状有扁圆、圆、长圆、卵圆、圆锥、锤形、瓢形等;桃有圆、椭圆、扁圆、扁盘等。通常果实形状可用果形指数(纵径/横径)来度量。例如,苹果果形指数0.8以下的果实为扁圆形,0.8~0.9的为圆形或近圆形,0.9~1.0的为椭圆形或圆锥形,1.0以上的为长圆形。对于特级果品来讲,果形均要求具有该品种典型特征,如优等苹果要求具有本品种该有的特征,有轻微缺点则列为一等品;特级柑橘要求果形一致,果蒂青绿、完整平齐。

3)果品的颜色。在众多的品质属性中,颜色可能是构成大多数果品感官品质的最重要属性。色泽变化是果实从开始生长发育到充分成熟最易从外表观察到的变化,因此,色泽在一定程度上反映了果品的新鲜程度、成熟度和品质的变化。色泽是通过人的视觉感知的光的特性,在可见光(波长380~760nm)中,从蓝色到红色有不同的反射率。虽然果实的色泽由人的眼睛观察到并做出评判,但产生色泽的化学成分是各种不同色素物质,根据其溶解性质可分为水溶性色素和脂溶性色素。水溶性色素有花青素和黄酮类色素等,脂溶性色素有叶绿素和类胡萝卜素等。从化学结构类型分为吡咯色素、多烯色素、酚类色素、醌酮色素及其他类别的色素。由于上述色素物质的不同组合及含量比例,果品呈现不同的颜色,常见的有绿、红、黄、紫、橙等颜色。果品成熟时着色,是果实细胞中的叶绿素降解,同时形成或显现类胡萝卜素(黄色或橙色的果实)或是合成花青苷(紫色或红色的果实)的结果。

2. 果品的风味特性 风味是通过人的味觉和嗅觉感知的一种综合性属性,感觉器官为口腔和鼻腔。风味特性包括口腔味觉器官感知的味道、鼻腔嗅觉器官感知的香气(包括臭气)及口腔触觉感知冷热和质地感觉,因此风味特性应包括味道、香气和质地等。

(1)果品的味道 果品的味道取决于呈味物质的种类、数量及比例,由口腔中舌面的味蕾及口腔黏膜组织感知,主要的味道类型有甜、酸、苦、辣、咸、涩、鲜等,这7种味道在果品中都是以某种化学成分为基础的,通过人的感觉器官与这种成分发生作用,就会产生相应的味觉。不同的味道给人以不同的感受,并能被人所记忆。

1)甜味。甜味是果品中可溶性糖类的特有呈味性,当它们在舌面与甜味味蕾发生作用时,即在大脑中产生甜味感觉,这种感觉能给人以愉快和享受。除可溶性糖外,一些糖醇也能产生甜味,一些氨基酸及短肽也有较强的甜味,但果品中的衍生物主要为可溶性糖及糖醇。不同种类的果品糖类物质不同。例如,成熟苹果和梨以果糖为主,其次是葡萄糖、蔗糖和山梨醇;成熟葡萄、柿则以葡萄糖为主,其次是果糖和蔗糖。不同种类糖的甜度不同,通常以蔗糖相对甜度为100,对不同糖的甜度进行评价。

果品在成熟过程中,糖的种类和含量会发生变化,环境条件和栽培管理对糖含量也有影响。因此,可以根据甜度来判断其成熟度及品质等级。有些果实如苹果、梨、厚皮甜瓜等具有后熟特性,需经过后熟,淀粉类物质才能水解变成可溶性而产生甜味。为了判断果实甜度如何,应进行含糖量测定,可以粗略测定可溶性固形物的含量(SSC),也可精确测定含糖量。糖类物质除了呈现甜味之外,还是重要的能量物质,因此,糖也属于营养成分。

2)酸味。酸味是舌黏膜受氢离子作用而产生的感觉,凡能在溶液中解离出氢离子的化合物都有酸味,包括有机酸和无机酸,因此酸味是氢离子的特性或者说是酸的特性。

果品的酸味主要来自有机酸,主要包括苹果酸、柠檬酸、酒石酸和奎宁酸,此外还含有草酸、琥珀酸、苯甲酸和水杨酸。不同种类的酸给人的感觉不同,有些具有爽口的愉快感觉,有些则有苦涩的不快感觉。酸味感觉与酸的浓度(pH)、酸根类型、糖的种类及含量等因素有关,既表现了呈酸味觉的复杂性,又形成了不同种类果品的特有酸味特征。

虽然果品中的有机酸种类较多,组成复杂,但一种果品中主要的有机酸仅有1或2种,其他则以少量甚至微量存在,如苹果、梨以苹果酸为主,柑橘类以柠檬酸为主,葡萄类以酒石酸为主。果实酸味受的影响较大,适当的糖酸比才有良好的风味。因此,可用糖酸比进行果实口味的评价。

3)苦味。苦味是人的味觉中最为敏感的一种,也是酸、甜、苦、咸4种味感中阈值最低的一种。这与人类最早靠苦味来判断植物的毒性有关。单纯的苦味是令人不愉快的,但适当的苦味或苦味与其他味感如甜、酸、咸等相配合,可形成一种令人喜欢的特殊味感。具苦味的果品主要是某些柑橘。苦味物质主要有类黄酮化合物的柚苷、柠檬苦素类化合物的柠碱、生物碱类的咖啡碱和茶碱、蛋白质类的苦味肽、苷类的苦杏仁苷等。

4)涩味。涩味是口腔黏膜蛋白凝固,引起收敛作用的一种感觉。果品中能导致口腔黏膜蛋白凝固收敛的物质主要为鞣质。当产品中鞣质含量达到1%~2%时就会产生强烈的涩感。鞣质是一种多酚类化合物,广泛存在于未熟的果品中,含鞣质较多的果品有柿、香蕉、李等。只有当鞣质以可溶性状态存在时才可能形成涩味感觉,当其发生氧化聚合或与醛酮物质凝聚形成不溶性鞣质时,它就不能与蛋白质发生凝固反应,也就失去了涩味。随着果实的成熟,鞣质减少,涩味消失。在果品采后处理中,也可采用温水、乙醇、CO_2等进行脱涩处理,通过无氧呼吸使鞣质由可溶性变成不溶性,失去涩味。由于鞣质属于酚类物质,当其暴露于空气中时,可在多酚氧化酶的作用下发生氧化反应,生成具红褐颜色的多醌类化合物,导致褐变发生,在加工及烹饪时应注意。

5)鲜味。鲜味是一种令人愉快的美味,主要由氨基酸、核苷酸、短肽等产生。果品中富含多种氨基酸、核苷酸及短肽类物质,可产生鲜味,因所含鲜味物质的种类和含量不同,表现出的鲜味特点和程度也不同。多数果品如梨、桃、梅等均有鲜味。

(2)果品的香气 许多果品具有香气,特有的香气能使人愉悦,也能通过香气判断产品的种类和成熟度。果品之所以能产生特有的芳香特性，是因为它们含有多种不同的芳香物质，这些挥发性物质的种类和数量不同，形成了各种特有芳香。果品的香气物质主要为含量极微的挥发性成分，包括酯类、醇类、酮类、醛类、挥发性酚类、萜类和烯烃类。低分子酯类是苹果、梨、草莓、香蕉、菠萝、甜瓜等大多数果实的芳香成分，包括乙酸甲酯、乙酸乙酯、乙酸丁酯，也包括己酸、丁酸与甲醇、乙醇、丁醇形成的不同酯。虽然每一种果品中有几十种甚至上百种挥发性成分，但决定其芳香特点的香气只有1或2种，如甜瓜的香气物质主要为乙酸乙酯。苹果总挥发性物质中，醇类占6%～8%，主要为丁醇和乙醇；成熟香蕉中挥发性物质主要为丁香醇、丁香醇甲酯；葡萄的挥发性物质主要为苯甲醇、苯乙醇、香草醛、香草酮及它们的衍生物；萜类及萜烯化合物是柑橘类的主要挥发成分。

（3）果品的质地 质地是通过口腔、牙齿、舌及黏膜感觉到的一种综合物质，表明果品的硬度、韧性、汁液性、黏性、胶性等特点，通常用脆、绵、硬、软、细嫩、粗糙、致密、疏松、滑腻、砂质、坚韧、革质等来描述。质地可以反映果品的种类和品种特点、成熟度及衰老状态。一般未成熟果实质地偏硬和粗糙，成熟适中的果实质地脆嫩或呈熔化、多汁状态，而过熟和衰老的果实则绵软少汁或变得粗糙。

果品的质地主要取决于以下3个方面的因素。

1）细胞间结合力。细胞间结合力主要由果胶质状态和含量决定。原果胶含量高，则细胞间结合致密，果实硬度高；原果胶水解变成可溶性果胶，则细胞结合松散，细胞容易分离，硬度下降。

2）细胞构成物质的机械强度。细胞壁由蛋白质、脂质、木质素、纤维素、果胶质组成。细胞壁中原果胶、纤维素含量高，则质地较硬。如果纤维素、木质素含量过高，特别是石细胞过多，则质地会变得粗糙。

3）细胞大小、形状和紧张度。细胞壁的机械强度及细胞间结合力通常用硬度和韧性表示，脆性与细胞紧张度关系最大，细胞大小和形状也是影响质地的因素。

3. 果品的营养特性 人体必需的营养物质（营养素）有水、糖类、蛋白质、脂肪、维生素、矿质元素及纤维素等。根据营养学家的建议，目前确定的主要营养素有5种，即糖类、蛋白质、脂肪、维生素、矿质元素，每类又包括若干不同的种类。果品是人体所需维生素、矿物质与膳食纤维的重要来源，此外，有些果品还含有大量的淀粉、糖、蛋白质等维持人体正常生命活动必需的营养物质，有些果品还含有酚类和类黄酮等具有较强的清除氧自由基作用的物质。据报道，人体所需维生素C的90%、维生素A的60%左右均来自于果品。水果中含有丰富的钾、钠、铁、钙、磷和微量的铅、砷等元素，与人体健康有密切的关系。这些矿质元素容易为人体吸收，而且被消化后分解产生的物质大多呈碱性，可以中和鱼、肉、蛋和粮食消化过程中产生的酸性物质，起调节人体酸碱平衡的作用。

4. 果品的保健特性 果品的保健特性是指其中含有一些对人体具有保健功能的生物活性物质的特性。果品中的保健成分与营养物质不同，它们不是人体所必需的，但对于调节人体的生理机理、保持人体健康状态有重要作用。它们广泛存在于果品之中，种类繁多、功能各异，在植物体中有些执行某种生理功能，有些则为代谢或次生代谢产物。随着生活水平的不断提高，人们对果品保健功能的认识也越来越深刻，对营养保健食品的需求也越来越高，进而对果品保健功能的研究越来越广泛、越来越深入。

二、果品的科学食用

水果含有丰富的维生素、矿物质、膳食纤维和抗氧化物等，能够营养机体，促进新陈代谢，增强身体的免疫力，具有养生滋补、防病治病的功效。虽然自然界中可以食用的水果不计其数，但由于水果有寒、凉、温、热等属性，人与人的身体状况又有所不同，因此我们应了解水果怎么吃，才能达到养生的功效。

（一）水果的选购

1. 看果形 每种水果都有它特有的形状、大小和质量。畸形果或太小的果表示果实发育不完全，往往品质较差。如果手掂果实有重量感，通常内含的养分和水分较多，多半是"香甜多汁"。如果同样大小的果实过轻者，可能因贮放太久，养分和水分已大量损耗而变得"干瘪无汁"，且果皮皱缩。所以，选购水果应以避免果实形状畸形、果个太小或果量太轻为原则。

2. 看果色 未成熟的水果大多为绿色，随着成熟度的增加，叶绿素逐渐分解，而类胡萝卜素增多呈现黄、橙色，如香蕉、柑橘、菠萝、枇杷、木瓜等；或花青素增多呈现红、紫色，如苹果、葡萄、樱桃、草莓等。这些色素多具有抗氧化作用，能消除自由基，抑制癌细胞形成，提高人体免疫力，甚至还具有防止老化的作用。胡萝卜素进入人体后还能转化为维生素 A，是人体摄入维生素 A 的重要来源。因此，这类水果的颜色越浓，营养越丰富。花青素必须与糖结合形成苷才能稳定存在，从而使水果形成特有的颜色，因此这类水果颜色的深浅与甜度的关系密切，颜色越浓，甜度越高。

3. 摸软硬 水果的软硬主要由果胶物质的变化所决定。未成熟的果实含有不溶性的原果胶，紧密地黏结果实细胞，随着果实的成熟，原果胶逐渐转变为水溶性的果胶，果实的硬度也逐渐降低，因此果实从硬变软是成熟过程的表现。有些水果人们喜欢在质地硬而脆时食用，如苹果、梨、枣等；大部分水果则在质地变软后才香甜可口，如香蕉、桃、猕猴桃等。

4. 嗅香气 水果的芳香主要是由有机酸和醇类结合成酯类挥发性物质所形成的，其成分有几百种之多，在成熟的过程中，香味物质会逐渐形成，水果就会散发出其特有的香气，因此香气可视为水果成熟的特征之一。例如，苹果、桃、香蕉、菠萝、香瓜、杨桃等各有其特有的香味，香气越浓，水果越香甜。

（二）食用前的处理

食用水果前，需彻底清洗果实以去除绝大部分细菌，不同类型果实的清洗方法不同。

1. 皮可食用类果品 此类果品有苹果、桃等。清洗方法为在自来水下搓洗 30～60s。美国农业部农业研究所首席科学家布伦达·尼米拉博士表示，自来水冲洗有助于去除果实上98%的细菌。顽渍可用蔬菜刷或手指擦洗。但桃等较软水果不宜用力搓洗，以免破皮。此时可用盐水或淘米水浸泡后冲洗。

2. 剥皮食用类果品 此类果实有西瓜、哈密瓜等瓜类，橙和香蕉等水果。清洗方法为用蔬菜刷或者未使用过的牙刷，在自来水下刷洗表皮 30～60s。缅因州大学食品科学教授阿里弗雷德·布什威博士表示，此类水果的皮一般不直接食用，水果往往经过多人之手，表皮（特别是褶皱处）难免会染上细菌。而剥皮或刀切的时候，果实皮上的细菌就可能趁机侵入，进入果肉。

3. 成串类果品 此类果品有各类浆果和葡萄等。清洗方法为将成串果实去除梗后，放入漏勺，然后用自来水喷嘴冲洗至少 60s。田纳西州立大学教授桑德利亚·戈德温博士的研究表明，冲洗后再用纸巾抹干水果，可进一步除菌。

（三）食用方法

1. 鲜食 品尝水果是一种享受，老少皆宜。传统的饮食习惯，水果常是鲜食，这样不仅口感清爽，而且有利于营养的保存和吸收。

2. 果汁 果汁即人们通常所说的100%原汁（或称纯果汁），是指具有原果的色泽、风味和营养成分含量的制品。可通过三种方式获得：①直接榨取工艺，以新鲜水果为原料，采用破碎、压榨等机械方法制成的水果汁液；②渗滤或浸提工艺，采用渗滤或浸提工艺提取水果中的汁液，用物理方法除去加入的水量而得到的制品；③浓缩还原工艺，在浓缩果汁中加入果汁浓缩时与失去的天然水分等量的水而得到的制品。

3. 水果入馔 水果入馔具有取材方便、做法简单、价格低廉、食用可口等优点，已成为饮食业的新潮流。纵观水果入馔，大致有作主料、作配料、作饰料、作调料、作盛器等几种形式。

1）作主料。现在有两种水果冷盘比较流行。一种是用菠萝、梨、苹果、桃等带脆性的水果，用糖和白醋浸渍后做成的酸果，酸甜爽口，可作开胃菜。另一种是选口感好、色彩鲜艳的水果去皮、去核、去籽，切成块后拼摆成美观的图案。所用原料主要是西瓜、甜橙、菠萝、樱桃、李、青梅、草莓等，拼摆成一大盘，在宴会结束前上席给就餐者清口醒胃。

2）作配料。将具有脆嫩特点的水果切成丝、条、片、块，既可与动物原料鱼、猪肉、牛肉、鸡、鸭相配，也可与植物原料搭配，增添了菜肴的美味，使普通的菜肴"身份"倍增。作配料最多的水果是梨、苹果、菠萝等。

3）作饰料。所谓饰是对烹制完毕的菜肴进行点缀装饰所用的原料。鲜红的樱桃、草莓，黄色的柠檬、菠萝、橘，碧绿的葡萄，淡绿的苹果，白色的龙眼、荔枝等，常被厨师用来装饰菜肴。形态小巧的，只需点上那么几颗，顿使菜肴生辉；形体较大的，稍经刀工处理，同样美观漂亮。

4）作调料。水果也能参与调味，作为某些复合味的一种味觉种类。例如，在糖醋卤里加些山楂和菠萝末，其风味就会大增，绝非只用糖、醋、酱油调成的卤汁所能比拟，特点是酸甜醇和爽口，没有刺激味。安徽名菜葡萄鱼，将青鱼肉采用剞花刀切再经油炸成一串葡萄形状，其调味汁也全用葡萄挤出的汁调制而成，成品不仅形状像葡萄，而且入口满嘴葡萄味。

5）作盛器。水果本身好吃，和菜肴结合在一起，形和味组合得非常完美。最常见的有外表雕花、内部填料的西瓜盅，如西瓜鸡；也有将梨、苹果、橙中间挖空内部填菜。这类菜外观是个完整的水果，打开盖子可以品尝"肚"中的佳肴，而且有些菜装填进水果后再经蒸制，使苹果滋味相融，形成一种特有的美味。

4. 加工

1）干制。果品干制，即利用一定技术脱除果实中水分，将其水分活度降低到微生物难以生存繁殖的程度，从而使产品具有良好的保藏性。制品为果干，如葡萄干、红枣、柿饼等。果品干制可以调节果品供应的淡旺季，解决其周年供应的问题，是一种既经济又大众化的加工方法。

当果品与高温干燥的介质接触时，首先蒸发表面的水分称为水分的外扩散；表面温度上升一段时间后，表面水分逐渐降低至低于内部水分时，内部水分才开始向表面移动，这种作用称为水分的内扩散。内扩散速度取决于果品内外湿度梯度差，湿度梯度是果品脱水的一个动力。脱水时可采用升温、降温、再升温、再降温的方法，形成温度的梯度，水分可借助温度梯度沿热流方向迅速向外移动而蒸发。因此，温度梯度也是果品脱水的一个动力。脱水初期，若因快速升高干燥介质温度而使水分外扩散远远超过内扩散，则果实表面会过度脱水而形成硬壳，阻碍水分的继续蒸发，往往会发生开裂现象，降低制品品质，因此要避免干制初期的温度过高。

果品脱水的方法，因热量来源不同分为自然脱水和人工脱水两大类。自然脱水是利用自然条件（太阳辐射热、热风等）使果品脱水的过程，是一种传统的脱水方法，也是目前广大农村采用最多的方法。其缺点是干燥速度慢，时间长，受自然条件限制，需要较多劳动力，果品质量比较差，遇到阴天或连雨天，产品可能大量损失。人工脱水是指人工控制脱水条件，有效地缩短脱水时间，获得较高质量产品的过程。它不受自然条件的限制，生产量也较大。但人工脱水的设备及安装费用较高，操作技术比较复杂，因而成本较高。

2）腌制。果品腌制在我国有着悠久的历史，传统的果品腌制主要以果品的糖制为主。果品的糖制是以食糖的保藏作用为基础的加工保藏法，食糖的种类、性质、浓度及原料中果胶的含量等对制品质量、保藏性、加工工艺选择等有重大影响。抑制有害微生物的发酵并增加产品的香味，其变化过程复杂缓慢，不同产品腌制原理各异。

可供腌制加工的水果种类繁多，所采用的腌制加工方法又多种多样，形成的制品形态各异、风味不一。按加工方法和制品形态，可将果品腌制品分为蜜饯和果酱两大类。蜜饯是指果品经过硬化等预处理，加糖煮制后保持一定形态的高糖制品，含糖量为60%~70%。果酱是果肉、果汁加糖煮制成中等稠度而无需保持果块一定形状的制品，呈黏稠状或凝胶态，属于高糖高酸制品。

3）果酒与果醋。果酒是指含有一定糖分和水分的果实，经过破碎、压榨取汁、发酵或者浸泡等工艺精心调配酿制而成的各种低度饮料酒。我国习惯上对所有果酒都以其果实原料名称来命名，如葡萄酒、猕猴桃酒、苹果酒、山楂酒、梨酒等。而在国外，多数人认为只有葡萄榨汁发酵以后的溶液，才能称作葡萄酒（wine）。其他果实发酵，名称各异，如苹果酒叫cider，梨酒叫perry等。葡萄酒是果酒类中最大宗的品种，属于国际性饮料酒。其他果酒的风味虽各有不同，但其酿造工艺基本上与葡萄酒酿造相似，都以葡萄酒的酿造工艺为典范。

果酒优点较多，一是营养丰富，含有多种有机酸、芳香酯、维生素、氨基酸和矿物质等营养成分，经常适量饮用，能更多地给人体提供营养素，有益身体健康；二是果酒乙醇含量低，刺激性小，既能提神、消除疲劳，又不伤身体；三是果酒在色、香、味上别具风韵，不同的果酒，分别体现出色泽鲜艳、果香浓郁、口味清爽、醇厚柔和、回味绵长等不同风格，可满足不同消费者的饮酒享受；四是果酒以各种栽培或山野果实为原料，可节约酿酒用粮。

（四）果品的食用艺术

1. 果品雕刻

1）果品雕刻的概念与作用。果品雕刻就是利用一些专用的刀具，采用一些特殊的刀法，将新鲜卫生的水果等原料雕琢刻制成各种造型优美、寓意吉祥的花、鸟、鱼、兽及人物等特殊的艺术品的操作过程。之所以称之为"特殊的艺术品"，是因为这类作品不能用于其他场合，只能用于烹饪中，摆在餐桌上。外国朋友称果品雕刻为"东方食品艺术的明珠"，也有人称其为"一把刀的艺术"。

果品雕刻在烹饪中可起到如下作用：美化菜肴，突出重点菜肴；装饰席面，增进情趣，烘托气氛；提高档次，增加效益；带入文化，点明宴会主题；展示厨师素质和技巧，扩大影响，树立饭店形象等。

2）果品雕刻的种类。果品雕刻可以用不同的方法来进行分类。从原料属性上，可分为西瓜雕、奶油雕等；从表现内容上，可分为花卉雕、鸟兽雕、人物雕等；从表现手法上，可分为写意和写实雕法。例如，可利用西瓜皮等薄皮状原料刻成较简单的具有剪纸效果的平面图形，如凤凰、燕鱼、椰子树等。这在雕刻技艺上属于"阴刻"，具有典雅、古朴的艺术效果，其所需工具少、操作简便且快速成品。也可以利用比较复杂的刀法，将一块原料雕刻成完整的、立体的、具有一定体积的作品，如牡丹花、月季花、小天鹅、相思鸟等。这类作品可以从各个角度观赏，适合于装饰冷菜、热菜、果盘等，也可以单独使用，用来制作小展台。

2. 水果拼盘 简单地讲，水果拼盘是各种新鲜水果混合在一起做成的饭后甜点品。其目的是使简单的个体水果通过形状、色彩等几个方面艺术性地结合为一个整体，以色彩和美观取胜，从而刺激客人的感官，增进其食欲，使人们在得到物质享受的同时，也能得到艺术享受。

水果拼盘工艺简单，无论从工具还是刀法来讲，水果拼盘都要比雕刻简单多了。由于拼盘是选用各种不同风味的水果，从口感、质感、色泽及营养加以适当拼配，因此不仅为食用者提供了各种水果的美味享受，而且在营养上取得了互补平衡，还可根据客人的爱好自由食用。制作水果拼盘不但要讲究艺术性，同时还要考虑客人食用方便，切水果时要尽量切片、块、角等便于食用的形状，食用者可直接用果签随意食用，既方便又卫生。制作水果拼盘既要注重食用价值，又要讲究艺术造型，拼盘上桌让来宾先欣赏后品尝，既能增添食趣，又能营造气氛。不论是专业餐厅或家庭宴席上，饭后上一盘水果已成为一种时尚。相比于果品雕刻，水果拼盘可谓是物美价廉。

由于各种营业场所的经营环境和方式不同，所出品的拼盘也有所不同，根据不同的规格和功能，基本分为以下几种类型。

1）简易水果盘。这类拼盘制作方法简单，一般只选用几种时令水果，简单地切切拼拼组合成盘，用量规格视人数而定，此类拼盘适于中西餐厅及娱乐场所配送果盘，尤其适合家庭接待亲友。

2）净果盘。它是指由客人根据水果的品种及口味指定的一种水果所做出的拼盘，此类型水果适合各种饮食场所。

3）套餐果盘。此类拼盘一般只供 1 或 2 人食用，所以分量少，制作方法简单，常见于中西餐及桑拿浴室配送。

4）花式果盘。这是一款最常见的多样化果盘，特点是水果品种齐全，用料、方法讲究，根据不同的盘形、不同的切雕方法拼摆出各式各样的艺术造型，此类型拼盘适合各种饮食娱乐场所。

5）雕切艺术拼盘。主要是利用瓜皮、果肉经过雕切制作出的动物、花卉等形状作为果盘主体的具有艺术欣赏价值的拼盘，制作此类拼盘有一定的技术要求。

6）大型水果拼盘。这是一种以主体造型为主、融食用与观赏于一体的大型作品，其特点是分量多，体积大，立体感强，气派不凡，适用于大型宴会、鸡尾酒会等。

三、各类果品的保健食谱

（一）仁果类

1. 苹果

1）妊娠呕吐。新鲜苹果采皮 60g 洗净，大米 30g 炒黄，适量水煎代茶饮。

2）喘息性支气管炎。新鲜苹果采 1 个洗净，挖洞放入 1 粒巴豆，隔水蒸半小时，冷却后取出巴豆，吃苹果，早晚 1 个，1d 为一个疗程。

3）腹泻。苹果2个、豆蔻50g、乌鸡1只，苹果烧灰和豆蔻一同放入洗净的乌鸡腹中，扎口煮熟，空腹服。

4）幼儿消化不良。苹果1个洗净去皮切片，放入碗里加入蒸锅，蒸熟用汤匙喂幼儿。

5）健脾益气、养心悦神（玉容丹）。新鲜苹果适量洗净去皮，取汁放入砂锅用小火熬成膏并加入少量蜂蜜，搅匀装瓶或食用。

2. 梨

1）糖尿病。梨2个洗净去皮切块，青萝卜250g洗净去皮切片，绿豆200g洗净。先煮绿豆再放萝卜、梨共煮熟服食，对糖尿病有一定辅助疗效。

2）小儿发热咳嗽。鸭梨3个洗净去皮切块，加适量水煎半小时，捞去梨渣。再加入适量洗净大米，煮成稀粥，趁热用，此方也可以用于小儿食欲减退等症。

3）止咳化痰（川贝炖生梨）。雪梨1个洗净去皮切块，发银耳6g择洗干净，川贝母3g，加水煎服，连服1~2周。

4）虚劳、肺结核低热、久咳不止。鸭梨1000g洗净、白萝卜1000g洗净去皮一同榨汁，取汁用小火煎至膏状。加入姜汁、炼乳和蜂蜜各250g，搅匀煮沸后，待冷装瓶，每次1汤匙，开水冲服，每日2次，连续服完。

5）维生素C缺乏症。新鲜梨适量洗净去皮切块，与橘饼一同加水煎煮服用。

3. 枇杷

1）盗汗、自汗。新鲜枇杷叶适量去毛洗净，包250g糯米（清水洗净浸泡一夜），蒸熟后食用。每日1次，连服3~4d。

2）清热生津、健脾和胃。瘦猪肉150g洗净切丁，去皮的枇杷100g洗净切丁，加各种调料清炒食用。分2次食用，连食3~5d。

3）急性传染性肝炎。鲜枇杷根200~300g洗净去皮切碎，加水与童雌鸡1只或精猪肉250~500g共煮1~2h，浓缩一小碗，除去表面油腻，喝汤、吃肉。1剂炖2次，空腹服用，1~2d再服1剂。

4）风湿性关节炎。新鲜枇杷根120~200g，猪蹄1只，黄酒250g炖服。

5）咳嗽。百合择洗干净、枇杷洗净、藕洗净切片，各适量，加水煮熟后服食。

4. 山楂

1）胸闷。新鲜山楂250g洗净切碎去核，蜜糖500g渍透，每次取2汤匙，加少量葛粉同捣成糊，沸水冲服或煮沸服食。

2）高血压、高血脂。上好山楂60g，瘦猪肉250g，加适量水同煮，肉七成熟时捞出，切成肉片，用糖、醋、姜、葱、黄酒、花椒等调料把肉片拌匀腌1h，然后沥去水分，将肉片放入烧好的菜油中炸至微黄色捞出。再将山楂与肉片干锅内同炒无水分后起锅，淋上香油，撒上白糖，拌匀食用。

3）健胃、消食导滞。新鲜山楂20g洗净去核、切片，同10g炒麦芽一起开水沏泡，常饮。

4）倦怠无力。干山楂片500g，浸入500mL白酒中，密封浸泡，经常摇动，10d后即可。每次服10~20mL。

（二）核果类

1. 桃

1）咳嗽、气喘、胸膈痞满。桃仁20g（去皮、尖）、水1000mL，研汁，粳米100g，共煮粥食。

2）肺虚、气短、咳嗽、盗汗。鲜大桃 1 个，洗净去核捣烂，取大米 50g 洗净，煮粥或蒸糕，加白糖早晚食用。

3）哮喘。桃仁、李仁、白胡椒各 6g，生糯米 10 粒，共为细末，用鸡蛋清调匀，外敷双脚心和双手心。

2. 枣

1）缺铁性贫血。红枣 20 枚、木耳 20g、鸡蛋 1 个，用水同煮熟，加红糖调味。

2）低血压症。红枣 15 枚、栗子 150g、鸡 1 只。将鸡块大火煸炒，加调料及水煮至鸡熟，加入红枣、栗子焖烂服食。

3）慢性病毒性心肌炎。红枣 50g、鸡肉 150g（切碎）、糯米 100g，加水煮粥服食。

4）缺铁性贫血。大枣 10 枚、小米 50g、老南瓜 200g、红糖 30g，加水煮粥服食，每日 1～2 次。

5）儿童病后体虚、盗汗、自汗。大枣 15 枚、小枣 60g、糯米 10 把。先将砂锅内水烧开，放入糯米、小枣、大枣（去核煮粥，以熟烂为宜），吃时可放入白糖或红糖，分数次吃完。本品有滋润脾胃、敛汗宁神的作用。

3. 樱桃

1）健脾和胃。樱桃 250g 洗净（去核）、薏苡仁 100g 洗净，加水煮粥，连服 3d。

2）高血压、高血脂。水发香菇 80g 洗净、新鲜樱桃 50 枚洗净、豌豆苗 25g 洗净，炒锅用油炒香菇，注入鸡汤烧开，加入樱桃、豆苗，调味食用。

3）调中益气、生津止渴。樱桃 1000g 洗净去皮、核，白糖、柠檬汁各适量。将果肉和砂糖一起放入锅内，上旺火将其沸后转中火煮，撇去浮沫涩汁，再煮，煮至黏稠状时，加入柠檬汁略煮一下，离火，晾凉即成。

4）贫血、健胃整肠。樱桃 500g 洗净控干水，酒 1000mL、冰糖 200g，樱桃、冰糖浸泡于酒中密封，三四个月后饮（樱桃酒）。

5）美容。新鲜樱桃 500g 洗净榨汁，柠檬 1 个洗净去皮取汁，兑入 2 汤匙蜂蜜，饮用。

（三）浆果类

1. 葡萄

1）面部、肢体水肿，小便不利。葡萄 30g、茯苓 10g、薏苡仁 20g，与大米 60g 煮粥，分 2 次服完，连食 1～3 周。

2）高血压。新鲜葡萄汁、新鲜芹菜汁各 25mL，温水送服，每日 1～3 次，20d 为一个疗程。

3）慢性肾炎早期。葡萄干 20g、桑葚 30g、薏苡仁 2g，同大米适量煮粥，分两次服食。

4）关节痛。白葡萄根 60～90g 洗净切碎，加猪蹄 1 只洗净剁块，酌加水煮，或酒、水各半炖服。

5）食欲减退、病后体弱、疲乏无力、脾胃不和。葡萄、糯米、大枣各适量洗净，加水共煮粥饮服，经常服用。

2. 猕猴桃

1）清热通淋、养阴生津。新鲜猕猴桃 1000g 清洗干净，控干水分。将适量白糖放入锅中，加适量清水，熬成液，取出猕猴桃肉放入糖液中煮沸约 15min，待果肉煮成透明时，倒入另一半糖液，继续煮 20min，边煮边搅；煮好后将果肉捣成泥状，离火，凉后，即可食用，每次食用 20g，每日服用 3 次（猕猴桃酱）。

2）健脾利湿、益心养阴。新鲜猕猴桃500g清洗干净对切开。精面粉、白糖各200g，鸡蛋2个，花生油适量。鸡蛋入碗内，抽打起泡，调面粉，加入熟花生油30mL，制成蛋糊；炒锅放火上，倒入花生油，烧至七成热，将猕猴桃逐片挂糊下锅，炸至金黄色，捞起装盘；原锅放火上，锅里留油15mL，加入清水、白糖，溶成糖液，将糖液淋于炸好的猕猴桃上，即可食用。

3）清热解毒、生津止渴。猕猴桃200g、苹果1个、香蕉1个，白糖、湿淀粉各适量。将猕猴桃、苹果、香蕉分别洗净，切成小丁状；将桃丁、苹果丁、香蕉丁放入锅内，加适量水，以小火煮沸，加入白糖，用湿淀粉勾稀芡出锅，即可服用。

4）润肺生津、滋阴养胃。新鲜猕猴桃100g清洗干净，去皮、柱，切成片，水发银耳50g去杂物，清洗干净，顺手撕片，放入锅内，加适量水，用火煮至银耳熟透，放入桃片、白糖适量，再次煮沸，即可出锅服用。健康人食之能提高抗病能力，预防癌症，延年益寿。

（四）柑果类

1. 柑橘

1）肺虚久咳。橘饼1个、五味子9g、鸡蛋1个，将鸡蛋煮熟再煎，用水煎煮橘饼、五味子和鸡蛋，煮至半碗水去渣，饮汤食鸡蛋。

2）食欲减退。橘皮10g、生姜30g、胡椒3g、鲫鱼250g去内脏清洗干净，将前三味料分别填入鱼腹内，加水适量煨熟，用食盐调味服食。

3）暑湿感冒。鲜橘皮10g洗净，白扁豆花30g，雪莲果500g洗净去皮切片，大枣5枚清洗。几物同入砂锅，加1000mL水，煮至700mL，取汁，加白糖适量，调匀，趁热饮服。

4）呕吐。白萝卜50g洗净去皮切片，生姜10g洗净去皮切丝，新鲜橘皮6g洗净，加水煎汁，慢慢饮服。

5）消化不良。新鲜橘皮10g（干橘皮3g），大红枣10g用锅炒焦，共放入保温杯内，以沸水浸泡10min，饭前代茶饮，可治食欲减退；饭后饮，可治疗消化不良。

2. 橙

1）恶心、呕吐。新鲜橙3～4个去皮、核和酸汁，果肉切碎，加鸡蛋清、精盐、蜂蜜各适量，煎熟服食。

2）感冒、咳嗽。橙皮10g（干）或20～30g（鲜品），加冰糖适量，用水煎饮服，每日2次，连饮3～5d。可治感冒退、涕少之后，咳嗽仍不止、痰色白而多者。

3. 柠檬

1）动脉粥样硬化。新鲜柠檬1个洗净切成厚片，蜂蜜3匙，柠檬用蜂蜜渍透，每日取5片，加入玉米粥中服食。

2）热病伤津口渴、中暑呕恶。新鲜柠檬果肉适量榨汁，小火煎煮成膏状，冷却后，加入白糖，调匀，装瓶备用。每次用10g，用开水冲服，每日服用2次。

3）消食生津、安胎止呕。新鲜柠檬500g洗净，去皮、柱，切块，放入砂锅中，加入白糖250g，浸渍1d至糖浸透，以小火至水分将干时停火。待凉后，再拌入白糖少许，装瓶备用。

4）口渴烦躁、生津止呕。鲜柠檬500g洗净切碎榨汁，以大火煮开，后用小火，慢慢熬煮成膏，装瓶备用。每次饮10g，用开水冲化，每日饮服2次。

5）滋润肌肤、美容美发、消除疲劳。柠檬（带皮）半个、蛋黄1个、葡萄酒150mL、蜜糖1汤匙。将洗净的柠檬与蛋同放入搅拌器中搅成汁，然后倒入杯中，再加葡萄酒和蜜糖，即可饮用。

（五）荔果类

1. 荔枝

1）老年人体虚。荔枝干20g与适量粳米一同煮粥，每日早餐食用。可补益肝肾、益气和胃。

2）肾虚五更泄。荔枝10~15枚去皮、壳，加入适量大米、山药、莲子共煮粥，饮服。

3）消渴、小便频数、遗尿、心悸失眠、健忘、腰膝酸痛。荔枝干20g，新鲜山药100g洗净去皮切片，龙眼肉10g，五味子3g，大米30g淘净同煮为粥，加入适量白糖。早或晚服。连续1~3周。本品可补益心肾、止渴固涩。

4）脾胃虚弱。荔枝干10个，大枣5枚洗净，加水煎服。

2. 龙眼

1）体弱贫血。龙眼肉5枚、水发莲子15g、糯米30g洗净，加适量水熬粥食用。

2）肺结核咳嗽咯血、低热盗汗。龙眼肉、山药各20g，小甲鱼1只，杀死洗净，连壳同山药、龙眼肉放于瓷碗中加适量水，隔水蒸熟，吃肉喝汤，连食数次。

3）产后血虚。鸡蛋2个，龙眼肉50g，鸡蛋煮熟去壳，放入龙眼肉同煮半小时，早晚各食用1次。

4）术后体虚。米汤、青菜叶、红枣、龙眼、莲子共炖汤，藕粉、茶等各适量，每日6餐，在术后1周内服用。

5）产后缺乳。花生米100g、龙眼肉50g、粳米150g，一同加水煮粥，每日1次，分2次吃，连吃5d。

（六）坚果类

1. 板栗

1）肾虚腰膝无力，小便频数。栗子风干，每日早晚嚼食2~3枚，再食猪肾粥更佳。

2）小儿腿脚无力，三四岁不能行走。将生栗子3~4枚，去壳，捣烂，加大枣2~3枚，同煮大米粥食用。并每日生食1~2枚。

3）气管炎。板栗（去壳）200g，适量瘦猪肉块，用水、调料炖熟服用。

4）老年气虚咳喘。鲜栗60g（去壳），瘦肉适量切块，生姜数片。加水、调料共炖烂熟食用，每日1次。

5）脾胃虚寒的泄泻。栗子30g、大枣10枚、茯苓12g、大米50g共煮粥，加糖调味，饮服。

2. 核桃

1）慢性支气管炎、咳嗽、气喘、胸闷、便秘。核桃仁适量，粳米100g淘净，加水1000mL，大火烧开后，再将核桃仁捣烂放入，用小火慢熬至粥将成时，下冰糖，熬成饮服，分2次服用。

2）肾虚腰酸、梦遗滑精。核桃仁30g，猪肾2个（切片），共置锅中用油炒熟，每晚睡前趁热食之。连续服用3~5d。

3）身体虚弱、病后体弱。核桃仁30g，同大米煮粥，加适量食用，每日服用1次。

4）肺虚久咳、百日咳。核桃仁、冰糖各50g，梨肉25g，共同打烂，蒸1h，每次温服1匙，每日3次，连续服完。

3. 松子

1）大便干燥。炒松子1汤匙，蜂蜜1匙，加入糯米粥中饮服。

2）病后体虚、便秘。松子 30g、粳米 60～100g，白糖适量，粳米煮粥，粥熟之前放入松子，加白糖，饮服，连食 1～3 周。

3）增进食欲、健脾养胃。米粉 250g，松子 50g，白糖、素油各适量。将松子清洗干净，沥干水，压成碎末，米粉内加松子末、白糖，以水和匀，做成小饼；食油倒入锅内，以武火烧热，把饼投入油锅，煎至两面焦黄，即可食用。

4）病后体虚、倦怠乏力、胃纳不佳。鸡 1 只（约 500g），宰杀洗净，松子 50g。鸡入沸水中煮，一滚取出，剥取鸡皮待用；取鸡脯肉与松子拌和均匀，剁成肉蓉，摊在鸡皮上，将鸡皮裹好，入热油中，略炸至皮黄，起锅，沥去油，装碗，置火上蒸 50min，即可服用。

4. 杏仁

1）哮喘。杏仁 15g、豆腐 125g，用水、料共煮 1h，去药渣，吃豆腐喝汤，早晚 2 次分服。

2）感冒咳嗽。杏仁 9g、生姜 3 片、白萝卜 100g，加水煎服。

3）支气管炎。雪梨 1 只，挖小洞，杏仁 15g 捣烂放入小洞中，封口蒸熟，每日 1 次，连服 3～7 周。

4）肺燥干咳、大便干结。杏仁 50g、猪肺 250g（洗净切碎），加水适量煮汤，将要煮熟时加入少许食盐，饮汤食杏仁，连服 5～6d。

5）咳喘、水肿、大便不畅。甜杏仁 30g，去皮尖，与大米及适量冰糖同煮成粥，早上当早餐食用，连食 1～3 周。

第五节　贮藏运输与加工对果品营养价值的影响

果品中碳水化合物、维生素、矿物质和有机酸等营养素含量丰富，而且多数是难以从粮食、肉类和禽蛋食品中摄取到的，因此果品在人们日常生活中意义重大。果品中营养素的含量是一个动态变化过程，其最终含量受生物合成、调控措施和贮藏条件等多种因素的影响。了解果品营养素的形成及果品代销过程，采用恰当的措施调控营养素的形成，选取合适的贮藏方法，以尽可能地延长营养素的存留时间，对于消费者和科研工作者都是十分必要的。

一、贮藏运输对果品营养价值的影响

（一）采后果品营养的变化

1. 采后果品营养素的变化　　果品的营养素大致可分为有机物和无机物两大部分。通常情况下，采收后果品的水分及多种有机物含量会随着贮藏时间的延长而减少，而无机物的含量变化不大。果品采收后，水分只有蒸腾输出而没有自身的补给来源，在贮藏过程中会发生不同程度的散失。水果中的多数有机物如淀粉、纤维多糖、可溶性糖、有机酸等，在贮藏过程中会直接或间接地提供果实呼吸作用的底物，最终以能量和水的形式消耗掉，因此也会随着贮藏时间的延长而减少。但是，无论是水分还是有机物，良好的贮藏条件及贮藏方式可以延缓其散失或消耗，果品贮藏的目的就是采用最适宜的贮藏条件最大限度地减少果品原有营养素的流失、最大限度地保持果品的新鲜程度。

果实中的无机物多以矿物质为主，是日常生活中人体所需的矿物质营养的重要来源。矿物质营养多以游离态或化合态的形式存在于果品的细胞液、细胞壁中，而这些矿物质在果品内的绝对含量与水分和有机物的变化相关性较小，即矿物质营养并不会随着水分的蒸发、有

机物的分解或转化而减少。

2. 采后碳水化合物的变化规律 果品中的碳水化合物主要有可溶性糖、淀粉、纤维素、果胶物质等，是干物质中的主要成分。果品采收后，这些物质都发生了不同程度的代谢和消耗。

1）可溶性糖。糖是果品甜味的主要来源，是重要的贮藏物质之一，果品在采后和衰老过程中，含糖量和含糖种类在不断地变化。果品采后光合作用基本停止，但生命过程仍在继续，生命活动所需的能量就来自占主导地位的呼吸作用，而呼吸作用本身要消耗大量的同化产物，糖类是消耗的主要物质，这就会使果实糖分大量消耗，品质下降。

2）淀粉。淀粉为多糖类，未成熟果实中含有大量的淀粉，如香蕉的绿果中淀粉占20%～25%。植物体内，淀粉在磷酸化酶和磷酸酯酶的作用下，可以与葡萄糖可逆地转化。例如，马铃薯贮藏在0℃以下，块茎还原糖含量达6%以上，而贮藏于5℃以上时往往不足2.5%。在淀粉酶和麦芽糖酶的作用下，淀粉转变为葡萄糖是不可逆的。

3）纤维素、半纤维素。纤维素和半纤维素是植物细胞壁的主要构成部分，对植物组织起着支持作用。果品成熟时产生木质素和角质，使组织坚硬粗糙，影响品质。香蕉果实初采时含纤维素2%～3%，成熟时略有减少。半纤维素在植物体中既有类似纤维素的支持功能，又有类似淀粉的贮藏功能。果品中分布最广的半纤维素为多缩戊糖，其水解产物为己糖和戊糖。香蕉初采时，半纤维素含量为8%～10%（以鲜重计），但成熟果实仅有1%左右，它是香蕉可利用的呼吸贮备物质。

4）果胶物质。果胶物质沉积在细胞初生壁和中胶层中，起着黏结细胞个体的作用。分生组织和薄壁组织富含果胶物质。根据性质与化学结构，可将果胶物质分为原果胶、果胶和胶酸3种。原果胶是一种非水溶性物质，存在于植物和未成熟果实中。常与纤维素结合，所以称为果胶纤维素，它使果实显得坚实脆硬。随着果实成熟，在果实中原果胶酶的作用下，原果胶酯化程度和聚合度变小，分解为果胶。果胶易溶于水，存在于细胞液中。成熟的果实之所以变软，是因为原果胶与纤维素分离变成了果胶，使细胞间失去黏结作用，因而形成松弛组织。果胶的降解受成熟度和贮藏条件影响。果胶酸是一种多聚半乳糖醛酸，也少量聚合了一些糖分。果胶酸可与钙、镁等结合成盐，不溶于水。当果实进一步成熟衰老时，果胶继续被果胶酶作用，分解为果胶酸和甲醇。果胶酸没有黏结能力，果实可变成水烂状态，果胶酸进一步分解成为半乳糖醛酸，果实解体。

3. 采后维生素的变化规律 多数果品在被采购后，其维生素含量会逐渐减少，其中以维生素C变化最为明显。冬枣采收后，无论室内自然放置还是0℃保存，维生素C含量的变化趋势均为先上升后下降；贮藏80d后，保鲜膜结合保鲜剂处理的降幅为47.06%，仅保鲜膜处理的降幅达73.52%。

（二）采后果品营养素变化的主要影响因素

果品在被采收后，同化产物供应停止而生命过程没有停止，呼吸作用是采后生命活动所需物质和能量的基本来源途径，而呼吸作用又以消耗同化产物为前提，因此，果品采后多数营养素的含量以消耗为主，这导致果品品质和营养价值下降。影响果品采后营养素变化的因素有光照、温度、湿度、气体成分、微生物等。

1）光照。光照是光合作用的必需条件，对呼吸作用有一定的抑制作用，同时也有利于果品的采后贮藏。桃在被采收后，在光照条件下贮藏，其果皮花青素含量依然增加明显，果皮和果肉中部分芳香物质增加，可滴定酸含量降低较快。

2）温度。温度是影响呼吸作用最重要的外界环境因素，对多种营养素的消耗有重要影响。一般地，在正常的生理温度范围内，随着温度的升高，呼吸作用增强。而果品采后的呼吸作用自身会产生呼吸热，如不及时排出贮藏场所，更增强了其呼吸的强度。降低温度则呼吸减慢，还可以使呼吸跃变型果实的跃变高峰延迟出现，降低峰值，甚至不出现跃变高峰。

3）湿度。湿度对果品贮藏性能的影响已经被许多研究证实，如温州蜜柑、红橘等收获后稍经摊晾，蒸发掉一小部分水分，有利于增强耐贮性，减少营养素的流失。香蕉在相对湿度80%时，不能正常成熟，并无呼吸跃变现象，相对湿度在90%以上时，呼吸作用表现出正常的跃变模式。

4）气体成分。降低环境中 O_2 浓度，呼吸作用会受到抑制，但通常要使 O_2 浓度降低至5%左右，果品的呼吸强度才会有明显的降低。低 O_2 还可推迟一些果实的呼吸跃变高峰的出现。O_2 含量过低，又会促进无氧呼吸，表现为呼吸商增大，呼吸底物消耗增多，同时积累乙醇、乙醛等物质，出现生理病害。提高空气中的 CO_2 浓度，呼吸也会受到抑制，多数果品比较合适的 CO_2 浓度为1%~5%，CO_2 浓度过高会使细胞中毒。

5）微生物。有害微生物生长、发育和繁殖，易引起果品品质的急剧下降，营养素严重流失，主要表现有生霉、酸败、发酵、软化、腐烂、产气、变色等。微生物侵害后还刺激果品乙烯增加，引起呼吸作用增强，加剧果品营养素的消耗。这些微生物主要是细菌、真菌中的霉菌和酵母菌。

（三）贮藏对果品营养素的影响

1. 常温贮藏对营养素的影响　　生长中的果实都是一个生命活动正常的植物体，无时无刻不在进行一系列代谢活动，如蒸腾作用、光合作用、呼吸作用等。其中，蒸腾作用散失了一部分水分，同时也为植物体从地下部分吸收水分提供动力，光合作用是植物体有机物形成的重要途径，而呼吸作用则消耗部分有机物为植物提供生命活动所需的能量。正常条件下，果实采收后，光合作用停止而蒸腾作用和呼吸作用继续进行，果品水分的散失及有机物的消耗都得不到补充，导致果品营养素不断流失，最终失去营养价值。同时，贮藏过程中呼吸作用产生的大量热量也会加速营养素的流失及贮藏性病菌的繁殖，因此，果品长时间贮藏通常选择较低的温度以便保存的时间更长。研究表明，柑橘类的柠檬、葡萄柚若贮存在2~15℃，维生素C的保存率几乎为100%，橙和红皮橘维生素C的保存率可达90%。

2. 低温贮藏对营养素的影响　　低温贮藏（low temperature storage）是人为地调节和控制适宜的贮藏环境，使之不受外界环境条件限制的一类贮藏方法，对保持果品品质和延长贮藏寿命有显著的效应。果品采收和贮藏过程中均有不同程度的呼吸作用和其他代谢过程，而且代谢强度随温度的升高而增加。在不冻结的低温范围内，果品的呼吸作用受到显著的抑制，与呼吸作用相关联的各种营养素成分消耗变得缓慢。水分的散失是影响果品贮藏寿命的重要因子，多数新鲜果品水分损耗超过重量的5%时，就会出现萎蔫。低温贮藏对于克服果品蒸腾作用、防止水分散失起到重要的作用。低温冷藏虽然可以广泛地用来延迟果品的贮藏寿命，但用于一些对低温敏感的果品则易发生冷害，尤其是原产于热带和亚热带的果品特别突出。因此，在低温冷藏的实际应用中，需要根据果品的种类、成熟度、贮藏特性等多方面情况综合考虑适宜的冷藏条件。

3. 冷冻贮藏对营养素的影响　　冷冻贮藏（freezing storage）通常是指在-18℃以下的贮藏方式，该贮藏条件可显著减少营养素的损失。由于温度很低，果品处于冰冻状态，其自身的代谢活动非常微弱或趋于停止，减少了果品营养素的分解代谢；此外，即使采收后的果品自身带有某些不利于贮藏的病菌，这些病菌在冷冻贮藏条件下也无法繁殖扩增，贮藏过程中对果品的商品价值影响较小。一般而言，冷冻贮藏条件下，果品中的维生素A、B族维生素、矿物质及产能营养素基本上无损失,橙汁、葡萄柚浓缩汁冷冻贮藏 6 个月,维生素 C 保存率可达 90%。

4. 罐装贮藏对营养素的影响 罐装食品(canned food)在封罐前通常进行了不同形式的杀菌处理,加之在贮藏过程中不与空气接触,其在贮藏过程中腐烂变质的可能性较小,故贮藏时间较普通贮藏更长。罐装果品贮藏过程中,营养素的保存率主要与温度及保存时间有关。罐装果品中脂肪和糖的保存率一般不受贮藏的影响。带汤汁的罐头在贮藏中由于沥滤作用,固形物中的水溶性营养素可能流入汤汁中,但食用时仍然可以较好地摄入。

5. 干制贮藏对营养素的影响 新鲜果品的腐败变质是酶和微生物引起的许多化学变化造成的。酶是食品本身的组成部分,需要适当的水分,才能发挥其作用。如将果品的水分降到 1% 以下,酶的活性就会消失,干燥虽不能杀死微生物,但在果品干燥的同时,微生物也会失去水分,其后处于休眠状态,逐渐死去。果品经过干燥,由于酶和微生物都失去活性,因而能长期贮藏。如果干燥后的果品一旦受潮,在适宜的温度下,酶的活性会部分恢复,残存的微生物也能再次繁殖起来,果品仍会腐烂变质。

新鲜食品一般含水分 40%～95%,经过干燥常引起一系列变化,变化的程度取决于食品本身的性质和干燥工艺、设备。这些变化主要包括:①因水分蒸发,蛋白质、脂肪、碳水化合物和矿物质的含量相应提高。②维生素却往往因损失而降低,水溶性维生素在原料预处理中的清洗、热烫、预煮各工序中,一部分溶解于水而流失;胡萝卜素、维生素 A、维生素 B_2 如遇日光暴晒就会大部分被破坏;维生素 B_1 受热容易破坏;维生素 B_2 易和二氧化硫(常用作果品干制前的护色剂)起化学反应而消失;维生素 C 更难保存,遇水溶解,遇热破坏,又非常容易被氧化。③食品中原有的天然色素经过干燥往往发生变化,如叶绿素失去镁离子由深绿变成草黄,花青素、类胡萝卜素褪色,也有的因干燥温度过高或时间太长,引起糖的焦化,使成品变为褐色。④干燥后的食品失去大部分挥发性风味物质,或产生煮熟味。⑤食品的组织状态有显著变化,细胞干瘪、体积缩小,当超过极限时,加水也不能复原。

(四)运输对果品营养素的影响

运输是新鲜果品从产地运往销地的桥梁,通过运输可以满足人们的生活需要,运输的发展可以推动园艺生产的发展。运输是动态贮藏,要在运输途中保持产品品质和延长其采后寿命,与采收成熟度、采后处理、预冷、包装、装卸水平、运输中的环境条件、运输工具、路途状况和组织工作都有着密切的关系。

果品采摘后仍然是一个活体,呼吸和蒸腾作用会不断消耗体内贮存的营养物质和水分,同时散发出热量。因此,必须快装快运,以便尽量保持其新鲜度和优良品质。运输中的环境条件与果品的生理生化变化及保持品质有密切关系,贮藏是产品处于静止状态,运输则是运动状态的,而且运动中所受震动越大,对品质的影响也越大。新鲜果品由于震动、滚动、跌落产生外伤,能使呼吸急剧上升,内含物消耗增加,风味下降。即使运输中未造成外伤的震动也使产品呼吸上升。因此,运输时必须尽量减少震动,并注意轻装轻卸,选择适当的包装材料和容器,以保护产品,减少损失。温度是影响运输质量的重要环境条件之一。在运输途中,采用低温流通措施对保持果品的新鲜度和降低运输损耗是十分重要的。

二、加工对果品营养价值的影响

(一)加工对果品品质的要求

果品加工方法较多,其性质相差很大,不同的加工方法和制品对原料均有一定的要求,优质、高产、低耗的加工品，除受工艺和设备的影响外，还与原料的品质好坏及加工适性有密切的关系。在加工工艺技术和设备条件一定的情况下，原料的好坏直接决定着制品的质量，正确选择适合于加工的原料是生产品质优良的加工品的首要条件。而如何选择合适的原料，要根据各种加工品的制作要求和原料本身的特性来决定。

制作果汁及果酒类的产品时，原料一般选汁液丰富、取汁容易、可溶性固形物高、酸度适宜、风味芳香独特、色泽良好及果胶含量少的产品。葡萄是世界上制酒最多的水果原料，80%以上的葡萄用于制酒，并且已经形成了专门的酿酒品种系列，尤其是制作高档葡萄酒时，对原料的要求更为严格。例如，'霞多丽'是全世界公认的酿造高档白葡萄酒的最优品种，'赤霞珠'等为酿造高档红葡萄酒的优良品种，'白玉霓'是酿造高档白兰地酒的优良品种。一般酿造红葡萄酒的品种要求有较高的鞣质和色素含量。

干制品的原料要求是干物质含量较高，水分含量较低，可食部分多，粗纤维少，风味及色泽好。对于罐藏、糖制及冷冻制品的原料应该选肉厚、可食部分大、质地紧密、糖酸比适当、色香味好的产品。而对于果酱类的制品，其原料要求含有丰富的果胶物质、较高的有机酸含量、风味浓、香气足。

（二）加工前处理对果品营养素的影响

果品加工前必须进行修整、清理和热处理等前处理。

1. 修整和清理对营养素的影响 进行修整时，营养素的损失比例一般要高于其重量的损失比例，一些水果切片或切碎后在空气中放置，维生素C有损失，胡萝卜素、烟酸基本上无影响。苹果切片后维生素C的损失率为6%，而在室温下放置1h后损失率为35%，桃采用相同的处理后维生素C损失率分别为20%和34%。因此，在加工过程中应注意补充维生素C。

2. 热处理对营养素的影响 热处理时营养素发生了不同程度的损失，主要是对维生素和蛋白质的破坏作用。不同热处理对果品营养素的影响不同。

热烫一般采用的温度为82~100℃，时间2~5min，浸在热水中或暴露于热蒸汽中都可达到热烫的目的。热烫的优点是果品受热均匀，升温速度快，方法简便；缺点是维生素C及可溶性固形物损失多。果品中的可溶性固形物开始损失较多，以后则损失逐渐减少，故在不影响烫漂外观效果的条件下，不应频繁更换烫漂用水。加工罐头用的果品也常用糖液烫漂，同时兼有排气作用。为了保持绿色果品的色泽，常在烫漂水中加入碱性物质，如碳酸氢钠、氢氧化钠等。但此种物质对维生素C损失影响较大。葡萄干常用碳酸钾、氢氧化钠和植物油的混合液或亚硫酸盐与植物油的混合液进行烫漂。水果烫漂可用手工在夹层锅内进行，现代化生产常采用专门的连续化预煮设备，依其输送物料的方式，目前主要的预煮设备有链带式连续预煮机和螺旋式连续预煮机等。

近年来，对果品的热烫研究甚多，应用蒸汽烫漂的方法钝化效果很好。可将果品置于温度高达150℃、风速10.7m/s的热风隧道中短时间处理。蒸汽热烫方法没有常规烫漂所排出的大量废水，成本低30%，且果品营养成分保存得很好。

灭菌加热的温度普遍在85℃以上。温度越高，时间越长，维生素的损失越大，蛋白质的变性越严重。加热杀菌对维生素B_1和维生素C损失较大，对其他维生素影响较小。采用超高温瞬时灭菌，可减少维生素的损失。

（三）加工过程对果品营养素的影响

1. 罐藏食品加工 有些果品在装罐前需要进行热烫处理，以钝化某些酶、稳定色泽、改善风味，并从组织中排除空气，使产品收缩便于装罐。热烫时某些水溶性维生素由于沥滤有一定损失，蒸汽热烫能减少水溶性物质沥滤的损失。例如，豌豆采用蒸汽热烫 6min，维生素 C 基本无损失。加热杀菌对维生素 B_1 和维生素 C 有一定损失，对其他维生素影响较小。但柑橘类在加热杀菌过程中维生素 C 的损失率很低。

大多数产品在一定条件下杀菌时，可以提高其蛋白质的生物价。这不仅是由于加热提高了植物蛋白质的消化率，而且破坏了天然存在的抗营养因子，但过度加热会使其营养价值降低。罐头在加热杀菌过程中，原料中的矿物质可流失在汤中，食用时如不弃汤汁，总量并未损失。

许多果品罐头在加工过程或贮藏运销期间，常发生变色、变味的质量问题，这是果品中的某些化学物质在酶或罐内残留氧的作用下或长期贮温偏高而产生的酶褐变和非酶褐变所致。罐装的水果进行低温贮藏能提高营养素的保存率，保持感官质量。

2. 糖制品加工 糖制品在加工过程及贮存期间都可能发生变色，在加工期间的前处理中，变色的主要原因是氧化引起酶褐变，其控制办法是必须做好护色处理，即去皮后要及时浸泡于盐水或亚硫酸盐溶液中，有的含气高的还需进行抽空处理，在整个加工工艺中尽可能地缩短与空气接触的时间，防止氧化。而非酶褐变则伴随在整个加工过程和贮藏期间，其主要影响因素是温度，即温度越高，变色越深。因此，控制办法是在加工中要尽可能缩短受热处理的过程，而果脯类加工要配合使用足量的亚硫酸盐，在贮存期间要将温度控制在较低的条件下，对于易变色品种最好采用真空包装，在销售时要注意避免阳光暴晒，减少与空气接触的机会。

另外，微量的铜、铁等金属的存在（0.001%～0.0035%）也能使产品变色，因此加工用具一定要用不锈钢制品。

3. 饮料加工 不同的果品汁饮料呈现出果品特有的各种不同天然色素的颜色，而这些色素在加工、贮藏过程中因酶促影响和其他化学、物理变化的影响，会发生一系列颜色变化，其中包括色素引起的变化和褐变引起的变化。果品汁加热过程中，叶绿素与有机酸生成脱镁叶绿素而失去绿色。叶绿素受到光照会发生光敏氧化反应，生成无色化合物。若有铜离子存在，则可生成叶绿素铜盐，形成稳定的绿色；类胡萝卜素类色素是脂溶性色素，相对较稳定，但对光敏氧化作用非常敏感；多酚类色素包括花青素、花黄素等，均为水溶性色素，其颜色易随环境 pH 的变化而改变。

果品汁发生的褐变包括非酶褐变和酶褐变，褐变会使其颜色加深，非酶褐变引起的色变对浅色果品汁较明显，酶褐变在果品汁加工的初期较为明显。

4. 干制加工 果品中大多含有丰富的糖类（单糖、双糖和多糖）和蛋白质，在果品干制及干制品的贮藏过程中，糖类的还原性羰基与蛋白质分子中氨基酸的氨基必然要进行一定程度的美拉德反应，导致干制品颜色的改变。糖分的焦糖化也属于非酶褐变的类型之一，首先糖分解成各种羰基中间物，然后再发生聚合反应生成褐色聚合物。过度的焦糖化会使产品产生令人讨厌的焦煳味及苦味，有损产品质量。

果品中的主要营养成分是糖类、蛋白质、维生素和矿物质。糖类在加热时极易引起分解和焦化，特别是葡萄糖和果糖经高温长时间干燥易发生大量损耗。脱水干燥也容易造成维生素的损失，其中最不稳定的是维生素 C。在高温和氧化的共同影响下，维生素 C 的损失率取决于温度、时间、pH 和干燥器的种类，损失量一般为 16%～40%。维生素 B_1 对热也很敏感。胡萝卜素会因氧化而遭受损失，如未经酶钝化处理的蔬菜在干制时胡萝卜素损耗率高达 80%，矿物质和蛋白质则较稳定。目前认为冷冻干燥可以制成营养价值损失最少的干制食品。

5. 烹调加工的破坏和损失　　清洗果品应避免先切后洗或在水中长期浸泡。一般来说，无机盐的化学性质十分稳定，烹调加工后，钙、磷、铁等的损失率均低于 25%。但如果加工烹调方法不当，如水对原料作用持续的时间长、水量大、水流速度过快、原料刀切形状细、与空气接触面大等，都会造成无机盐的大量损失。烹饪原料中的一些有机酸或有机酸盐，如草酸、植酸、磷酸等，能与一些金属离子如锌、钙、铁、镁等的离子结合形成难溶性的盐或化合物，以致影响这些金属无机盐的吸收，同时也影响膳食中其他食物无机盐的吸收。因此，对于富含草酸、磷酸、植酸等的原料，应先在沸水中焯一下，去掉有机酸，而后再烹调制作肴馔，以减少无机盐的损失。胡萝卜素不溶于水，性质比较稳定，通常烹调后损失率为 10%～20%。维生素 C 损失较多，一般在 50%左右。

6. 生物加工　　调味品、酒类的酿造和果醋、果品酵素中使用酶制剂改善食品质量等均是常见的生物加工方法。一般来讲，多数的生物加工方法可使食品的营养价值有所提高。发酵可以提高植物蛋白质的生物利用率，而且由于一些游离的呈味氨基酸释出，具有特殊的风味。加工中使用酶制剂可提高和改善产品质量。

三、果品营养素的保藏方法

（一）适时采收，及时预冷

采收时期是否适当，对产品的产量和采后贮藏品质有着很大的影响。采收过早，果品器官还未达到成熟的标准，单果重最小，产量低、品质差，果品本身固有的色、香味还未充分表现出来，耐贮性差；采收过晚，果实已经成熟，接近衰老阶段，采后不耐贮藏和运输，在贮运中自然损耗大，腐烂率明显增加。另外，适宜采收期的确定不仅取决于果品的成熟度，还取决于果品采后的用途、采后运输距离的远近、贮藏方法、贮藏和货架期的长短及产品的生理特点。

果品采后在高温下放置时间越长，鲜度降低也越快，营养素损失越多。因此，采收后应及时预冷（pre-cooling），将果温尽快降到 4.5℃以下。预冷的主要方法有冷风冷却或者用 0.5～1℃的冷水冷却。预冷温度和贮藏温度低，果实硬度较高。一般认为果实硬度要在 1kg/cm 以上。

（二）合理包装

包装容器必须以减少货物压伤和能够散热为宜。生产上多用条板木箱装，内衬包装纸（利用保鲜包装材料，即在普通包装材料的基础上加入保鲜剂或经特殊加工处理，赋予保鲜机能的包装材料）。目前已经开发出来的保鲜包装材料有保鲜包装纸和保鲜箱，保鲜包装纸是用触媒型乙烯脱除剂充填到造纸原料中或者浸涂在造好的纸上，使其具有保鲜性能。保鲜箱和保鲜纸的原理相同，可将箱体的全部或者一部分进行保鲜处理，也可将保鲜纸贴在箱体内侧而制成。保鲜袋有硅橡胶窗气调袋、防结露薄膜袋、微孔薄膜袋和混入抗菌剂、乙烯脱除剂、脱氧剂、脱臭剂等制成的塑料薄膜袋。保鲜包装材料具有许多优点，因此是深受用户欢迎的有发展前途的包装材料，近年来被广泛用于果品的贮藏保鲜。

（三）采用合理的贮藏方法

每一种果品都有其最适宜的贮藏温度。当温度高于贮藏适温时，呼吸作用成倍增加，当温度超出果品正常生理范围时，呼吸强度表现初期上升之后大幅度下降直到零。这主要是因为催化呼吸反应的酶系统受高温破坏，失去活力，使呼吸不能正常进行；同时外部的氧向组织内部渗透速度赶不上呼吸消耗的速度，增加内层组织的缺氧程度，内层组织的二氧化碳来不及向外渗透，在细胞内积累到危害代谢的程度，加重了缺氧呼吸。对跃变型果实，高温还会促使呼吸高峰提早出现。当贮藏温度低于适宜温度时，轻者出现冷害，重者出现冻害。各种果品适宜的低温不同，原产温带地区的果品大多数适宜 0℃左右的低温贮藏保鲜，其低温界限应在其冰点以上，以不冻结为准，温度越低，保鲜效果越好，如苹果、梨、葡萄等。原产热带、亚热带的果品不适宜于 0℃左右低温贮藏，要求在 10℃左右较低温度下贮藏。这类果品会因不适应低温而造成冷害，如柑橘、香蕉等。同时，贮藏期间还要保持贮藏温度的稳定。

贮藏环境对湿度的要求，以轻度干燥为宜。湿度过低，果品失水，易发生萎蔫。但贮藏环境的湿度过高，为病菌侵染提供温床，造成果品的腐烂，不利于贮藏。

1. 自然降温贮藏 自然降温贮藏是一种简易的、传统的贮藏方式。人们常用的自然降温贮藏主要有堆藏（垛藏）、沟藏（埋藏）、冻藏、假植贮藏和通风窖藏（窑窖、井窖），它们都是利用外界自然低温（气温或土温）来调节贮藏环境的温湿度。使用时受地区和季节限制，不能将贮藏温度控制到理想水平。但是，因其设施结构简单，有些是临时性的设施（堆藏、垛藏、沟藏），所需建筑材料少，费用低廉，在缓解产品供需上又能起到一定的作用，所以这种简易贮藏方式在我国许多水果产区使用非常普遍，在水果的总贮藏量上占有较大的比例。

2. 人工降温贮藏 人工降温贮藏是利用机械制冷来调节贮藏环境温度的贮藏方式。使用时不受季节和地区的限制，可以比较精确地控制贮藏温度，适用于各种水果和蔬菜，如果管理得当，可以达到满意的贮藏效果。尽管低温能够最有效地减缓代谢速度，但是冷藏也不能无限制地延长贮藏寿命。迄今为止，世界上经济发达国家都将机械冷藏看作贮藏新鲜水果和蔬菜的必要手段。由于机械冷藏的应用，许多水果如猕猴桃，早、中熟苹果，桃，荔枝，番茄等在常温下难以贮藏的产品得以较长期贮藏或远途运输。

3. 气调贮藏 新鲜果品采收后依然是一个有生命的活体，在贮藏过程中仍然进行着正常的以呼吸作用为主导的新陈代谢活动，表现为消耗氧气，释放二氧化碳，并释放一定的热量。正常空气中氧气和二氧化碳的浓度分别为 20.9%和 0.03%。适当降低贮藏环境中的氧气浓度和适当提高二氧化碳的浓度，可以抑制新鲜果品的呼吸作用，降低呼吸强度，推迟呼吸高峰出现的时间，延缓新陈代谢速度，推迟成熟衰老，减少营养成分和其他物质的降低和消耗。气调贮藏就是调节气体成分的贮藏方法，是当前国际上果品保鲜广为应用的现代化贮藏手段。气调贮藏是将果品贮藏在不同于普通空气的混合气体中，其中氧气含量较低，二氧化碳含量较高，有利于抑制果品的呼吸代谢，从而保持新鲜品质，延长贮存寿命。气调贮藏是在冷藏的基础上加以改进的措施，包括冷藏和气调的双重作用。例如，苹果在 5% O_2 中释放的 CO_2 只有在空气中的 70%，吸收的 O_2 只有在空气中的 63%。当升高 CO_2 和降低 O_2 的作用相加时，呼吸强度下降更多。涩柿品种果实在 3% CO_2 中，虽未全部脱除涩味，但果实品质好。

乙烯对果实成熟起着明显的促进作用，乙烯的合成需要 O_2 的存在，而高 CO_2 能抑制乙烯的生成和作用，低 O_2 也可以阻止乙烯对果实的催熟作用。生产实践表明，苹果、梨、桃等果实在气调贮藏中成熟缓慢，硬度保持及有机酸、叶绿素和糖等物质的保存都比在空气中贮藏要久。

4. 减压贮藏 减压贮藏又叫低压换气贮藏、低压贮藏，它是将果品放在一个密闭容器内，用真空泵抽气降低压力的一种贮藏方法，是水果及其他许多食品保藏的又一个技术创新，是气调贮藏的进一步发展。根据果品特性和贮藏温度，压力可降至1080mmHg不等。新鲜空气经过压力调节器和加湿器不断引入贮藏容器，每小时更换1～4次，并使内部压力一直保持稳定的低压，用以除去各种有害气体。这种方法效果很好，但其最大的缺点是制造耐压容器投资太大，目前仍处于试验阶段。这种减压条件下水果的贮藏期比常规冷藏延长几倍。

5. 电子技术贮藏　　电子果品保鲜机是运用高压放电，在贮存果品等食品的空间生产一定浓度的负离子和臭氧，从而达到果品防腐保鲜的一种设备。这种微波电子果品保鲜机适用于我国南北方冬季果品的贮藏保鲜，保持了果品原有的营养成分和色泽风味。

正离子对植物的生理活动起促进作用，负离子起抑制作用。从分子生物学角度看，果品可看作一种生物蓄电池，当受到带电离子的空气作用时，果品中的电荷就会起到中和作用，使生理活动处于"假死"状态，呼吸强度因此而减慢，有机物消耗也相对减少，从而达到贮藏保鲜的目的。负氧离子可以使果品进行代谢的酶钝化，从而降低果品的呼吸强度，减弱果实催熟剂乙烯的生成。而臭氧又是一种强氧化剂，可杀灭表面的微生物及其他的毒素，又能抑制或延缓果品有机物的水解，同时起到延长贮藏时间的作用。有些水果不能承受低温，但高湿度可以解决这一难题。低浓度臭氧不能杀菌，但加上负离子后杀菌能力就有了明显的提高，对水果没有任何不良影响。

（四）加工保藏

1. 速冻保藏　　速冻保藏是利用人工制冷技术降低食品的温度，使其达到长期保藏而较好保持产品质量的保藏方法之一。应用速冻技术保藏果品，可以较长期而又良好地保持果品原有新鲜状态的品质。速冻保藏是要将果品中大量的水分冻结成冰。其水分中，游离水占总含水量的70%～80%，在冻结时其首先结冰，一般果品中的游离水是含有溶质的溶液，其冰点大致为-3.8～0.6℃；其余的结合水则难以冻结，在-20℃以下也不能全部结冰。

果品速冻是要求在30min或更短时间内将新鲜果品的中心温度降至冻结点以下，把水分中的80%尽快冻结成冰，这样就必须应用很低的温度进行迅速的热交换，将其中热量排除，才能达到要求。果品在如此低温条件下进行加工和贮藏，能抑制微生物的活动和酶的作用，可以在很大程度上防止腐败及生物化学作用，新鲜果品就能长期保藏，一般在-18℃条件下，可保存10～12个月甚至以上，其质量是其他贮藏保鲜及加工方法所不及的。果品的腐败主要是微生物活动的结果，而水是微生物正常生命活动不可缺少的成分。

2. 干制保藏　　果品干制保藏是将新鲜果品中的水分蒸发，使水分降低到微生物难以利用的程度，微生物因得不到营养而呈现被抑制状态，从而使果品干制品能够较长时期保藏的贮藏方式。果品干制是原料通过接受阳光或其他热量使其脱水的过程。此过程若采用太阳晒，不仅能脱去果品的水分，还能对果品起到消毒杀菌的作用。由于干制并不能将微生物全部杀死，只能抑制其活动，因此，干制贮藏的果品遇温暖潮湿气候，就会引起果品腐败变质。果品干制保藏要求产品含水量较低为好，但为避免果品其他营养素成分发生不良变化，一般认为果品干制贮藏室的水分含量以3%～25%为宜，如果干的含水量为15%～25%。

3. 罐装保藏　　果品罐藏是将果品原料经预处理后密封在容器或包装袋中，通过杀菌工艺杀灭大部分微生物的营养细胞，在维持密闭和真空的条件下，得以在室温下长期保存的果品贮存方法。凡用罐藏方法加工的食品称为罐藏食品。果品罐头的基本保藏原理在于杀菌消灭了有害微生物的营养体，同时应用真空，使可能残存的微生物芽孢在无氧的状态下无法生长活动，从而使罐头内的果品保持相当长的货架寿命。真空的作用还表现在可以防止因氧化作用而引起的各种化学变化。在腌渍蔬菜罐头或水果罐头加工中也存在着低水分活度和食盐的保藏作用。

4. 糖制保藏　　果品的糖制就是让食糖渗入组织内部，从而降低了水分活度，提高了渗透压，可有效地抑制微生物的生长繁殖，防止腐败变质，达到长期保藏不坏的目的。果品糖制品按其加工方法和状态分为两大类，即果脯蜜饯类和果酱类。果脯蜜饯类属于高糖食品，保持果实或果块原形，大多含糖量在 50%～70%；果酱类属高糖高酸食品，不保持原来的形状，含糖量多在 40%～65%，含酸量约在 1%。

果脯蜜饯类可分为干态果脯和湿态蜜饯。干态果脯是在糖制后进行晾干或烘干而制成表面干燥不粘手的制品；也有的在其外表裹上一层透明的糖衣或形成结晶的糖粉，如话梅、芒果干、陈皮梅等。湿态蜜饯是糖制后，不进行烘干，而是稍加沥干，制品表面发黏；也有的糖制后，直接保存于糖液中制成罐头。

果酱果糕类主要有果酱、果泥、果糕、果冻、果丹皮和山楂片等。果酱呈黏稠状，也可以带有果肉碎块，如杏酱、草莓酱等；果泥呈糊状，即果实必须在加热软化后要打浆过滤，故酱体细腻，如苹果酱、山楂酱等；果糕是将果泥加糖和增稠剂后加热浓缩而成的凝胶制品；果冻是将果汁和食糖及食品添加剂加热浓缩而制成的透明凝胶制食品；果丹皮是将果泥加糖浓缩后，刮片烘干制成的柔软薄片；山楂片是将富含酸分子果胶的一类果实制成果泥，刮片烘干后制成的干燥的果片。

第六节　果品的开发与利用

果品中除含有人体必需的多种营养素外，还含有对人体保健和疾病预防起特殊作用的功能成分。认识这些功能成分的功效，对充分利用果品，特别是利用果品加工后的残渣，节约资源，开发对人体健康有益的、天然的功能食品具有重要意义。

一、果品功能食品的开发

我国古代就有药膳的说法，它起源于我国传统的饮食和中医食疗文化。药膳是将中药与某些具有药用价值的食物相搭配，采用我国独特的饮食烹调技术制作而成的具有一定色、香、味、形的美味食品，既具有较高的营养价值，又可防病治病、保健强身、延年益寿。例如，《十药神书》中就提到大枣人参汤具有益气补血、助阳润肠等作用；明代李时珍的《本草纲目》中除记载了数以百计的可供药用的食物外，还有相当多的食疗药膳方，这些都是中华民族祖先留下来的宝贵文化遗产，和现代功能食品的内涵是一致的。

现代功能食品的概念来源于日本，日本厚生省根据一些大学及农渔业部开展多年的有关食物生理调节功能的研究，于1988年提出了功能食品的概念。一种食品除了提供传统的营养外，可以令人信服地证明对身体某种或多种机能有益处，有足够营养效果以改善健康状况或减少患病，即可被称为功能食品。这一观点逐渐被国际接受，成为国际上最为热门的词汇之一。很多学者认为，功能食品是21世纪的主流食品。

目前我国定义的功能食品是指具有营养功能、感官功能和调节生理活动功能的食品。它的范围包括增强人体体质（增强免疫能力、激活淋巴系统等）的食品，防止疾病（高血压、糖尿病、冠心病、便秘和肿瘤等）的食品，恢复健康（控制胆固醇、防止血小板凝集、调节造血功能等）的食品，调节身体节律（神经中枢、神经末梢、摄取与吸收功能等）的食品和延缓衰老的食品，具有上述功能的食品都属于功能食品。

依据不同的保健功能，果品类常见功能食品有以下几种类型。

（一）缓解运动疲劳型

第五届国际运动生化学术会议上，疲劳被定义为机体的生理过程不能继续在特定水平上进行或不能维持预定的运动强度。简言之，就是由运动本身引起的机体工作能力的暂时下降。这种能力的下降，通过一定时间的休息和调整，可以使机体完全恢复。疲劳是防止肌体发生威胁生命的过度机能衰竭而产生的一种保护性反应，它的产生提醒工作者应降低工作强度或终止运动以免肌体损伤。

抗运动疲劳的功能食品应具有以下作用：①提供运动所需的能源物质。运动后立刻摄入碳水化合物有助于肌糖原的快速恢复。在强度不大的长时间劳动或运动中，脂肪是主要的能量来源之一，适量的脂肪储存是保证运动时能量供应的必要条件。②维持内环境的稳定及酶活性。摄入足量的微量元素和维生素对于达到和维持机体最佳运动机能状态非常重要。运动使维生素代谢加强，并使一些维生素需求量增加，适量补充可推迟疲劳出现并缩短恢复时间。③抗氧化作用。美国营养学家指出，抗疲劳和缓解压力的最好办法就是通过富含抗氧化剂的天然食品来增强机体免疫力。④减少对神经递质的影响。长时间运动中，神经递质的紊乱是中枢疲劳发生的重要原因。科学合理地使用氨基酸补剂，能够在一定程度防止神经递质紊乱的出现。

葡萄籽软胶囊是以葡萄籽提取物为主要成分，具有抗氧化、延缓衰老、抗疲劳等多种功效。葡萄籽提取物中的有效成分为葡萄多酚类物质，以低聚原花青素（OPC）为主。其他能缓解运动疲劳且来源于果品的天然活性物质主要有皂苷类、活性多糖类、黄酮类物质、二十八醇等。

（二）增加免疫力型

现代免疫学认为，免疫力是人体识别和排除"异己"的生理反应，是人体免疫系统进行自我保护的一种能力。免疫力低下时，免疫系统不能正常发挥作用，使机体易于感染，常导致感冒、扁桃体炎、哮喘、支气管炎、肺炎和腹泻等反复发作，甚至罹患癌症。对健康造成很大的威胁。免疫力超常也对身体有害，引发过敏反应、自身免疫疾病等。

与免疫有关的功能食品是能增强机体对疾病的抵抗力，具有一定抗感染、抗肿瘤功能及能够维持自身生理平衡的食品。活性多糖是一种新型的、高效的免疫调节剂，能显著提高巨噬细胞的吞噬能力，增强淋巴细胞的活性，发挥抗炎、抗菌、抗病毒感染、抑制肿瘤的作用。果品中常见的活性多糖有大枣多糖等。从富含超氧化物歧化酶（SOD）的果品中提取出的SOD软黄金已批准上市。其主要成分为活性SOD、维生素C、维生素P、B族维生素、多种氨基酸和微量营养素，可以用于人体必需氨基酸和营养素的补充，SOD能清除人体内多余的自由基，有提高机体免疫力、降低甘油三酯、降糖、修复人体内细胞和抗疲劳等作用。

（三）延缓衰老型

衰老是一种复杂的自然现象，又称老化。它是生物随着时间推移而自发的、不可逆的退化现象，表现为结构和机能衰退、适应性和抵抗力减退，可分为自然衰老和疾病衰老。衰老虽不以人的意志为转移，但可人为地减缓衰老的速度。延缓衰老（或抗衰老）是指人们通过借助各种手段或措施，使衰老的进程得到延缓。

果品来源的抗衰老产品多为抗氧化物质，这类物质有维生素 C、维生素 E、β 胡萝卜素等。其中维生素 E 作为天然的抗氧化剂，通过消除自由基的抗氧化作用阻断过氧化脂质的形成，减轻和修复细胞膜结构损伤，维护细胞功能的正常运行。猕猴桃籽提取物中富含亚油酸、亚麻酸等不饱和脂肪酸；葡萄籽提取物富含多酚、白藜芦醇等活性成分。以猕猴桃籽为原料提取的猕猴桃果仁油，其主要功能成分为 α-亚麻酸、亚油酸等不饱和脂肪酸，具有调节血脂、延缓衰老的保健功效。

（四）辅助降血脂、降血糖型

目前心脑血管疾病已成为人类健康的第一杀手，而高脂血症是重要致病因素之一。有研究指出，血浆中总胆固醇高于 5.72mmol/L、甘油三酯高于 11.70mmol/L 时即为临床所称的高脂血症。高脂血症严重危害人类的健康，可逐渐形成动脉粥样硬化，诱发脑中风，引发高血压、胆结石和胰腺炎等疾病。因此，日常膳食中加入具有辅助降血脂功能的食品将对人类健康产生重要影响。这类功能食品中应含有较多的食用纤维素，含有较少的胆固醇，而且食物的总热量要相对较少。已有文献报道，番木瓜子的乙醇提取物具有抗氧化作用，能降低血清中总胆固醇含量，而且高剂量的作用尤为明显。

二、果品的营养开发与利用

（一）柑橘

柑橘作为重要的鲜食水果，其主要的碳水化合物类型为糖和酸。其糖主要为蔗糖，其次为果糖、葡萄糖；酸主要为柠檬酸，其次为苹果酸。柑橘类果品的维生素 C 含量较高，以柠檬的维生素 C 含量尤为明显。新鲜柑橘的果肉中维生素 C 含量为 30～50mg/100g。维生素 C 能提高机体的免疫力，柑橘还能降低患心血管疾病、肥胖症和糖尿病的概率。柑橘果实含有大量的胡萝卜素，在人体中可以水解为维生素 A。此外，柑橘还富含维生素 B_1、维生素 B_2 等。柑橘的果皮和果肉中含有多种丰富的功能性物质，如类胡萝卜素、环氧玉米黄质、β 隐黄质等，这些功能性物质在人体健康中起着十分重要的作用。单就类胡萝卜素而言，人体不同组织的类胡萝卜素含量和种类也不同。以总量而言，其主要存在于脂肪组织（占 80%～85%），其次在肝（占 8%～12%）和肌肉（占 2%～3%）；以绝对量而言，黄体最高（达 60μg/g），肾上腺次之（达 20μg/g），脂肪和肝再次之（达 10μg/g），其他组织中最少（为 3～5μg/g）。在种类方面，血浆类胡萝卜素以番茄红素和 β 胡萝卜素为主，可分别占总类胡萝卜素的 50% 和 15%～30%，同时也含有少量叶黄质和隐黄质；眼组织中类胡萝卜素几乎是叶黄质和玉米黄素；脂肪组织类胡萝卜素以叶黄质、隐黄质、番茄红素、α 胡萝卜素和 β 胡萝卜素为主。

由于营养素种类和含量丰富及对人类健康的重要意义，柑橘在我国水果消费排名中名列前茅。我国柑橘消费主要以鲜食为主，而以柑类和橘类为代表的宽皮柑橘类易剥皮的特点正迎合了消费者的喜好，因此，宽皮柑橘成为我国柑橘产业发展中优势明显的部分。柑橘加工制品是近年来我国柑橘产业发展中新的增长点。随着经济的发展及大众对柑橘保健作用的认知，方便果汁饮料的消费市场逐步扩大。橙汁加工产业的发展壮大，正促进着我国甜橙规模的扩大，不仅丰富了我国柑橘产品类型，更为大量非优等果的处理提供了良好的方向。湖南省湘西自治州是我国椪柑的主产区之一，湘西酿醋历史悠久，他们利用当地丰富的椪柑资源开发的椪柑醋饮料由于具有预防高血压、平衡血液酸碱度、预防衰老等多种保健功能而得到迅速发展，从而促进了当地椪柑的销售及产业可持续发展。湖南省怀化市充分利用当地丰富的柑橘资源，以柑橘果实富含多种黄酮类等功能性成分的优势，大力发展柑橘提取类产品、精细化工类产品的研制和生产，主要产品有重质橙皮苷、轻质橙皮苷、辛弗林等系列产品。柑橘功能性成分提取除用鲜果外，还可以用柑橘加工下脚料及柑橘落果等为原材料，从而拓展了柑橘生产产业链，解决了鲜果销售压力，促进了柑橘的多元化利用与产业化的发展。

（二）苹果

1. 苹果发酵饮料 苹果发酵饮料主要是以苹果汁为原料，经乙醇发酵、乙酸发酵的果汁饮料，包括苹果酒和苹果醋。苹果酒是苹果精深加工产品，是仅次于葡萄酒的世界第二大果酒，起源于法国西北部寒冷的诺曼底地区，流行于欧、美、澳等国家和地区，是国际饮料酒市场的一大热点。苹果酒是一类以纯果汁为原料发酵而成的低度饮料酒，多为微发酵酒，处于果汁与酒的过渡状态，既具有果汁的风味，又具有美酒的芳香，它富含多种维生素、氨基酸、钙、铁、钾等营养成分，以及其他酒类所没有的苹果酸、丙酮酸等有机酸，可以调整人体的新陈代谢，促进血液循环。随着人们消费水平的提高和膳食结构的优化及酒文化的进步，苹果酒将成为居民餐桌上的重要佐餐饮料。苹果酒目前主要有起泡苹果酒、起泡甜苹果酒、干苹果酒、甜苹果酒、苹果气酒、香槟型苹果酒等6种类型，其加工工艺、质量要求各不相同。

苹果醋是以新鲜苹果为原料，经液体深层发酵而成的优质调味品。苹果醋保留了苹果的特有香味和营养物质，还具有食醋的一系列保健作用，如消除疲劳，预防病毒性感冒，降血压和防止动脉硬化，促进食物中钙、磷、铁等元素的溶解，便于人体吸收。苹果醋还富含人体所需的多种维生素、氨基酸、矿物质、有机酸，被称为21世纪时尚饮品、黄金饮品。苹果醋作为饮料，不仅开胃消食，而且通过微生物的作用丰富了苹果汁的营养成分，同时具有果汁与醋的芳香。

2. 苹果膳食纤维 苹果榨汁后制成的干制品中含有大量纤维，纤维总含量为70g/100g，水溶性膳食纤维含量为8g/100g，其产品淡黄色均匀，具有苹果特有的淡香味，呈膨松粉末状，无肉眼可见外来杂质，具有苹果应有的滋味，无异味，入口咀嚼后很快软化，食后无不良感觉。实验证实，若以果渣为原料制成膳食纤维，其得率一般在60%以上。在苹果膳食纤维的提取过程中，利用苹果废渣干燥后保存，可在苹果非收获季节加工纤维产品。由于纤维产品的生产设备比较简单，一般果品加工厂的设备经改造后即可生产苹果膳食纤维，在苹果加工的淡季可以用已有的设备生产纤维产品，使工厂的设备得到进一步利用，又可解决闲散劳动力问题，创造新价值，给企业带来可观的经济效益。

3. 苹果保健产品 苹果多酚具有多种医疗保健功能，如预防高血压、抗衰老、抗肿瘤、防龋齿、减肥、促进发育、增强记忆、改善睡眠等，因此可用于保健食品的开发中，生产安全、健康并赋有特殊功能的食品和饮料。例如，可以开发为辅助抑制肿瘤、降血压、延缓衰老的功能性产品，减肥功能性食品，改善生长发育、记忆、睡眠的功能性食品。现在市场上已有苹果酸复合营养片、苹果软胶囊等销售，可以消除脂肪、控制体重、滋润皮肤等。

（三）猕猴桃

现代研究表明，猕猴桃果实不仅含有丰富的维生素C，钙、钾等矿物质，人体必需氨基酸等营养物质，而且含有多种果胶等膳食纤维素、猕猴桃生物碱、多种不饱和脂肪酸及抗氧化活性物质。因此，猕猴桃果实除作保健佳果鲜食外，猕猴桃保健果汁、饮料、果酒、果脯、罐头等加工产品研究也得到一定的发展。研究表明，猕猴桃加工下脚料中具有大量形似芝麻的猕猴桃籽，含籽量为鲜果重量的 1%~2%。猕猴桃籽含油量高，含粗脂肪 22%~35%，且籽油富含亚麻酸、亚油酸等多种不饱和脂肪酸（约占 90%），特别是亚麻酸含量高，达 60%以上，是目前发现的除苏子油外亚麻酸含量最高的天然植物油。为此，可以用猕猴桃果籽为原料，采用现代先进的超临界萃取技术，分离提取不饱和脂肪酸等保健功效成分，生产出利用猕猴桃籽油的保健产品，其中含有丰富的亚麻酸、亚油酸等多种不饱和脂肪酸及天然维生素 E、微量元素硒和多种生物活性物质，其中亚麻酸的含量高达 50%以上，具有调节血脂、软化血管和延缓衰老等重要保健功能。因此，此类产品作为一种纯天然植物提取物的绿色调节血脂类保健食品深受市场欢迎，经济效益显著。在此基础上，综合生产出猕猴桃果籽饼、猕猴桃祛斑油、富硒猕猴桃果肉饮料、猕猴桃原酱等系列加工保健产品，可以延长猕猴桃生产产业链，解决鲜果销售压力，大大促进猕猴桃果实的利用与产业化的发展，提高猕猴桃的生产效益。以上猕猴桃产业发展促进了 20 万湘西山区农民脱贫致富，使得湘西猕猴桃种植面积达 6700hm^2，产量达 6.7 万 t 以上，猕猴桃产业生产成为当今湘西地区农业支柱产业之一，并得到持续高效发展，每年为湘西地区创造直接经济效益达 2 亿元以上。

（四）蓝莓

蓝莓的果实营养丰富。鲜果中含花青素、蛋白质、脂肪、碳水化合物、维生素 A、维生素 E、SOD 等，而且其他维生素均高于其他水果。此外，蓝莓的微量元素含量也很高。除含有常见的营养成分外，蓝莓果实中还含有烟酸、黄酮、鞣酸、叶酸等特殊成分，营养丰富，因此，常被誉为"浆果之王"。

蓝莓具有良好的保健功能，主要为：①蓝莓果实中富含的花青素具有活化视网膜的功效，可改善和强化视力，防止眼球疲劳；②蓝莓是含抗氧化物质最多的水果之一，具有保护毛细血管及抗氧化的作用；③抑制血小板凝固，预防血栓的形成及动脉硬化；④具有增强关节及软组织的功能，可促进创伤和骨折愈合，增强机体抵抗力，促进造血，参与解毒；⑤对糖尿病及由糖尿病引起的视网膜症均有医疗效果，并具有预防白内障的作用；⑥具有抗尿路感染的医疗效果，如美国妇女常用蓝莓汁来调制鸡尾酒，经常饮用以抵抗泌尿系统感染、心脏疾病和延缓衰老。

目前蓝莓开发利用的方式及产品主要为：①鲜食。蓝莓果实柔软多汁，可食率为 100%。据统计，我国蓝莓果实约 70%为鲜销，另 30%作为原料冷冻果进行深加工，既满足了人们对鲜果营养品质的要求，又解决了鲜果贮藏期短、产品单一的问题，丰富了市场供应，延长了产品链。②蓝莓果汁、饮料。利用优质鲜果为原材料，经过清洗、灭酶、热浸提、打浆、过滤、澄清、精滤、调配、杀菌、灌装等步骤将蓝莓鲜果做成果汁或是果饮料。目前市面上含有蓝莓的果汁、饮料已经有近 20 种。③蓝莓果酒。蓝莓果酒的加工酿造比果汁起步稍晚，但发展迅猛，由于酒类的酿造工艺要求原料果含量较高，营养成分较之果汁要偏高，具有一定的滋补和保健功效，目前蓝莓果酒有 20 多个品种，果酒产品的生产企业分布在黑龙江、吉林等野生蓝莓产区，产品以野生、天然为卖点，主要供应大型酒店或通过展会、网络等渠道进行推介。果酒包装均为玻璃瓶装，结合产品定位，部分产品在外包装上增加了纸盒或其他材质的礼盒包装。④蓝莓果酱。以蓝莓鲜果或是冷冻果为原料，经过挑选、清洗、烫漂、破碎、加糖煮制等工艺制成果酱。吉林农业大学调查的数据显示，我国蓝莓产品可分为十大类，其中果酱占其调查产品总数的 18%，而蓝莓果酱在上海的供应量明显比北京、长春大，这可能与其饮食习惯有较大关系。⑤复合加工产品。由于蓝莓具有抗氧化、延缓衰老、防癌、保护眼睛等功能，所以以蓝莓作为材料制成的复合加工产品也越来越多。例如，以蓝莓和胡萝卜制成的复合水晶果糕、果脯；与山楂等做成的复合饮料；以乳制品为主料，添加蓝莓果粒或果酱作为辅料制成的乳制品，目前主要以酸奶为主。除已经加工成商品的外，一些如蓝莓茶叶等新产品的开发还处于研究阶段。⑥化妆品和保健品。目前韩国、美国等开发的蓝莓提取成分化妆品，卖点主要是延缓衰老等。此外，从蓝莓中提取的花青苷及其他活性物质制成的蓝莓精油、蓝莓精油皂等也非常受人们的欢迎。如今人们的健康意识越来越强，以蓝莓提取物质为原料的保健品也日益增多，如蓝莓维生素C、维生素E片、口服液、胶囊等。⑦其他用途。利用蓝莓原汁、蓝莓香精等为原料进行再次加工做成的糖果类、烘焙类等产品。在糖果类产品中，多数是以蓝莓色素和香精做成近似蓝莓口味，只有极少数用蓝莓原汁或浓缩果汁为原材料。除常见的口香糖、糖果外，还有以干蓝莓包裹巧克力的新型产品出现。

第五章 食用菌的营养与保健

本章要点：重点掌握食用菌营养保健功效、食用菌禁忌及采后变化与贮藏方法。了解食用菌的膳食文化与养生理论、食用菌分类和营养成分及食用菌产品开发与利用。难点有毒菌类的识别、医疗保健成分与功效。

第一节 食用菌的膳食文化与养生理论

食用菌因富含蛋白质、多种维生素与矿物质等营养素，而具有高营养价值，加上其独特口感，一直为各国饮食文化中不可缺少的食材。食用菌很早就被中国人当作食品或药品，如食用的香菇、木耳、洋菇等，而灵芝、茯苓、冬虫夏草等则被收录在古籍药典中，在医疗方面的使用，使得食用菌类在中国人的生活中，不仅扮演饮食文化的成员，更是数千年来保健养生习惯建立的推手。本节主要介绍食用菌的膳食文化、科学食用方法及功效。

一、食用菌概述

食用菌是可供人类食用的，能形成大型的肉质（或胶质）子实体或菌核组织的高等真菌的总称，又常称为蘑菇或食用蕈菌。其可概括为三类：常规菌类、药用菌类和珍稀菌类。常规菌类的代表有香菇、草菇、平菇、金针菇；药用菌类的代表有猴头、灵芝、猪苓；珍稀菌类的代表有杏鲍菇、茶树菇、滑菇、鸡腿菇。

（一）食用菌的世界格局和发展历史

世界第一大食用菌为蘑菇（蘑菇一词含义多样，狭义地讲主要是指双孢菇、四孢菇、大肥菇等）；第二大食用菌为香菇；第三大食用菌为平菇。中国、日本、韩国是世界三大香菇生产国。而平菇的栽培量和产量居我国食用菌其他品种之首。

中国是世界上最早认知食用菌的国家之一，公元240年就有相关记载，公元600年食用菌野生驯化成功。2005年我国食用菌的总产量达1200万t，占世界食用菌总产量的70%，产值达590亿元，是世界最大的食用菌出口国。

（二）食用菌在农业中的地位

我国在农业产业结构调整中发展起来的食用菌产业，已成为农民增收最具潜力的一项新兴支柱产业，是种植业中仅次于粮、棉、油、果、菜的第六大类产品，已成为我国三大农业支柱之一（种植业、养殖业、食用菌产业）。目前，中国已发展成为全球食用菌生产和出口的第一大国。

（三）食用菌产业的特点和优势

1）不与人争粮、不与粮争地、不与地争肥、不与农争时、不与其他行业争资源，可以说这是一个现代有机农业、特色农业的典范。

2）具有投资少、见效快、风险小、效益高的特点，便于集约化、工厂化生产。

3）食用菌资源丰富，营养丰富，符合"营养、健康、天然"的食品原则，是符合现代饮食消费标准的健康食品源。我们追求的膳食中的三围结构就是动物蛋白质、植物蛋白质和菌物蛋白质。

二、食用菌的膳食文化与养生

中华养生文化源远流长，包括茶养生、气养生、食疗养生等。其中，食疗养生的历史文化更久远深厚。早在远古时代，人类就利用野草开始了"药食同源"，成为最原始的"食疗"。"可食可补可药，周身是宝"，食用菌自古以来就是人类推崇的养生食品。食用菌的营养保健价值优于普通食品，更成为当前养生的首选。

（一）食用菌的膳食文化

在大自然林林总总的生物群中，食用菌只不过是不显眼的一员，但在人类文明的早期，食用菌却扮演过重要的角色。先民们以采集野生山果和食用菌作为充饥食物的历史，在世界各地延续了数千年。这段历史不但见之于古籍的记载，在我国浙江余姚河姆渡发掘的新石器时代（距今约7000年）文化遗存，其中就有山枣和食用菌的化石，也为我们提供了人类曾以食用菌作为天然食粮的最早物证。此外，还有许多十分生动有趣的民俗学、社会学方面的材料，向我们讲述过人类曾以食用菌为食渡过灾荒和绝粮的故事。上述事实表明，在人类文明的早期对于食用菌的利用，也同样是出于一种生物本能。进入农业社会后，随着人类文明的昌盛，人们才开始以一种审美的眼光来鉴赏食用菌，成为大家所津津乐道的美味食品，演绎出许多与食用菌有关的掌故轶闻，有许多用佳菌制作的美食，不但记载于古籍，也口碑于民间，形成富有浓厚生活情趣的食用菌文化。

食用菌营养丰富，味道鲜美，被人们赞誉为达到"植物性食品的顶峰"。自唐宋时期平菇就入宫廷为宴，香菇更负有"菇中之王"之盛名，自明太祖朱元璋起一直被列为贡品。而猴头菇更与燕窝、海参、鱼翅并列四大山珍名肴之一，用于国际最高一级国宴。金针菇在日本被称为"增智菇"，有利于儿童生长和脑力活动。松茸在明代就被誉为宴席佳品，其富含的松茸醇是世界上珍稀名贵的天然药用菌，鲜松茸（必须壮茸，老茸和幼茸都不行）对预防肿瘤有良好的食疗功效。

中国把食用菌作为药膳用于健身和防治疾病已有2000多年的历史。《中国药物大词典》中指出，银耳有治疗妇女月经不调的作用，老年人常吃食用菌类能增强机体抵抗力，起到防病保健、益寿延年的功效。

人类一直在寻找新的能够提高人体生物学功能的物质，从而使人类生活得更健康。近年来，西方国家已将目标转向了食用菌，以此作为天然营养保健品的新资源。

（二）食用菌养生

世界卫生组织建议膳食搭配是"一荤一素一菌"。菌指的就是食用菌，它既不属于果蔬类，也不属于肉类，它有着自身独特的营养及养生功效。

1. 养生特点　　食用菌种类多，属于"药食同源"，养生特点有以下5个方面。

1）中平补，有平菇、草菇、香菇、鸡枞菌、口蘑、茶树菇。

2）补益和中，有竹荪、牛肝菌。

3）清利五脏，有木耳、榛蘑。

4）养阴清热，有银耳、石耳。

2. 食用原则

1）糖尿病患者宜选食竹荪、平菇、鸡腿菇、蘑菇。
2）高血压患者宜选食平菇、香菇、猴头菇、竹荪、银耳、木耳、灵芝。
3）降血脂、预防心血管疾病宜选食灵芝、木耳、银耳、竹荪、猴头菇、草菇、香菇。
4）降胆固醇、预防动脉粥样硬化宜选食香菇、草菇、金针菇。
5）贫血病患者宜选食香菇、草菇、平菇、猴头菇、蘑菇、竹荪、木耳、北虫草。
6）脾胃虚弱、食欲减退者宜选食香菇、松菇、猴头菇、竹荪。
7）阳痿、早泄、性冷淡者宜选食北虫草、茯苓、竹荪、蘑菇。
8）月经不调者宜选食平菇、银耳、木耳、北虫草、茯苓。
9）产后乳少者宜选食香菇、草菇、猴头菇、蘑菇。
10）神经衰弱、失眠者宜选食灵芝、北虫草、木耳、猴头菇、蘑菇。
11）减肥者宜选食竹荪、茯苓、蘑菇。
12）癌症患者宜选食灵芝、香菇、草菇、北虫草、平菇、木耳、银耳、猴头菇、松茸。
13）增强体质、延年益寿者宜选食灵芝、香菇、北虫草、草菇、金针菇、木耳。

3. 推荐做法及养生功效

（1）银耳食用推荐　　银耳是人们夏天最常食用的菌菇，如冰糖银耳汤、银耳枣仁汤等，有清热下火功效；在秋冬季节，银耳可与猪蹄、排骨、鸡、鸭等荤肉同炖，更是别有一番风味。银耳性润而腻，风寒咳嗽及湿痰壅盛者慎食，若食后有大便泄泻者也不宜食用；冰糖银耳含糖量高，睡前不宜食用，以免引起血黏度升高。

（2）鸡腿菇食用推荐　　鸡腿菇适合与肉类搭配一起食用，如鸡腿菇炒肉、鸡块烧鸡腿菇等。鸡腿菇含有丰富的膳食纤维，有助于将肠内的胆固醇、有害物质、老化废物排出体外，因此可和多胆固醇的动物性食品一起食用。

（3）猴头菇食用推荐　　肚片炒猴头菇、菜心炒猴头菇、猴头菇清炖排骨、蹄筋红烧猴头菇、冬笋烧猴头菇、母鸡炖猴头菇等。烹饪时要使猴头菇软烂如豆腐，其营养成分才能完全析出。

（4）金针菇食用推荐　　金针菇最常见的做法是凉拌。拌前，煮 6min 以上，避免食物中毒。功效：金针菇味道鲜美、氨基酸种类齐全，能促进儿童的智力发育，有"智力菇"之称。

（5）蘑菇食用推荐　　蘑菇鸡丁。功效：润肺补脾，适于肺脾两虚之人食用。

（6）香菇食用推荐　　香菇、猪瘦肉各 100g。将鲜香菇撕片，猪瘦肉切成薄片，二者共煮，加食盐调味即可。功效：具有滋阴润燥、和血平肝的功效，适于辅助治疗慢性肝炎。

香菇、粳米各 100g，牛肉 50g，葱、姜各适量。牛肉煮熟切成薄片，与香菇、粳米共入锅内加水煮粥，加入葱、姜、精盐等调味食用。功效：和中理气，适用于慢性胃炎、胃痛、反胃等病症。

（7）黄芪食用推荐　　黄芪猴头菇汤，猴头菇 150g，黄芪 30g，嫩鸡肉 250g，葱、姜、味精、料酒、胡椒粉、精盐等各适量。功效：补益气血，健脑强身。适于气血亏虚，记忆力减退者食用。

（8）双耳食用推荐　　双耳汤，木耳、白木耳各 10g，冰糖 30g，置蒸笼蒸 1h。功效：滋阴润肺，补肾健脑。适用于肾阴亏虚，血管硬化，高血压，肺阴虚咳嗽，喘息等。

（9）天麻食用推荐　　天麻炖排骨、土鸡是最好的，切记不能和羊肉同炖。功效：对缓解头痛很有帮助，且是温补，人人都可以吃，天麻主治高血压、眩晕、头疼、口眼歪斜、肢体麻木、小儿惊厥等症。

第二节 食用菌的分类及其营养成分

全世界目前已发现大约 25 万种真菌,其中有 1 万多种大型真菌,可食用的种类有 2000 多种,但目前只有 70 多种人工栽培成功,有 40 多种在世界范围被广泛栽培生产。本节主要介绍食用菌的分类地位、分类依据、种类及其营养成分。

一、食用菌的分类

食用菌的分类是人们认识、研究和利用食用菌的基础。野生食用菌的采集、驯化和鉴定,食用菌的杂交育种及资源开发利用都必须有一定的分类学知识。

(一)食用菌的分类地位

随着科学技术的不断发展,人们对于生物的认识也越来越准确、越深化、越科学。过去人们把生物分成植物和动物两大类,食用菌自然就被归属于低等植物。后来又根据生物的营养方式,把生物分成了三大类群,即植物、动物、菌物。植物是大自然中的生产者,动物是大自然中的消费者,菌物是大自然中的分解者。现代许多学者都主张把生物分成植物界、动物界、菌物界。食用菌就隶属于菌物界真菌门中的子囊菌和担子菌。

食用菌是高等真菌中可供人们食用的肉质的或胶质的一类大型真菌,而不是分类学中的分类单位。它们少数属于子囊菌,绝大多数是担子菌。

(二)食用菌的分类依据

食用菌的分类主要是以其形态结构、细胞、生理生化、生态学、遗传等特征为依据的。特别是以子实体的形态和孢子的显微结构为主要依据。

(三)食用菌的种类

我国的地理位置和自然条件十分优越,蕴藏着极为丰富的食用菌资源,到目前为止,在我国已经发现 720 多种食用菌,它们分别隶属于 46 科 144 属。绝大多数属于担子菌亚门,少数属于子囊菌亚门,分类如下。

1. 子囊菌亚门中的食用菌　少数食用菌属于子囊菌亚门,在我国它们分别隶属于 6 科,即麦角菌科、盘菌科、马鞍菌科、羊肚菌科、地菇科和块菌科。

1)麦角菌科。冬虫夏草。
2)块菌科。黑孢块菌、白块菌、夏块菌。
3)羊肚菌科。羊肚菌、黑脉羊肚菌、尖顶羊肚菌及皱柄羊肚菌等。
4)地菇科。网孢地菇、瘤孢地菇。
5)马鞍菌科。马鞍菌、棱柄马鞍菌。
6)盘菌科。棕黑盘菌、冠裂球肉盘菌。

2. 担子菌亚门中的食用菌
(1)耳类
1)木耳科。木耳、毛木耳、皱木耳及琥珀褐木耳等。
2)银耳科。银耳、金耳、茶耳、橙耳等。

3）花耳科。桂花耳。

（2）非褐菌类

1）珊瑚菌科。虫形珊瑚菌、杵棒、扫帚菌。

2）锁瑚菌科。冠锁瑚菌、灰锁瑚菌。

3）绣球菌科。绣球菌。

4）牛舌菌科。牛舌菌。

5）齿菌科。猴头、珊瑚状猴头、卷缘齿菌。

6）灵芝科。灵芝、树舌。其中灵芝被誉为灵芝仙草，有神奇的药效。

7）多孔菌科。灰树花、猪苓、茯苓、硫色干酪菌。

（3）伞菌类

1）鸡油菌科。鸡油菌、小鸡油菌、灰号角、白鸡油菌等。

2）伞菌科。双孢蘑、野蘑菇、林地蘑菇、大肥蘑。

3）粪伞科。田头菇、杨树菇。

4）鬼伞科。毛头鬼伞、墨汁伞、粪鬼伞、白鸡腿蘑。

5）丝膜菌科。金褐伞、黏柄丝膜菌、蓝丝膜菌、紫丝膜菌、皱皮环锈伞等。

6）蜡伞科。鸡油伞蜡伞、小红蜡伞、变黑蜡伞、鹦鹉绿蜡伞。

7）光柄菇科。灰光柄菇、草菇、银丝草菇。

8）粉褐菌科。晶盖粉褐菌、斜盖褐菌。

9）球盖菇科。滑菇、毛柄鳞伞、白鳞环锈伞、尖鳞伞。

10）靴耳科。靴耳。

11）鹅膏科。灰托柄菇、橙盖鹅膏菌。

12）口蘑。大杯伞、雷蘑、鸡肉白香蘑、长根菇、松口蘑、金针菇、堆金钱菌、红蜡蘑、棕灰口蘑、榆生离褐伞等。

13）牛肝菌科。美味牛肝菌、厚环乳牛肝菌、褐疣柄牛肝菌、黏盖牛肝菌、黑牛肝菌、松乳牛肝菌、松塔牛肝菌。

14）铆钉菇科。铆钉菇。

15）桩菇科。卷边网褶菌、毛柄网褶菌。

16）红菇科。大白菇、变色红菇、黑菇、正红菇、变绿红菇、松乳菇、多汁乳菇。

17）侧耳科。香菇、虎皮香菇、糙皮侧耳、金顶侧耳、桃红侧耳、凤尾菇、小平菇。

（4）腹菌类

1）灰包科。网纹灰包、梨形灰包、大秃马勃、中国静灰球。

2）鬼笔科。白鬼笔、短裙竹荪、长裙竹荪。

3）灰包菇科。荒漠胃腹菌。

4）黑腹菌科。倒卵孢黑腹菌、山西光腹菌。

5）须腹菌科。红须腹菌、黑络丸菌、柱孢须腹菌。

6）层腹菌科。梭孢层腹菌、苍岩山层腹菌。

二、食用菌的主要成分

食用菌不仅味道鲜美、质地脆嫩，还含有人类需要的各种营养成分（表5-1），且数量丰富、比例恰当，有害成分远低于国际标准，是世人公认的理想食物。食用菌的营养价值大致介于果蔬和肉类之间，但又有其显著特点。

表 5-1 几种食用菌的蛋白质、维生素、矿物质等营养成分表

食用菌种类	水分/(g/100g 干重)	蛋白质/(g/100g 干重)	脂肪/(g/100g 干重)	碳水化合物/(g/100g 干重)	热量/(kJ/100g 干重)	粗纤维/(g/100g 干重)	灰分/(g/100g 干重)	钙/(mg/100g 干重)	磷/(mg/100g 干重)	铁/(mg/100g 干重)	胡萝卜素/(mg/100g 干重)	硫胺素/(mg/100g 干重)	核黄素/(mg/100g 干重)	烟酸/(mg/100g 干重)	维生素C/(mg/100g 干重)
蘑菇	9.01	36.1	3.6	31.2	1264	6.0	14.2	131.0	718	188.5	—	—	—	—	—
口蘑	16.80	35.6	1.4	23.1	1033	6.9	16.2	100.0	1620	32.0	—	0.020	2.59	55.1	—
香菇	18.50	13.0	1.8	54.0	1188	7.8	4.9	—	—	—	—	0.070	1.13	18.9	—
羊肚菌	13.60	24.5	2.6	39.7	1172	7.7	11.9	—	—	—	—	—	—	—	—
金针菇	10.80	16.2	2.3	60.2	1347	7.4	3.6	76.0	280	8.9	—	0.160	1.59	23.4	—
侧耳	10.20	7.8	—	69.0	1372	5.6	5.1	21.0	220	3.2	—	0.120	7.09	6.7	—
铜色牛肝菌	20.70	23.2	—	49.9	1222	—	6.2	11.0	520	—	—	—	4.22	—	—
全绿红菇	17.90	17.2	—	64.9	1372	—	—	11.0	400	51.2	—	—	3.60	66.3	—
褐绒盖牛肝菌	21.10	18.3	—	54.7	1222	—	5.9	—	300	—	—	—	3.09	—	—
鸡枞菌	22.90	28.8	—	42.7	1197	—	5.6	2.3	750	—	—	—	1.20	64.2	—
草质红菇	15.10	15.7	—	63.3	1322	—	5.9	23.0	500	—	—	—	3.54	42.3	—
银耳	10.40	5.0	0.6	78.3	1418	2.6	3.1	380.0	—	—	—	0.002	0.14	1.5	—
木耳	10.90	10.6	0.2	65.5	1280	7.0	5.8	357.0	201	185.5	0.03	0.150	0.55	2.7	—
易逝杯伞	21.10	18.3	—	54.7	1222	—	5.9	—	300	—	—	—	3.09	—	—

（一）水分含量高

新鲜食用菌的含水量通常为85%~95%，多数为90%左右。不同种类的食用菌含水量不同，即使同一种食用菌，不同的栽培原料、管理措施、采收期都会对子实体含水量产生较大影响。

食用菌的水分，按其存在状态可分为两部分，一部分是束缚水（包括胶体结合水和化合水），另一部分是自由水，也称游离水。束缚水是结合于细胞内亲水物质中的水，含量比较稳定，即使高温干燥也不易蒸发，低温下不易结冰。自由水存在于细胞内和细胞间隙中，不稳定，在低温条件下能够结冰，在高温干燥条件下容易蒸腾散失。在食用菌贮藏加工过程中，水分的变化主要是自由水含量的变化。水分是影响食用菌鲜度、嫩度和风味极其重要的成分之一。在贮藏保鲜过程中，如果自由水蒸腾损失过多，就会使鲜菇外观萎蔫、干裂、风味变劣。但如果自由水含量过高，就会影响食用菌贮藏保鲜的稳定性，容易滋生霉菌，导致子实体腐烂变质。在高温季节，后一种现象更为严重。

影响鲜菇水分散失的重要因素是温度和空气相对湿度。所以，在贮藏保鲜期要特别注意对环境温度和相对湿度的控制。在进行干制加工时，则要注意升温和排湿同步进行，以期用最省的能量加工出最好的产品。

（二）蛋白质含量高

食用菌中含有极其丰富的蛋白质，由表5-2可以看出，在蔬菜、粮食、肉蛋奶及食用菌四类食品中，食用菌蛋白质含量较高。干蘑菇中蛋白质含量平均为36.1%，是菠菜含量的20倍，是标准面粉的3倍，比牛肉的蛋白质含量高出了79.6%，享有"植物肉"之称誉。

表5-2　5种食用菌与其他食物蛋白质含量（g/100g 干重）比较表

食用菌	蛋白质	蔬菜作物	蛋白质	粮食作物	蛋白质	肉蛋奶	蛋白质
口蘑	35.60	白萝卜	0.60	稻米	8.50	牛肉	20.10
蘑菇	36.10	大白菜	1.10	小麦	12.40	猪肉	16.90
香菇	18.40	菠菜	1.80	小米	9.70	鸡蛋	14.80
金针菇	16.20	黄瓜	0.80	玉米	8.50	鲤鱼	18.10
平菇	19.46	番茄	0.60	高粱米	9.50	牛乳	3.50

（三）氨基酸种类齐全、含量高

食用菌中的氨基酸不仅种类齐全并且含量高，它们所含的氨基酸种类都有17种之多（表5-3），其中有8种氨基酸由于人体自身不能制造，粮食中通常又缺少，因此在营养上显得格外重要，被称为"必需氨基酸"，这8种氨基酸是赖氨酸、苏氨酸、甲硫氨酸、亮氨酸、异亮氨酸、色氨酸、苯丙氨酸和缬氨酸。其中赖氨酸是儿童体质和智力发育所必需的，可用平菇、香菇和杏鲍菇补充。

表5-3　7种食用菌的氨基酸含量（mg/100g）

水解蛋白氨基酸	香菇	平菇	金针菇	杏鲍菇	竹荪	黑牛肝菌	松乳菇
苏氨酸 Thr*	780	872	146.6	741	138.7	920	1 011
缬氨酸 Val*	730	1 033	25.2	891	61.9	1 206	1 353

续表

水解蛋白氨基酸	香菇	平菇	金针菇	杏鲍菇	竹荪	黑牛肝菌	松乳菇
甲硫氨酸 Met*	200	666	93.8	578	208.7	831	413
异亮氨酸 Ile*	670	885	212.4	637	189.4	704	955
亮氨酸 Leu*	1 020	1 163	113.9	1 016	108.9	1 218	2 342
苯丙氨酸 Phe*	620	1 086	91.6	671	92.6	888	994
赖氨酸 Lys*	810	1 023	52.5	1 025	31.02	864	1 483
天冬氨酸 Asp	1 510	2 268	121.5	1 222	150.4	1 659	2 822
丝氨酸 Ser	840	917	601.9	694	431.7	859	902
谷氨酸 Glu	3 370	3 614	548.0	2 535	178.2	2 341	3 591
甘氨酸 Gly	740	863	352.3	811	223.1	1 080	1 305
丙氨酸 Ala	1 100	1 173	71.2	948	74.8	1 189	1 542
半胱氨酸 Cys	260	158	146.7	243	65.3	66	94
酪氨酸 Tyr	520	404	32.8	146	73.4	510	814
组氨酸 His	360	502	75.5	326	161.5	423	491
精氨酸 Arg	840	765	422	725	7.38	934	1 842
氨基酸总量	13 270	17 392	2 685.9	13 209	2 812.5	15 692	13 855

*代表人体必需氨基酸

必需氨基酸在食用菌中的含量很高,以草菇所含的 8 种必需氨基酸为例(表 5-4),除异亮氨酸和甲硫氨酸低于猪肉外,其余均高于牛肉、猪肉、牛乳和大豆,且总氨基酸含量最高,可达 38.2%。

表 5-4 草菇与其他几种食物的必需氨基酸含量比较(%)

必需氨基酸	草菇	牛肉	猪肉	牛乳	大豆
异亮氨酸	4.2	0.49	11.26	0.91	4.11
亮氨酸	5.5	0.10	未测	未测	未测
赖氨酸	9.8	1.89	8.18	0.50	2.50
甲硫氨酸	1.6	0.11	2.29	0.16	0.39
苯丙氨酸	4.1	0.69	3.61	0.24	1.64
苏氨酸	4.7	0.11	4.40	0.25	1.40
缬氨酸	6.5	0.36	4.75	0.39	1.39
色氨酸	1.8	0.76	未测	未测	0.24
合计	38.2	4.51	34.40	2.45	11.67

(四)含有丰富的碳水化合物,而不含淀粉

碳水化合物是食用菌中含量较高的组分(表 5-1),如银耳中碳水化合物的含量高达 78.3%,口菇中有 23.1%。在食用菌碳水化合物中,不仅含有一般植物所含的单糖、双糖和多糖,还含有一些其他植物少有的糖类,如氨基糖、糖醇、糖酸和多糖蛋白等,它们经水解生成葡萄糖后被吸收利用,其他则主要为膳食纤维。与植物中的碳水化合物相比,食用菌不含任何淀粉,所含的糖的功能同高等植物的淀粉。

碳水化合物是人体热量的最主要来源，每克碳水化合物在人体内能产生 4.1kcal 热量，虽然它低于同样重量的脂肪所产生的热量，但大量食用不会引起油腻感，最重要的是碳水化合物能够较快地释放热量供给全身细胞维持正常的生理功能。食用菌含有的热量，比米、面所含的热量低，但却略高于某些蔬菜（表 5-5）。

表 5-5　食用菌热量比较

比较项目	双孢蘑菇	凤尾菇	草菇	黄豆	大米	面粉	大白菜	菠菜	番茄
碳水化合物/（g/100g 干样）	59.9	58.4	47.8	28.1	85.2	82.5	48.0	38.7	55.0
热量/（kcal/100g 干样）	328	379	310	457	405	402	320	336	375

（五）脂肪含量低

脂肪含量极低，仅为干重的 0.2%～3.6%（表 5-1），远低于动物性食品，是很好的高蛋白低能值食物，与谷物类作物相当，是典型的低热量食物。与动物相比，食用菌的不饱和脂肪酸含量高于饱和脂肪酸（表 5-6），主要为油酸和亚油酸，也是必需的营养素。常食食用菌，既能保证人体对不饱和脂肪酸的需要，又能避免饱和脂肪酸过多所造成的危害。

表 5-6　9 种食用菌饱和脂肪酸和不饱和脂肪酸的含量（%）

食用菌种类	脂肪酸含量	
	饱和脂肪酸	不饱和脂肪酸
草菇	14.6	85.4
冬菇	19.9	80.1
香菇	24.0	76.0
关东香菇	27.9	72.1
花菇	20.4	79.6
双孢蘑菇	19.5	80.5
肺形侧耳	20.7	79.3
木耳	25.8	74.2
银耳	22.8	77.2

（六）维生素种类齐全、含量丰富

食用菌含有多种维生素（表 5-7），如维生素 B_1、维生素 B_2、维生素 B_3、维生素 B_{12}、烟酸、维生素 C、维生素 D 原等。在食用菌中含量较高的是 B 族维生素、维生素 D 原，这恰恰是现在人体最容易缺少的而又必须天天补充的微量元素。维生素 D 可以促进钙的吸收，从而促进骨骼的形成和预防多种疾病的发生。鲜菇维生素含量高于干菇。多数菌类维生素 B_1、维生素 B_2 和烟酸的含量比肉类高，维生素 B_{12} 比奶酪和白鱼高。大部分食用菌都富含维生素 B_{12}。在常见的食物中，维生素 B_2 含量最高的是猪肝，为 2.11mg/100g，花生米为 0.11mg/100g，其他食物更低。平菇的维生素 B_2 含量则高达 3.3mg/100g。美国推荐的维生素 B_2 每日需要量（RDA）为 1.7mg，因此只需 50g 平菇即可满足一天的维生素 B_2 需要。维生素 B_1 对人体碳水化合物代谢及调节神经系统有重要作用，其 RDA 为 1.5mg，羊肚菌中其含量为 3.92mg/100g，是所有食物中含量最高的，比花生米高 2.81 倍，比牛肉高 55 倍。木耳中维生素 C 的含量极高，达 25.5mg/100g，高于蔬菜和水果，是苹果的 41 倍、荔枝的 5.7 倍、大白菜的 8.6 倍。

表 5-7　18 种食用菌的维生素含量　　　　　　（单位：mg/kg 鲜重）

菌类	维生素 B_1	维生素 B_2	维生素 B_3	维生素 C	维生素 D 原
双孢蘑菇	1.6	0.7	48.0	131.9	1240.0
香菇	0.7	1.2	24.0	109.7	2460.0
草菇	12.0	33.0	919.0	206.0	—
金针菇	3.1	0.5	81.0	109.3	2040.0
滑菇	0.8	0.5	33.0	88.3	2230.0
平菇	4.0	1.4	107.0	93.0	1200.0
木耳	1.9	12.0	41.0	254.9	350.0
银耳	1.2	0.1	22.0	45.7	410.0
灰树花	2.5	0.8	91.0	148.4	2250.0
元蘑	—	0.3	—	150.7	580.0
松茸	—	1.5	—	156.2	2210.0
蜜环菌	—	0.6	—	109.6	1300.0
橙盖伞	—	3.5	—	118.8	1580.0
丛生离褶伞	0.8	0.6	90.0	109.7	2020.0
金号角	—	1.1	—	670.2	510.0
日本美味松乳菇	—	4.4	—	73.7	1260.0
乳牛肝菌	—	0.7	—	90.7	1040.0
竹荪	—	0.5	—	40.1	370.0

注：木耳 1kg 干样品中的含量

（七）矿物质元素"全"

食用菌所含矿物质元素很多（表 5-8），常见的有磷、硫、钙、铁、钾、镁、锰、锌、硼、铜、钴等，这些元素参与人体组织、细胞的构成，能量转换及作为酶的辅基等。磷和硫的有机物参与脂蛋白和脱氧核糖核酸的生成，在维持遗传稳定性和正常新陈代谢方面具有重要作用。凤尾菇中磷的含量为 950mg/100g，约为小麦的 2.5 倍、大米的 3.6 倍。铁盐能参与人体血液的新陈代谢等，是血红素的重要组成部分，凤尾菇铁含量为 23.3mg/100g，木耳高达 185mg/100g；而龙眼为 44mg/100g，猪肝为 25mg/100g，菠菜为 2.5mg/100g，大白菜为 0.4mg/100g。菌体中含有包括硒元素在内的人体必需的几乎所有的矿物元素。食用菌中磷的含量一般是黄瓜、白菜等蔬菜的 5～10 倍。香菇、木耳中铁含量约为一般蔬菜含量的 100 倍，这些矿物质元素对人体生理机能的调节起到重要作用。

表 5-8　10 种食用菌矿物质元素含量　　　　　　（单位：mg/100g 干重）

食用菌	磷	钙	铁	镁	铜	锌
凤尾菇	950.0	1.5	23.30	150	1.40	6.9
双孢蘑菇	400.0	2.8	23.80	100	4.93	9.6
香菇	290.0	130.0	9.75	78	0.60	3.2
木耳	201.0	357.0	185.00			
金针菇	280.0	76.0	8.90			
猴头菇	856.0	2.0	18.00			
草菇	90.2	23.2	13.50			

(八)核酸

核酸与生物的遗传和蛋白质的合成有关,是当前分子生物学研究的主要内容之一,它对阐明遗传和变异的本质十分重要。张树庭和宋德瑜(1983)测定了4种食用菌中核酸的含量并与其他食品进行了比较(表5-9)。

(九)呈味物质

食用菌味道鲜美,风味独特。近年来,国外学者对双孢蘑菇、松口蘑、香菇等食用菌的鲜味及香味进行了深入的研究,发现菇类的鲜味来自不挥发性含氮化合物,而香味来自挥发性物质(八碳化合物)。

表5-9 某些食用菌和食品中的核酸含量

种类	核酸含量/%		总数/%
	DNA	RNA	
酵母			6.0~12.0(干品)
海藻			3.0~8.0(干品)
麦片			1.1~4.0(蛋白质)
鱼和肉			2.2~5.7(蛋白质)
双孢蘑菇	0.17±0.01	2.49±0.08	2.66(干品)
鲍鱼菇	0.37±0.02	3.85±0.05	2.93(干品)
凤尾菇	0.21±0.02	3.85±0.05	4.06(干品)
草菇	0.29±0.01	3.59±0.20	3.88(干品)

资料来源:张树庭和宋德瑜,1983

1. 鲜味物质 食用菌的鲜味与菇体中所含的多种游离态氨基酸和碳水化合物中的D-阿拉伯糖、甘露糖等有关。在氨基酸中,谷氨酸和天冬氨酸呈鲜味,甘氨酸、丝氨酸、脯氨酸、丙氨酸等呈甜味。

鸟苷酸是决定香菇风味的核苷酸。核苷酸在鲜香菇中的含量虽然很少,但当香菇干燥后或把干香菇放温水中浸泡后香味就会增加。各种核苷酸是由核糖核酸在核酸分解菌的作用下分解生成的。香菇经干燥或放在温水里浸泡后,能促进核糖核酸的分解,这样的话,包括鸟苷酸在内的核苷酸含量就增加了。但是,核苷酸在其分解酶的作用下进一步分解成没有鲜味的核苷,因此为避免核苷酸被分解,应设法抑制核苷酸分解菌的作用,而使核糖核酸酶保持高度活性。要使香菇味美,须特别注意干香菇的泡水温度,水温最好在60~70℃。

另外,香菇中还含有多种氨基酸,其中包括大量的味精成分——谷氨酸。谷氨酸与鸟苷酸共存能发挥协同作用,更增加了香菇的鲜味。

2. 香味物质 一系列八碳化合物是食用菌的香味物质。这类挥发性物质包括1-辛醇、3-辛醇、3-辛酮、1-辛烯-3-酮、1-辛烯-3-醇和2-辛烯-1-醇等。

鲜香菇虽然没有干香菇那么香,但它同样含有香味物质的前体——含八碳的醇类和含巯基的物质。干香菇的强烈芳香味是由香菇香精产生的。香菇香精在鲜香菇中几乎检验不出来。香菇香精是在干燥和烹调过程中,香菇酸在酶的作用和非酶的作用下生成的。

第三节　有毒菌类的识别

相对于食用菌而言，有毒菌种类较少，尤其是剧毒而威胁生命的更少，因此要认识它们并不难。但是要用简单几句话概括出所有毒菌的识别规律来并非易事，至少目前难以做到。本节主要通过了解有毒食用菌的外部形态特征及毒性，进而对有毒菌类进行识别。现将我国目前已经发现的剧毒且曾造成误食中毒的15种毒蘑菇的形态特征及毒性介绍如下。

一、毒伞

毒伞别名毒鹅膏、鬼笔鹅膏、绿帽菌、瓢蕈、蒜叶菌。产于云南、安徽、江苏、福建、广东、广西等地。6～9月长在林中地上，为单生或群生。

（一）形态

菌盖较厚，表面有光泽。幼时呈鸡蛋形或钟形，老后平展，有不明显的放射状隐条纹，呈烟灰褐色、棕褐色、暗绿色等多种变化。菌肉白色，菌褶白色，稍密，菌柄白色，圆柱形、脆、空心，光滑或有纤毛，有时有花纹，基部膨大。菌环位于柄上部，白色膜质，下垂，环上有纵条纹。菌托白色，大型苞状。毒伞外形与可食的青鹅蛋菌极相似，但后者菌环残片常悬挂在菌盖边缘，有时菌盖表面有菌环残片，菌柄无花纹。

（二）毒性

极毒。临床常见两种发病情况：一种病情发展较急，迅速出现各系统症状。另一种病情发展较慢，最初只有胃肠道症状，如恶心、呕吐、腹痛、腹泻和便血等，但不久症状消失，1～2d无明显症状，称为"假愈期"。此期过后，患者病情又迅速恶化，表现为呼吸困难、烦躁不安、谵语、嗜睡、面肌抽搐、腓肠肌痉挛。如肝脏损坏较重时，可有黄疸、肝肿大，严重时可引起急性肝萎缩，死亡率甚高。对于和患者同食毒菌而未发病者也必须进行肝功能检查，同时采取一些预防措施。

二、白毒伞

白毒伞别名春生鹅膏、白鹅膏、白帽菌、白罗伞。产于云南、四川、河南、河北、黑龙江、吉林、山东、江苏、安徽、江西、湖南等地。6～9月生于杂木林中地上，散生或群生。

（一）形态

菌体纯白色，表面光滑，比较细长。幼时呈鸡蛋形或钟形，老后平展，渐成伞形。菌褶离生、不等长。菌柄光滑，基部膨大。菌环生在菌柄上部，白色、膜质，上面有不明显条纹。菌托肥厚成苞状。这种毒菌很容易和可食的橙盖伞白色变种相混，后者菌盖边缘有条棱，菌托大，也呈苞状。另外，这种毒菌在幼期也很容易与可食的蘑菇相混，后者没有菌托，食前必须仔细检查每个蘑菇是否有隐藏的菌托，以避免误食中毒。

（二）毒性

极毒。误食后，能严重损害肝、肾、心、肺、大脑中枢神经系统等，属于"肝损害型"中毒。中毒临床表现同毒伞。

三、残托斑毒伞

残托斑毒伞产于广西、贵州等地。5月群生于松林中土地上。

（一）形态

菌盖棕褐色，中央深褐色，具有白色至污白色角锥状颗粒，边缘稍下弯，有条纹，可开裂。幼时呈半球形，老后平展。菌肉白色。菌褶白色，较密，离生，不等长。菌柄向下渐粗，基部稍膨大。菌环生于菌柄中下部，菌托由白色斑块状鳞片组成，易消失。此菌很像豹斑毒伞。

（二）毒性

极毒。中毒严重者死亡。

四、豹斑毒伞

豹斑毒伞别名白芝麻菌、豹斑鹅膏、斑毒菌、满天星等。产于河北、安徽、黑龙江、吉林、福建、广东、广西、云南、青海等地。5~9月生于青杠林、松林或杂木林地上，群生或散生。

（一）形态

菌盖灰褐色至棕褐色，边缘色浅，有条纹，表面附着白色、似芝麻状或角状鳞片，初期呈半球形，后变孢子，无色，平展，湿时稍黏。菌肉白色，薄。菌褶白色，较密。菌柄空心，脆，下部有白色鳞片，基部膨大。菌环生于菌柄中下部，白色，膜质，易脱落。菌托杯状或呈环带。此菌外形与可食的赭盖菌近似，后者菌盖呈蛋壳色至浅红褐色，有茶褐色块状鳞片，边缘有不明显条纹，菌肉白色，伤变为粉红色，菌托易消失，仅在菌柄基部残存鳞片。

（二）毒性

含有抗阿托品作用的毒蕈碱，误食后1~6h发病，最短约半小时。主要有副交感神经兴奋的临床表现。出汗、流泪、流涎、上吐下泻、瞳孔缩小、感光消失、脉搏减慢而不规则、呼吸障碍、体温下降、四肢发冷等。严重者常出现谵语、抽搐、幻视、昏迷，甚至还有肝损害和出血等现象，但一般死亡较少。

五、毒红菇

毒红菇别名呕吐红菇、小红脸菌、桃花菌。产于吉林、辽宁、河南、河北、安徽、江苏、福建、湖南、云南等地。夏秋季生于林中地上，单生或群生。

（一）形态

菌盖浅粉红至珊瑚红色，边缘色较淡，有棱纹，表皮易剥离，幼时扁半球形，后变平展，老时下凹，黏，光滑。菌肉白色，薄，近表皮处红色。菌褶纯白色，较稀，等长，凹生，褶间有横脉。菌柄圆柱形，白色或粉红色，内部松软。此菌有时颜色可褪得很浅，呈粉红色，其外形与可食的红菇相似。但红菇食用菌盖边缘平滑，无棱纹，味不很辣。

（二）毒性

剧毒。食后多在 24h 内发病，初期主要引起胃肠炎型中毒症状。发病快，病程短，剧烈恶心、呕吐、腹痛、腹泻，继而出现肝肿大。严重者出现抽搐、昏迷、脉搏加速、体温上升或下降，有的可因心脏衰弱或血液循环衰竭而引起死亡，病死率高。

六、毒蝇伞

毒蝇伞别名蛤蟆菌、毒蝇菌、捕蝇菌。产于黑龙江、吉林、四川、云南、贵州、福建、西藏等地。6~9 月在林中地上群生。

（一）形态

菌盖鲜红色至橘红色，少有白色、淡色，带或不带黄色鳞片，边缘有短条纹。菌盖幼时半球形，后平展，表面黏。菌肉白色且厚。菌褶白色至黄白色，较密，不等长，边缘整齐或稍带絮状物。菌柄白色，下部白色至黄白色，上部有丝状纤维或稍带絮状物，基部膨大呈球形。菌托由数轮白色或淡黄色颗粒组成。菌环白色至黄白色，大而厚，生于菌柄上部，平滑或带絮状物。外形与可食菌橙盖伞相似，而后者菌盖无白色鳞片，菌褶和菌柄淡黄色，菌托大，白色，呈苞状。

（二）毒性

有毒，含有毒蝇碱，尤以菌盖皮层含量较多。另外，还含有毒蝇母等成分。食后发病快，病程较短，发生剧烈的恶心、呕吐、腹痛、腹泻等胃肠道症状。还可出现神经错乱、出汗、发冷、肌肉抽搐、脉搏减慢、呼吸困难或头晕眼花、牙关紧闭、不省人事等。该菌能毒死苍蝇。

七、鳞柄白毒伞

鳞柄白毒伞别名鳞柄白鹅膏、毒鹅膏。产于吉林、河北、北京、四川等地。6~9 月生于阔叶林或杂木林中地上，单生或散生。

（一）形态

菌体白色。菌盖幼时呈蛋形或钟形，后平展，中央略为凸起，湿润时，表面有黏性，边缘无条纹。菌肉无味。菌褶离生，较密，不等长。菌柄有鳞片，基部膨大，菌环上位。菌托呈苞状。

（二）毒性

剧毒。含毒伞七肽和毒伞十肽。中毒的临床表现与毒伞相同。

八、褐鳞小伞

褐鳞小伞别名褐鳞小伞菌。产于河北、北京、江苏、青海等地。春秋季长在草地上、竹园内，单生或群生。

（一）形态

菌体小，菌盖赭黄、带粉红色，肉质，幼时凸圆形，后扁平，中央稍凸起，表面裂成红褐色或褐色平伏小鳞片，边缘内卷，有棉絮状纤毛。菌肉白色，薄。菌褶幼时白色，后稍带黄色，离生，密，菌褶边缘稍粗糙。菌柄白、带粉红色，细长中空，基部稍膨大。菌环白色，圈状，位于菌柄中部，易脱落。

（二）毒性

此菌极毒，含毒伞肽和毒肽。食后一般发病慢，潜伏期15~20h，最长的约30h。有时发病快，食后不到半小时即发生剧烈的胃肠道症状，还可出现恶心、呕吐、腹痛、腹泻等症状。以后似乎病愈，约1d以内无明显症状，即为假愈期。实际上正是侵害内脏器官期，出现肝肿大或萎缩（肝细胞坏死、脂肪变性）、黄疸、心肌炎、皮下出血、肝性脑病等。再后为精神症状期，严重者烦躁不安、昏迷不醒，最后抽搐、休克而死。属于肝损害型毒菌中毒。

九、毒粉褶菌

毒粉褶菌别名毒赤褶菇、内缘菌、土生红褶菇。产于黑龙江、吉林、安徽、江苏、贵州、台湾等地。夏季生于阔叶林、针叶林地上，单生或丛生。

（一）形态

菌盖污白色到黄白色，幼时扁半球形，后近平展，中部稍凸起，边缘波浪状，常开裂，表面有丝光。菌肉白色。菌褶最初白色，成熟后变成粉红色或皮肤色。菌柄白色，肉质，基部膨大。

（二）毒性

有毒。食后发病快，约半小时就出现剧烈恶心、呕吐、腹痛、腹泻等胃肠炎型中毒症状，还可出现心跳减慢、呼吸困难、尿中带血等症状。有时潜伏期可达6h，严重者可死亡。极似毒伞肽中毒症状，如抢救及时，少有死亡。

十、秋生盔孢伞

秋生盔孢伞别名秋生鳞耳、焦脚菌。产于贵州、四川、新疆等地。秋季生于林中腐树桩或腐木屑上，群生或丛生。

（一）形态

菌盖初为黄色，渐变暗深褐色，中央褐色，幼时钟形，成熟后扁平，中部凸起，边缘有细条纹，湿润时稍黏。菌肉淡褐色。菌褶最初黄色，后变黄褐色，较密，直生，不等长。菌柄上部黄色，基部黑褐色，空心，有纵条纹。

（二）毒性

极毒。潜伏期一般多在24h以内，少数也可达3d以上。中毒症状和毒伞、白毒伞相似。病死率较高。

十一、肉褐鳞小伞

肉褐鳞小伞别名肉褐鳞环柄菇。产于黑龙江、河北、北京、安徽、江苏、上海、四川等地。秋季生于庭院林中及草地上，单生或群生。

（一）形态

菌体小，菌盖具褐色或暗紫褐色、环带状排列的鳞片，中部色暗且常稍凸起，幼时近球形，后呈扁平球形至平展。菌肉粉白色，近盖表皮处带肉粉色，伤后色变深，稍密，离生，不等长。菌柄内部松软至空心。菌环以上粉白色，菌环以下具显著的褐红色或暗紫褐色、环状带排列的鳞片，菌环窄，常只留有痕迹。

（二）毒性

极毒。其中毒症状同毒伞、白毒伞、秋生盔孢伞及褐鳞小伞等。属肝损害型，病死率高。

十二、黄丝盖伞

黄丝盖伞别名黄高脚毛锈伞、毛锈伞、黄毛菌。产于吉林、河北、云南、福建、甘肃、西藏等地。夏秋季生于阔叶林中地上，单生或散生。

（一）形态

菌盖谷黄至黄褐色，呈圆锥形至钟形，展开后可见中央有明显的凸起，表面有丝光辐射状条纹，边缘辐射状开裂成花瓣状。菌肉白色或近白色，菌褶浅黄色至青黄色，褶缘污白色，弯生至近离生。菌柄黄褐色，圆柱形，纤维质，内部松软至中空。

（二）毒性

产生精神型症状，与裂丝盖伞相同。误食后，出现出汗不止、瞳孔散大等副交感神经兴奋症状，有的伴有胃肠道症状，用阿司匹林治疗，效果较好。

十三、花褶伞

花褶伞别名斑褶伞、网纹斑褶菌、笑菌、斑褶菌、牛屎菌。产于吉林、河北、湖南、浙江、四川、贵州、新疆、西藏、青海、海南岛等地。春秋季生于牛马粪、肥土或路边草地上，生长普遍，群生或散生。

（一）形态

菌盖烟灰色，干时灰色有光泽，盖顶蛋壳色，稍有皱纹，边缘有菌幕残片，钟形至半球形，中央稍凸，光滑，不黏。菌肉色淡，薄。菌褶灰白色，有黑灰色花斑，稍宽，直生，不等长。菌柄柱形，红色或浅紫色，有白色粉末，空心，常扭曲。

（二）毒性

该菌含光盖伞素，食后发病快，约 1h 后出现精神异常、瞳孔放大，或产生幻视，或跳舞唱歌、大声狂笑，有的则说话困难或昏睡不醒。除严重者外，一般无胃肠道症状。

十四、包脚黑褶伞

包脚黑褶伞别名包脚洁皮菇、包脚黑伞。产于河北、北京、青海、新疆等地。夏秋季生于阔叶林、灌木丛或草丛地上，单生或散生。

（一）形态

菌盖幼时白色，扁半球形，后变为淡黄色，平展，中间稍凹。菌肉白色，厚。菌褶粉红色，后变为黑褐色，离生，稠密。菌柄白色，基部膨大（直径 4～6cm），向上渐细。菌托肥大，边缘锯齿状。

（二）毒性

剧毒。误食后发病率高，潜伏期较长，一般约11h，最长达42h，主要表现为恶心、呕吐、腹痛、腹泻、便血。有的还出现体温升高、瞳孔放大等。中毒严重者，引起急性中毒性肝炎（肝肿大或肝萎缩）、黄疸、胃肠黏膜出血、组织坏死、脂肪变性，以致最后死亡。按此中毒症状，有长潜伏期，毒素应为毒伞肽或毒肽类。

十五、黑红菇

黑红菇别名猪仔菇、火炭菌、菌子王、老鸦菌、稀褶黑菇。产于吉林、安徽、江苏、江西、湖南、浙江、福建、云南、台湾等地。6～9月生于阔叶林中地上，群生。

（一）形态

菌体大，幼时灰褐色至黑褐色，中央内凹，平滑，老后污白色至黑褐色，边缘有不明显的条纹。菌肉灰白色，较厚，受伤后先变红褐色，再变黑色或立即变黑色，稍带水果香味。菌褶白色，宽厚而稀疏，凹生，不等长，有时褶间有横脉。菌柄幼时污白，后变黑褐色，圆柱形，实心，肉质，脆。

（二）毒性

有毒。中毒后恶心、呕吐、腹部剧痛、流口水、筋骨痛或全身发麻、神志不清，严重者甚至昏迷死亡。家畜、塘鱼食此菌也会大量死亡。

第四节 食用菌的营养保健功效

食用菌产品符合联合国粮食及农业组织（FAO）和世界卫生组织（WHO）提出的开发新的食品资源必须符合"天然、营养、保健"的要求，具有"可食、可补、可药"三种功能，所以国内外科学家从营养角度对食用菌给予了高度评价，一致认为食用菌集中了食品的一切良好特性，其营养价值达到"植物性食品的顶峰"，被誉为十大"健康食品"之一，并把食用菌推荐为现代宇航员的食品。

一、营养保健成分

食用菌可以分为以平菇、香菇、蘑菇、金针菇、木耳为代表的食用型菌类和以灵芝、冬虫夏草、茯苓等为代表的药用型菌类两大类。食用菌含有丰富的营养价值，主要包括多糖类、三萜类、蛋白质类、多肽类、腺嘌呤核苷、牛磺酸、甘露醇、内脂等，还含有丰富的维生素和矿物质。食用菌具有低盐、低糖、低脂肪、高蛋白的特点，食用菌这种物质的组分特点使其不仅具有很好的营养特性，还具有很好的保健功能。目前，食用菌中营养保健成分主要分为以下 10 种。

（一）食用菌多糖

食用菌作为一个大家族，种类繁多，其中一部分被用于营养食疗和医药中，一些食用菌提取物，特别是药用菌提取物，已被证实具有很好的免疫调节和抗肿瘤活性。研究表明，多糖是食用菌中免疫调节和抗肿瘤的主要活性物质之一，食用菌多糖可以增强人体免疫功能、减缓肿瘤细胞的扩散、对部分病毒有一定的抵抗作用。食用菌多糖对人体的作用是全面的，是一种天然抗体，可以大大减少人体恶性疾病的发生。

食用菌含有丰富的糖类物质，如平菇类的多糖干重含量是 46.6%～81.8%，双孢蘑菇干重的 60%为多糖。随着食品营养学和分子生态学的发展，人们注意到食用菌多糖对人体免疫应答的影响是很多的。例如，香菇、木耳、银耳、灵芝、茯苓、猴头菇、竹荪、灰树花等真菌中的某些多糖成分，具有活化巨噬细胞、刺激抗体产生，进而达到提高人体免疫能力的生理功能。而且，随着研究的深入，食用菌抗脂肪肝、抗衰老、抗病毒等生理作用不断地被报道出来。

（二）蛋白质

食用菌中蛋白质含量比较高，新鲜状态时占 3%左右，烘干后含量高达 40%以上。其含量远远高于水果蔬菜和粮食类，可与肉、蛋类食物媲美，但其含有的脂肪和胆固醇远远低于肉类，并且易于消化，属于大家公认的最佳减肥食品。食用菌的蛋白质不仅可以提供能量，最主要的是可以补充人体多种必需的氨基酸，食用菌蛋白质中人体所需的必需氨基酸种类齐全、丰富，有 8 种之多，其中赖氨酸和亮氨酸的含量尤为丰富，是为数不多的氨基酸天然宝库，市场上好多氨基酸补品的成分就是食用菌。食用菌自身除了可提供营养外，对平衡营养成分、改进食物构成、提高蛋白质利用率都有促进作用。例如，单独食用大豆，人体只能吸收 43%的蛋白质，但若与平菇搭配食用，其利用率可提高至 80%左右。并且食用菌含有的必需氨基酸的比例与人体极其吻合，更容易同化。食用菌中谷氨酸含量较高，这也是其味道鲜美的主要因素。有些食用菌中含有的精氨酸、赖氨酸比较高，对孩子的智力发展可以提供一定的帮助。

（三）脂类

食用菌蛋白质含量高，可与肉类相媲美，但是脂肪含量极低，仅为干重的 0.6%～3%，是很好的高蛋白低能值食物。在其很低的脂肪含量中，不饱和脂肪酸中的油酸、亚油酸、亚麻酸等可有效地清除人体血液中的垃圾，延缓衰老，还能降低胆固醇的含量和血液黏稠度，能预防高血压、动脉粥样硬化和脑血栓等心脑血管疾病，是健美减肥者的首选食品。

（四）维生素

蜜环菌、羊肚菌、鸡油菌以富含维生素 A 著称，多食此类蘑菇可以防止视力失常、夜盲症、眼角膜硬化及皮肤炎症，还可促进性腺功能。

食用菌含有丰富的 B 族维生素，维生素 B_{12} 的含量比肉类还要高。它能防止恶性贫血，改善神经功能，并有降低血脂的作用。一般来说，人体相对易缺乏的是维生素 B_1，双孢蘑菇、大红菇、木耳中所含的维生素 B_1 比一般植物性食品都要高，对提高食欲、恢复大脑功能、增加乳汁有一定的好处，心脏病、神经炎、胃肠功能障碍、脚气症患者多食此类食用菌有助于身体康复。维生素 B_2 参与机体的氧化还原反应，可提高对蛋白质的利用率，促进生长发育；能有效防止各种黏膜及皮肤炎症；还能和烟酸协调进行各种解毒作用。一般的食用菌都含有维生素 B_2，大红菇、松茸、香菇、羊肚菌中含量更为突出。

动物性食物和牛乳等食品中维生素 C 含量很少，但平菇、香菇、草菇、双孢蘑菇中富含维生素 C，一般食用菌中也均含有。食用菌因其高度还原性而具有抗氧化作用，可提高机体免疫功能。

维生素 D 是菇类中最常见的维生素，以香菇的含量最高，每克干香菇含 128IU，是以营养价值高著称的大豆的 21 倍、紫菜的 8 倍。一个正常人每天需要维生素 D 为 400IU，这样每天食用 3～4g 香菇就可以满足对维生素 D 的需要。维生素 D 是钙质成骨的必需因素，所以多食香菇可防止儿童由钙代谢障碍所致的佝偻病，妊娠妇、产妇的骨软化症，并能提高人体对疾病的防御能力。

维生素 E 具有许多重要的生理功能，如抗衰老作用、抗凝血作用、增强免疫力、改善末梢血液循环、防止动脉硬化等，其中最突出的化学性质是抗氧化作用。灵芝、木耳、栗蘑等菌中维生素 E 含量较丰富。

（五）矿物质元素

食用菌的自然生长环境多是森林，有的直接依附在枯木上或树根下，这些大地的屏障提供食用菌充足的养分，食用菌中矿物质含量相对较丰富，大部分是人体所需的常量元素和微量元素。其灰分一般占干重的 2%～15%，除钙、镁、铁、钾、磷、铜、锌、锰含量较高外，还富含具有抗衰老、增强免疫力、防治心脑血管病等现代疾病的微量元素硒和锗等。其中木耳中铁的含量尤为丰富，常食用木耳不仅能够养血驻颜、令人肌肤红润，还可防治缺铁性贫血；金针菇含有锌，能够增强儿童的智力；羊角地花孔菌等含有丰富的硒元素等。

（六）膳食纤维

大部分食用菌还含有丰富的膳食纤维，能够增强消化道的蠕动，促进排毒，降低能量吸收。例如，金针菇含有朴菇素和凝集素，可增强机体对癌细胞的抗御能力等。

（七）多酚

食用菌多酚是食用菌中提取的具有两亲结构和诸多衍生化反应活性的一类次生代谢产物。大量研究成果表明，食用菌多酚在抗肿瘤、抗氧化、抗病毒、抑菌、降血脂血糖和减缓骨质疏松等方面具有良好的作用。

（八）麦角甾醇

大多数食用菌中富含麦角甾醇，其经紫外线照射后可以转化为维生素 D_2，维生素 D_2 是维生素 D 家族中的重要成员之一。维生素 D 是调节机体钙和磷代谢及细胞增殖分化不可缺少的固醇类激素的前体。近年来的研究发现，大多数食用菌中麦角甾醇的含量都很高，而且栽培食用菌高于野生食用菌，这主要是栽培食用菌生长在黑暗环境中，未经阳光照射的原因。

（九）三萜类

三萜类化合物是食用菌非常有效的成分之一。三萜类物质有安神、镇痛、解痉、抑制血管痉挛、抑制肥大细胞释放胺、缓解哮喘症状、降胆固醇、降低半乳糖胺引起的肝损伤、抑制肿瘤、降低血液黏度、抑制病毒生长等作用。

（十）腺苷

灵芝、蜜环菌、虫草、猴头菇、木耳等许多食用菌都含有腺苷成分，腺苷是核苷类物质。腺苷有很好的降胆固醇、降低血液黏度、抑制血小板聚集、改善血液微循环、抗缺氧和提高心肌营养性吸收的功效。

此外，食用菌还含有各种酶，能利尿、健脾胃、助消化；含有能强身滋补、清热解毒、抗病毒等的药效成分，但是不同的食用菌含有不同的药效成分。

二、保健与医疗功效

食用菌营养丰富、味道鲜美，自古以来就被人们列为美味佳肴，并以含有高蛋白质、低脂肪、人体必需氨基酸、矿物质、维生素和多糖等营养成分的"健康食品"而著称。食用菌不仅富含蛋白质和氨基酸等营养成分，还有许多特殊的保健与医疗功效。现简述如下。

（一）对心脑血管的保健作用

1. 降低血脂　①抑制胆固醇的合成，香菇、金针菇、木耳等食用菌含有甾醇类衍生物，对胆固醇的合成有抑制作用，能预防高胆固醇血症的形成。②可促进胆固醇的排泄，香菇多糖等一些食用菌多糖能降低血胆固醇，这与其促进胆固醇代谢并增加其产物在粪便中排泄有关。③增加血液中高密度脂蛋白胆固醇含量，降低低密度脂蛋白胆固醇的含量，胆固醇等脂类物质必须和蛋白质及磷脂结合，组成脂蛋白才能溶解于血液内。血液内有两类脂蛋白胆固醇：一类是有害的，为低密度脂蛋白胆固醇，过多往往造成动脉粥样硬化；另一类是有益的，为高密度脂蛋白胆固醇，它可以把沉积在血管壁上的低密度脂蛋白胆固醇"吸出"，并搬运至肝脏进行分解，合成胆酸，随胆汁流进肠内排出体外。而某些食用菌多糖能使血液中的低密度脂蛋白胆固醇的浓度降低，高密度脂蛋白胆固醇含量升高，从而达到降低血脂的目的。④提高蛋白脂酶活性，有些食用菌如冬虫夏草等可以活化血液中的蛋白脂酶，加速血管壁和皮下脂肪组织中沉积的脂肪分解。

2. 对心肌缺血的保护作用　心肌的养料和氧气通过冠状动脉的血液供给，冠心病患者由于心肌血液供应不足，诱发心肌梗死。有些食用菌对心肌具有保护作用，主要可能与其增加心脏冠状动脉血流量、降低冠脉阻力和心肌耗氧量有关，从而增加心肌营养性血流量，抗心律失常，防止心脏病的发生。

3. 抗凝血和抗血栓形成　木耳含有丰富的腺苷，能抑制血小板的聚集，防止血管内凝血。银耳多糖可明显延长特异性血栓及纤维蛋白血栓的形成时间，同时能缩短血栓长度，减轻血栓的重量，具有抗血栓形成的功能。

4. 促进骨髓造血功能　骨髓是人体的造血组织，冬虫夏草的子实体和发酵的菌丝体都可刺激骨髓干细胞的增殖，增强其造血功能。动物试验证明，某些食用菌不仅能升高小鼠的血小板，而且使小鼠因有毒化学药剂的影响所致白细胞减少恢复到正常水平，还可以促进小鼠受损的骨髓造血功能的恢复。

（二）免疫调节作用

1. 增强免疫细胞的功能 某些食用菌如香菇、茯苓、冬虫夏草、巴西蘑菇等均可增强单核巨噬细胞的吞噬能力，使进入体内的病菌、毒物等被吞噬消化掉。淋巴细胞是人体重要的免疫细胞，某些食用菌不仅可以促进其成熟、分化和增殖，增加其活性，而且可以促进细胞免疫因子的产生。肿瘤坏死因子和白细胞介素是重要的细胞免疫因子，对癌细胞具有杀伤力，这些细胞因子由淋巴细胞产生，香菇、银耳等均可促进淋巴细胞产生这些免疫细胞因子，提高人体对肿瘤疾病的抵抗力。

2. 增强体液的免疫反应 老年人随着年龄的增长，体液免疫反应会有所下降，而灵芝、银耳等食用菌可以增强机体体液的免疫反应，提高抗病能力。

（三）调节代谢和促进生长发育

1. 降血糖作用 食用菌是糖尿病患者的保健食品。糖尿病是体内胰岛素相对或绝对不足，使体内糖代谢受阻，造成血糖含量过高而引起的。食用菌不仅可以预防糖尿病的发生，而且对糖尿病患者有一定的治疗作用。已有的实验表明，银耳、猴头菇、灵芝、茯苓等食用菌可以增强胰岛 B 细胞分泌胰岛素的能力，提高胰岛素的活性，降低肝糖原和血糖的含量。

2. 提高供氧能力 有报告指出，灵芝等食药兼用菌能够降低机体的自身耗氧量、提高血液的供氧能力和机体耐缺氧能力。由于外周毛细血管中氧合血红蛋白释放更多的氧，供组织需氧代谢消耗，提高代谢功能。在病理情况下，也是机体缺血缺氧的代偿因素，增强了机体对缺氧的耐受性，从而对脑和心脏起到了保护作用。

3. 改善骨质疏松 骨质疏松俗称脆骨症，是骨质脱钙的结果，其直接后果是导致骨折，是老年人中常见的疾病。能改善骨质疏松的食物，一类富含钙和磷，另一类富含维生素 D。食用菌富含钙，如银耳、木耳、香菇、金针菇、平菇、双孢蘑菇、草菇、口蘑、鸡腿蘑等。木耳含钙量是黄瓜、白菜的 10 倍以上。维生素 D 能促进钙和磷的吸收，又可以促进骨骼中的钙盐回收入血液，以维持血钙的浓度。鸡油菌和香菇含有丰富的维生素 D，其中香菇每克含有 128IU，是红薯的 7 倍。

4. 促进生长发育 食用菌所富含的蛋白质品质好，生理活性高，吸收率可达 80% 以上，很适合儿童生长发育期食用。食用菌氨基酸的种类特别丰富，人体必需的 8 种氨基酸，尤其是被称为长高因子的赖氨酸含量都很高，能促进全身的生长发育。食用菌含有丰富的维生素和无机盐，如铁、钙、磷、锌、镁等，是青少年生长发育不可缺少的营养素。食用菌中含有多种有益于青少年健康的特殊物质，如食用菌多糖、核苷酸、腺嘌呤、干扰素诱发剂等，对处于发育期的青少年健康十分有益。

（四）对中枢神经系统的保健作用

1. 增强记忆力 大脑是从事思维、记忆的器官，需要高营养来维持其功能。中老年人随着脑细胞的死亡和减少、活力减退，会出现记忆力衰退，反应迟钝，甚至出现阿尔茨海默病。医学研究表明，供应大脑至关重要的营养物质有蛋白质、脂类、维生素和矿物盐。食用菌是著名的"一高两低"食品，即高蛋白、低脂肪、低热量。双孢蘑菇蛋白质含量高达 47%，比一般蔬菜高 5~12 倍，蛋白质的摄入量若低于每千克体重 0.7g 水平，脑细胞会迅速衰老，一般应保持在每千克体重 1g 左右，即能维持正常水平，对于大多数菌类食品来说，这一水平不难得到满足。食用菌的脂类物质含量虽然不是很高，但其脂肪中不饱和脂肪酸却高达 70%~

80%，是大脑发育所必需的脂质，也是合成磷脂的必需物质，是脑细胞的结构成分。人脑重量的 50%～60%为脂质，其中有 40%～50%不能自身合成，必须从食物中摄取，经常食用菌类食品，有益于营养大脑。菌类食品含有丰富的维生素 C，每千克鲜草菇中含维生素 C 高达 206mg。维生素 C 在促进脑细胞结构的坚固、消除脑细胞的松弛与紧缩方面发挥着重要的作用。充足的维生素 C 可使脑细胞功能敏锐。金针菇、香菇、平菇、双孢蘑菇、木耳、银耳等食用菌含有丰富的维生素 B，B 族维生素则是脑智力活动的重要成分，可预防神经障碍的出现。钙不仅是构成骨髓和牙齿的主要成分，对大脑的活动影响也较大，可以抑制大脑的过度兴奋，保持大脑的清醒，反应敏捷。大脑中钙充足，能使注意力集中。而缺钙则反应迟钝，记忆力减退。食用菌富含钙，以木耳、香菇、银耳含量最高，是黄瓜、白菜的 10 倍以上。

2. 促进儿童智力发育　儿童的智力发育需要高蛋白质的食物补充，菌类富含蛋白质，可作为儿童平衡膳食的营养补充剂，能促进脑神经发育和维持正常功能。蛋白质是由多种氨基酸构成的，人体中的氨基酸一般 10d 更新 1 次，而大脑中的氨基酸每隔数小时就需要更新。食用菌氨基酸中，酪氨酸、谷氨酸相对含量较高，前者可改善神经传递，提高思维能力。后者能够消除脑代谢中产生的氨的毒害，保护大脑，提高儿童的智能。赖氨酸能使人精力集中，促进儿童的智力发育。金针菇富含丰富的赖氨酸，日本称其为"增智菇"。多食金针菇等食用菌，既可以预防阿尔茨海默病的发生，也可以促进儿童的智力发育。

3. 镇静作用　食用菌有镇静安眠的作用，特别是冬虫夏草、竹荪、茯苓、密环菌等，不仅能减少活动次数，延长睡眠时间，改善睡眠质量，而且能减轻由外界刺激因素引起的过度兴奋。

（五）保肝解毒

灵芝、紫芝、香菇、冬虫夏草、竹荪、银耳、猪苓、云芝、树舌、榆蘑、白蘑、多脂鳞伞等食药兼用菌对化学性肝损伤和病毒性肝炎有不同程度的保肝解毒作用。其机理如下。

1）促进肝细胞核酸、蛋白质等的合成，使肝细胞代谢能力增强，使中毒性肝炎病理组织学改变，肝脏解毒能力也增强。

2）促进肝细胞的分裂，使受损伤的肝脑再生能力加强，增强肝细胞能量供给和贮存能力。

3）抑制肝炎病毒的复制，使乙肝患者的症状有一定程度的改善，用灵芝煎剂治疗肝损害型的毒蘑菇中毒患者，取得了较好的效果。

4）香菇含有抗病毒的成分——干扰素诱发剂的活性成分双链核糖核酸，可以诱发肝细胞产生干扰素，对治疗和预防病毒性肝炎有一定的效果。银耳对慢性迁延性肝炎和慢性活动性肝炎都有一定的治疗效果。金耳对中毒性肝炎有明显的保护和恢复作用。肝炎后硬化患者食用冬虫夏草制剂，对提高其血浆白蛋白、增强食欲有一定的作用，能延长患者寿命。

5）食用菌可以保护和加强肝脏的正常生理功能，减轻肝脏的负担。金耳使肝细胞的总脂质和胆固醇的含量下降，防止肝细胞脂质化、患上脂肪肝。

6）猴头菇对治疗慢性乙型肝炎有较好的效果。猴头菇是含锌较高的食用菌，每 100g 干品含有 3.5mg 锌，而锌能阻碍肝细胞膜的脂质过氧化作用，因而肝细胞受到锌的保护而免于受损伤。

（六）改善肠胃功能

食用菌具有显著的益胃润肠作用，食用菌含有 30 多种与消化功能有关的酶，具有特殊的开胃和助消化功能，常食之有助于增进食欲。

食用菌中的蛋白质含量高，消化吸收利用率高，是适于老年人和儿童的食物。食用菌含有的多种维生素具有维持消化道健康的作用。

食用菌中的纤维素含量较高，可助消化、促进肠道蠕动，减少有害细菌分泌毒物对胃肠道的刺激。茯苓可以降低胃酸，对于胃酸分泌过多者有治疗作用。茯苓还可防止胃肠道溃疡的发生。猴头菇是著名的胃肠道保健食用菌，也是一种治疗消化道疾病的药用菌。能治疗胃溃疡、十二指肠溃疡、胃窦炎、慢性胃炎、胃闷胀、胃痛等病，对上腹痛、上腹饱胀、肠炎、胃气泛酸、大便隐血、食欲减退等病也有较好的效果。猴头菌可以预防肠癌和胃癌的发生，对食管癌、胃癌也有一定的疗效，食后患者食欲增加、肿块缩小、症状改善、病情缓解和延长生存时间。猴头菇所含氨基酸成分，为溃疡的愈合、胃黏膜上皮细胞的再生和恢复提供了必要的原料，并具有滋补强壮的功效。

（七）抗衰老

食用菌属于抗衰老食品，这类食品之所以有别于一般的"老年保健品"，是因为衰老的发生是在人体进入老年期以前已经发生的生理过程。食用菌中的功能成分则能增强机体的保护机制，延缓衰老的发生。目前抗衰老的学说几乎全部都与消除人体产生的自由基有关，人体内过多自由基的产生和积累是导致衰老的原因。

食用菌普遍含有金属硫蛋白，具有高度可诱导性，能清除羟自由基。

硒是谷胱甘肽过氧化物酶中的重要元素，是清除体内自由基系统中的重要酶，能抑制和减少自由基的产生和积累。食用菌是富集硒的菌类，只要在培养基中添加硒元素，就能够在菌体内富集起来。果蝇是研究抗衰老药优良的动物模型，用黑柄炭角菌饲喂果蝇，能显著延长果蝇的寿命。

（八）美容减肥

食用菌在美容方面独具魔力，人称"天然美容大师"。食用菌是著名的高蛋白质食品，含有丰富的蛋白质，有丰富的B族维生素和微量元素，能为头发的生长提供营养。

食用菌是富集有机锗的食品。这种化合物能有效地透过皮肤表面，促进皮肤微循环，增强皮肤的营养供给水平和皮肤表面细胞抗氧化酶活力，抑制紫外线诱发的活性氧自由基，并抑制过氧化的发生。

能清除血液中的胆固醇、脂肪、血栓及有害的重金属正离子，使血液不至过稠，保持纯正畅通，增加皮肤的光泽。

能有效地保护皮肤的角质层，防止皮肤角质化增厚而阻碍代谢机能，因而具有抗皱、消炎、清除色斑、保持白嫩的作用，并能使头发增加光泽。我国民间就有用木耳龙眼汤治须发早白的说法；银耳的枸杞汤，可使人皮肤细嫩；羊肚菌能减轻老年斑的发生；灵芝水洗浴能润泽肌肤、容颜悦泽、轻身不老，而且尚可治疗皮肤病。

肥胖症的发生，除少数是因为遗传因素的内分泌失调而造成肥胖外，大多数人是由营养失调造成的。长期的肥胖带来的后果是严重的。肥胖后容易发生糖尿病、高血压、冠心病、中风、肾脏病、脂肪肝等。肥胖症发生率的增加与成年人死亡率的增加高度相关。我国民间用茯苓、竹荪等食用菌作减肥食品有很长的历史。食用菌能减肥的原因是其所含的可溶性纤维素是一种良好的淀粉阻滞剂，它有阻止食物中碳水化合物被人体吸收的作用，且纤维在胃内吸水膨胀，能使人产生饱满感，从而有助于减少食量，控制体重。

食用菌中含硫蛋白的混合物,可减少血胆固醇的含量和阻止血栓形成,有助于增加高密度脂蛋白,把血管内的低密度脂蛋白运至肝脏,合成胆汁酸运到肠内排出体外,达到减肥的目的。

食用菌中的不饱和脂肪酸(如亚油酸等)、维生素E、卵磷脂和钙、磷、硒等,可降低血胆固醇、甘油三酯,防止动脉粥样硬化。食用菌是著名的碱性食品,含有丰富的钾,可以排除体内多余的钠盐,使血压维持正常。

(九)消除疲劳,增强体质

运动员剧烈运动,在肌肉内积累乳酸,使人感到酸痛,而金针菇可增强乳酸脱氢酶的活性,乳酸脱氢酶可以加速乳酸的分解,有效地降低运动后血乳酸水平,即可提高机体抗疲劳能力。

金针菇还可提高肌糖和肝糖原的贮备,在运动时能够分解并释放出能量,对提高速度和耐力有重要的意义。金针菇还可以降低尿素氮的水平,可使机体对运动负荷的适应性增加。金针菇这一保健功能,对于大多数食用菌来说,可能具有普遍意义。

灵芝等的功能成分能增强血红蛋白携氧能力,增强对人体细胞氧的供应量。灵芝具有明显的抗疲劳、抗缺氧、耐低温和提高机体免疫功能的作用。

运动员食用冬虫夏草可以提高长跑成绩,而且体力能够得到很好的恢复。利用某些食用菌能消除疲劳、恢复体力的保健功能,可以将此生理活性因子研制成运动员的保健食品。

三、常见食用菌的营养保健功能

食用菌大多性味甘平,具有补养功效,对人体的保健有良好的作用。主要作用有降低血清胆固醇,改善血液循环,提高血液携氧能力,提高肝脏的解毒能力等。经常食用可以全面调节人体的生理机能、促进新陈代谢、增强免疫功能、抗衰老,是理想的保健养生食品。各类食用菌的营养保健功效如下。

(一)香菇

香菇中的蛋白质不仅含量高,而且质量好,香菇的蛋白质由18种氨基酸组成,其中就有8种是人体必需氨基酸,必需氨基酸总量占氨基酸总量的35.9%,此外,还含有一些蔬菜所缺乏的维生素D原(麦角甾醇)和一些其他特殊成分。由此可见,香菇的营养价值是很高的。

香菇不仅营养价值高,还是传统中药。民间常用香菇来辅助治疗小儿天花、麻疹,以及清热解毒、降低血压等方面的疾病;研究还发现,香菇中含有腺嘌呤、胆碱、酪氨酸、氧化酶及某些核酸物质,所以它能起到降血压、降血脂的作用,对动脉硬化等也可进行治疗和预防;香菇含有真菌多糖,除可降低血压、增强人体的免疫力外,在预防肿瘤方面也有较强功效;香菇组织中提取的水溶性木质素具有刺激巨噬细胞的功能,有助于血液中骨髓细胞的增强,对艾滋病病毒的增殖具有较强的抑制作用;此外,香菇中含有大量的碳水化合物、纤维素、脂肪中的亚麻油酸,以及与人体健康息息相关的维生素B_1、维生素B_2、维生素D,这些物质对糖尿病、肺结核、传染性肝炎、气管炎、神经衰弱性失眠能起治疗作用,还可促进人体的新陈代谢,增强机体免疫力,防止酸性食品中毒,而且它不像化学药物那样具副作用。经常食用香菇,可预防坏血病、肝硬化及多种炎症,并可降低血液中胆固醇含量,防止动脉硬化及血管变脆。因此,香菇称为"健康食品""营养元素之宝库"一点也不过分。

（二）凤尾菇

凤尾菇的蛋白质含量很高。干物质中蛋白质高达 21.2%，并且含有人体必需的 8 种氨基酸，总量占所有氨基酸总量的 35%以上，特别是粮食食品中限制性氨基酸，像赖氨酸、甲硫氨酸、苏氨酸等，凤尾菇中含量都较高，所以它对改进食物构成、平衡营养成分和提高蛋白质利用率尤其显得重要。

凤尾菇中含有多种维生素和较多的矿物质元素，其矿物质成分的含量比牛、羊肉还高。

凤尾菇不含淀粉，脂肪含量少，是糖尿病患者和肥胖症患者的理想食品，还有降低胆固醇的作用，所以人们称凤尾菇为"健康食品""安全食品"。

（三）草菇

新鲜草菇品质鲜嫩，清香鲜美。其干制品香味更加浓郁，制成罐头、草菇酱油、草菇粉等制品，各具特色，为国内市场所欢迎。

草菇不仅味道鲜美，而且营养价值很高。蛋白质含量高，富含 18 种氨基酸，脂肪含量低，维生素 C 含量高于一般蔬菜、水果。

也正因为草菇营养丰富，故能起到强身健体的作用。夏天食用可以消暑解热、防治时疫，由于富含维生素 C，因而对坏血病有一定疗效；含有较高的维生素 D，可防治小儿佝偻病；它还含不饱和脂肪酸，可以预防血脂过高和血管硬化等因体力活动不足而易患的疾病。临床应用中发现，常吃草菇能提高机体抗御传染病的功能，加速创伤的愈合。

（四）木耳

维生素 B_2 是一般米面、蔬菜的 10 倍，比肉高 3~5 倍，灰分矿物质比一般米面、蔬菜高 4~10 倍，木耳中所含的铁质比肉类高 100 倍，钙的含量是肉类的 30~70 倍，因此，木耳不仅是营养丰富的食材、美味佳肴，而且是一种低热量、具有一定药效的保健食品。

木耳含有丰富的胶质，对人的消化系统有良好的清滑作用，而且可被吸收到循环系统中，具有清肺润肺的作用。木耳还具有减少血液凝块、缓和冠状动脉粥样硬化、降低血栓形成的作用，并发现木耳中所含的多糖体是酸性异葡聚糖，它的主要成分为葡糖醛酸、甘露糖及少量的葡萄糖和岩藻糖，这些物质具有抗肿瘤活性，对某些肿瘤具有一定的防治效果。

（五）金针菇

据分析，每 100g 干金针菇中，含粗蛋白质 31.23g，其中纯蛋白质 13.49g，粗脂肪 5.78g，可溶性碳水化合物 52.07g，粗纤维 3.34g，灰分矿物质 7.58g，同时，还含有胡萝卜素、多种氨基酸和核酸等。

金针菇中含有的人体必需氨基酸成分较全，其中赖氨酸和精氨酸含量尤其丰富，经常食用，不仅可以预防和治疗肝脏疾病及胃肠道溃疡，而且对儿童还有促进记忆、开发智力和明显的增加身高和体重的作用，因此国外称之为"增智菇"；另外，更加引人注目的是，金针菇中还含有一种叫朴菇素的物质，是一种分子质量较大的碱性蛋白质，它对小白鼠艾氏腹水瘤和肉瘤 S-180 有明显的抑制作用，因此，被列为重要的抑癌食品。

（六）竹荪

竹荪的营养价值很高，据测定，竹荪含粗蛋白质 20.2%，粗脂肪 2.6%，碳水化合物 38.1%，还含有多种氨基酸,尤其是谷氨酸,其含量特别丰富,高达1.76%,因此它不仅是一种营养丰富的食品,而且是一种上好的调味品。

临床证明,竹荪具有防止脂肪在腹壁沉积的"刮油"作用,对高血压、高胆固醇具有一定的疗效,从而可以治疗肥胖症;将竹荪和糯米一同泡水喝,还有止咳、止痛、补气的功能。此外,竹荪还有一种特殊功能"与肉共食,味鲜防腐",用竹荪做的菜,放几天也不会馊,所以是一种良好的防腐剂。

(七)灵芝

灵芝,古称瑞草。历代本草学家都认为灵芝能治疗多种疾病,而且是滋补强壮、扶正固本的药物。我国古代劳动人民将其视作能令人"起死回生"的"仙草",足见其具有很高的药用价值。据有关医书记载,灵芝性温,味苦涩,能滋补、健脑、强壮、消炎、利尿、益胃。

作为健康保健食品的灵芝,其子实体中最珍贵的医药成分有两种,一种是有机锗,是人参含锗量的3~6倍。锗能促使血液循环通畅,增加红细胞的吸氧能力,并促进新陈代谢,延缓衰老;另一种是高分子多糖体,能强化人体免疫系统,提高对疾病的抵抗力,应用于癌症免疫治疗能抑制细胞的恶化和蔓延。现代临床试验已证实,灵芝对慢性气管炎、急性肝炎等均有一定的疗效。经药理研究证明,灵芝具有保肝、解毒、强心、镇静、抗缺氧及抗惊厥等多方面的生物活性。所以每天食用灵芝,可以溶解新形成及老化的血栓,使高血压降低。其对贫血也有一定疗效。

另外,灵芝还具有美容作用,对面部皮肤粗糙、黑斑、雀斑、皱纹、青春痘等均有治疗作用。

(八)猴头菇

猴头菇肉嫩味美,为山珍列入名贵菜肴。其营养极其丰富,每100g干菌含蛋白质26.3g,脂肪4.2g,碳水化合物44.9g,以及粗纤维6.4g,它还含有磷、铁、钙和多种维生素,所含16种氨基酸中有7种为人体所必需,所以被人类荣称为"最优秀的保健食品"。

据有关医书记载,猴头菇性平,味甘,有利五脏、助消化的作用。猴头菇含不饱和脂肪酸,能降低血胆固醇和甘油三酯,调节血脂,是心血管患者的理想食品。猴头菇中含有多种氨基酸和丰富的多糖体,能帮助消化,对胃炎、胃癌、食管癌、胃溃疡、十二指肠溃疡等消化道疾病有一定疗效。猴头菇还具有提高机体免疫力的功能,可延缓衰老。

(九)银耳

银耳蛋白质含量丰富,含有17种氨基酸,以及酸性异多糖、有机磷和有机铁等养分,这些化合物对人体十分有益。

银耳具有"补肾、润肺、生津、止咳"等医疗保健功效,银耳富含的磷,对大脑皮质和神经系统有调节作用。银耳中的多糖类物质,特别是以α-甘露聚糖为主链,以β-1,2-木糖、β-1,2-葡糖醛酸和少量的岩藻糖为侧链的酸性异多糖有提高身体免疫力、抑制肿瘤细胞生长及降低血液胆固醇的功能。对老弱病残,特别是手术后患者和产妇,效果尤其显著。传统医学认为,银耳具有滋阴润肺、止咳生津、养气和血、补脑提神等功能,还有"润泽肌肤,美容悦色"的作用。

（十）平菇

平菇中营养物质非常丰富，富含蛋白质，且氨基酸种类齐全，矿物质含量十分丰富。动植物中的赖氨酸、亮氨酸大部分很缺乏，亮氨酸几乎没有。赖氨酸对促进记忆、增进智力有独特的作用，对婴儿和老人的发育健康十分重要，亮氨酸是促进人体合成高级蛋白的重要物质。平菇中还含有平菇多糖，其中的牛磺酸是胆汁酸的成分，对脂类的消化吸收及溶解胆固醇起到重要作用，最适合腰酸背痛的老年人食用。

（十一）冬虫夏草

冬虫夏草中含有虫草酸、虫草素及各种氨基酸等营养物质，具有润肺补肾、止血化痰、扩张血管、镇静、抗各类细菌、降血压等功效。总的来说，冬虫夏草的药理功能十分广泛，但主要基础还是免疫调节机制，并通过免疫调节发挥其抗肿瘤、抗排异、抗氧化及对器官的保护作用，并能对许多细胞因子产生影响。

（十二）茯苓

具有利尿、渗湿、补脾、镇定安神、降血糖等多种功效。在中药中配伍率极高，曾经有人做过调查，几乎 80%的中药处方都用了茯苓。茯苓多糖由于具 β-1,6-糖苷键分支，本身不具抗肿瘤作用，但若用化学方法将其转化为羧甲基茯苓多糖，对小白鼠 S-180 肿瘤的抑制率为 96%。

第五节　食用菌禁忌与推荐食用

众所周知，食用菌不仅口感超凡、风味独特，所含有的各种维生素和矿物元素也有益于人类的身体健康，但是如果不妥善处理，不但营养物质不会被吸收，还容易导致人体中毒甚至更严重的后果，所以在食用时还有一些禁忌需要注意，只有科学食用才能发挥保健功效。

一、木耳

（一）食用禁忌

1. 禁忌人群　　木耳有"食物中的阿司匹林"之美誉。常吃木耳可抑制血小板凝聚，降低血液中胆固醇的含量，对防治冠心病、动脉血管硬化、心脑血管病颇为有益。虽然木耳好处多多，但出血性中风患者由于凝血功能较差，要慎食，患有痔疮者也要慎食。

血脂异常的人，常吃木耳能起到食疗的作用，但只能作为药物治疗外的辅助手段，每周吃 2~3 次即可。另外，孕妇不宜多吃。

2. 木耳一定要煮熟才能吃　　木耳中有一种叫嘌呤核苷的物质，称为木耳多糖。它有很强的抗凝血活性、抗血小板聚集及抗血栓的作用。需注意的是，木耳经过高温烹煮后，才能提高膳食纤维及木耳多糖的溶解度，有助于吸收利用，所以木耳一定要煮熟，不要泡水发起后就直接食用。

3. 搭配禁忌　　木耳和田螺同食，从食物药性来说，寒性的田螺遇上滑利的木耳，不利于消化，所以二者不宜同食。

木耳和野鸡不宜同食，野鸡有小毒，二者同食易诱发痔疮出血。

木耳和野鸭同食，野鸭味甘性凉，同食易消化不良。

（二）推荐食用

木耳和蒜薹。两者同食有益养胃润肺、凉血止血、降脂减肥等功效。

木耳和莴笋。两者同食有益气、养胃、润肺、降脂减肥及降血压的作用。

木耳和银耳。两者同食有益气、润肺、养血养颜的作用。对慢性支气管炎和肺心病也有很好的疗效。

木耳和黄瓜。两者同食可平衡营养，有减肥的功效。

木耳和海带。两者同食有清热解毒、补中生津、降压、预防动脉硬化、减肥等作用。

木耳和芦荟。两者同食有通便清热、杀虫等功效，对糖尿病的治疗有很显著的效果。

木耳和猪腰。对久病体弱、肾虚腰背痛有很好的辅助治疗作用。

卷心菜与木耳。可以补肾壮骨、填精健脑、脾胃通络、强壮身体、防病抗病。

木耳和鱿鱼。含丰富的蛋白质、铁质及胶原质，可使皮肤嫩滑且有血色。

二、金针菇

（一）食用禁忌

1. 禁忌人群 金针菇性寒，脾胃虚寒者，金针菇不宜吃得太多，阳虚体质忌食，以及慢性腹泻的人也应少吃；关节炎、红斑狼疮患者也要慎食，以免加重病情。

2. 搭配禁忌 金针菇和蛤蜊同食，会破坏金针菇中的维生素 B_1，导致营养流失。

金针菇和牛乳等高钙食物同食，会间接抑制钙质的吸收，降低补钙作用，同时也会导致消化不良。

金针菇和寒性食物（鸭肉、苦瓜、冬瓜、绿豆、黄瓜等）同食，会加重寒气，引起脾胃虚寒，出现消化不良。

金针菇和高粗纤维食物（芹菜、韭菜、竹笋、蒜苗等）同食，会导致消化不良，出现便秘症状。

3. 金针菇宜熟食，不宜生食 因为新鲜的金针菇中含有秋水仙碱，食用后容易中毒。但秋水仙碱易溶于水，充分加热后即可破坏，所以食用鲜金针菇前，应将其在冷水中浸泡2h，烹饪时要把金针菇煮软煮熟，以便秋水仙碱分解。

4. 注意适量 过量食用这类食物易致动风生阳，触发肝阳头痛、肝风眩晕等宿疾，此外，还易诱发或加重皮肤疮疡肿毒。另外，金针菇含有高纤维，吃多了可能导致腹泻。

（二）推荐食用

金针菇和豆腐。金针菇具有益智强体的作用，与豆腐搭配，对癌细胞具有明显的抑制作用。

金针菇和白萝卜。金针菇可健脾胃、安五脏、益智健脑，与消食解毒的萝卜搭配，效果更加明显。

金针菇和绿豆芽。金针菇和绿豆芽一起吃，具有清热消毒的作用，常用于防治中暑和肠炎。

金针菇和鸡肉。金针菇适合和鸡肉搭配食用，能够促进蛋白质的吸收和脂肪的消化，减轻胃肠负担，防治胃肠疾病。

金针菇和菠菜。金针菇富含钾，可以抑制血压升高，降低胆固醇，防治心脑血管疾病；

膳食纤维可吸附胆酸，降低胆固醇，从而防治高血压；菠菜中的镁可以减少应激诱导的去甲肾上腺素的释放，两者结合起到降压的作用。

金针菇和番茄。金针菇和番茄都含有钾和维生素，有助于维持体内盐的平衡，促进血液循环，对高血压患者有益。

三、香菇

（一）食用禁忌

1. 禁忌人群　　对蘑菇过敏的人不宜食用，蘑菇也有可能成为过敏原，如果是对蘑菇过敏的话，食用蘑菇就可能造成皮肤红肿、经常性腹泻、消化不良、头痛、咽喉疼痛、哮喘等过敏症状，所以此类人群也要避免食用蘑菇；蘑菇性滑，有腹泻者不宜食用；患有肠胃病及肝肾衰竭的人，不宜常吃蘑菇，因为蘑菇中含有一种叫甲壳质的物质，有碍肠胃消化吸收。

2. 搭配禁忌　　不宜与鹌鹑肉同食，否则可能会使人体产生血管痉挛。

3. 不宜高温烹制　　蘑菇含有谷氨酸钠，烹饪蘑菇的时候不要在滚烫的锅中加入，而要在菜肴快出锅时加入。因为谷氨酸钠在温度高于120℃时，会变为焦谷氨酸钠，食后对人体有害，且难以排出体外；注意尽量不要用铝锅煮蘑菇。

（二）推荐食用

香菇和莴笋。有利尿通便、降血脂血压的功效。适用于慢性肾炎、习惯性便秘、高血压、高脂血症。

香菇和西蓝花。可滋补元气，润肺，化痰，改善食欲减退、身体容易疲倦等状况。

香菇和荸荠。具有调理脾胃、清热生津的作用。常食能补气强身、益胃助食，有助于治疗脾胃虚弱、食欲减退或久病脾胃虚、湿热等病症。特别适合作为原发性高血压、高脂血症、冠心病及糖尿病等患者的辅助治疗食物。

香菇和口蘑。具有滋补强壮、消食化痰、清神降压、润肤的作用。

香菇和菜花。利肠胃，开胸膈，壮筋骨，并有较强的降血脂的作用。

香菇和毛豆。适合高血脂、高血压、糖尿病、肥胖等患者食用。

香菇和牛肉。两者共食，适用于气血亏虚所导致的手足冰冷、畏寒、四肢乏力、关节活动不足、腰膝酸软等症。

四、平菇

（一）食用禁忌

1. 最好吃新鲜平菇　　在超市或商场里出售的平菇有时会用水浸泡，这样可以保证质量。但是这样浸泡在水中的平菇，会有很多营养成分被溶解在水中，所以建议消费者最好还是购买新鲜的平菇。

2. 没有煮熟的平菇可能会含有残留农药　　平菇只有经过高温煮熟，才能最大限度地去除农药的残留物。因此平菇一定要完全煮熟了才能吃。

3. 搭配禁忌　　平菇和驴肉同食易引发心绞痛，因此建议烹调平菇的时候不要放驴肉，以免影响健康。

平菇不可与牡蛎同食，会影响营养吸收。

（二）推荐食用

平菇和豆腐。增加蛋白质的吸收。

平菇和韭黄。能增加体力，促进肠胃蠕动，对于增进食欲和防治消化不良有疗效，此外还具有解毒作用。

平菇和冬瓜。能清热降糖，补虚利水。适合于夏季作为汤菜食用。

五、竹荪

（一）食用禁忌

1. 禁忌人群　竹荪性凉，脾胃虚寒之人不宜多吃。

2. 搭配禁忌　竹荪和糖浆同食会引起中毒。

竹荪和羊肝或羊肉同食会引起中毒。

竹荪和红糖同食会形成赖氨酸糖基，对人体不利。

竹荪和猪小排同食会影响钙的吸收。

3. 黄裙竹荪有毒　在众多的竹荪品种中，有一种黄裙竹荪，也叫杂色荪，菌裙的颜色为橘黄色或柠檬黄色，这种黄裙竹荪有毒，不可食用；鲜竹荪菌盖有一臭头，有臭味和毒性，不可食。

（二）推荐食用

竹荪和花菇。保肝消脂，塑身降压。

竹荪和土鸡。滋补强壮，益气补脑。

竹荪和母鸡。补气养阴，润肺止咳，清热利湿。

六、猴头菇

（一）饮食禁忌

1. 禁忌人群　低免疫力人群、高脑力人群慎用；脾胃虚寒和腹泻患者不宜食用猴头菇；外伤感染和过敏者也不宜食用猴头菇，以免加重感染和过敏反应。

2. 搭配禁忌　猴头菇不宜与野鸡肉搭配吃，容易导致出血。已经变质的猴头菇是不能吃的，容易中毒。

（二）推荐食用

洗净猴头菇，先用清水浸泡 30min 以上，再煮或蒸，效果更好。蒸煮好的猴头菇，还要用水泡发，中间要换几次水，每次换水，都要将猴头菇挤去水分以便更好地去除苦味。猴头菇泡发好以后，可以用多种方法烹饪，可以炖汤，也可以清炒等。猴头菇在制作烹饪的时候一般是切成片。在烹饪猴头菇的时候，可以根据自己的喜好搭配食材。除了单一的炖或者炒猴头菇，比较常见的菜肴有"猴头菇骨头汤""猴头菇鸡汤""猴头菇炖瘦肉"等。

七、灵芝

（一）食用禁忌

1. 禁忌人群　灵芝不适合于正常孕妇吃，因为灵芝的滋补功效非常强，可能诱发流产；

对灵芝过敏的人群，禁用灵芝；患者手术前后一周内，或者正在大出血的患者禁用；灵芝还有一点微毒性，不可以过量或经常服用。

2. 搭配禁忌 灵芝不宜同松花蛋同食，是因为灵芝中含有蛋白质等微量元素，松花蛋中含铅等重金属元素，如果同食不仅会丢失灵芝原有的营养价值，还可能产生副作用。

灵芝不能和辛辣刺激性的食物同食，会影响到灵芝原有的营养价值。

灵芝不能和酸性食物同食，因为灵芝还含有丰富的粗纤维，要是将灵芝与酸性食物同食，灵芝的营养价值就会大打折扣。

（二）推荐食用

新鲜的灵芝可以直接食用，但保存期很短。灵芝采收后，去掉表面的泥沙及灰尘，自然晾干或烘干，水分控制在13%以下，然后用密封的袋子包装，放在阴凉干燥处保存。市场上散装的灵芝，使用前最好清洗后食用。置干燥处，防霉，防蛀。

灵芝可用来泡酒。将灵芝剪碎放入白酒瓶中密封浸泡，3d后，白酒变成棕红色时即可饮用，还可加入冰糖或蜂蜜。

灵芝可用来做饮品。取灵芝切片后加清水，放置文火中炖煮2h，取其汁加入蜂蜜即可饮用。

灵芝可以用水煎。将灵芝切片，放入罐内，加水煎煮，一般煎煮3或4次。把所有煎液混合，分次口服。

灵芝也可以用于炖肉，无论猪肉、牛肉、羊肉、鸡肉，都可以加入灵芝炖，按各自的饮食习惯加入调料喝汤吃肉，有益于防治肝硬化。

第六节 采后对食用菌营养价值的影响及贮藏保鲜方法

食用菌从业者在栽培生产实践中都深有体会，当菇体采摘后若没有给予适当处理或存放方法不当，就会出现菇体继续生长、菇柄伸长、开伞、失水、失重、萎缩、变褐、液化甚至腐烂，导致经济损失。出现上述变化是由于食用菌子实体组织柔嫩、含水量高、后熟作用强，很容易变质、腐烂。食用菌的贮藏保鲜技术就是根据食用菌固有特点发展起来的，其目的是保持食用菌的营养价值与商品价值，尽量减少失重，不发生色香味的变化，质地与形态保持原来状态。本节主要介绍食用菌采后营养物质的变化，以及贮藏与加工对营养物质的影响。

一、食用菌采后营养物质的变化

采收后的新鲜食用菌，虽然脱离了栽培的环境条件，同化作用已经停止，但仍然是活着的有机体，生命活动仍在继续，此时，生命存在的特征是呼吸作用。与外界环境的物质交换，主要是摄取空气中的氧，不断丧失水分和排出二氧化碳。分解代谢占主导地位，使食用菌不断朝着衰老败坏的方向进行，营养价值随着贮藏时间的延长而下降。

（一）酶活性的变化

采后的菇体，其酶活性的变化表明其分解代谢的变化情况。双孢蘑菇采后于常温下贮藏24h，过氧化物酶和多酚氧化酶活性不断提高。其中多酚氧化酶与色素的形成有关，它能把菇体内的酚类化合物氧化生成醌，醌类物质可进一步形成深色复杂物质。在贮藏期间，6-磷酸脱氢酶活性很快降低，磷酸果糖激酶、葡萄糖磷酸异构酶和甘露醇脱氢酶的活性降低比较缓慢。这些酶活性的变化，会导致代谢途径的改变，进而影响营养物质的消耗和菇体变质。

（二）糖的变化

葡萄糖、甘露糖和菌糖是子实体和菌丝体呼吸作用的主要底物。随着贮藏时间的延长，呼吸作用把上述糖类氧化生成水和二氧化碳，从而使菇体失重，也影响风味。据测定，双孢蘑菇贮藏24h，可溶性糖由0.504g/100g鲜菇降低到0.338g/100g鲜菇。此外，在贮藏过程中，多聚糖的种类也会发生变化，造成菇体纤维化。

（三）蛋白质与氨基酸的变化

采摘后的菇体，蛋白水解酶活跃，它可使蛋白质水解生成氨基酸，从而改变其风味。有些游离氨基酸可被氧化成醌类有色物质，使菇体褐变。据测定，双孢蘑菇贮藏24h后，其可溶性蛋白质由0.38g/100g鲜菇降至0.28g/100g鲜菇，游离氨基酸则由1.68g/100g鲜菇增加到2.17g/100g鲜菇。

（四）脂类的变化

大多数脂类存在于细胞膜上，它与菇类在贮藏期间的抗逆性有关。例如，草菇含有大量饱和脂肪酸，在10～15℃条件下，经过一定的处理，具有较强的抗逆性，可贮藏3～4d，但在低温保藏时，由于细胞膜结构受到破坏，透性增强，细胞液向外渗透，导致液化，甚至自溶，表现出冻害现象。

（五）水分的变化

鲜菇含水量都很高，为85%～95%。由于菇体组织疏松，在贮藏过程中，蒸腾作用强烈，使菇体失水，萎缩发皱，影响商品外观，若失水过多，将影响食用菌的风味。若通风不良，蒸发出来的水分积在菇体表面，呈水浸状，便可促进寄居菇体表面的微生物活动引起腐烂。

二、食用菌贮藏保鲜方法

食用菌的食用性在于它有新鲜的风味和特殊的口感，保鲜技术则是在食用菌贮藏时间以内最大限度地保持风味与口感不变所采取的一切技术措施。其主要途径有防止水分散失、控制呼吸强度、遏制褐变发生、预防微生物和害虫侵染等。其关键是要想方设法控制菇体的代谢活动，使代谢处于比较低的水平而又不丧失生命活动，这样才有利于菇体保持新鲜不衰。但是，保鲜措施不能使菇体完全停止所有代谢，所以保鲜措施只能延长贮藏期，而不能无限期地将菇体永远保存下来。食用菌的保鲜方法很多，主要有鲜贮、冷藏、气调贮藏、真空减压贮藏、薄膜包装贮藏、辐射贮藏和化学贮藏等方法。

（一）鲜贮

采收后的鲜菇经整理后立即放入干净的竹篮、竹筐或木桶等容器中，上用多层湿纱布或塑料薄膜覆盖，置阴凉处。鲜菇在室温下贮藏的时间受温度和空气湿度影响较大。若室温为

3~5℃，空气相对湿度为80%左右，鲜菇可贮藏7d；另外，也可将菇体压于冷水水面以下，但所用水必须卫生，水中的含铁量应低于2mg/L，这样菇体不仅不会变黑，还可延长保藏期。

（二）冷藏

冷藏是指用接近于0℃或稍高几摄氏度的温度贮藏食用菌的一种方式。低温使得菇体内各种酶活性减小，呼吸作用减弱，因而减缓了基质的失水失重及褐变的发生，利于食用菌的保鲜。不同菇类对温度的要求也不同，一般都有一个最低限度，超过这个限度会引起代谢反常，减弱对不良环境的抗性。例如，草菇的最适保藏温度为0~2℃（可贮14d），4~6℃条件下很快液化，10~15℃能贮2~3d，30℃只能贮存24h。双孢蘑菇在0℃条件下可贮存35d，在5℃条件下可贮存28d，15℃时只能贮存12d。注意：食用菌的冷藏室内不能同时放置水果，因为水果可产生乙烯等还原性物质，使双孢蘑菇、金针菇、香菇、猴头菇等食用菌很快变色。

（三）气调贮藏

该方法是通过人工控制环境的气体成分及温度、湿度等因素，达到安全保鲜的目的。一般是降低空气中氧的浓度，提高二氧化碳的浓度，再以低温贮藏来控制菌体的生命活动。适当降低环境中氧气的浓度，增加二氧化碳的浓度，不仅可以抑制呼吸作用，还可延缓菇体开伞和影响菇体中多酚氧化酶的活性。所以气调贮藏是现代较为先进的保藏技术。不同种类的食用菌对环境中气体的成分要求不同。例如，香菇要求环境中氧的浓度为1%~2%，二氧化碳的浓度为40%，氮的浓度为58%~59%（在20℃条件下可保藏8d）；双孢蘑菇要求氧的浓度为1%~4%、二氧化碳的浓度为10%~15%，或者氧的浓度为0.1%、二氧化碳的浓度为5%，或者氧的浓度为10%~20%、二氧化碳的浓度为50%；松口蘑要求环境中氧的浓度在10%以下，氮的浓度为90%（在2~9℃时可贮藏4d）；平菇在低温下可耐25%的二氧化碳。

（四）真空减压保鲜

真空减压保鲜法是基于气调保鲜基础上开发出的新型保鲜技术，是把菇体贮藏场所或贮藏容器内的气压降低，造成一定的真空度（绝对压力为10~20kPa）的保鲜方法。其原理是：在真空下，容器内氧气分压很低，抑制了菇体的呼吸作用，同时也促进了由菇体生命活动所产生的有害气体如乙烯、乙醛等向环境里的扩散速度，减轻了菇体自身的生理中毒。减压法不但可以延长新鲜食用菌的贮藏期，而且有保持菇体色泽、防止组织软化的效果。真空减压保鲜法是当代更为先进有效的保鲜技术。

（五）薄膜包装贮藏

这是气调贮藏的一种方式。该方法在贮藏过程中，氧和二氧化碳的浓度变化不确定，因而多用于短期贮藏、运输及作为鲜销的一种临时性贮藏方式。薄膜包装可减少菇体中水分蒸发，保护产品免受机械损伤，另外，包装材料来源广，保存费用低，而且既卫生又美观，是鲜销包装贮藏的良好方法。

（六）辐射贮藏

辐射贮藏是食用菌贮藏的新技术，与其他保藏方法相比有许多优越性，如无化学残留物，能较好地保持菇体原有的新鲜状态，而且节约能源，加工效率高，可以连续作业，易于自动化生产等。辐射作用对食用菌的影响有以下几点：①抑制呼吸。据报道，用 2.5～10Gy 剂量处理新鲜菇体，对其呼吸作用有显著抑制作用。②抑制开伞。在一定剂量范围内，抑制开伞的效果与辐射剂量成正比。③延缓变色过程。新鲜菇体颜色变深同多酚氧化酶、自溶酶活性增强有关。用 10～30Gy 剂量处理后，酶活性受到抑制，延缓了菇体变色过程。④杀死腐败性微生物、病原微生物或抑制它们活动。试验表明，用 10Gy 剂量辐射可抑制疣孢霉等杂菌生长。

（七）化学贮藏

可以用于贮藏食用菌的化学药品主要有 0.1%焦亚硫酸钠、0.6%氯化钠、4mg/L 三十烷醇、20mg/L 矮壮素、50mg/L 青鲜素、50mg/L 乙烯利、0.05%水杨酸、0.05%高锰酸钾和 0.1%草酸混合液、0.05%高锰酸钾和 0.1%亚硫酸钠混合液等。具体做法：将采摘的鲜菇进行修整后，放入上述药液中浸渍 1～5min，捞出，吸干表面的水分，装入 0.03mm 厚的聚乙烯薄膜袋中，扎紧贮藏。

第七节　食用菌产品的开发与利用

食用菌产品除了以往的脱水烘干制品、罐头制品、腌制品外，还开发了速冻制品、真空包装制品、饮料、调味品（香菇方便汤料、金针菇精、蘑菇酱油等）、方便食品（蘑菇泡菜、香菇脯、冰花银耳、茯苓糕、平菇什锦菜、食用菌蜜饯等）、保健品（虫草冲剂、灰树花保健胶囊、灵芝保健酒等）、药品（云芝糖肽，香菇多糖的针剂、片剂等）。本节主要介绍食用菌的常规加工产品和深加工产品。

一、食用菌的常规加工产品

近年来食用菌加工业发展迅速，其制品种类和花色繁多，其中食用菌脱水烘干制品、罐头制品和腌制品是食用菌加工业的三个拳头产品，畅销于国内外市场。

（一）烘干制品

食用菌干制，目的在于将菇体中的水分减少，而将可溶性物质的浓度增加到微生物不能利用的程度；同时，菇体本身所含酶的活性也受到抑制，产品能够长期保存。食用菌的干制加工有自然干制和机械干制两种方法。

1. 自然干制　是利用太阳光为热源，以自然风为辅助进行干燥的方法，适于竹荪、银耳、木耳、金针菇、灵芝等品种，此法简单、古老、投入少。加工时将菌体平铺在竹帘上，互不挤压，冬季需加大倾斜角度。翻晒时要轻，防破损，一般要 2～3d 才能晒干。此法适于小规模加工。有的加工厂为节约费用，等晒至半干后，再进行机械烘烤，但这需根据天气状况、菌体含水量等情况灵活掌握，要防止菇体变形、变色甚至腐烂。

2. 机械干制　是用烘箱、烘笼、烘房，或用炭火热风、电热及红外线等热源进行烘烤，使菌体脱水干燥的方法。目前大量使用的是直线升温式烘房、回火升温式烘房及热风脱水烘干机、蒸汽脱水烘干机、红外线脱水烘干机等。

（二）罐头制品

食用菌罐头之所以能较长期贮藏而不变质腐败，其总的原理是菇体密闭于一个容器内，与外界环境隔绝，经过高温灭菌后杀死罐内的微生物，阻止外界微生物侵入，同时高温灭菌也破坏了菇体内的一切酶系统，使菇体内的一切生化反应不能进行，从而也防止了菇体变质。

其工艺流程是：原料菇的选择与处理→菇体护色与漂洗→预煮与冷却→拣选与修整→分级→装罐→加汤汁→排气抽真空→封罐→杀菌→冷却。

（三）腌制品

盐渍就是让食盐渗入菇体组织内，降低它们的水活度，提高它们的渗透压，借以有选择地控制微生物生长活动，抑制腐败菌的生长，从而防止食用菌腐败变质，保持它们的商品价值。食用菌的盐渍是长期以来行之有效的食用菌保藏技术，其制品则称为盐水菇，如盐水蘑菇、盐水金针菇、盐水平菇等。

其工艺流程是：采收→分级→清洗→杀青→冷却→盐渍→调酸→装桶→成品。

二、食用菌的深加工产品

食用菌深加工是改变食用菌的传统面貌，包括改进食用菌保鲜技术，充分利用原料加工成速食食品。深加工大大增加了食用菌制品的花色品种，从饮料到糕点，从食品到药品、保健品、化妆美容产品等。

（一）食用菌蜜饯

食用菌蜜饯是在果脯制作的基础上发展起来的，食用菌蜜饯糖渍后的含糖量在65%以上，以70%为宜。其工艺流程是：菇体整理、切刀和分级→杀青→菇胚腌制→保脆和硬化→硫处理→成品。目前主要蜜饯产品有银耳蜜饯、金针菇蜜饯、蘑菇蜜饯、香菇蜜饯等。

（二）食用菌饮料

将菇体烘干后粉碎，加入水，通入蒸汽加热，并加入糖、酵母粉、柠檬酸等发酵生曲，然后再加入菇粉、酵母和糖，继续发酵，静置过滤后即可得菇酒。近年已酿造成的食用菌酒有香菇酒、蘑菇酒、猴头酒、花粉灵芝蜜酒等。此外，还有食用菌风味饮料，其中加入的是菇体浸提液，以保持食用菌特有的风味。

（三）保健品

食用菌独特的营养和保健作用，可以开发如防治贫血、冠心病、气管炎、神经衰弱、糖尿病等不同疾病的功能性食品。

从食用菌中提取菌菇多糖等有价值成分，可作为药品或辅助药品原料，如香菇多糖、灵芝多糖等。食用菌多糖是一种特殊的生物活性物质，是一种生物反应增强剂和调节剂，它能增强体液免疫和细胞免疫功能。食用菌多糖的抗病毒作用机制可能在于其提高被感染细胞的免疫力，增强细胞膜的稳定性，抑制细胞病变，促进细胞修复等功能。同时，食用菌多糖还具有抗逆转录病毒活性。因此，食用菌多糖是一种有待开发的抗流感的保健品。

（四）美容制品

利用食用菌减肥、消脂、轻身的功能和特殊的抗氧化、缓衰老成分，可制成各类型美容制品。食用菌保健饮品是指饮料类，如各种露、液等。其工艺流程是：水煮提取→过滤→配制→灌装。常见的有香菇露、香菇可乐、金菇露、木耳椰子汁、灵芝液、香菇汽水、灵芝速溶茶等。

（五）农药制品

从食用菌中提取有关激素、生长素，可制成生物增产素，还可以从食用菌中提取抗病毒物质，防治植物病毒。

（六）观赏制品

塑造食用菌的形象，经过选苗、移栽、培土、造型等工序，将食用菌塑造成各种各样不同的形态，培植好的灵芝盆景高雅大方、雍容华贵，金针菇盆景姿态飘逸、分外妖娆。

第六章　茶叶的营养与保健

本章要点：掌握茶与精神养生的文化，重点掌握茶叶的保健功效、茶叶的分类与科学饮用的相关知识。了解茶叶的贮藏及茶产品的开发利用前景等。

第一节　茶文化与品质生活

茶是饮用量仅次于水的饮品，是风靡世界的三大无乙醇饮料（可可、咖啡、茶）之一，被誉为21世纪的健康饮料。在我国，茶为国饮，历史悠久，唐代陆羽《茶经》中记载"茶之为饮，发乎神农氏，闻于周鲁公"，说明茶的发现和利用始于神农所在的远古时代。作为中国传统文化的一种载体，中国茶道"和"的精神是儒家"和谐中庸"、佛教禅宗"茶禅一味"和道教"天人合一"思想的集中体现。因此，对于国人来说，饮茶不但能"养身"，更能"养心"。饮茶是精神上的享受，是一种审美且具有艺术性的行为，是一种修身养性的方法。

茶文化是中国传统文化的重要分支，也有着文化具有的社会功能。茶文化随着社会的发展而进步，因民族、地域、时代的不同而有所差异，形成了多样化的丰富内涵。茶文化更是与我们的生活息息相关，平民百姓离不开茶，所谓"柴米油盐酱醋茶"；文人墨客更离不开茶，所谓"琴棋书画诗酒茶"。随着朝代更迭，茶文化对人们生活的影响日趋明显，茶减肥、茶养生、茶怡情、茶修身养性的思想日益深入人心，成为人们高品质生活的代名词。

一、茶文化的定义和社会功能

（一）茶文化的定义

茶文化是以茶为载体，并通过这个载体来传播各种文化，是茶与文化的有机融合，这包含和体现了一定时期的物质文明和精神文明。茶文化在本质上是饮茶文化，是茶作为饮料在被使用过程中形成的各种文化现象的集合体。目前主要有广义和狭义两种界定：广义的茶文化是指整个茶叶发展历程中有关物质和精神财富的总和；狭义的茶文化则是专指其精神财富而言的。

茶文化是中华传统优秀文化的组成部分，其内容十分丰富，可以界定为以茶业经济活动为基础，又与美学、哲学、宗教、文学、艺术、民俗、养生等纯精神领域相结合而形成的一种博大精深的特殊文化。具体来说，中国茶文化包括饮茶的历史、茶专著、茶诗、茶词、茶歌、茶赋、茶字画、茶文学、茶艺、茶道、茶礼、茶俗、茶业（包括茶经济与文化）与社会不同阶层经济文化生活相碰撞而出现的茶馆文化等内容，除此之外，风靡现代社会的各种各样新式茶饮品也为传统茶文化增添了新的内容。

茶文化的基础是茶俗、茶艺，核心是茶道，主体是茶文化和艺术，载体是茶文献。在中华茶文化中，茶道是核心，是灵魂，是茶文化精神价值的集中体现，而其精神价值是茶文化养生的重要方面，是怡情悦性、志道立德的精神追求的养生。饮茶、茶俗、茶疗、茶相关产品的文化是中华茶文化中世代相传的、源远流长的、劳动人民的智慧结晶，其物质价值是茶文化养生的又一重要方面，祛病健体、延年益寿是物质追求的养生。茶文化养生只有将精神追求和物质追求相统一才能达到身心双修的养生境界。

（二）茶文化的社会功能

随着中国国际地位的提升和人们生活水平的进一步改善，茶文化被赋予了新的内容，弘扬中华传统美德、展现人文风采、提高身体素质等一些表现都使得人们生活品质和思想有所提高。茶文化是高雅文化，社会名流和知名人士都乐意参加；茶文化也是大众文化，民众广为参与，茶文化覆盖全民，影响到整个社会。茶文化的社会功能主要有以下5个方面。

1）茶文化以德为中心，树立了廉政之风。现今的中国已是世界第二大经济体，并已步入民族复兴之路，但是腐败奢靡之风依旧存在，"反腐"、"节俭"和"和谐"的道路依旧任重而道远。传统茶文化崇尚"节俭、淡泊、朴素、廉洁"的精神，而这些精神正好可以给人们良好的引导。已故的"茶界泰斗"张天福先生提出中国茶礼为"俭清和静"，即"节俭朴素、清正廉明、和睦相处、恬淡致静"；茶圣陆羽曾在《茶经》中提倡"精行俭德"的思想，这些都有利于廉政、社会和谐的建设。

2）茶文化是应对人生挑战的益友，增进身体健康。激烈的社会竞争，紧张的工作、应酬，复杂的人际关系，使依附在人们身上的压力较重，参与茶文化活动使精神和身心放松，便于应对人生挑战；饮茶也能保健养生、有利于人们身体健康。早在《神农本草经》中便记载有"茶味苦，饮之使人益思、少卧、轻身、明目"。现代科学证明，茶叶中含有多种有益于人体健康的化学成分，如茶多酚、茶氨酸、茶多糖、维生素等。

3）茶文化有利于社会风气建设，有利于和谐社会建立。经济上去了，但文化不能落后，社会风气不能污浊，道德不能沦丧，茶文化的传播可促进社会进步及和谐发展。在"实现中国梦"和构建和谐社会的伟大事业中，茶是人际交往的重要润滑剂，"清茶一杯"象征礼貌、纯洁和人情，人们更是在一杯茶中品位人生、修身养性。茶文化的普及不仅让"和谐"深入国民心中，也随着政府推广如"一带一路"传递到世界各地，为中华民族的伟大复兴和实现中国梦起到了推动作用。

4）茶文化对提高人们的生活质量，丰富文化精神的作用明显。茶文化具有知识性、趣味性和体验性，品用名茶、茶具、茶点，观看茶俗茶艺，都给人一种美的享受，潜移默化地熏陶着精神境界。

5）茶文化促进开放，推进国际文化交流。举办国际茶文化节，可以扩大对内对外的知名度。随着"一带一路"的发展，国际茶文化的交流日渐频繁，茶文化跨越国界，开始成为人类文明的共同精神财富。

二、茶艺与品质生活

（一）茶艺的定义和分类

1. 茶艺的定义　　目前，对于什么是茶艺，存在多种解释。以下是比较权威的三种解释。

1）茶艺专家季野先生认为："茶艺是以茶为主体，将艺术融入生活以丰富生活的一种人文主张，其目的在于生活而不在于茶。"

2）茶艺专家范增平先生认为："茶艺包括两方面，科学的，人文的，也就是，一是技艺，科学地泡好一壶茶的技术;二是艺术,美妙地品享一杯茶的方式。中国茶艺之美是属于心灵美,欣赏茶艺之美,是要把自我投入整个过程当中来观察整体。"

3)茶艺专家武艺先生认为:"茶艺是茶人根据茶道规矩通过艺术加工搬上舞台,向广大饮茶人和宾客展示茶的冲、泡、饮等的技艺。"

茶艺是包括茶叶品评技法和艺术操作手段的鉴赏等整个品茶过程的美学意境,其过程体现形式和精神的统一。就形式而言,茶艺包括选茗、择水、烹茶技术、茶具艺术、环境的选择创造等一系列内容。品茶,先要择器,讲究壶与杯的古朴雅致,或是豪华庄贵。另外,品茶还要讲究人品、环境的协调,文人雅士讲求清幽静雅,达官贵族追求豪华高贵等。

总之,茶艺是形式和精神的完美结合,其中包含着美学观点和人的精神寄托。传统的茶艺,是用辩证统一的自然观和人的自身体验,从灵与肉的交互感受中来辨别有关问题,所以在技艺当中,既包含着我国古代朴素的辩证唯物主义思想,又包含了人们主观的审美情趣和精神寄托。

2. 茶艺的分类 茶艺是一门集音乐、舞蹈、人文精神于一体的适宜于舞台或室内表演的茶叶冲泡艺术,有着很广阔的发展前景和文化艺术价值,值得我们认真总结和研究。中国茶艺按历史可区分为传统茶艺和现代茶艺;按地区可区分为南派茶艺、北派茶艺及港台茶艺;按用途可区分为表演型茶艺、休闲型茶艺;按类型可区分为高雅茶艺、流行茶艺及皇室茶艺、贵族茶艺、宗教茶艺、文士茶艺、平民茶艺、民俗茶艺等。

以下是最为常见的茶艺形式(表6-1)。

表6-1 茶艺的分类

茶艺类型	种类	典型实例	风格特点
休闲型	茶艺馆	上海湖心亭茶楼	品饮、放松、联谊、礼仪
表演型	民族型	新娘茶	民族风情浓郁、场面风趣
	宫廷型	上海宋园三清茶	场面富丽堂皇、礼仪庄严有序
	地方型	四川长嘴壶茶艺	地方特色浓厚
	文士型	茶叶博物馆朱权茶道	展示某一特定文化主题
	寺院型	禅茶	茶禅一味、境界超然
	少儿型	上海少儿茶艺	天真活泼、健康向上
	科普型	安徽农业大学茶艺	宣传茶文化、寓乐于教

(1)休闲型茶艺 休闲型茶艺是作为一种生活习惯、保健、联谊、礼仪、社交等的生活艺术。这种风格特点,可传统,可现代,或是两者兼而有之。茶几摆设根据主人设计风格而定;服饰是现代的材料,样式仿古或是现代装饰;乐曲有古乐、现代的民族歌曲、现代的通俗歌曲和外国乐曲等,曲调低沉,创造一种平和、友好、宽松的氛围。另外,再配上园林植物、插花。总体色彩基调趋于冷调,体现一种轻松、宁静、淡雅的风格,书法内容多是与茶有关的茶诗、茶歌等。

(2)表演型茶艺 表演型茶艺取材于历史上、生活中的茶俗、茶礼、茶艺或茶道,经过加工、提炼、再现。因此,不同的茶艺类型所表现的主题、内容及风格都有差异。表演型茶艺背景有着浓厚的传统特色:宫廷型古香古色、富丽堂皇;寺院型则是古朴超然等。表演型茶艺是传统茶艺的继承和发展,在舞台上再现生活或历史,取材来源于生活却高于生活,是表演型茶艺所要体现的。

（二）茶艺的形成与发展

茶艺发展有三次高潮，第一次是唐代，第二次是宋代，第三次是明代。中国的饮茶发展，从前主要作为药材使用，到唐代便成为了饮茶。唐代饮茶的发展，关键人物便是陆羽，他对茶艺技巧的使用，使茶文化上升到更高层次。宋代的茶艺法是点茶，使茶文化真正成为艺术文化。明代是泡茶的兴起开端，属于茶艺的转型。

1. 唐代的发展　　唐代是中国茶艺的成熟时期。唐代的大量文人从事茶事，也写了大量的诗歌去赞颂茶艺，从而让茶的品味有所提升；他们的诗句借助茶的特点，突出自己内心的感受，品茶也成为他们的生活情趣，借茶抒情，使得茶有了文化意蕴，有了艺术价值。唐代陆羽有高超的煮茶技巧。由此看来，唐代不仅茶艺文化有所发展，茶艺的技巧也基本形成了。

2. 宋代以后的发展　　宋代诗人描述茶的诗句大多称赞其美味，宋代茶的三大标准是色、香、味。与唐代不同的是宋代的点茶；明代的茶艺技巧有了新发展，出现了炒青，茶叶经过炒青，味道更佳，色泽也更青绿，茶的滋味也更使人陶醉，茶叶也开始直接用开水冲泡。中国茶艺的演变历程，由混煮到煮茶再到点茶最后到泡茶。

（三）茶艺与品质生活的关系

1. 茶艺表演是传播茶文化的一种最直接的方式　　茶艺表演，是传播茶文化、提倡和推广科学健康品茗方法最直观的方式，也是最有效的传播方式，这关系着提高国民素质和生活质量，也关乎我国茶文化事业的得失成败，还关系到中华民族优秀文化的传承和发展。

2. 茶艺是一场美学盛宴　　茶艺是一门集音乐、舞蹈、人文精神于一体的适宜于舞台或室内表演的茶叶冲泡艺术，有着很广阔的发展前景和文化艺术价值。

3. 茶艺是人们精神上的养生

1）茶艺是茶人把人们日常饮茶的习惯，根据茶道规则，通过艺术加工，向饮茶人和宾客展现茶的冲、泡、饮的技巧，把日常的饮茶引向艺术化，提升了品饮的境界，赋予茶以更强的灵性和美感。

2）茶艺是一种生活艺术。茶艺多姿多彩，充满生活情趣，对于丰富我们的生活，提高生活品位，是一种积极的方式。

3）茶艺是一种舞台艺术。要展现茶艺的魅力，需要借助于人物、道具、舞台、灯光、音响、字画、花草等的密切配合及合理编排，给饮茶人以高尚、美好的享受，给表演带来活力。

4）茶艺是一种人生艺术。人生如茶，在紧张繁忙之中，泡出一壶好茶，细细品味，通过品茶进入内心的修养过程，感悟苦辣酸甜的人生，使心灵得到净化。

5）茶艺是一种文化。茶艺在融合中华民族优秀文化的基础上又广泛吸收和借鉴了其他艺术形式，并扩展到文学、艺术等领域，形成了具有浓厚民族特色的中华茶文化，人们的文化素养在习茶的过程中，自然而然也得以飞速提升。

三、茶的哲学思想与品质生活

从古至今，茶已成为世人超脱世俗、追求自然、寻求心灵寄托的良药，如禅宗的顿悟，道家的虚静。儒释道皆通过饮茶，提升道德，净化心灵，追求宁静淡泊之美，达到物我两忘与天人合一。

哲学思想是博大精深茶文化的一部分，道家的自然，儒家的乐生，佛家的禅悟融汇成中国茶宗教哲学的基本格调和风貌。儒家以茶雅志，表达人格操守、积极入世、追求人际和谐；

佛教在青灯孤寂中饮茶修行，意在明心见性，追求禅境；道家避世超尘，在茗饮中寻求自然之境。伊斯兰教和基督教也视茶为圣洁和洗涤心灵之妙品。

（一）儒家思想与茶

天人合一是中国哲学思想的主题，也是整合儒释道三家思想的核心，而茶文化刚好契合了中国传统的思维主题。茶与茶文化最能体现"天、地、人"整体的和谐，所谓"因天之时，因地制宜"是制茶、瀹茶、品茶的关键原则，也是提高人们品质生活的关键法则。

1. 儒家的人格理想与茶文化精神　　中华茶文化源于先秦儒家思想，以道德修养为中心，以茶物质属性为基础，以传统茶艺为表现形式，融茶、道德、艺术于一体。

1）茶与儒家的入世精神。儒家常以高度的入世精神对待日常生活中的饮茶，以茶修身，以茶励志，以茶行道，以茶品味人生，使茶成为"修齐治平"的人格与道德修养方式。儒家倡导积极入世，可见儒学是一门"内圣"过程，正是儒家之"格物、致知、诚意、正心和修身"的过程。故儒家文人把茶看作"利礼仁"、养廉、励志和雅志的人格塑造的必要手段。陆羽煮茶所选风炉，铸上了"圣唐灭胡明年铸"，说明《茶经》体现了儒家积极入世的思想。陆羽的风炉常刻有"伊公羹、陆氏茶" 6 个字，这些都说明他的茶道思想以修齐治平的理想为核心，他将儒家入世思想深深情感化了。而这些思想也随着茶文化的传播深入人心，影响并改变着一代又一代的茶人与文人的思想与生活。

2）儒家茶人常将茶事与人的道德修养相联系。儒家茶人认为在瀹茶的整个过程中，能达到自我反省、陶冶心志、修炼品性和完善人格的目的。唐末刘贞亮《茶十德》中指出："以茶散闷气，以茶驱睡气，以茶养生气，以茶除病气，以茶利礼仁，以茶表敬意，以茶尝滋味，以茶养身体，以茶可雅志，以茶可行道"，茶十德既写了茶在人们生活中的作用，也写了茶在道德教化中的作用，符合儒家思想的要求，有利于社会秩序的稳定。

3）茶与儒家的礼。儒家的礼是内核仁的实现形式，从古代的贡茶、赐茶、赠茶、客来敬茶等大量的茶事中都体现出儒家的礼法制度，而这些礼仪甚至至今也影响着人们的生活，中国茶礼蕴含了儒家的行为规范和文化理念，彰显着我国是礼仪之邦的茶道文化。

4）茶与儒家文化中的雅。雅是儒家文化的重要概念，儒家不仅把雅作为个人人格塑造和修身养性的目标，而且更重视将雅普及大众，以提升大家的道德修养。历代茶人视茶为洁净清高之雅物，苏轼所写的《叶嘉传》便视茶为清高的典型，此文中反映的茶道精神就是唐代以来茶人们所倡导的以人格修养为中心的儒家茶道。

2. 儒家"中庸"和谐与中国茶"和"之美　　中庸之道是儒家处世信条，即"中和"哲学或境界。"中庸"为儒家核心，与道家、佛家思想相通，对中国茶道产生着深刻影响，且由于儒家在中国文人思想中占据主要地位，故对中国茶文化影响更为深远，茶文化的核心思想与儒家哲学相一致，即"中和"思想。饮茶使人头脑清醒，心境平和，因茶道精神与中庸之道相契合，所以茶成为儒家用来自我修身养性、改造社会、教育社会的一方良剂。

（二）道家思想与茶

道家与茶文化都是中国传统文化的精粹。道家倡导清静无为、天人合一，主张重生、贵生、养生，提倡与自然和谐相处。茶采天地之灵气，吸日月之精华，体现了人与大自然"物我玄会"的哲学精髓。

1. 道家与茶道的发展　　中国茶道的发展深受道家思想的影响，崇尚自然、简朴、淡泊、清静，不拘礼法形式，率性认真。

1）茶道的形成。道家与茶的渊源久远，在茶道的酝酿和形成过程中，以道家影响最大。道家清静淡泊、自然无为的思想，与茶的清、和、淡、静的自然属性极其吻合。

2）两晋南北朝时期。道教徒、玄谈名士、隐士之流等都宣扬着茶的功效、饮法，促进了饮茶的广泛和饮茶习俗的形成，也为茶道的酝酿和形成奠定了理论基础。

3）唐代。陆羽著《茶经》标志着中国茶道正式形成。道士常伯熊对陆羽《茶经》进行广为润色，促进"茶道大行"。道家学者李约、隐士卢仝等进一步推动了茶道的发展和传播。茶道可以说是在道家思想的直接影响下形成的。

2. 茶与道家天人合一的思想　　道家淡泊无为的思想与"自然"主义，要求在大自然的环境中品饮自然之茶，并在饮茶中寻求回归自然，也就是天人合一、返璞归真。在品茶时，古代茶人强调"独啜曰神""独品得神"，追求天人合一、物我两忘的意境。

茶是道家修行时的必需之物。道家主张静修，将"入静"视为一种功夫，一种修养，而茶是清灵之物，通过饮茶能使静修得到提高。

3. 茶与道教清静无为的养生观　　道教追求人生长寿，认为清静无为是养生要旨，认为养生的关键是淡泊名利，洗去宠辱，看破生死，保持心地纯朴专一，奉行清心寡欲、与世无争的养生之道。茶道精神与道教思想是相辅相成的。茶清静淡泊、朴素天然，只有在宁静的环境下才能品出其真味，感悟品茶的真谛，获得品茶的乐趣。这是道教与茶道在"静"方面的高度契合。茶与道教的养生观影响着无数文人墨客、平民百姓的养生观，饮茶不仅是物质上的养生，更是一种精神上的养生，唯有物质追求和精神追求的相辅相成才能达到身心双修的养生境界。

（三）佛教与茶

佛教在两汉时由古印度传入我国，经魏晋南北朝时传播与发展，到隋唐时期达到鼎盛。唐代以后基本汉化，形成具有中国特色的文化。佛教与中国茶的形成、发展和传播都密切相关。中唐以后，随着茶叶广泛被佛教僧徒引用，茶道深受佛教影响。虽不及儒家及道家的影响力，但佛教对茶道精神和影响也是不容忽视的。

1. 佛教与茶文化的发展与传播　　唐代是佛教禅宗飞速发展的时期，禅宗对饮茶习俗的传播起到了极其重要的媒介作用。茶圣陆羽最初就是从寺庙中了解茶，并与之结下不解之缘的，这对我国茶道发展和传播起到了非常重要的作用。寺院茶会、茶宴等茶道活动的流行都推动了饮茶文化普及并向高雅艺术发展。

禅宗建立的一系列茶礼、茶宴等茶事活动，具有高超的审美趣味，高僧们所写的茶诗、作的茶画等一系列茶艺活动都推动着中国茶文化的发展与传播，发展至今，茶文化早已是中国标志性的文化，对人们的身体健康、文化素养都有着极大的影响。

2. 禅茶一味的佛家茶理　　随着佛教僧侣们对茶的了解逐渐加深，发现茶味先苦后甜，茶汤清淡洁净，契合着佛家清苦寂灭的人生态度，佛教对茶的认识由物质方面上升到精神层次，最终形成了"茶禅一味"的理念。

（四）伊斯兰教、基督教与茶

1. 伊斯兰教与茶　　7世纪中叶，伊斯兰教传入中国，在与中国文化融合时，茶文化也随丝绸之路西传，从此穆斯林与茶结下不解之缘，形成了特有的穆斯林茶文化。"清真"一词最早出现在南北朝时期，指人的纯净朴实、无尘不染的精神境界，后专指伊斯兰教；而在穆斯林眼里茶纯净自然，契合着他们的教义。

世界穆斯林喜欢饮茶的人数众多，茶叶消费惊人，伊斯兰国家的茶馆随处可见，可谓是他们的一道风景线。茶与他们的不解之缘早已深入骨髓。

2. 基督教与茶 16 世纪，欧洲的传教士把茶等带入欧洲，从此茶风靡欧洲。17 世纪中叶以后，欧洲人认识到茶的属性与基督教文化相契合，发现茶更加能承载欧洲文化，他们不仅认识到茶有益于身心健康，而且有益于社会发展，对于重伦理、讲道德，追求圣洁生活，禁止食用不洁之物的基督教徒是再好不过的食品。他们认为饮茶能陶冶情操、维系家庭和睦、促进社会和谐稳定，故英国家庭式饮茶蔚然成风。

第二节 茶叶的化学成分与营养保健

茶作为一种健康饮料，其营养和保健功效已被广泛报道，茶叶中的生物活性成分也被众多研究者进行了一系列深入研究。已有研究表明，茶叶中的营养和功效成分有 700 多种，包括 3.5%～7.0%的无机化合物和 93.0%～96.5%的有机化合物。茶叶中研究较多的功效成分有茶多酚（占茶叶干重的 24%～36%）、生物碱（3%～5%）、茶氨酸（1%～2%）、茶叶复合多糖、茶皂素和芳香物质；还包括一些营养成分，如维生素（0.6%～1.0%）和矿物质等。

一、茶叶中的营养和功能成分

（一）茶多酚的功能

茶多酚又名茶单宁、茶鞣质，是茶叶中所含的一类多羟基酚类化合物的总称，是茶叶中的重要功能物质。茶多酚在常温下为浅黄色粉末或白色结晶，具涩味，极性强，易溶于含水乙醇和温水中，性质比较稳定。其主要成分为儿茶素类（黄烷醇类）、黄酮、黄酮醇类、花青素类、酚酸、缩酚酸类及聚合酚类等。其中，儿茶素类化合物为茶多酚的主体成分，占茶多酚总量的 65%～80%。儿茶素类化合物主要为表儿茶素（EC）、表儿茶素没食子酸酯（ECG）、表没食子儿茶素（EGC）、表没食子儿茶素没食子酸酯（EGCG）等，其中 EGCG 含量最高，占儿茶素的 50%左右。

1. 抗氧化作用 茶多酚及其氧化产物是一类含有多个酚性羟基的化合物，较易氧化而提供电子，具有酚类抗氧化剂的通性。尤其是 B 环上的邻位酚羟基或连位酚羟基有较高的还原性，易发生氧化生成邻醌类物质，而提供的 H^+ 与自由基结合，可使之还原为惰性化合物或较稳定的自由基，从而直接清除自由基，避免氧化损伤。另外，茶多酚及其氧化产物可作用于产生自由基的相关酶类，络合诱导氧化的过渡金属离子（铁离子、铜离子等），可间接清除自由基。鉴于此，茶在化妆品行业也备受青睐，临床试验结果表明，具有较高抗氧化活性的茶多酚不仅可以改善皮肤微血管（皮肤纹理），还可以使皮肤粗糙度减少，皮肤的光滑度增强，达到抗衰老、年轻态的功效。

2. 降脂减肥作用 茶多酚有促进脂肪分解、减少脂肪累积、抑制脂肪吸收的作用，其主要成分儿茶素具有明显抑制血浆和肝脏中胆固醇含量上升的作用，具有促进脂质化合物从粪便中排出的效果。

3. 抗变态反应和调节免疫功能作用 机体再次接触到作为抗原物质的病原体时对病原体采取防御抵抗的反应，称为免疫反应。另外一种情况是机体再次接触到抗原物质时机体可能反应过于强烈，使机体本身遭受损伤，这种防卫过当对机体不利的特异性免疫反应称为变态反应。

1）抗变态反应。茶叶的抗变态反应的能力较强。透明质酸酶是一种能分解黏多糖的溶酶体酶，与机体血管的通透性及发炎有关。绿茶、乌龙茶和红茶中的多酚类物质都可显著抑制该酶的活性，其抑制作用强度为绿茶>乌龙茶>红茶。

2）促进免疫功能。茶多酚具有缓解机体产生过激变态反应的能力，却对机体整体的免疫功能有促进作用。接受化疗和放疗的癌症患者服用茶多酚后血浆中免疫球蛋白（Ig）的含量增加，特别是IgM和IgA显著增加。

4. 防癌抗癌及抗突变作用 茶叶有抗癌的作用，而茶多酚是茶叶抗癌功能的主要活性成分。流行病学调查表明，茶多酚对肝癌、皮肤癌、乳房癌、胃癌、肺癌均有抑制作用，对香烟诱导的突变的抑制作用比维生素C、维生素E、β胡萝卜素更强。

茶多酚的防癌抗癌及抗突变的机制在于其能及时有效地清除体内过量的自由基，抑制癌细胞生长周期，诱导癌细胞凋亡，影响癌基因的表达，调节致癌物的代谢，调节有关致癌酶的活性。

5. 抗菌、抗病毒及杀菌作用 茶多酚具有抗菌广谱性，并具有强的抑菌能力和极好的选择性，它对自然界中几乎所有的动植物病原细菌都有一定的抑制能力。它能干扰病菌的代谢，还能维持正常菌群平衡，并且对某些有益菌的增殖有促进作用。另外，茶多酚抗菌不会使细菌产生耐药性。

6. 消炎、解毒及抗过敏作用 茶多酚能沉淀咖啡碱和重金属盐（如Pb^{2+}、Hg^{2+}、Cr^{6+}等），因此茶叶对饮用水具有一定的消毒作用。茶多酚还能作为生物碱和重金属盐中毒的抗解剂，可缓解这些重金属离子的毒害作用。

茶多酚可明显抑制香烟凝集物诱导的细胞突变和染色体的损伤，其抑制作用比维生素C、维生素E更强。另外，现代医学研究证明，茶多酚的抗氧化作用可防止乙醇自由基及乙醇氧化成乙醛后对肝脏的伤害，从而减轻酒精中毒。

7. 抗辐射作用 茶多酚的抗辐射作用已经由众多研究者的实验所证实，已有的研究结果表明，茶多酚主要通过清除自由基和调节相关通路关键因子的表达这两大途径来实现其抗辐射功能。

综上所述，多酚及其氧化产物具有较多的药理功效，但是绝大部分的研究结论都是在动物模型和体外实验中所得出的，有些研究结论因方法、对象、研究目的的不同而表现出一定的差异，因而这些药理功效是否在人体内发挥同样的功效，还存在着诸多的疑问。另外，在这些众多的研究中，多酚及其氧化产物还存在着剂量效应，大多数研究中所用的剂量比日常饮茶进入人体的剂量要高，而茶叶中含有较高含量的咖啡碱，并且多酚及其氧化产物具有较强的键合能力，如果人饮用如此高剂量的茶，有可能引起营养和其他方面一些负面影响，因此这些药理功效还需要进一步探讨。

（二）茶叶生物碱的功能

茶叶生物碱是茶叶中重要的化学成分之一，特别是咖啡碱易溶于水，是形成茶叶滋味的重要物质，也是茶叶区别于其他植物而成为饮料的重要原因。茶树体内主要是嘌呤类生物碱，也有少量嘧啶类生物碱。在茶叶中发现的嘌呤碱有咖啡碱、可可碱、茶叶碱、腺嘌呤、鸟嘌呤、黄嘌呤、次黄嘌呤和拟黄嘌呤等，其结构特点是以嘌呤环为基本骨架，不同种类的嘌呤碱取决于嘌呤环上甲基的位置和个数，它们在茶树体内通过次黄嘌呤核苷酸转变而来，并在嘌呤碱代谢中相互转化。茶叶嘌呤生物碱以咖啡碱、可可碱、茶叶碱为主，其中以咖啡碱含量最高，占干重的2%～4%，是茶叶重要的滋味物质，也是茶叶的特征性物质。

1. 咖啡碱的生理功能

1）兴奋中枢神经系统。茶中咖啡碱使大脑外皮层易受反射刺激，改良心脏的机能，能使思维敏捷，所有各种意识的起始刺激降低，疲劳的感觉消失，心智及体力的惰性消失。

2）助消化，利尿。咖啡碱可以通过刺激肠胃，促使胃液分泌，从而增进食欲，帮助消化。咖啡碱可以直接影响胃酸的分泌，也能够通过刺激小肠分泌水分和钠。咖啡碱利尿作用是通过肾促进尿液中水的滤出率实现的。

3）强心解痉，松弛平滑肌。咖啡碱具有松弛平滑肌的功效，从而可使冠状动脉松弛，促进血液循环。因而在心绞痛和心肌梗死的治疗中，茶叶可起到良好的辅助作用。

4）减肥作用。咖啡碱能促进体内脂肪燃烧，使其转化为能量，产生热量以提高体温、促进出汗等，其行为类似褐色脂肪细胞。在运动前摄取咖啡碱，能促进运动时的脂肪燃烧，提高体内脂肪的消耗率。

2. 茶叶碱与可可碱的营养功能 茶叶碱、可可碱具有兴奋、利尿、扩张心血管和冠状动脉等作用。其营养功能与咖啡碱相似，但是各自在功能上又有不同的特点。茶叶碱有极强的舒张支气管平滑肌的作用，有很好的平喘作用，目前有人提出的茶叶碱抗炎方面的研究也有很大的价值；而当前对可可碱的利用多是对其进行必要的修饰，如水杨酸钙可可碱、乙酸钠可可碱和己酮可可碱等。

（三）茶氨酸的功能

茶叶中的氨基酸以两种形态存在，一种是游离态的氨基酸，另一种是结合态的氨基酸，即结合在蛋白质中的氨基酸，属于不溶性的。茶叶水浸出物中呈游离状态存在的且具有 φ-氨基的有机酸，均称为茶叶游离氨基酸。

茶氨酸是茶叶和部分山茶科植物特有的酰胺类物质，是一种非蛋白质氨基酸，它最早从绿茶中分离得到，占茶叶游离氨基酸的 50% 以上，在干茶叶中含量为 1%~2%。茶氨酸是由一分子谷氨酸与一分子乙胺在茶氨酸合成酶的催化作用下，在茶树根部合成的，通过枝干转移到叶中蓄积。在光照下，茶氨酸会分解为谷氨酸和乙胺，茶氨酸的生物合成和分解代谢与茶叶品质的形成，茶树氮、碳的调控和平衡关系密切。

自然界中存在的茶氨酸均为 L 型，不溶于无水乙醇和乙醚等有机溶剂，极易溶于水，且溶解性随温度升高而增大。在茶汤中的泡出率为 80% 左右，故对绿茶滋味有重要影响。茶氨酸的性质较稳定，将茶氨酸溶液加热到 100℃，在 25℃ 的条件下可以存放一年，茶氨酸的性质不会发生变化。

1）降压功能。1995 年日本静冈大学食品和营养学院报道了茶氨酸降压的动物实验，实验表明，饲喂高剂量的茶氨酸后（1500~2000mg/kg），人为升压的大鼠的收缩压、舒张压和平均血压均有明显下降。茶氨酸的降压机理是通过影响末梢神经的血管系统而不是通过脑中 5-羟色胺水平来实现的。

2）拮抗由咖啡碱引起的副作用。茶氨酸用量为 1740mg/kg 时，可显著抑制咖啡碱引起的神经系统的兴奋，具有安神作用。此外，咖啡碱缩短由环己巴比妥导致的睡眠时间，而茶氨酸可抵消咖啡碱的这种作用。

3）提高机体免疫力。哈佛医学院 Jack Bukowski 教授研究组通过在志愿者身上进行试验，证明茶氨酸能通过调节 γ-δT 免疫细胞，增强人体免疫系统。

4）抗肿瘤作用。茶氨酸是谷氨酰胺的衍生物，而肿瘤细胞中的谷氨酸代谢比正常细胞活跃得多。茶氨酸作为谷氨酰胺的竞争物，干扰谷氨酸代谢，抑制癌细胞生长。

（四）茶叶中复合多糖的功能

茶叶中的复合多糖具有生物活性，一般称为茶多糖（tea polysaccharide，TPS），是一类与蛋白质结合在一起的酸性多糖或酸性糖蛋白。茶多糖主要包括纤维素、半纤维素、淀粉和果胶等。茶多糖的组成和含量因茶树品种、茶园管理水平、采摘季节、原料老嫩及加工工艺不同而异。

1．降血糖功能 药理实验证明，茶多糖可通过提高机体抗氧化功能，清除体内自由基以减弱自由基对胰岛 B 细胞的损伤，并改善受损伤的胰岛 B 细胞的功能，使胰岛素分泌增加，提高胰岛素的敏感性，诱导葡糖激酶的生成，促进糖分解，使血糖下降。

2．抗凝血及抗血栓作用 研究表明，茶多糖能明显抑制血小板的黏附作用，降低血液黏度；茶多糖在体内外均有显著的抗凝血作用，并能减少血小板数，血小板的减少将延长血凝时间，从而也影响到血栓的形成。

3．降血脂及抗动脉粥样硬化作用 茶多糖能降低血浆总胆固醇，对抗实验性高胆固醇血症的形成，使高脂血症的血浆总胆固醇、甘油三酯、低密度脂蛋白及中性脂下降，高密度脂蛋白上升。

4．增强机体免疫功能 茶多糖可增强单核巨噬细胞系统的吞噬功能，因而可增强机体的免疫能力。

5．抗辐射效果 茶多糖不仅具有明显的抗放射性伤害的作用，而且对造血功能有明显的保护作用。白鼠通过 γ 射线照射后，服用茶多糖可以保持血色素平稳，红细胞下降较少，血小板的波动也很正常。

（五）茶皂苷的生理功能

茶皂苷是一类五环三萜皂苷的混合物，是 1931 年日本人从茶种子分离出来的。

1．抗菌活性 茶皂苷有较强的抗菌活性，茶皂苷的抗菌作用已在茶籽饼防治某些皮肤病的应用中得到体现。此外，茶皂苷有抑制和杀灭流感病毒的作用。从茶叶中提取出的茶皂苷成分可抑制食品、衣物和室内霉菌的生长，且安全无毒。

2．抗高血压的作用 目前，有关茶皂苷对高血压产生影响的报道较少。有研究表明，茶皂苷有效抑制了大鼠的血压上升，出现了持久性的降压效果。

3．抑制乙醇吸收和保护肠胃的作用 茶皂苷有助于缓解由饮酒过量而造成的肝损伤，日本已开发出含茶皂苷的饮料、冰淇淋和药片等专利技术。

（六）维生素

茶树鲜叶中含有 75%～78%的水分及 22%～25%的干物质，其中维生素类占干物质的 0.6%～1.0%，分别为维生素 A、维生素 D、维生素 E、维生素 K、维生素 C、B 族维生素、维生素 U、维生素 P 及肌醇。

1．水溶性维生素

1）维生素 C。茶叶的维生素 C 含量高于一般的蔬菜和水果，易溶于水，很容易被人体吸收。一般情况下，每 100g 茶叶含有 100～500mg，优质绿茶大多在 200mg 以上，高级绿茶的含量可高达 0.5%，其含量比等量的柠檬、菠萝、苹果、橘还多。茶叶中的维生素 C 与生物类黄酮、儿茶素和黄酮醇类共存，互相起着保护作用，在一定程度上减少了生物类黄酮的氧化聚合,防止了茶叶变质,减少了维生素 C 的变化,起着相得益彰的作用。

2) B 族维生素。茶叶中含有丰富的 B 族维生素,如维生素 B_1、维生素 B_2、维生素 B_3、维生素 B_5、维生素 B_6、维生素 B_{11} 等。饮茶可以补充人体所必需的 B 族维生素,有益身体健康。

茶中的维生素 B_1 含量高于蔬菜,维生素 B_1 的功效是维持神经、心脏及消化系统的正常机能,可以治疗多发性神经炎、心脏活动失调和胃功能障碍。维生素 B_2 在茶叶中的含量比较高,为 $10\sim20mg/100g$ 干茶。由于该种维生素在饮食中比较缺乏,因此经常饮茶是补充维生素 B_2 的有效办法。茶叶中含有维生素 B_3 是 1951 年叶戈洛夫发现的,饮茶能有效补充维生素 B_3。茶叶中的维生素 B_5 含量最高,约占 B 族维生素含量的 50%。维生素 B_5 可扩张血管,防治赖皮症、消化道疾病、神经系统症状,维持胃肠的正常生理活动。茶叶中维生素 B_6 的含量与糙米、粗面不相上下。维生素 B_{11}(又称叶酸)在茶叶中的含量很高。它参与合成 DNA、RNA 和分解脂肪的过程。

3) 维生素 U。维生素 U 又称为氯化甲硫氨基酸,在体内作为碳代谢的甲基供体,包括茶叶咖啡碱合成中的甲基供体,必须在 ATP 作用下转变成为 S-腺苷甲硫氨酸后才能提供甲基给另一种物质的分子,茶叶中含有一定量的维生素 U。

4) 维生素 P。维生素 P 是一组与保持血管壁正常通透性有关的黄酮类化合物,其中以芸香苷为主。它们能维持微血管正常的通透性,增加微血管的韧性,具有防治血管硬化和高血压的作用,相关研究指出,茶中的维生素 P 还具有抗衰老和抗癌的功效。

5) 肌醇。茶叶中肌醇的含量可达到 $10mg/g$,随叶子成熟度的增加而增加,与儿茶素的合成有关,肌醇具有调理脂肪代谢的功用。

2. 脂溶性维生素 在茶叶中还有一定量的脂溶性维生素,如维生素 A、维生素 D、维生素 E、维生素 K 等,也具有较好的营养保健功效。茶叶中的维生素 A 能维持人体正常发育和上皮细胞正常的机能状态,防止角化,并能参加视网膜内视紫质的合成。维生素 E 的含量为 $50\sim70mg/100g$ 干茶,它是一种较强的抗氧化剂,可以防止人体中脂质的过氧化过程,具有抗衰老的功效。另外,茶叶中也含有一定量的维生素 K,可促进肝脏合成凝血素,有益于人体的凝血与止血机制。

脂溶性维生素溶于茶汤中数量不多,但人们通过茶食的形式,依然可以得到充分利用。

（七）矿物质

茶叶中含有丰富的矿物质元素,包括磷、钾、硫、镁、锰、氟、铝、钙、钠、铁、铜、锌、硒等多种。饮茶可以摄入多种矿物质和微量元素,具有很好的营养保健作用。而且,茶叶中的铁、铜、氟、锌等元素的含量远高于其他植物性食物。

氟是人体骨骼和牙齿珐琅质生长不可缺少的物质。成人每天饮用 10g 干茶,可获得 1mg 氟元素,能基本满足机体所需。而且,以茶泡水后饮用或漱口,能起到防治龋齿的作用。茶叶中的锌元素属于许多酶类必需的微量元素,人们称之为"生命之火花",还有利于增强智力与抗病力。茶叶中锌的含量为 $35\sim50mg/kg$。Fe 和 Cu 都与人体造血有关,绿茶 Fe 的含量为 $80\sim260mg/kg$,而红茶的含量则为 $110\sim290mg/kg$。

二、茶叶的医疗保健功效

在中国,茶叶治病有几千年的历史,古人夸张和赞美的说法有:"诸药为各病之药,茶为万病之药。"现代名医蒲辅周认为:"茶叶微甘微寒,而兼芳香辛散之气,清热不伤阳,辛开不伤阴，芳香微甘，有醒胃悦脾之妙。"综观古今，茶作为中药配方，治疗疾病，经历代相承相传，传播推广，遂成为不可缺少的药物。因此，应积极进行对中国茶为药用的整理和研究，使这一古老而又独特的瑰宝更放光彩。茶叶治病与中药治病相似，是一种综合作用的结果，这种综合作用是由各种内含化学物质所致。今天，人们利用高新技术把茶叶中重要的活性物质一一分离提纯，在茶与人类营养保健的关系上，做了许多深入研究，得到了许多科学论据和结论。

（一）心血管疾病的防治及其机理

1. 防治高脂血症　　高脂血症俗称高血脂，是指血中脂类物质的浓度超过了正常范围。脂类是甘油三酯和类脂（包括磷脂、糖脂、胆固醇等）的总称。大多数心脑血管疾病如高血压、冠心病、脑血栓、脑出血等，均以动脉粥样硬化为其基础病因，而动脉硬化常与脂代谢紊乱有关，高脂血症是动脉硬化的主要因素。目前研究表明，高密度脂蛋白具有抗动脉硬化作用，而低密度脂蛋白则具有致动脉硬化作用。从而可以看出，人体内胆固醇水平升高是动脉粥样硬化最重要的危险因素之一，那么从降低胆固醇水平方面来预防与治疗动脉粥样硬化，则是十分合理的。

茶具有降脂的功效主要是茶叶中含有大量的茶多酚（特别是儿茶素）和维生素 C 的缘故。茶多酚类化合物能溶解脂肪，对脂肪的代谢起着重要的作用。它不仅具有明显的抑制血浆和肝脏中胆固醇含量上升的作用，还具有促进脂类化合物从粪便中排出的效果。经体外试验表明，一种含 25% EGCG（表没食子儿茶素没食子酸酯）的绿茶提取物制剂（AR-5）可完全抑制胃脂酶和胰脂酶的活性，抑制甘油三酯的脂解，降低胃内脂肪酸的释放，并能刺激热产生。人体临床试验研究表明，AR-5 显著增加 24h 的能量消耗，明显减少 24h 呼吸商而不改变尿氮含量，而咖啡碱无以上作用。以高脂血症动物模型为研究对象，研究茶多酚对高脂血症大鼠高密度脂蛋白胆固醇（HDL-C）、低密度脂蛋白胆固醇（LDL-C）及致动脉粥样硬化指数（AI）的影响发现（表 6-2），茶多酚对血清胆固醇的效应主要表现为降低 LDL-C 和升高 HDL-C。

表 6-2　茶多酚对大鼠血清 HDL-C、LDL-C 和 AI 的影响

组别	例数	HDL-C/（mmol/L）	LDL-C/（mmol/L）	AI
高脂对照组	10	0.749±0.263	4.136±1.090	7.40±3.22
茶多酚	9	0.973±0.189	3.168±1.812	4.02±2.25**
茶多酚	10	1.158±0.353*	1.529±0.876**	2.51±1.89**
月见草酸	10	1.114±0.384*	2.092±1.100**	2.90±1.93**
基本膳食对照组	10	1.465±0.193**	0.656±0.234**	0.72±0.31**

资料来源：杨晓萍，2005

*$P<0.05$，**$P<0.01$，表示与高脂对照组比达到显著水平

这些研究结果表明，茶多酚具有降低血脂、降低血液 LDL 及提高 HDL 含量的作用。长期摄入茶多酚可通过调节人体脂肪代谢，预防由高脂肪膳食而导致的肥胖症，并可减少糖尿病和冠心病等相关疾病的发生。

茶叶中的维生素 C 也具有促进胆固醇排出的作用。有关研究表明，给高胆固醇的人服用维生素 C，不久即可看到血液中胆固醇、中性脂肪降低。

此外，绿茶中含有的叶绿素也有降低血液中胆固醇的作用。它的作用机制与茶多酚和维生素 C 不同，它是通过阻碍胆固醇的消化和吸收，而起到降低胆固醇的作用。叶绿素不仅能破坏食物中的胆固醇，而且对肠、肝循环中的胆固醇也同样起着破坏作用，从而使体内胆固醇含量降低。浙江医科大学用家兔做实验性动脉硬化的科研，发现绿茶不但能减轻动脉硬化

的程度，同时还能防止血液和肝脏中中性脂肪的累积，具有预防动脉硬化的作用。

2. 防治动脉粥样硬化　　动脉粥样硬化是一种长期且复杂的血管病变，是目前对人类健康影响最严重、最常见的慢性病之一，现代人饮食营养丰富，胆固醇的摄入较多，体力劳动较少，胆固醇代谢作用不正常，大量积留在血液中，沉淀并加厚血管壁，使血管狭小，弹性减弱而硬化。

在动脉粥样硬化研究进程中出现了各种不同的理论，如血栓形成理论、脂质浸润学说、单克隆学说、损伤反应假说、氧化假说、干细胞形成的理论假说、同型半胱氨酸和精氨酸假说等，其中任意一种理论均不能全面解释动脉粥样硬化的发生与发展。血脂的异常升高在动脉粥样硬化的形成中起主要的作用，其发生关键是胆固醇在内皮细胞中不受控制的积累，尤其是低密度脂蛋白，内细胞损伤的炎症反应是动脉粥样硬化形成的另一个重要因素，能导致炎性细胞在内皮的浸润，尤其是巨噬细胞，引发机体出现进行性慢性炎症，最终形成粥样斑块。

茶叶中的多酚类物质（特别是儿茶素），能提高红细胞超氧化物歧化酶（SOD）含量和降低血清过氧化脂质（LPO）含量，有显著的抗氧化特性。由于茶多酚有许多酚羟基，易通过自身氧化、抑制胆固醇及不饱和脂肪酸的氧化，防止血液中的胆固醇及其他的醇类和中性脂肪酸的积累。

茶叶中的甾醇如菠菜甾醇等，可以调节脂肪代谢，降低血液中的胆固醇，这是由于甾醇类化合物竞争性抑制脂酶对胆固醇的作用，因而减少对胆固醇的吸收，防治动脉粥样硬化。

茶叶中的维生素 C、维生素 B_1、维生素 B_2、维生素 PP 也都有降低胆固醇、防治动脉粥样硬化的作用。这是由于各种维生素都与机体内脂肪的氧化、还原代谢有关。

茶叶中还含有卵磷脂、胆碱、泛酸，也有防治动脉粥样硬化的作用。胆碱是卵磷脂的构成物质，在卵磷脂运转率降低时，可引起胆固醇沉积以致动脉粥样硬化。

肌醇由芳香化合物形成，是对氨基苯甲酸形成的前体，因而也是叶酸形成的前体。肌醇又是有关磷酸贮藏、释放过程的重要物质，在磷脂形成中起重要作用。在这些代谢过程中所产生的脂肪酸，特别是不饱和脂肪酸，可与胆固醇结合成脂并促进其降解为胆汁酸，经与各种氨基酸结合成各种胆酸并排出体外。另外，茶叶肌醇等还可以防治血液、肝脏烯醇及中性脂肪的累积，因此，肌醇不但可以防治动脉粥样硬化，还可以防治肝脏硬化。

在楼福庆等通过体外实验测定茶色素对兔全血凝固时间（CT）及纤维蛋白原裂解产物（FDP）的影响（表6-3）中，通过测定注药前及注药后5h血清的变化，探讨茶色素对抗凝血酶（ATⅢ）时间、纤维蛋白原（Fbg）及FDP（表6-4）的影响。结果显示，茶色素能影响抗凝血酶和纤维蛋白溶解活性，有显著的抗凝、促进纤维蛋白溶解活性的作用，减轻由高脂血症和动脉粥样硬化引起的高凝状态。

表6-3　茶色素对 CT 及 FDP 的影响

茶色素/mg	CT/s	FDP/（μg/mL）	茶色素/mg	CT/s	FDP/（μg/mL）
0.25	598	8.50	0.015 625	173	0.68
0.125	250	1.63	0.007 812 5	154	0.25
0.062 5	211	1.31	对照	150	1.13
0.031 25	169	0.75			

注：茶色素1mg 及 0.5mg 组连续观察3h时，不出现凝固，表中数据为5次均值

表 6-4 茶色素对 AT Ⅲ 时间、Fbg 及 FDP 的影响

组别	兔数	AT-Ⅲ/s▲		Fbg/（mg/dL）		FDP/（μg/mL）	
		给药前	给药后	给药前	给药后	给药前	给药后
茶色素	20	43±8	50±8*	390±102	289±108*	1.1±1.9	4.0±1.6*
对照	20	46±8	44±8	313±82	301±130	1.2±3.5	2.0±2.4

▲以 3min 计算；*与给药前相比，$P<0.01$

3. 防治冠心病　　冠心病，全称是冠状动脉粥样硬化性心脏病，可见与动脉硬化关系密切。如果冠状动脉因血栓而闭塞，就会产生心肌梗死与心力衰竭，严重者则危及生命。近年来的疾病谱说明，冠心病是中老年人重要的常见病。

茶叶对防治冠心病有良好的效果，是茶叶中含有的多种化学成分综合作用的结果。其中，茶多酚的作用最为重要，它能改善微血管壁的渗透性能；能有效地增强心肌和血管壁的弹性和抵抗能力；还可降低血液中的中性脂肪和胆固醇。其次，茶叶中的维生素 C 和维生素 P 也具有改善微血管的功能和促进胆固醇排出的作用。咖啡碱和茶碱则可直接兴奋心脏，扩张冠状动脉，使血液充分地输入心脏，提高心脏本身的功能。由于高脂血症是冠心病发病的主要危险因素之一，那么从降低血脂水平方面来预防与治疗冠心病，则是十分合理的。福建省中医药研究所郑兴中等对实验家兔饮用青茶的疗效进行研究，实验结果表明，青茶能使外源性快速形成高脂血症的总胆固醇、甘油三酯有降低的趋势，加快高脂血症的缓解作用。

茶叶不但可以抑制冠心病的发生与发展，还可预防冠心病的加剧。冠心病加剧的原因在于血栓形成，造成血流梗塞。血栓形成有三要素：血液瘀滞、凝血因子和血管壁的变化，主要过程是凝血酶使血小板聚集。因而，抗凝、抗血小板聚集和促进纤维蛋白溶解活性的作用是抗血栓的关键。众多研究表明，茶叶中的儿茶素、茶黄素与茶红素的确具有上述作用。

应该指出，茶叶中虽有咖啡碱，但饮茶和服用咖啡或纯咖啡碱是完全不同的。服用咖啡和纯咖啡碱，会升高血脂，易引起动脉粥样硬化；而适量饮茶的结果，不但不会升高血脂，反而可降低血脂，并减少动脉硬化与冠心病的发生，这是茶叶中多种成分综合作用的结果。

4. 防治高血压　　茶叶中的多种有效成分可共同改善血管功能，降低血压，且绿茶的降压效果优于红茶。

茶叶中的生物碱具有扩张血管、增加心脏输出量、使血液进行有效循环的作用，尤其是茶叶碱具有松弛平滑肌的作用。利用茶叶碱扩张血管肌肉壁的特性，可以治疗高血压性头痛和妊娠高血压。生物碱除具有对中枢神经系统的兴奋作用外，在人体代谢过程中可作为甲基的供体，通过脱甲基作用形成尿酸，即可到人体尿酸库中去发挥其生理功能。因此，生物碱具有利尿作用。茶叶中含茶叶碱、可可碱、咖啡碱，都可抑制肾小管重吸收，使尿液中的钠离子和氯离子增加，同时兴奋血管运动中枢，松弛肾血管平滑肌，增强肾血流量和肾小球滤过功能。因此，茶叶中的生物碱可降低血压。

茶多酚是茶叶中另一类很重要的物质，其中的儿茶素不但对血管紧张肽Ⅰ转化酶（ACE）具有显著抑制效应，相应地抑制血管紧张肽Ⅱ产生，因此有降压作用，而且能与生物碱共同作用，使血管壁松弛，有效直径增大。茶多酚可以降低血脂和胆固醇，防止血管壁上的脂类团块聚集和血栓形成。同时，茶叶中的黄酮类化合物能刺激肾上腺素和儿茶酚胺的生物合成，抑制儿茶酚胺的生物降解，从而在很大程度上增加动物毛细血管的抵抗力和弹性，降低血管的脆性，达到降血压的目的，同时黄酮类化合物还能加强维生素 C 的同化作用。日本静冈大学实验结果（表 6-5）表明，饲喂茶叶黄酮类的小白鼠微血管溢血大大减少，弹性大大增加，

同时维生素 C 含量也大大增加。

表 6-5　茶叶中黄酮类加强维生素 C 同化作用和微血管弹性测试结果

饲料	微血管强固性（溢血）/%	维生素 C 含量/mg				
		肝	脾	肾	肾上腺	肌肉
基本饲料	82.5	10.6	21.8	8.4	14.6	2.4
基本饲料+10mg 维生素 C	82.5	13.9	13.9	12.9	46.1	3.1
基本饲料+1mg 茶叶黄酮类	6.7	21.0	21.0	120.6	73.1	8.0

资料来源：杨晓萍，2005

茶叶中的维生素 P 又称血管渗透维生素，能保持细胞与毛细血管的正常渗透压，加强血管抵抗蛋白质的渗透，增强血管弹性，有利于降低血压。

（二）糖尿病的防治及其机理

茶叶辅助降血糖的功效是多种成分综合作用的结果。茶叶降血糖的有效组分目前主要有三种：茶多糖、多酚类物质、二苯胺。这三种有效组分中，茶多糖是极具有开发价值的一种降血糖生理活性物质。茶多糖的降血糖机制主要表现在以下几个方面。

1. 保护胰岛 B 细胞　茶多糖通过减弱四氧嘧啶对胰岛 B 细胞的损伤，以及改善受损伤的胰岛 B 细胞的功能，达到显著的降血糖作用。

2. 调节糖代谢相关酶活性　人体血糖浓度的高低主要受到糖原合成酶和糖原磷酸化酶的调节，前者能够调节血糖转变成糖原，后者促进糖原的磷酸化，从而达到降低血糖浓度的效果。

3. 调节体内抗氧化能力，增强机体清除自由基的能力　茶多糖有利于肝脏抗氧化能力的提高，同时也能增强肝葡糖激酶的活性。

4. 调节胰岛 B 细胞产生的胰岛素　人和动物体内，胰岛素由胰岛 B 细胞分泌产生，能够促进体内葡萄糖的利用，最终结果是使血糖含量降低，而茶多糖可以刺激糖尿病患者体内胰岛素的分泌并使其含量增加，具备良好的降血糖作用。

另外，茶叶芳香物质中的水杨酸甲脂可以提高肝脏中肝糖原物质的含量；维生素 B_1 对防治糖代谢障碍有利；多酚和维生素 C 可以使微血管保持正常的韧性、通透性，因而使本来微血管脆弱的糖尿病患者，能通过饮茶恢复其正常功能。茶叶对糖尿病的防治效果，绿茶优于红茶，老茶优于新茶，冷水茶优于沸水茶。

（三）神经系统疾病的防治及其机理

早在《神农食经》中，就有茶"令人少睡"的记载。《桐君录》提到饮茶"令人不眠"。东汉华佗《食论》中说："苦茶久食，益意思。"茶有醒睡眠的作用，过早起床或深夜工作者，饮茶能起到使头脑清醒和祛除睡意的效果。故唐代李白有"破睡见茶功"的诗句，茶叶的提神兴奋作用还能消除疲劳。据现代生理学研究，疲劳现象虽然牵涉面很广，但主要由中枢神经系统，特别是高级神经的活动所致。

1. 调节神经递质水平，保护神经细胞　调节谷氨酸受体，对抗谷氨酸毒性。谷氨酸（glutamic acid，Glu）是一种最重要的内源性兴奋性神经递质，其过量释放会产生神经毒性，与痴呆、抑郁等发病密切相关。在人神经母细胞瘤株（human neuroblastoma cell，SH-SY5Y）细胞中，L-茶氨酸可与 Glu 受体 N-甲基-D-天冬氨酸（N-methyl-D-aspartic acid，NMDA）结合，显著降低由于 L-谷氨酸所诱导的细胞凋亡，抑制 C-Jun 氨基端激酶（C-Jun N-terminal kinase，JNK）和胱天蛋白酶-3（caspase-3）的激活，下调 iNOS 和 nNOS 蛋白水平，防止神经损伤。另外，乙酰胆碱是一种神经递质，它可以维持神经系统的正常传导，乙酰胆碱酯酶起着调节乙酰胆碱的作用，丁酰胆碱酯酶的功能与乙酰胆碱酯酶相似。而红茶和绿茶的提取物都可以抑制乙酰胆碱酯酶和丁酰胆碱酯酶的活性，可以提高人的记忆和识别能力，改善脑功能。

2. 调节相关信号转导通路，保护神经细胞　　蛋白激酶 C（protein kinase C，PKC）参与各种类型记忆的形成和巩固。表没食子儿茶素没食子酸酯（epigallocatechin gallate，EGCG）可激活 PKC，活化 α-分泌酶，增加可溶性淀粉样前体蛋白 α（SAPPα）的形成，防止兴奋性损伤。在 SH-SY5Y 细胞（human neuroblastoma cell，人神经母细胞瘤株）中，EGCG 预处理可显著抑制儿茶酚胺的羟基化衍生物（6-OHDA），对抗相关细胞凋亡基因的激活，保护神经。

3. 降低胞内钙超载，保护神经　　脑组织细胞内 Ca^{2+} 增加会破坏膜结构，造成 DNA 损伤和兴奋性递质释放，引起神经细胞死亡。茶多酚能降低血液红细胞和脑神经细胞内 Ca^{2+} 含量，阻止 D-半乳糖引起的氧化应激所导致的 Ca^{2+} 超载。在缺血再灌注的大鼠中，儿茶素可显著降低胞内 Ca^{2+} 浓度，减轻海马组织损伤。茶多酚还能降低大鼠脑组织中晚期糖基化终末产物（advanced glycation end product，AGE）水平及细胞内 Ca^{2+} 浓度，保护海马神经细胞线粒体结构的完整性，从而对脑神经细胞并发糖基化状态损害有保护作用。在 N18D3 细胞中，EGCG 也可抑制胞内 Ca^{2+} 浓度增加。

（四）消化系统疾病的防治及其机理

1. 改善肠道菌群　　茶叶中的有效组分对肠道菌群有选择性作用，有抑制有害菌和促进有益菌的作用，可改善人体肠道菌群组成，维持微生态平衡，从而增强肠道免疫功能。茶叶中的茶多酚对双歧杆菌有促进生长和增殖的功效；对肠杆菌科许多属有害细菌表现抑制作用，如杆菌属（大肠杆菌，伤寒杆菌，甲、乙副伤寒杆菌）、弧菌属（霍乱弧菌、金黄弧菌、副溶血弧菌），以及金黄色葡萄球菌、肠炎沙门氏菌等致病菌。两种酯型儿茶素 EGCG 和表儿茶素没食子酸酯（epicatechin gallate，ECG），除了直接杀灭或抑制有害细菌的生长和繁殖外，还具有中和有害细菌所产生的毒素的作用。茶叶的抑菌效果，一般绿茶、黄茶及白茶的效果大于红碎茶，乌龙茶与红砖茶的抑菌效果较次，普洱茶最次。

2. 消食、助消化　　茶对消化系统的作用是很复杂的，茶的消食、助消化作用，也是茶叶多种成分综合作用的结果。

茶叶中含有的芳香物质不但能刺激胃液分泌，有助于消化吸收，而且能消除胃中积垢，减轻口干、口臭等症状，少数民族地区进食大量脂肪类食品，往往引起便秘，浓茶可以帮助脂肪类物质的分解消化、增进食欲，因此黑茶成为某些少数民族地区生活中必不可少的食品。

茶叶中的茶叶碱具有松弛胃肠平滑肌的作用，能减轻因为肠道痉挛而引起的胃痛。咖啡碱不仅可以增加消化道蠕动，有助于食物的消化过程，还能通过刺激肠胃，促进胃液的分泌，从而增进食欲，帮助消化；同时，咖啡碱在茶叶中其他物质的干扰下也能刺激小肠分泌水分和钠。茶中咖啡碱还可以与有机酸或者其他盐类结合形成苯甲酸酚咖啡碱钠、枸橼酸咖啡碱钠等化合物，这些化合物也有助于食物消化。

茶叶中的黄烷醇类化合物可以增加消化道蠕动；儿茶素类化合物具有激活某些与消化、

吸收有关酶类活性的作用，可以促进肠道中某些对人体有益的微生物的生长，并能促使人体内的有害物质经肠道排出体外，因而具有很好的消食作用，而且可以预防消化道器官的病变。

茶叶中还含有一些能调节脂肪代谢的成分，主要是维生素类如肌醇、叶酸、泛酸、6,8-二硫辛酸等，以及其他如甲硫氨酸、半胱氨酸、卵磷脂和胆碱等，都有调节脂肪代谢的功能。

（五）呼吸系统疾病的防治及其机理

呼吸系统疾病主要是指由细菌及病原微生物所引起的一类感染性（炎症性）疾病。对于茶叶所具有的抗菌、消炎、解毒作用已做过详细论述，以下仅对茶叶对于一些呼吸系统疾病的防治功效进行简要阐述。

1. 感冒 感冒一年四季均可发生，表现为恶寒发热，头痛鼻塞，喷嚏流涕，肢体酸痛。如引起广泛流行者，又称"流行性感冒"。古人即有用茶叶治感冒的经验。茶叶能治疗感冒是多种成分综合作用的结果。例如，咖啡碱、茶碱的利尿清热作用；茶多酚的抑菌、杀菌作用；儿茶素的治偏头痛及维生素C的增强体质抗感染作用等，均对治疗感冒有利。

2. 咳喘 咳喘是肺脏病变的主要症状之一，常见于上呼吸道感染、支气管炎、肺炎、肺结核等。茶治咳喘，古书也有记载。已知茶碱、咖啡碱可松弛平滑肌、缓解支气管痉挛；茶多酚抑菌、杀菌、消炎；茶芳香物萜烯类有祛痰作用，故有利于咳喘的治疗。

3. 咽喉炎 咽喉炎是口腔疾病的一种，多由病毒和细菌感染而引起咽喉部黏膜与黏膜下组织的炎症。临床以咽喉部干热、刺痒及微痛，继而咽痛加重，咳嗽及分泌物较多为主要症状。临床应用表明，茶叶对咽喉炎及由多种原因引起的声音嘶哑、久咳失音等都具一定的防治作用。

4. 尘肺 冶金工、机械厂的车工、电焊工等，由于经常接触金属粉尘，可能会患尘肺。根据所吸入粉尘的不同，尘肺又有锡肺、铝肺、铍肺、焊工尘肺等种类。除了生产上的除尘外，常饮茶是个人防护的方法。茶具有解毒的作用，因为它可以与金属盐类结合、沉淀以阻止毒物的吸收；其利尿作用，又可利于毒物的排泄。

（六）癌症的防治及其机理

随着对茶叶中所含活性物质的进一步了解，人们对茶叶与癌症的关系也进行了研究和探讨，有大量资料表明饮茶在防癌、抗癌方面具有特别引人注目的作用。

1. 茶能抑制和阻断致癌物质的生成 茶叶中的多酚类物质具有阻断 N-亚硝基吗啉合成的作用，绿茶阻断人体内 N-亚硝化作用的阻断率为85%～90%，故绿茶可以减少由许多原因引起的人体内形成的致癌物质 N-亚硝胺和对二乙基亚硝胺的产生；另外，绿茶对黄曲霉致肝癌作用有显著的阻断作用。N-亚硝胺、黄曲霉、苯并芘等物质是在环境和食物中常接触的致癌物质，故经常饮茶，可以预防这一类致癌物质对人体的伤害。这些阻断和抑制作用以占多酚类物质中 70%的儿茶素为最强，其活性又以酚性羟基多的儿茶素为最强，其排列为 EGCG>ECG>EGC>EC。

2. 提高抗癌酶类的活性 绿茶提取物（GTE）能提高谷胱甘肽硫转移酶和超氧化物歧化酶的活性，其效率，谷胱甘肽硫转移酶为 36%，超氧化物歧化酶为 25%。这两种酶是抑制癌细胞活性的重要酶类，因而绿茶提取物可以抑制癌细胞的分裂和增生。另外，绿茶提取物有抑制鸟氨酸脱羧酶的作用，这种酶在机体内是起促进癌细胞增生作用的。

3. 抗氧化活性，增强机体免疫特性 茶叶中含有许多生物类黄酮、维生素C和维生素E

及锌元素，含量分别是 30%、100～300mg/100g 干重、30～70mg/100g 干重、30～70ppm[①]。它们都有抗氧化活性，能抑制机体内脂质过氧化作用，具有较强的抗自由基作用，且较高含量的维生素 C、维生素 E 和锌元素，能增强机体非特异性的免疫力，起到防衰老、防癌抑癌的效果。

（七）龋齿的防治及其机理

链球菌属和乳酸菌是导致龋齿和牙病的两类细菌。口腔细菌作用于碳水化合物（糖类物质），产生破坏牙釉质的酸性物质，进而导致牙齿组织受损，形成龋齿甚至导致牙齿脱落。红茶和绿茶可以减少口腔炎症，防止细菌黏附在牙齿上，抑制口腔细菌生长。这是因为茶叶中含有具有抗菌作用的丹宁物质和儿茶素等。

茶叶中可以预防龋齿的物质还包括微量元素氟，后期采摘的茶叶中含氟量较高（夏秋两季），低档茶含量高于高档茶，粗老叶茶高于茶芽和嫩叶。用 5g 茶叶沏 200mL 开水，5min 后，茶水中便达到保护牙齿的最佳含氟量，因此，常用低档茶漱口或饮用，不但能弥补白开水中含氟量不足的缺憾，还可以预防龋齿，消除口臭。从科学的角度出发，茶多酚和氟都是在粗绿茶中含量高，这也就是专家一再提倡饮用无公害的中低档绿茶的缘故。近来国内外的研究还发现，使用添加单氟磷酸钠牙膏的人群龋齿率减少 43.8%，而使用添加了茶叶煎汁（主要含茶多酚物质）牙膏的人群龋齿率减少了 93%，可见茶叶煎汁的防龋效果明显优于单纯加氟的效果。

（八）清热降火

适量饮茶不仅可以清热降火、生津止渴，还可以补充人体某些营养需要，这是茶优于其他饮料的地方。渴是人体细胞缺水的表现，饮茶可补充较多的水分；茶水中的多酚类、糖类、果胶、氨基酸等与口腔中的唾液发生化学反应，使口腔得以保持滋润，起到止渴生津的作用；芳香物质挥发时又带走一部分热量；咖啡碱还可从内部控制体温调节中枢，以达到防暑降温的目的。

（九）解毒杀菌

茶叶中含有丰富的茶多酚，我国有些茶农采用幼嫩茶芽叶敷涂伤口，利用其杀菌消炎，起这种作用的物质就是茶多酚。如果茶多酚和维生素 C 协同"作战"，其消炎效果更佳。饮茶对人体内多种肠道病毒的生长有抑制作用，这是咖啡碱与茶多酚共同作用的结果。茶叶中水杨酸、苯甲酸和香豆酸也有杀菌消炎作用。茶叶中的儿茶素和茶黄素等多酚类物质对大肠杆菌、葡萄球菌及病毒都有抑制作用，这是因为它们可以与病毒蛋白质相结合，从而降低病毒活性。茶多酚能和乙醇作用，相互抵消，故而有饮茶解酒的效果。另外，茶叶中还含有一种酚酸类物质，能使烟叶中的尼古丁沉淀，排出体外，是吸烟人一种良好的解毒辅助剂，饮酒过量、抽烟过多的人，如果有经常饮茶的习惯，一定会受益匪浅。

（十）防辐射

茶叶的防辐射作用是茶叶中多种有效成分综合作用的结果。茶叶中的儿茶素、茶多酚类化合物、维生素 C 和脂多糖具有防辐射和改善造血功能等作用。这些成分中，防辐射作用以

---

① ppm. 百万分之一

茶多酚和脂多糖为主。抗辐射的机理：①对辐射损伤免疫器官的保护；②对造血功能的提高；③提高机体酶活力和消除自由基代谢产物；④对DNA的保护。

茶多酚不仅可以直接竞争辐射能量与辐射产物，还可以通过与细胞的作用，提高DNA分子和染色体的抗辐射性；脂多糖可改善机体造血功能，人体注入脂多糖后，在短时间内即可增强机体非特异性免疫力；同时维生素C和茶叶内的嘌呤生物碱通过适当的转化，成为有效的自由基清除剂。浙江大学杨贤强教授从分子-细胞-整体水平研究了绿茶多酚清除自由基的机理和抗辐射损伤的机理，认为绿茶多酚的抗氧化作用，对DNA的保护，对有益酶（SOD、GSH-Px）活性等的激活和对有害活性酶（如脂肪氧合酶）的抑制，对免疫器官（胸腺、脾脏）、造血干细胞及骨髓组织的保护等是绿茶多酚抗辐射作用的分子生物学基础。

生物化学和分子生物学家研究表明，茶叶中的多糖具有清除自由基、保护造血系统和增加机体免疫的作用，因此能保护机体免受辐射损伤。茶中脂多糖与其他药物相比，其是天然活性物质，没有任何毒性。在临床使用上，脂多糖可改善机体造血功能，人体注入脂多糖后，在短时间内即可增强机体非特异性免疫力。

（十一）抗老养生

人体衰老是自由基代谢平衡失调的综合表现。自由基引起细胞膜损害，脂质素（老年色素）随年龄增大而大量堆积，影响细胞功能。人体衰老的另一个重要原因是体内脂肪的过氧化过程。茶多酚能高效清除自由基，优于维生素C和维生素E；同时茶叶具有丰富的维生素C和维生素E，它们都具有很强的抗氧化活性，然而茶叶中的茶多酚对人体内产生的过氧化脂肪酸的抑制效果要比维生素E强近20倍。此外，茶叶中的多种氨基酸对防衰老也有一定的作用。例如，胱氨酸有促进毛发生长与防止早衰的功效；赖氨酸、苏氨酸、组氨酸对促进生长发育和智力有效，又可增加钙与铁的吸收，有助于预防老年性骨质疏松症和贫血；微量氟也有预防老年性骨质疏松的作用。因此，"常饮香茗助长寿，长寿得益品茗中"在某种程度上是有一定道理的。

第三节　茶叶的分类与科学饮用

一、茶叶的分类

人们通常说的茶叶是以茶树（*Camellia sinensis*）鲜叶为原料加工而成的；按照加工工艺的不同可划分为大家较为熟悉的六大茶类，即绿茶、白茶、黄茶、乌龙茶、红茶和黑茶。在不同的加工工艺过程中，茶叶中的多酚类物质分别发生不同程度的氧化，从而形成了各类成品茶中不同的汤色、滋味、香气、叶底等感官特征的独特品质。六大茶类又被称为基本茶类，除此之外，还有以六大茶类为原料再加工成的其他茶类，称为再加工茶，如花茶、调味茶、压制茶、保健茶、含茶饮料等。本节主要针对基本茶类，简要介绍各类茶的基本加工工艺和各自的特点。

（一）绿茶类

绿茶加工一般经过杀青、揉捻、干燥等工序，属于不发酵茶，其关键性的加工工序是杀青，是用高温使酶失去活性，阻止化学成分的酶促氧化，从而保持绿色。根据干燥方法不同，又可分为炒青绿茶、烘青绿茶、蒸青绿茶、晒青绿茶等。目前，我国各个省份都有绿茶的生产，尤其以安徽、湖北、湖南、贵州、浙江居多，总的品质特征是清（绿）汤绿叶。

（二）白茶类

白茶加工，鲜叶经萎凋、干燥工序，属于微发酵茶，是中国茶类中的特殊珍品。因其成品茶多为芽头，满身披毫，如针似雪而得名，主要产地在福建福鼎、政和、松溪、建阳及云南景谷等地。福建白茶可分为白毫银针、白牡丹、贡眉、寿眉；云南著名白茶有月光白。其主要品质特征是：茶芽满披白毫茸毛，汤色浅淡，呈浅杏黄色，如白毫银针、白牡丹等。

（三）黄茶类

黄茶加工，一般经过摊青、杀青、揉捻、闷黄、干燥等工序，属于微发酵茶，是我国特有的茶类。它的制作工艺与绿茶工艺相似，只多了闷黄的工序，目前多产于安徽、湖南、湖北、四川等地。其总的品质特征是黄汤黄叶，如广东大叶青、四川蒙顶黄芽、湖南君山银针等。

（四）乌龙茶类（又称青茶类）

乌龙茶加工，鲜叶经轻萎凋、做青、杀青、揉捻、干燥等工序，属于半发酵茶，既有绿茶的清香，又有红茶的浓郁，冲泡后叶底有"绿叶红镶边"的美称。主产地在福建、广东、台湾。根据产地及制作工艺的差异，可将乌龙茶分为闽北乌龙、闽南乌龙、台湾乌龙和广东乌龙。闽北乌龙的代表名茶为大红袍、水仙、肉桂等；闽南乌龙以铁观音、黄金桂为代表；台湾乌龙以冻顶乌龙、白毫乌龙（东方美人茶）为代表；广东乌龙以凤凰单枞为代表。其主要品质特征是：青蒂绿叶红镶边，汤色金黄，香高味醇，如铁观音、武夷岩茶、凤凰单枞等。

（五）红茶类

红茶加工，鲜叶经萎凋、揉捻（揉切）、发酵、干燥等工序，属于全发酵茶。红茶的鼻祖是福建武夷山的正山小种，红茶的外销工艺、技术传播到海外而影响着全世界。目前我国红茶产区主要是海南、福建、安徽、浙江等地。根据制作方法不同，可将红茶分为红碎茶、工夫红茶、小种红茶。代表茶有正山小种、金骏眉、祁红、滇红、宁红。其总的品质特征是红汤红叶。

（六）黑茶类

黑茶加工，鲜叶经杀青、揉捻、沤堆、干燥、毛茶蒸堆、压制等工序，其中沤堆是关键工序。属后发酵茶，是我国特有茶类。目前主要产地在云南、湖南、湖南、广西等地，主要品种有云南普洱、湖南安化黑茶、湖北老青茶及广西六堡茶。其主要品质特征是：毛茶色泽油黑或暗褐，茶汤褐黄或褐红，如各种砖茶、普洱茶、六堡茶等。

二、茶的科学饮用

随着生活水平的提升，饮茶蔚然成风，但是以茶养生，需要科学正确地饮茶，需要根据年龄、性别、体质、生活环境及季节选择合适的饮茶方式。

（一）选择茶叶，科学饮茶

1. 选择茶叶因人而异　　对咖啡碱敏感者，应选择低咖啡碱茶或脱咖啡碱茶。中医认为人的体质有燥热、虚寒之别，因此不同体质者饮茶也有所选择，体质燥热者应喝凉性茶，如绿茶、轻发酵乌龙茶；体质虚寒者应喝温性茶，如红茶、熟普；重发酵乌龙茶如武夷岩茶等为中性茶。

2. 选择茶叶因季节而异 气候和季节也是我们选择茶叶的重要依据，四季周而复始，饮茶也应运而变。

1）春季宜饮花茶。春季饮用花茶可散发一冬积存在人体内的寒邪，浓郁的花香可促进人体阳气发生，即祛除"春困"。

2）夏季宜饮绿茶、白茶或清香型乌龙茶。在炎热夏季，这些茶性寒凉，可以驱散人体的"暑气"，可以清热、消暑、解毒、止渴、强心，即驱散"阳邪"。

3）秋季宜饮青茶。此茶不寒不热，可以消除体内的余热，即消除"秋燥"。

4）冬季宜饮红茶、高火乌龙茶、普洱。冬季茶应热饮，加上这些性温的茶可以驱寒暖身、宣肺解郁，有利于排解体内寒湿之气，即祛除"冬寒"。

（二）饮茶用量

饮茶并不是多多益善，需适量饮用。饮茶过量，尤其过度饮用浓茶，对健康损害较大。茶中咖啡碱会使中枢神经系统过度兴奋，心跳加速，增加心、肾负担，影响晚上的睡眠质量。高浓度的咖啡碱和多酚类等物质会对肠胃产生刺激，抑制胃液分泌，影响消化功能。茶水过浓，还会影响人体对食物中铁等无机盐的吸收。

权衡人体对水分的需要及营养成分的合理需求，成年人每天饮泡干茶以 5～15g 为宜，而冲泡茶叶的用水量控制在 400～1500mL。考虑到人的年龄、饮茶习惯、所处环境、气候的差异及本人身体情况等，可以有所变化，如运动量大、消耗大、肉类进食多的人，以及边疆、海岛缺少蔬菜、水果的人应饮茶量大一些，以补充维生素等的摄入不足。而对于身体虚弱、神经衰弱、贫血患者应少饮甚至不饮茶。

（三）饮茶的温度

一般情况下饮茶提倡热饮或温饮，避免烫饮和冷饮。温度过高，会烫伤口腔、咽喉及食管黏膜，长期高温刺激还会诱发口腔和食管肿瘤；而对于老年人及脾胃虚寒者应当忌饮冷茶，茶叶性偏寒，加上冷饮可使其寒性增强，会使脾胃虚寒者产生聚痰、伤脾胃等不良影响，对口腔、咽喉、肠道等也会有副作用。

（四）不宜饮茶的人群

1. 慢性胃炎患者 因患者需服用胃蛋白酶、胰酶、多酶片等药物，而茶中的大量多酚能与这些药物结合使酶失去活性，以致丧失治疗作用。

2. 肝病患者 肝功能损害严重的情况下不能喝茶，因茶中咖啡碱等物质需要肝脏分解、吸收、解毒等，而喝茶，尤其是咖啡碱含量高的绿茶会加重肝的工作量和负担，不利于肝功能的恢复。

3. 缺铁性贫血患者 茶多酚可与治疗贫血的"硫酸亚铁"结合成不被人体吸收的沉淀物，从而失去治疗作用。

4. 甲状腺功能亢进症患者 茶中的咖啡碱能使人兴奋性增强，甚至血压升高，不利于治疗。

5. 泌尿系统结石患者 结石最为常见的是草酸钙结石，而茶中含有较多的草酸盐，喝茶会导致结石增生,不利于治疗。

6. 活动性胃溃疡、十二指肠溃疡患者 这样的患者不能饮茶,尤其不能空腹饮茶,茶叶中的生物碱能抑制磷酸二酯酶的活性,其结果是胃壁细胞分泌胃酸增强,胃酸一多就会影响溃疡面的愈合,加重病情,并产生疼痛的症状。

7. 服用抗生素者 茶多酚与口服抗生素相结合,减少它们的吸收,会影响其抗菌能力。

8. 习惯性便秘患者 茶叶中的多酚类物质具有收敛性,能减轻肠蠕动,有可能加剧便秘。

9. 处于经期、孕期、产期的妇女 茶叶中的茶多酚与铁离子会发生络合反应,易使处于经期、孕期、产期(三期)的妇女患贫血症。茶叶中的咖啡碱对中枢神经和心血管都有一定的刺激作用,又会加重妇女心、肾的负担;孕妇吸收咖啡碱的同时,胎儿也会被动吸收,胎儿对咖啡碱的代谢速度要比大人快得多,这对胎儿发育是不利的;妇女经期若饮用浓茶会使得经期基础代谢升高,引起痛经、经血过多或经期延长等;妇女在哺乳期也不宜饮茶,茶叶中的咖啡碱一旦被母体吸收会通过哺乳而进入婴儿体内,使得婴儿兴奋过度或发生肠痉挛,此外,浓茶中的茶多酚较多,一旦哺乳期的妇女吸收进入血液,会使得乳腺分泌减少。

(五)服药者的科学饮茶

在中医角度看,茶本身就是一味中药,茶中的各个成分都具有药理作用,当与一些药物混饮时,会与其他药物或元素发生化学反应,从而影响药物作用甚至产生毒副作用,因此服用一些药物时应禁茶或避开饮茶时间。以下是有关文献报道的服用时应避免饮茶的药物。

1. 中药 中药汤的治疗效果是多种药物按一定比例综合作用的结果,为了避免茶中成分与其中成分发生反应或是改变其配比平衡,应避免饮茶。

2. 含金属离子的药物,尤其是补铁药物 茶叶中茶多酚可与铁离子发生络合反应,导致缺铁性贫血;此外,茶多酚还与钙剂类(葡萄糖酸钙、铝酸钙等)、铝剂类(胃舒平、硫糖铝)、银剂类(硅碳银)、铋剂类(丽珠得乐、碳酸铋等)、钴剂类(维生素 B_{12}、氧化钴等)等药物结合产生沉淀,不仅影响药效,而且刺激胃肠道,引起肠胃不适,严重的还可引起胃肠绞痛、腹泻或便秘等。

3. 抗生素类、抗菌类药物 茶叶中的茶多酚在肠道内可与抗生素类发生络合或吸附,从而影响药物吸收和活性;喹诺酮类抗菌药物含有与茶碱和咖啡碱相同的甲基黄嘌呤结构,其代谢途径类似,因此饮茶会干扰药物,使得血液中药物浓度升高,造成人体不适。

4. 助消化酶药物 茶叶中的多酚类物质能与助消化酶中的酰胺键、肽键等形成氢键化合物,从而改变药物的性质和作用,故不宜用茶水服助消化酶的药物。

5. 解热镇痛药 安乃近及含有氨基比林、安替比林的解热镇痛药(PPC、散痛药等)可与茶中的多酚类发生沉淀反应而影响疗效。而热茶送服乙酰水杨酸(阿司匹林)、对乙氨基酚(扑热息痛)及贝诺酯等药物则有增强其解热镇痛的效果。

6. 制酸剂 茶叶中多酚类可与碳酸氢钠发生反应使其分解,与氢氧化铝可产生沉淀;由于西咪替丁可抑制肝药酶系列细胞色素 P450 的作用,延缓咖啡碱的代谢而造成毒性反应。故在服用这三种药物时不宜饮茶。

7. 单胺氧化酶抑制剂 此类药物较常用的有苯乙肼、异唑肼、苯环丙胺、优降宁、呋喃唑酮和灰黄霉素。咖啡因、茶碱可抑制细胞内磷酸二脂酶的活性,减少环磷酸腺苷(cAMP)的破坏,升压物质不能分解,便产生高血压反应。故服用上述单胺氧化酶抑制剂又大量饮茶时,易造成严重高血压。

8. 腺苷增强剂 潘生丁、克冠草、六甲氧化啶(优心平)、利多氟嗪和腺苷三磷酸可通过增加血液和心肌中腺苷含量发挥扩冠作用，而咖啡碱和茶碱有抗腺苷的作用，故用上述腺苷增强剂防治心肌缺血者不宜饮茶。

9. 抗痛风药　　茶叶所含黄嘌呤类物质是尿酸的前体物质，在人体内可经黄嘌呤氧化酶催化生成尿酸。

10. 镇静安神类药物　　茶中生物碱可使大脑神经中枢兴奋，在服用药物时饮茶会抵消药物作用，故服用此类药物时不宜饮茶。

11. 其他　　茶多酚类可与维生素 B_1、氯丙嗪、次碳酸铋、氯化钙等生成沉淀。生物碱药如黄连素、麻黄碱、奎宁、士的宁，苷类药物如洋地黄、洋地黄毒苷、地高辛及活菌制剂乳酶生，也可被茶多酚沉淀或吸附。所以服用以上药物时不宜饮茶。

此外，我们不能饮用霉变茶、油漆和樟脑等串味的有毒茶、炒制过火的茶、变味的隔夜茶和泡太久的久泡茶。

第四节　贮藏与加工对茶营养价值的影响

茶叶是一种质地疏松和多孔隙的饮料商品，容易受周围环境因素的影响，具有吸湿性强和易感染异味的特点。目前条件下，茶叶生产到消费中间需要一个较长的加工和贮藏过程。繁多的加工方式、贮藏方法对茶叶营养价值均有不同程度的影响。处理不当甚至会使茶叶失去应有的风味，严重影响茶叶的饮用和商品价值。因此，了解贮藏与加工对茶营养价值的影响，对于我们采取相应科学、合理的贮藏、加工技术是十分必要的。

一、加工方式对茶叶营养价值的影响

茶叶是以茶树的嫩芽（叶）（一芽一叶或一芽二三叶）为原料加工而成的，含有丰富的多酚类物质，这些多酚类物质会在各种茶叶加工过程中出现不同程度的氧化和缩合（红茶属于发酵茶，绿茶属于不发酵茶），在很大程度上影响茶汤的鲜爽度、强度和汤色。

（一）绿茶加工过程对营养素的影响

1. 绿茶杀青和揉捻中的化学变化与品质的关系　　鲜叶是茶树生命活动最旺盛的部位之一。被采摘后的鲜叶内部会在分解酶（或水解酶）的作用下，部分贮藏物质（淀粉、蛋白质、多糖、类脂）被降解或水解成为较小分子的物质。这些较小分子的物质既满足了鲜叶呼吸作用的需要，又是绿茶在制作中进行化学变化的基础物质。

杀青主要是通过高温破坏和钝化鲜叶中氧化酶的活性，抑制叶片中多酚类物质的酶促氧化。在此过程中，茶叶的叶形、叶色和香气也发生了一系列的变化。在杀青中，鲜叶叶片内的自由水会快速挥发，减少幅度达 17.4%，由于鲜叶温度升高，蛋白质凝固，叶绿素会游离出来，而此时的叶绿素很不稳定，对 pH、光、热敏感，容易发生变化而遭受破坏，使杀青叶色变深（或变黄）失去鲜绿。同时，大量低沸点芳香物质随水分蒸发，较高沸点的芳香物质存留，共同组成了杀青叶的良好香气。

绿茶揉捻的目的是破坏杀青叶细胞组织，各种化学物质相互接触，会发生一系列温和的化学变化，为干燥过程中的化学变化和物质转化创造条件。揉捻工序，对于绿茶来讲，不仅能适当揉破细胞结构使之条索紧结，还是色、香、味、形形成的开始。

2. 绿茶干燥中的理化变化　　干燥工艺是决定绿茶品质的重要过程。绿茶干燥过程分两

个阶段：第一阶段是水分由内层向表面扩散，第二阶段是水分由表面气化。

1）糖类物质的变化。茶叶中的糖类物质包括可溶性糖和不溶性糖。可溶性糖经冲泡可以溶入茶汤，如核糖、葡萄糖、果糖、蔗糖、麦芽糖、半乳糖、阿拉伯糖等。不溶性糖则是指不能溶于茶汤的部分，如淀粉、原果胶、纤维素、半纤维素等。这两种糖类都会在制茶的过程中发生化学变化（如下），影响茶叶的品质。

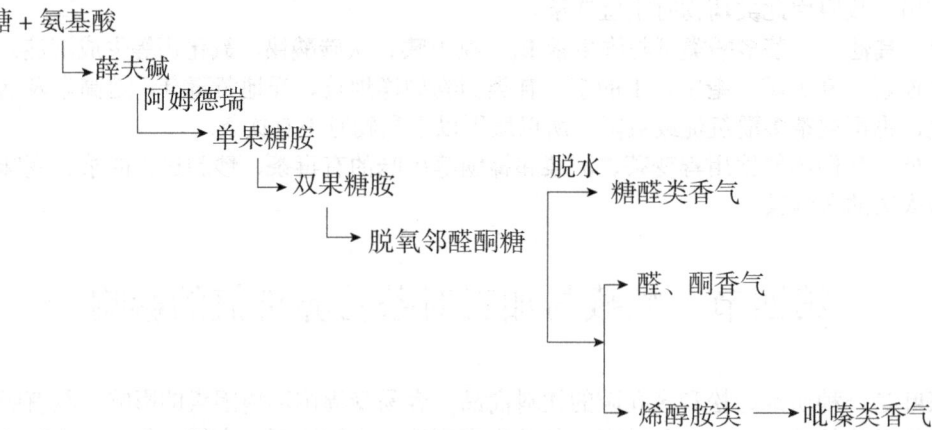

2）蛋白质和氨基酸的变化。茶鲜叶中蛋白质含量为干重的20%左右，游离氨基酸含量为1%～4%。从表6-6可以看出，绿茶加工过程中，蛋白质含量不断递减；而游离氨基酸扣除因形成香气物质而损失的部分，其总量还是不断增加的。

表6-6　在"屯绿"时蛋白质和氨基酸的变化（%）

成分	鲜叶	杀青叶	揉捻叶	干燥叶
蛋白质	21.95	21.48	21.00	19.80
氨基酸	0.4070	0.5135	0.7286	0.6536

资料来源：陈椽，1963

3）果胶物质的变化。鲜叶摊放时通过原果胶酶的作用，原果胶会被水解成可溶性果胶；杀青中，热作用下原果胶部分水解成可溶性果胶；在揉捻中，可溶性果胶还会使茶叶容易成条形。果胶能防止多酚类物质被重金属离子沉淀，还能使茶汤滋味甜醇。绿茶加工过程中可溶性果胶含量是增加的。

4）多酚类物质的变化。多酚类物质在茶叶中含量高、组成复杂，它们在数量、种类上的变化，对茶叶品质的色、香、味均有重要影响。

绿茶在制作过程中，酯型儿茶素因水、热等作用可发生水解，生成简单儿茶素和没食子酸。酯型儿茶素苦涩味重，收敛性强，而简单儿茶素先苦后甘，收敛性较弱，爽口。酯型儿茶素适量减少，有利于绿茶滋味醇和爽口。儿茶素在高温、湿热、有氧条件下，还可进行氧化聚合反应，产生橙黄色聚合物。当氨基酸、蛋白质存在时，这些氧化聚合物可随机聚合形成有色物质，是形成绿茶叶底黄绿的成分，使叶底色泽显现嫩绿色，从而改善品质。

（二）白茶加工过程对营养素的影响

白茶鲜叶加工工序极为简单，但因自然萎凋历时较长，环境条件多变，理化变化复杂，在缓慢而又有控制的变化中形成白茶特有的外形与内质。

1．水分变化 在萎凋过程中，芽叶失水速度与室温、室内相对湿度和芽叶水分多少有关。其失水总趋势是前期快，后期慢，至烘焙前失水最慢。

2．叶绿素的变化及叶色的形成 在萎凋过程中，由于叶内水分散失，细胞液浓度提高，酶促作用加强，叶绿素分解，中后期则在酶的作用下氧化降解，叶绿素 a、叶绿素 b 比例改变，同时细胞液 pH 改变，使叶绿素向脱镁叶绿素转化，叶色转为暗绿。在加温干燥中（晒干或烘干），叶绿素被进一步破坏，叶绿素 a、叶绿素 b 比例趋向稳定。

白茶除叶绿素有变化外，其他色素如胡萝卜素等有色物质也发生变化，共同协调，构成白茶的色泽。在正常条件下，呈现以绿色为主，夹有轻微黄、红色，衬以白毫的灰绿色，并显银亮光泽，这是白茶的标准色。

3．其他物质的变化及香味的形成 在白茶制造中，萎凋叶随水分减少，酶的活性增强，叶内有机物趋向水解。淀粉、蛋白质分别水解为单糖、氨基酸，多酚类化合物氧化缩合，以及它们的相互作用，为白茶的香气与滋味奠定了物质基础。

萎凋时，干物质总量减少。糖有增有减，并在后期得到积累。蛋白质分解，形成具有鲜味的氨基酸，氨基酸在酶的氧化下形成醛，提供了白茶的香气成分。萎凋中后期，多酚类化合物缓慢轻微的氧化缩合，大大减少了茶汤的苦涩味，使滋味醇和。微量的氧化缩合物——茶黄素、茶红素及其他黄、红色素，使茶汤呈杏黄色（表6-7）。

表6-7 白茶萎凋过程主要化学成分的变化

萎凋历时/h	0	12	24	36	48	60	72
干物质重量/%	25.9			24.9		24.80	
总糖/(mg/g)	26.21	20.47	19.27	18.50	12.79	14.95	
多酚类化合物/%	26.75	21.83	20.24	19.18	17.16	16.68	13.02
氨基酸/(mg/g)	6.58	8.14	7.06	7.50	7.07	9.97	11.34
可溶性氮（占干物重比例）/%	2.13	2.03	2.03	2.03	0.95	1.50	
不可溶性氮（占干物重比例）/%	3.33	3.33	3.28	2.23	3.45	3.14	

萎凋后期，酶的活性逐渐下降，酶促作用为非酶促作用所代替，青气和涩味进一步减弱，这对提高白茶香气和茶汤醇和度起到了重要作用。

（三）黄茶加工过程对营养素的影响

黄茶的品质特点是黄汤黄叶，其典型的加工工艺为"闷黄"。黄茶的闷黄是在杀青基础上进行的，虽然杀青温度不是太高，但要求达到破坏酶活性的程度，以制止多酚化合物的酶促氧化。因此，闷黄过程主要是在湿热作用下发生的一系列化学变化。

1．叶绿素的变化 叶绿素是不稳定的化合物，在黄茶加工过程中，热化作用引起氧化、裂解、置换等而被破坏，使绿色减少，黄色更加显露出来，是黄茶呈现黄色的主要原因。

2．多酚类化合物的变化 在闷黄过程中，多酚类化合物总量减少很多，特别是 EGCG 和 ECG 等酯型儿茶素发生自动氧化和异构化而大量减少，改变了多酚类化合物的苦涩味。与此同时，很多可溶态多酚类化合物保留下来，形成黄茶特有的金黄色泽和较绿茶醇和的滋味。

3．其他物质的变化 在黄茶加工过程中，糖类和氨基酸含量也有显著变化。淀粉随着加工过程的推进而减少，可能转化为可溶性糖。而可溶性糖也表现为不断减少，但氨基酸含量增加。氨基酸既是茶汤滋味的重要组成部分，又是香气物质的一种前体。在热的作用下，糖可转化为焦糖,糖与氨基酸结合形成香气。黄茶具有突出的焦糖香,有的称为咖啡香,可能与糖的变化有关。

(四)乌龙茶加工过程对营养素的影响

乌龙茶属于半发酵茶,加工工艺介于红茶和绿茶之间。主要通过萎凋与做青来完成叶内组织和细胞间的有效成分输送、反应和转变,以炒青(杀青)阻止酶促氧化,最后通过烘焙完成茶叶的品质变化。

乌龙茶萎凋有别于红茶加工中的萎凋,乌龙茶的萎凋分晒青和凉青两个过程,两者相互交替进行。萎凋可促进酶的活化和加速叶内成分的化学变化,为提高香气和除去苦涩味提供物质基础。同时,萎凋叶内大分子不溶物质的分解使水浸出物、可溶性糖、氨基酸等含量都有不同程度的增加,叶绿素被破坏,绿色变浅;香气成分发生变化,花香显露。

乌龙茶杀青的目的主要是利用高温破坏酶活性,制止酶促氧化作用;通过热化学作用,进一步破坏叶绿素,使叶中的青叶醛、青叶醇等低沸点物质大量挥发,高沸点的芳香物质逐渐显现。乌龙茶的鲜叶较老,又经过萎凋和做青,含水较少,叶质脆硬,韧性较强。

揉捻是形成乌龙茶外形卷曲折皱的重要工序。经炒揉后,茶汁外溢,物质转化还在继续。通过烘焙干燥,一方面散发水分,将各种水溶性物质及外形品质相对稳定和固定下来;同时发展香气,促进不溶物质发生热裂解、异构化等转化,进一步提高了乌龙茶的品质(表6-8)。

表6-8 乌龙茶烘焙时的物质变化(占干物重比例)(%)

类别	多酚类化合物	醚浸出物	氨基酸	水溶性糖			果胶		
				还原糖	非还原糖	总量	水化果胶	原果胶	总量
揉捻叶	20.41		0.467	1.33	0.51	1.84	2.97	1.46	4.43
毛茶	19.24	5.69	0.380	0.95	0.56	1.51	1.71	1.47	3.18

(五)红茶加工过程对营养素的影响

红茶是全发酵茶。虽然不同红茶工艺要求不尽相同,但都要经过萎凋、揉捻(切)、发酵、干燥4个基本步骤。红茶是通过萎凋来增强酶的活性,然后通过揉捻、发酵,以茶多酚的酶促氧化为中心,发生了一系列的生化变化,最后形成了红汤红叶的品质特点。

1. 酶活性的变化 多酚氧化酶的活性在茶叶失水过程中是逐步增强的。适度萎凋叶多酚氧化酶的活性是鲜叶的2~4倍,揉捻后,氧化酶类氧化速度迅速上升。随着发酵的进行,酶活性降低。直到干燥阶段,叶温达到70℃时,多酶氧化酶才彻底变性、失去活力。因此红茶制造过程中多酚氧化酶活性的变化,是由低到高,再由高到低,直到完全被抑制的。

2. 茶多酚的变化 茶叶水可溶性物质中含量最高的成分是茶多酚,占鲜叶浸出物的50%左右。红茶制造过程中,茶多酚由于酶促氧化和自动氧化,含量大大减少。红茶种类和制茶工艺会影响茶多酚含量,其中揉切的强烈程度和发酵时间的长短影响较大。揉捻或揉切后,叶片液泡的半渗透膜被损坏,使得儿茶素类物质与多酚氧化酶混合接触,在有氧气的条件下,迅速反应,生成茶黄素、茶红素、茶褐素等。茶黄素和茶红素是形成红茶红叶红汤的主体物质。发酵时间越长,茶多酚的氧化量越大,保留量就越小,茶多酚中的儿茶素也具有同样的变化趋势。

3. 红茶滋味的形成 形成红茶滋味的主要化学成分有多酚类化合物、咖啡碱、糖类、氨基酸等物质。多酚类化合物是构成红茶滋味浓强的主要成分,它的氧化物茶黄素具有较强的收敛性,茶红素则滋味醇和,二者含量丰富,比例适中,是形成红茶滋味的主要因素。

构成茶汤鲜爽的主要成分是氨基酸、未被氧化的儿茶素及茶黄素和咖啡碱等。氨基酸是带鲜味的物质，红茶加工过程中，蛋白质逐步水解，形成各种游离氨基酸。咖啡碱是略带苦味的物质，在红茶制造过程中咖啡碱的含量有所下降。咖啡碱与茶黄素等多酚氧化物产生的络合物是形成茶汤冷后浑浊的原因。红茶滋味的甜醇主要是因为叶内含有糖类物质，在红茶制造过程中可溶性糖的数量是增加的。可溶性糖的增加对增进茶汤滋味的甜醇味及甜香都是有积极意义的。

4. 芳香物质的变化 红茶制造过程中芳香物质的变化是比较复杂的，通常鲜叶中的芳香物质不到 50 种，但制成红茶后，香气成分增加到近 300 种。香气成分的种类如此之多，但香气物质的含量甚微，仅为茶叶干重的 0.03%左右。

（六）黑茶加工过程对营养素的影响

1. 杀青 鲜叶在杀青过程中会发生一系列理化变化，叶内水分受高温作用而汽化散失。在杀青过程中，酶蛋白受高温而凝固，失去催化作用，基本阻止了多酚类化合物的酶促氧化，使黑茶保持如绿茶的部分色泽。杀青过程中，叶绿素和咖啡碱的含量都会有一定程度的减少。

2. 揉捻 揉捻过程中最显著的变化是茶坯体积缩小，重量减轻。沤堆存在保水措施，水分减少量小。在揉捻过程中酶活化有所加强，这主要是由鲜叶梗粗叶老、杀青时间较短和翻炒不匀没有彻底破坏酶的活力所致。

3. 沤堆 沤堆是黑茶特征品质风味形成的关键工序，有人称为"品质风味工序"。沤堆发酵过程中，茶坯的儿茶素、茶红素、水溶性糖、氨基酸、原果胶和水浸出物的含量均减少，而茶褐素、水溶性果胶、茶黄素和咖啡碱的含量则增加；其中，儿茶素、茶红素减少较明显，而茶褐素、水溶性果胶则增加较多。但是，沤堆过程中水浸出物含量并未明显下降，说明茶叶内含物通过氧化、降解、缩合等反应已产生新的生成物，从而形成了新的色香味品质。

沤堆过程香气组分变化明显，最显著的是醇类成分和碳氢化合物成分相对含量的急剧降低，以及香气组分中杂氧化合物、酯类等成分的持续增加。这是由于在沤堆的高湿热环境下，化学成分自身发生氧化还原反应及微生物的生物转化等。

沤堆过程中，多酚类化合物的氧化产生茶黄素和茶红素，使叶色转变为橙黄色和褐红色。其中胡萝卜素、叶黄素、花黄素等物质在沤堆过程中也发生了一定的变化，在不同程度上影响着茶汤和叶底的色泽。

4. 干燥 黑茶的干燥与其他茶类目的相同，主要是散失水分，巩固已形成的品质特征。同时在干燥过程中，进一步发展和形成黑茶特有的品质风格。但黑茶干燥方式因产地不同，风格各异。

二、贮藏对茶叶营养成分的影响

不良的贮藏环境对茶叶品质有明显影响，造成功效成分损失，色泽改变，香气散失，滋味变差，甚至霉烂腐败等后果。本节将分析影响贮藏过程中茶叶品质下降的因素，并进一步阐述延缓茶叶陈化变质的措施。

1. 叶绿素的变化 茶叶中主要的呈色物质是叶绿素，其主要由蓝绿色的叶绿素 a 和黄绿色的叶绿素 b 组成。叶绿素 a 含量高的茶叶呈深绿色，而叶绿素 b 含量较高的呈黄绿色。因此，叶绿素在成茶中的含量和叶绿素 a、叶绿素 b 的比例很大程度上决定着茶叶的颜色。叶绿素是一种很不稳定的物质，贮藏过程中在水、光和温度的作用下容易发生脱镁反应而分解，尤其是受到紫外线照射更是如此。叶绿素在贮藏过程中脱去镁形成脱镁叶绿素是绿茶褐变的重要原因。贮藏过程中茶叶翠绿色泽消退，甚至色泽变暗、变褐，这就是由于叶绿素发生了脱镁反应。

2. 类胡萝卜素的变化　　茶叶中还含有一定量的类胡萝卜素，该色素为辅助光合作用的一种黄色色素，性质复杂，极易被氧化。类胡萝卜素在贮藏过程中会发生氧化，其氧化物会明显增加。这些化合物与绿茶的陈味也有很大关系。氧化后会产生异味，使茶叶品质变坏、茶汤滋味变劣。

3. 多酚类物质的变化　　多酚类物质的组成和含量与茶叶汤色和滋味关系较为密切。由于茶多酚较易氧化的特性，在贮藏过程中其含量容易出现明显下降。多酚类物质中儿茶素的变化途径：首先是脱氢形成醌，进一步氧化聚合形成褐色物质，还会形成暗色的高聚化合物，破坏茶汤滋味结构和汤色。

4. 维生素 C 的变化　　维生素 C 对茶叶品质贡献不大，但与茶叶品质变化程度密切相关。维生素 C 易氧化，生成脱氢维生素 C，这种形式易与氨基酸反应，形成氨基羰基，这既降低了茶叶的营养价值，又使颜色发生了褐变，滋味也会变得不鲜爽。维生素 C 在茶叶中的保留量可作为茶叶品质变化的指标之一。

在贮藏过程中，维生素 C 含量虽随着品质的下降而减少，但由于其化学特性很不稳定，还原性强，较茶叶中其他品质化学成分更易变化，因此贮藏过程中维生素 C 保留量的下降率小于品质下降率，对茶叶品质有一定的保护作用。一般维生素 C 保留量在 80% 以上时，品质变化较小，当维生素 C 保留量降到 60% 以下时，绿茶品质将明显下降。

5. 脂类物质的变化　　脂类物质是形成绿茶香气的重要物质，脂肪酸的氧化程度又间接反映着绿茶的劣变程度。脂类会慢慢氧化，生成醛类和酮类，产生酸败臭味；该过程是造成变质的主要原因。茶叶中含有 8% 左右脂肪等脂类物质，这些物质会被氧化、水解，使得游离脂肪酸含量增加，令茶叶香味显陈，汤色加深，导致饮用价值和商品价值降低。

6. 氨基酸的变化　　氨基酸与蛋白质一样，都是茶叶的重要含氮成分，更是赋予茶汤鲜爽宜人滋味的主要物质，它在形成茶汤的酸味和甜味方面发挥着一定的作用。茶叶中氨基酸含量的高低是判别其优劣的重要标志。

在贮藏期间，游离氨基酸总量在贮藏前后虽大体相当，但其组成及比例却已发生了深刻的变化。首先，含量最多的茶氨酸减少 40% 左右；其次，对品质起主要作用的谷氨酸、天冬氨酸和精氨酸等也被大量氧化。贮藏结束后保留的游离氨基酸，多数为水溶性蛋白质的水解产物，但这部分氨基酸的增加，不能改善茶叶品质。

7. 香气成分的变化　　随着贮藏时间延长，茶叶口感会明显下降，香气减弱，甚至品质完全丧失。这是因为茶叶的香气成分正壬醛、顺-3-己烯己酸酯、吲哚等的散失，以及部分陈化物质有所增加。

第五节　茶产品的开发和利用

一、茶产品的概述

近年来，我国茶产业迅速兴起，茶园面积和茶叶产量不断增加，2016 年我国茶叶种植面积为 299.3 万 hm^2，总产量为 243 万 t。由于国内市场逐渐趋于饱和，加上外贸不景气，茶叶初级产品（尤其是中低端茶叶）市场供大于求的现象日趋严峻。因此，发展茶叶综合利用，开发多种类型的茶叶相关产品，提高产品附加值，是茶产业转型升级的必由之路。与此同时，在现代食品的加工技术不断提升的背景下，茶产品的开发、利用及相关产业的发展，尤其是茶制品的出现，在一定程度上也可以推动食品工业的快速高效发展。

（一）茶产品的定义及种类

1. 茶产品的定义　　茶产品是指以茶叶鲜叶、茶汁、不同种类的成品及茶园或茶厂的废弃物为主要原料，运用已有的科学技术改变茶叶原有的存在状态而制作出来的产品。近年来，我国的茶产品和各种含茶制品种类日益丰富，不仅推动了相关产业经济的发展，在国内外市场上也取得了一定的声誉。

茶产品的研发是茶叶综合利用的重要途径。在此过程中，茶树的新鲜叶、老叶、废弃的材料，还有其修剪的叶，以及日常饮用的茶渣，都可以利用起来，经过再加工，达到综合利用的目的。与此同时，高新技术在茶叶深加工过程中得到广泛应用，使茶叶突破了自身仅为饮料的作用，由初级的茶饮料开始向茶食品及茶叶生化成分的提取物方向发展。茶产业本身也从单一行业向现代化新型食品行业转型升级，并逐步渗透到医药、保健品、日用化工、建筑材料、饲料、兽药等行业领域。

2. 茶产品的种类　　市场上，茶产品的种类较多，以茶食品和含茶保健品两大类为主，还包含少量的含茶日化产品、含茶饲料及兽药等。茶食品有茶叶糕点、茶糖果、菜肴；保健品主要是含有茶多酚、咖啡碱、茶氨酸、茶多糖等一种成分或复方的固体饮料、冲剂和胶囊等。

1）茶食品。茶食品是以茶叶为原料开发的各种天然营养食品。

在中国，人们将茶叶加入食物中食用的历史可追溯到春秋时期。到了明代，茶点品种繁多而有创意，有四季茶食之说，即"春饼、夏糕、秋酥、冬糖"。近年来，茶食品在中国的内地（大陆）、香港、台湾，以及日本、韩国和一些欧美国家纷纷兴起，在国内外市场上占有一定的比重。利用茶的色、香、味、形以及提取茶叶中的功能性成分，可制作出各种各样并具有一定保健功效的茶食品，如含茶糕点、糖果、面条、菜肴、冷饮及调味品等。

除此之外，家庭自制茶食品也悄然兴起。在日本出现了食用茶叶饭的新时尚，即在煮饭时直接用茶水代替清水，做出的米饭既有诱人的茶叶芳香，又能养生保健、祛病延年，尤其是夏秋两季用茶水煮饭食用，可祛风散热、防治痢疾。用茶叶烧鱼可解腥，用茶叶煮牛肉易熟、增香，用茶汁和面制成的面条不容易粘锅，且味道清爽鲜口。饮啤酒时，兑入三分之一的冷茶水，不仅具有茶香，且味醇至极，清凉爽口；还有茶叶鸡汤、茶叶煮蛋、茶叶馒头等。用茶叶巧妙制食，不仅可增进食欲、有益健康，也可增加生活情趣，同时还可以充分利用茶叶的营养和保健功能。

2）茶保健品。除了在食品中的应用外，利用茶叶或茶叶提取物中的功效成分可生产各种类型的保健品或保健食品，发挥茶叶的保健功效，起到预防或延缓一些慢性疾病的作用，如肥胖、糖尿病、高血压及动脉粥样硬化等。茶叶中的功能性成分主要有茶多酚、咖啡碱、茶氨酸、茶多糖等。现在市面上销售的含茶保健品主要有两大类：一类是以茶叶提取物的单一或复方成分制成的胶囊、片剂、冲剂等，如茶多酚降脂胶囊、茶多糖甜味剂、茶色素胶囊、茶氨基酸类产品等；另一类是以茶叶为主要成分的保健茶，其特点主要是保健性能好、种类繁多、制作简单、饮服方便。目前，市面上销售茶保健品的功效范围主要包括减肥消食、明目健胃、降血压、防癌、润喉固齿等。

(二）茶产品开发与利用的意义

1. 茶产品的开发与利用改变了茶叶的泡饮方式　　调查显示，许多年轻消费者并不喜欢喝茶，不能接受传统饮茶的方式及茶叶的苦涩味。同时，传统的泡饮只能提取茶叶中水溶性的成分，而留在茶渣中的许多水不溶性的营养成分被丢弃。但是，通过茶食品的加工，使传统的喝茶转向了"吃茶"，消费茶食品就是"吃茶"，这样一来茶叶中许多水不溶性的营养成分也得到了充分利用。从养生学的角度而言，"吃茶"优于"喝茶"。传统的饮茶已逐渐不能适应社会快速发展的生活节奏，而茶食品也是在这一背景下应运而生的。根据市场消费调查显示，越来越多的年轻消费者已经逐渐接受茶食品，还出现了对于某些茶食品追崇的现象，如抹茶系列的食品和饮品等。

2. 茶产品的开发与利用促进了茶叶的消费　　茶产品的开发与利用是社会经济发展到一定阶段的产物，它与食品加工技术的持续提高及人们生活水平的日益改善密不可分。茶产品的开发与利用可以充分挖掘茶叶的营养保健功效，拓宽茶叶在食品、保健品、日化产品等领域的应用，开辟茶叶资源的利用新途径。众多含茶食品的研发上市，丰富了茶叶的产品形态和口味，满足了不同需求层次消费者的需求，对茶叶消费的提升有较好的促进作用。

3. 茶产品的开发与利用解决了夏秋低档茶滞销的问题　　近年来，随着人们生活水平的提高和劳动力成本的增加，市场上夏秋中低档茶叶滞销、经济效益较差的现象日益突出；茶叶主产区普遍存在不采夏秋茶的现象，造成夏秋茶树资源的严重浪费。"早采三天是个宝，迟采三天是个草"，这是对中低档茶不合理的评价。另外，从营养、保健功效角度来讲，中低档茶的功效价值在很大程度上优于叶片较嫩的名优茶，茶产品的开发可以充分挖掘中低档茶的营养价值，以满足不同消费者的需求。利用中低档茶的营养保健功能开发相关含茶食品及保健品，可以拓宽茶叶消费市场，为解决中低档茶的滞销问题开辟了新的途径。

4. 茶产品的开发与利用推动了茶产业的转型升级　　我国茶树资源丰富，是世界上最大的茶树种植国和茶叶生产国，且茶产业规模继续保持增长态势。然而，中国茶业企业众多，大多将茶叶视为初级农产品，种类繁多，品牌混杂，整个茶业市场是一种大而不强的局面，急需整个行业的转型升级以适应激烈的市场竞争。茶产品的开发与利用可以将单一茶叶初级产品的生产向多品种、多行业领域拓展，有助于实现茶产业的转型升级。

5. 茶产品的开发与利用有助于山区农民脱贫致富　　在我国，茶叶主产区大多为欠发达的山区。开发茶产品，解决中低档夏秋茶滞销的问题，不仅带动了经济的增长，增加了就业机会，还增加了农民的收入。对于一些贫困地区的茶农来说，发展茶产品、拓宽茶叶销售渠道，对提高山区人民生活水平、推动贫困地区脱贫致富有着非常重要的意义。

二、茶食品的开发与利用

（一）茶饮料

茶饮料是一种以茶叶为主要原料加工而成的不含任何乙醇的新型饮料，通常会加入水、糖、酸味剂、食用香精、果树植物的提取物等，是一种非常便捷的饮料制品。茶饮料既具有茶叶独有的风味，又具有营养、保健等作用，日益受到消费者的青睐。茶饮料源自美国，其后陆续传到日本和我国台湾，主要产品有茶汽水、茶可乐、凉茶等。目前，世界各国推出了各种新型茶饮料，如果香型茶饮料。茶饮料包装方便，风味独特，如牛乳红茶、咖啡红茶、可可红茶等，在市场上非常受欢迎。茶饮料的适应性广，既可以加工成适合清饮的饮料，又可以与中草药、天然植物、果汁、奶等配制加工成各种保健茶、果味茶、奶茶等罐装饮料，既可热饮，又可冷饮，适合多层次的消费者。茶饮料产品既能保留原有茶叶的色、香、味等品质特征，同时也保留了茶叶中各种有效成分。常见的茶饮料有液体茶饮料和固体茶饮料两大类。

1. 液体茶饮料

1）纯茶型。以茶叶或新鲜茶叶为主要原料，经过提取、调配、灌装、灭菌等工艺加工而成，主要有红茶饮料、绿茶饮料、乌龙茶饮料和花茶饮料等。

2）调味混合型。以茶叶或新鲜茶叶为主要原料，并配以果汁、糖、酸等调味品，经过提取、调配、灌装、灭菌等工艺加工而成，主要产品有果味茶饮料、果汁茶饮料、碳酸茶饮料、奶茶饮料、奶味茶饮料等。

2. 固体茶饮料 固体茶饮料主要是指速溶茶，可分为纯速溶茶和调味速溶茶两大类。

（1）纯速溶茶 以茶叶或新鲜茶叶为主要原料，经过一定的工艺流程而制成的茶产品，纯速溶茶保留了茶叶原有的色、香、味。

1）速溶红茶，以红茶为原料加工制作，具有红茶的特征，汤红味厚。

2）速溶绿茶，以绿茶为主要原料制作而成，有绿茶的风味，汤黄鲜爽。

3）速溶乌龙茶，以乌龙茶为原料，保持了原茶的风味，汤黄醇和。

速溶茶可以直接用来调配液体茶饮料，随取随用，方便快捷，是世界上非常流行的一种饮料。

（2）调味速溶茶 以纯茶叶为原料制成的茶饮品称为纯速溶茶，用茶原料和其他的配料混合制成的茶饮品称为调味速溶茶，目前在市场上也非常流行。

1）茉香绿茶，主要成分是绿茶条和茉莉花，茶汤淡黄色。

2）桂花茶，主要由精制茶坯和鲜桂花窨制而成，馥郁持久，茶色绿而明亮。

3）伯爵茶，以中国茶为基茶，加入佛手柑调制而成，香气特殊。

（二）茶糕点

茶糕点，也称为茶点。从20世纪80年代初期开始，国内一些茶叶和食品企业尝试将茶粉或茶叶提取物加入食品中，生产出各种茶味糕点，既具有糕点的特色，又具有茶叶的本色。这些茶叶糕点以中档茶叶或鲜叶为原料，经过粉碎提取汁液，配以不同的辅料而制成。目前我国市场上主要有茶面包、茶饼干、茶蛋糕、茶月饼、茶披萨等，这些糕点可以解油腻，深受消费者的喜爱。

1）茶面包。茶面包主要是在传统制作的基础上加入茶粉或茶叶提取物等原料制作而成，其中含有茶多酚、茶色素、咖啡碱等功效成分。作为一种发酵后的烘焙食品，不但容易消化吸收，同时具有各种保健功效，是一种老少皆宜的食品。

2）茶饼干。在生产饼干时加入一定量的茶粉或茶叶提取物制成的饼干产品，主要有绿茶饼干、红茶饼干、绿茶夹心饼干等。

3）茶蛋糕。在生产蛋糕时加入一定量的茶粉或茶叶提取物制作的茶叶蛋糕，既增加了蛋糕的花色品种，又使蛋糕增添了更多的营养价值。

4）茶月饼。在加工月饼的过程中，加入茶粉或茶叶提取物制作而成，风味较佳，具有明显的防腐、抗氧化功效。

5）茶披萨。主要选用一些嫩茶叶、鲜虾仁、蘑菇、沙司等其他辅料制作而成，酥香可口，风味独特，茶香四溢，此为我国台湾地区流行的茶食品之一。

(三) 茶糖果

茶糖果，顾名思义是一种含有茶叶味道的糖果，基本上是由甜味体和茶味体两部分组成。自 20 世纪 80 年代初期开始，国内一些从事茶叶加工和食品生产的部门开始了茶叶糖果的研发和生产，市场上也陆续出现了茶叶系列的糖果，如红茶奶糖、绿茶水晶糖，既具有茶香味，又具有糖风味，很受消费者喜爱。

食品生产企业充分利用了传统的糖果生产工艺，并加入茶叶中的有效成分，使之与糖、奶、果汁、巧克力、淀粉、维生素和各种带有保健性的植物添加剂等结合在一起，开发了具有特色风味的糖果，使人们享受到了美味糖果的同时，又增加了产品的茶香风味，并赋予了茶糖果应有的茶叶成分的保健功能。目前我国的茶糖果加工方式不同，具有不同的形态、质构，具有色泽鲜艳、风味浓醇、耐保藏等特点。常见的市售产品主要有红茶奶糖、绿茶奶糖、红绿茶夹心糖、红绿茶饴、绿茶胶姆糖、红茶巧克力和红绿茶颗粒硬糖等。

(四) 茶叶冷冻食品

茶叶冷冻食品是近几年发展起来的一种新产品，起到调节体温、促进排泄、提神、解热、止渴的作用。

1) 茶叶雪糕。由茶叶、乳与乳制品或豆制品、食用酸料等混合配制，经消毒等工艺加工而成，味美可口、易于消化，是一种流行的消暑食品。

2) 茶叶冰激凌。以茶叶的提取液及其他成分为主要原料混合配制，再经杀菌加工制成的冷冻食品。

(五) 茶叶籽油

茶叶籽是山茶科植物茶（*Camellia sinensis*）的果实，即茶叶树的果实。茶叶籽含有粗蛋白质 11.06%，粗脂肪 32.44%，淀粉 24.08%，双糖 3.82%，单糖 0.15%，氨基酸 49.6%。茶叶籽油是选用茶叶籽果中被蒲包裹着的籽仁粒，压榨出来的一种高端木本养生油。早在 400 年前，《本草纲目》上就有记载："茶有种生、野生。种者用籽，其籽大如顶指，面圆色黑。其仁入口初甘后苦，最釅入喉，而闽人以榨油食用。"茶叶籽油作为一种耐贮存、易吸收、有较高营养保健价值的食用植物油，长期以来没有得到人们广泛的认识和重视。2009 年 12 月，中华人民共和国卫生部第 18 号公告中，才正式批准茶叶籽油为新资源食品。

茶叶籽油中含有大量的不饱和脂肪酸（82%以上），其中亚油酸含量为橄榄油的 3~6 倍，维生素 E 含量为橄榄油的 5~10 倍，而且脂肪酸比例更为均衡。与此同时，茶叶籽油还富含茶多酚、植物甾醇、胡萝卜素、角鲨烯、维生素 A、维生素 B、维生素 E 等多种强抗氧化剂及铁、锌、镁、钙等矿物质，是高血压、心脏病、动脉粥样硬化、高血脂患者的理想保健营养油脂（表 6-9）。

表 6-9 茶叶籽油的脂肪酸组成（%）

项目	含量	项目	含量
油酸	53.58	棕榈油酸	微量
亚油酸	25.94	棕榈酸	15.76
亚麻酸	1.80	肉豆蔻酸	0.10
硬脂酸	2.72		

（六）茶酒

茶酒是我国首先发明创制的，在上古时期已有记载，但当时的茶酒仅仅是米酒浸茶。现代的茶酒则主要以茶为原料，是以茶提取液和酒基及其他配料直接配制而成的。在茶提取液中加入酵母，进行发酵处理，产生酒香后，滤去沉淀物，再按配方加入其他的配料，可以兑成品质较好、口味协调，既有茶味又有酒味的茶酒，具有营养、保健、美容等功效。

（1）茶和酒的属性不同　　采用茶叶酿制保健酒，合理地利用了茶叶中多种营养功能因子，既有保健酒的功能特效，又有茶的风味。茶酒的营养保健功效主要表现为以下几点。

1）营养作用，含有更多的对身体有益的营养成分。

2）保健作用，乙醇能增加血液中高密度脂蛋白和降低中性脂肪的沉积，从而防止冠状动脉血管疾病。

3）提神健胃，饮用茶酒能振奋精神，增进食欲，改善人体的新陈代谢和增强人体免疫力。

我国近年来研制的茶酒品种比较繁多，包括浓香型保健酒、茶蜜橘酒、绿茶啤酒等，这些茶酒制品可以达到功能互补、协同增效的保健功效。

（2）茶酒兼具茶与酒的特点　　茶酒具有茶香、品纯、爽口、醇厚等特点，深受消费者的欢迎。而且，茶酒原料充足，工艺技术易于掌握，生产周期短，经济效益显著。

作为一种新兴产业，茶酒的研制顺应了我国酒类"低度、营养、低粮耗、高质量"的发展方向，增加了市场的产品种类，可以满足消费者的不同需求，具有广阔的前景。

目前，中国茶食品行业处于成长期，各类茶食品纷纷出现，茶食品的开发和利用是在茶叶深加工方面的一个重要的发展方向，茶食品的开发和利用不仅利用了茶叶的资源，促进茶产业的发展，而且顺应了人们对食品营养、方便快捷、多元化及健康保健的市场需要。我国茶叶深加工大约为 10 万 t/年，占总产量的 7.4%，预计中国茶食品市场需求将以每年 10% 的速度递增。

三、茶保健品的开发与利用

众多研究表明，茶叶不仅是一种饮料，同时具有各种健康功效。茶产品在广泛应用于食品行业的同时，其在保健品领域的应用也日益得到人们的重视。目前，对于茶保健品的研究开发主要着重于茶多酚、茶色素、茶氨酸、茶多糖、茶皂素等茶叶的主要功效成分的保健功效方面，主要产品集中于以下几类。

1. 保健茶　　保健茶主要是以绿茶、红茶或乌龙茶、花草茶为主要原料，配有一定疗效的单味或复方中药配制而成的产品。茶叶中含有丰富的茶多酚、儿茶素、蛋白质、氨基酸、维生素、生物碱、多糖及芳香类化合物，这些保健成分配入具有特殊药理功效的中草药，再加入特定的维生素和人体需要的矿物质等微量元素，可以制成多种保健茶产品。目前，市面上销售的保健茶主要有降低血脂、胆固醇的功效，对肥胖病、糖尿病、高血压、冠心病等患者具有一定的辅助治疗作用。例如，具有降糖、降压功效的"青钱神茶"中标注含有青钱柳叶、黄芪、山药、绿茶等成分；声称有减肥功效的"常菁茶"中的主要成分为绿茶、金银花、决明子、荷叶等。

2. 茶多酚系列　　茶多酚为茶叶中最为重要的活性成分，市面上以茶多酚为主效成分的产品种类繁多。例如，左旋肉碱茶多酚荷叶片、茶多酚荷叶片、共轭亚油酸绿茶肉碱软胶囊都声称有显著的降脂减肥功效。南昌大学研制的微胶囊油溶性茶多酚产品中茶多酚含量达 35%，通过微胶囊技术，减轻了环境因素对茶多酚的破坏，延长了贮存期。目前，利用生物工程技术，研发的天然抗氧化剂——茶多酚胶囊，降脂效果显著，广泛用于治疗黄褐斑、粉刺、痤疮等皮肤疾病。

3. 茶色素系列 茶色素是从茶叶中提取的一类水溶性酚性色素，主要分为茶黄素（theaflavin，TF）、茶红素（thearubigin，TR）、茶褐素（theabrownin，TB）。茶色素是茶叶中最有医疗和保健价值的成分，被誉为"药物中的绿色黄金"。大量临床病例证实，茶色素具有显著的抗脂质过氧化、增强免疫力功能、降血脂、双向调节血压血脂、抗动脉粥样硬化、抑制实验性肿瘤等药理作用。近年来，国内外市场上出现了很多以茶色素为主要成分的产品，如茶色素胶囊等。

4. 茶多糖系列 茶多糖是一类具有一定生理活性的复合多糖，也是一种酸性糖蛋白，其结合大量的矿物质，称为茶叶多糖复合物，简称为茶叶多糖或茶多糖（tea polysaccharide）。其中蛋白质部分主要由约 20 种常见的氨基酸组成，糖的部分主要有阿拉伯糖、木糖、岩藻糖、葡萄糖、半乳糖等，矿质元素主要有钙、镁、铁、锰等及少量的微量元素。它能提高抗氧化功能，清除体内自由基，减弱自由基对胰岛 B 细胞的损伤，能改善胰岛 B 细胞功能，使胰岛素分泌增加，诱导葡糖激酶的生成，促进糖分解，使血糖下降。在提高免疫力、降低血糖、抗凝血及抗血栓方面有很好的疗效。近年来，茶多糖的健康功效被众多研究者高度重视。但是，市面上以茶多糖为主要成分的产品较少，主要作为一些食品或保健品的初级原料出现。

5. 茶氨酸系列 茶氨酸是茶叶中特有的游离氨基酸，广泛用于食品、保健品及医药行业，尤其在缓解焦虑症状、促进睡眠方面应用较多。例如，L-茶氨酸胶囊和茶氨酸 γ-氨基丁酸糖果等都宣称有缓解焦虑、平复紧张情绪和助于睡眠的功效。

第七章 药食同源植物的营养与保健

本章要点：了解药食同源植物的膳食文化、养生理论与科学食用及其功能性产品的开发类型。重点掌握药食同源植物的种类和营养保健功效。

第一节 药食同源植物的膳食文化与养生理论

"药食同源"，从字面意义来看，是指药物和食物有相同的起源。自古以来，中医所用的药物多为天然药，大多来自于地上生长的草木，与人类食物的来源相似。它们之间无绝对的分界线，许多食物既是食物，也是药物。《黄帝内经》十三方早就将稻米、雀卵、鲍鱼汁、豕膏、菱角、秫米、酒、炙肉等食物当作药物来使用。中医学自古以来就有"药食同源"的理论，认为食即药、药即食，二者同源、同用、同效。隋唐时期的《黄帝内经太素》一书中写道："空腹食之为食物，患者食之为药物"，反映的就是"药食同源"的思想。"药食同源"理论正式提出是在20世纪二三十年代，其形成经历了一个漫长和逐步演变的过程。它实际是中国传统医学中食疗、药膳、养生等方面的思想反映，体现的是中国传统对药物和食物起源上联系的认识。我国历代对"药食同源"及药食界限的认识是一个从模糊到清晰的过程。药物的发现和食物的渊源，最为典型的是"神农尝百草"的典故。故事体现了人们在寻找食物中发现了药物，说明了上古之人药食不分，食物和药物的界限是模糊的，这种认识也体现在"食医"分工的出现上。"食医""食治"的出现体现了古人对食物治疗功能的认识。我国现存最早的药学专著《神农本草经》里面除了治病的常用药以外，还有许多是食物或药食共用之品，如红枣、姜、山药等，突出了"药食同源"的色彩，这可能也是"药食同源"的原始根据之一。"药食同源"理论一步步走向成熟，从仅以充饥为目的饮食到以保健养生为目的饮食，从单用食物以滋养的"食养"到药食结合的"药膳"。药膳是将药物与食物结合的产物，是食养、食疗的拓展物，是"药食同源"理论最璀璨的成果。源于"药食同源"的中国药膳，最初形成于秦汉以后、成熟于唐宋、昌盛于明清。孟诜的《食疗本草》是全世界最早的一部药膳学方面的专著，改革开放以后，有关"药食同源"的作品相继问世，给养生学科带来了新的理论知识。例如，孟仲法教授于1987年出版的《中国食疗学》及谭兴贵教授、谢梦洲教授主编的国家规划教材《中医药膳学》等都为"药食同源"理论与药膳学科开创了新的局面。

药食同源植物主要包括果蔬花及中草药。广义地讲，凡具有一定药用功效的食用植物都可以归为"药食同源"植物的范畴，而狭义地讲主要是卫生部2002年公布的《既是食品又是药品的物品名单》中的植物。目前由国家卫生健康委员会公布的药食同源品种共有101种，它是按照传统既是食品又是药品的标准界定的，这也是"药食同源"在当前社会发展的反映，体现了

"药食同源"的现代性，蔬菜类如马齿苋、紫苏、葛根、鱼腥草等；果品类如沙棘、山楂、酸枣仁、桑葚等；花卉类如金银花、红花、玫瑰茄、桔梗等；中草药类如藿香、姜黄、当归、甘草等，这些都被列入药食同源品种名单中。药食同源植物兼具了丰富的营养价值和药用价值，目前国内外越来越重视药食同源植物的运用。

药食同源文化是中华民族博大精深的传统文化之一。中国传统文化讲究"和谐"，在人体就是要阴阳平衡。疾病的本质是阴阳失去平衡，药物、食物皆有偏性，即"四性"（寒、热、温、凉）和"五味"（酸、苦、甘、辛、咸）之偏性，用食物或药物的这种偏性能纠正人体阴阳的不平衡，这就是中医用食物或药物治病的药理和疗效的机理。

将药食配合起来，用于养生疗疾，是中医的一个显著特色。所谓"安身之本，必资于食""食借药之力，药助食之功"，二者相辅相成，突出显示了"药食同源"在中医养生保健中的独特优势。"药食同源"可谓是中医药养生的最基本理论之一，这一养生文化的最初萌芽可追溯至战国时期我国第一本医学专著《黄帝内经》。其对食疗做了深入的研究："大毒治病，十去其六；常毒治病，十去其七；小毒治病，十去其八；无毒治病，十去其九；谷肉果菜，食养尽之，无使过之，伤其正也"，意思是生病的时候没有必要非得把病完全治愈才算好，用药治到一定程度，最后用食物来恢复体内的正气；在《黄帝内经·素问》六元正纪大论篇第七十一中也提到"食宜同法"；还有《黄帝内经·素问》血气形志篇第二十四中"病生于不仁，治之以按摩醪药"等记载，这些都说明了食物与药物同样具有疗病作用，二者同源。

"药食同源"与养生保健熔为一炉，既有药物与食品的综合作用，又能满足营养与保健的需求。另外，"药食同源"有着取材方便、天然简单易行、身体吸收平和安全的优势，且作为保健食品原料具有不可替代性。"药食同源"的功能符合现代营养免疫学理念，主要体现在以下4个方面：①具有自然的清净功效，没有副作用；②提供维生素、矿物质及其他营养的来源；③均衡人体、调节内分泌腺，使内分泌功能正常；④供给免疫系统所需的营养。"药食同源"思想的具体应用主要体现在药膳中，原则上讲，药膳是以饮食为载体，携带中药有效成分的"药食两用"的产物，因其融入了饮食原料学、现代营养学、社会学等多种学科而具有独特的魅力。

中国自古以来的"滋补养生膳"，就是根据人体健康状况，在中医辨证配膳理论指导下，用包括蔬菜、谷物、肉类在内的各种食物补充和调节人体营养的平衡，也就是利用食物具有的药效调整人体健康。中国古代就有"以食代药"的主张，提出了世代传诵的"药补不如食补"的名言，中华民族"寓医于食"的理论与当今世界营养界的科学结论一致认为，食物是最好的药物。但是要注意根据食物的性味结合五脏的属性进行科学搭配，才会成为具有"食养"和"食疗"效果的膳食。"凡饮食滋味，以养与生，食之有妨，反能为害。"食物与药物一样，都有寒热温凉四性、辛甘酸苦咸五味，这并不是根据它的味道来分类，而主要是根据治疗及保健作用来分的。只有深入认识和掌握"药食同源"的理论，才能更好地达到调理阴阳及治疗保健的目的。寒与凉同属一性质，这类药食具有清热解毒等作用，适宜体质偏热或阳气旺盛者食用。温与热也同属一种性质，这类药食具有温阳散寒等作用，适宜寒症或阳气不足之人食用。在特性上寒热均不明显，介于两类之间者，称为平性，这类药食多具有补养之功效。

《黄帝内经》首次按食物的性味将食物归纳于五行中，五味与五脏的关系密切，五脏之精气皆赖五味的滋养。例如，《灵枢·五味》云："五味各走其所喜，谷味酸，先走肝；谷味苦，先走心；谷味甘，先走脾；谷味辛，先走肺；谷味咸，先走肾。"该书还提出了五味禁忌的思想，如《素问·宣明五气论》谓："五味所禁，辛走气，气病无多食辛；咸走血，血病无多食咸；苦走骨，骨病无多食苦；甘走肉，肉病无多食甘；酸走筋，筋病无多食酸，是谓五禁，无令多食"，强调五味须调和。食物的性味不同，对人体的作用有明显区别。其中的辛、甘气味属阳，具有发散作用；酸、苦、咸属阴，具有涌泄作用。气味不明显者为淡味，具有渗泄之功。重视食物的不同性味和作用，就是用食物性味的细微偏性来调整人体的气血阴阳，扶正祛邪，以期"阴平阳秘，精神乃治"。药食的"归经"趋向于某一脏腑功能系统，对这一功能系统有较特殊的或选择性的作用。

除此之外，还要根据不同季节、各人体质及症候等因素来选择不同类型的药膳。"因时、因地、因人"的三因制宜，是指药食使用的时候要有针对性，这是指导我们使用药食的根本法则。"饮食以时，四季五补"是古人视饮食与时令的关系而提出的。自然界有四季寒暑的更迭，居处地点有高下、燥湿等不同，饮食应根据这些气候及地理环境的差异进行调整以适应环境和人体阴阳、气血在四时的波动变化。因食物的寒、热、温、平、凉功能不同，人的体质也有虚实阴阳之分，所以饮食也要辨证对待，根据各物的属性和自己的体质状态进行科学膳食，是养生保健的基本前提。

从饮食发展史来看，远古时期是药食同源，后经几千年的发展，药食分化，若往今后发展的趋势和前景看，随着城市经济的高速发展和人民生活水平的持续提高，生活节奏也将加快。人们的生活压力变大，导致越来越多的人处于亚健康状态，人们渴望"回归自然"，追求和崇尚绿色健康理念的愿望也将更加强烈，将更加注重食疗营养保健，"药膳调养"正是体现了"药食同源"的发展趋势。

随着人们保健意识的增强，药食同源食品在国内外都得到了迅速发展。风靡全球的欧美"健康食品"、日本"功能食品"，还有正在兴起的我国"药食同源食品"，其理论基础都是"药食同源"。

目前，我国以养生保健为目的开发的"药食同源"产品主要有以下三大类：①滋补强壮类。这类产品主要是通过对脏腑器官组织功能的调理，使其恢复，从而达到增强体质、恢复健康的作用。②治疗疾病类。这类产品主要是针对各种疾病的具体情况，在辨证的基础上采用的治疗或辅助治疗方药。③保健抗衰类。这类产品性味较平和，主要适用于老人、妇女、儿童及亚健康人群，是具有延年益寿、增强记忆力、提高抵抗力的补益调理性方药。

药食虽然同源，但两者之间仍存在界限。《备急千金要方》中记述："安身之本，必资于食，救疾之速，必凭于药。"食物与药物之间毕竟有很大的差异，食物性质平和，根本作用是提供生命延续的必需物质；而药物偏性较强，药性更盛，是专门针对疾病而使用的物品，大部分不适合于长期服用，俗语所言"是药三分毒"，形象地勾画出两者的区别和特性。即使药食共同使用组成药膳，也必须遵从药物应用的一般原则。此外，药膳属于食疗，多用于保健与预防疾病方面，重在养与防，见效较慢，虽然药膳治疗范围较药物治疗广泛，但药膳的针对性及特效性远比药物治疗差，因此，药膳疗法不能完全取代药物疗法，应视具体的人和病情而选择合适的治疗方法，不可滥用。

第二节　药食同源植物的种类

我国幅员辽阔，种质资源丰富，具有很多药食同源的植物，包括水果、蔬菜、花卉和中草药。表7-1中列出了各种类中部分药食同源植物。

表 7-1　药食同源植物种类

类型	种类
药食同源水果	桑葚、沙棘、山楂、金樱子、酸枣、银杏、火棘、树莓、百香果、刺梨、君迁子、三叶木通、荚蒾、神秘果
药食同源蔬菜	马齿苋、荠菜、芡实、蒲公英、枸杞、葛根、薄荷、紫苏、香椿、蕨菜、山梗菜、播娘蒿、苋菜、荆芥、薤菜、水芹、大蓟、灰菜、珍珠菜、黄鹌菜、清明菜、风花菜、歪头菜、龙牙草、枸儿菜、甘露子、香茶菜、鹅肠草
药食同源花卉	玫瑰茄、金银花、桔梗、夏枯草、刺槐花、千日红、锦鸡儿、紫藤、野菊花、菜芙蓉、红花、向日葵、铜锤玉带草、马棘
药食同源中草药	仙草、藿香、黄精、当归、姜黄、黄芪、党参、冬凌草、白芷、黄芩、甘草、苦参、艾草、青蒿、黄连、地黄、绞股蓝、人参、车前草、通草、金钱草、灯笼草、马蓝、母草、迷迭香、陆英、叶下珠、九头狮子草

第三节　药食同源植物的营养保健功效

"医食同源，药食同根"，从现代营养学结合中药药理分析，药食同源植物不仅含有对人体具有营养作用的营养素，还含有治疗疾病的有效活性成分，由此构成了"药食同源"的物质基础。下面将具体介绍表 7-1 中部分药食同源植物的生长特性、营养成分、生物活性成分及药用价值。

一、药食同源水果

（一）桑葚 Morus alba

1. 植物简介　　桑科桑属落叶乔木桑树的果穗，又名桑果、桑枣、套子等。桑葚多数密集成一卵圆形或长圆形的聚花果。初熟时为绿色，成熟后变肉质，紫色或红色，种子小，花期 3～5 月，果期 5～6 月。桑葚也会出现黄棕色、棕红色至暗紫色，有短果序梗，气味微酸而甜。桑葚喜温暖湿润气候，稍耐阴，对土壤的适应性强。

2. 营养与保健价值　　桑葚含有 0.38% 的蛋白质、1.86% 的游离酸、0.053% 的维生素 B_1、0.02% 的维生素 B_2 和 1.02% 的维生素 C，此外，还富含多种氨基酸及锌、锰、钙、铁等矿质元素，其中钼的含量为 4.6μg/kg，高于大多数水果。

桑葚有改善皮肤血液供应、营养肌肤、使皮肤白嫩及乌发等作用，并能延缓衰老。桑葚具有免疫促进作用，可以明目、缓解眼睛疲劳干涩的症状。桑葚中的脂肪酸具有分解脂肪、降低血脂、防止血管硬化等作用。

3. 药用价值　　桑葚味甘性寒，有滋阴补血作用，并能治阴虚津少、失眠等。此外，桑葚还有降脂和减轻神经衰弱的作用，并对动脉硬化、性功能衰弱、耳聋眼花、须发早白、内热消渴、血虚便秘、风湿关节疼痛等均有显著疗效。

（二）沙棘 Hippophae rhamnoides

1. 植物简介　　胡颓子科沙棘属落叶灌木或乔木，又名醋柳、酸刺。树干粗壮，棘刺较多，嫩枝褐绿色，老枝灰黑色，芽金黄色或锈色，果实圆球形，直径约 5mm，橙黄色或橘红色，种子小，花期 4～5 月，果期 9～10 月。沙棘喜光，耐寒，耐酷热，耐风沙及干旱气候，对土壤适应性强。

2. 营养与保健价值 沙棘果实营养丰富,维生素 C 含量为 600~1294mg/100g,是猕猴桃的 2~3 倍,维生素 E 含量为 207mg/100g。同时,沙棘富含人体所需的各种氨基酸和多种维生素、脂肪酸、微量元素、亚油素、沙棘黄酮和超氧化物等活性物质。

沙棘油可以保护和加速修复胃黏膜、增加肠道双歧杆菌,有降低血浆和血管壁中胆固醇含量的作用,能防治高脂血症和动脉粥样硬化症,并有促进伤口愈合的作用。沙棘油的高温萃取物——沙棘果素是祛痘精华液的主要成分,可以抑制皮肤感染,并修复受损肌肤,恢复肌肤正常的更新和循环系统。

3. 药用价值 沙棘果和油具有很高的药用价值,可降低胆固醇,治疗心绞痛,防治冠状动脉粥样硬化性心脏病,可以祛痰、止咳、平喘,并治疗慢性气管炎、胃和十二指肠溃疡及消化不良等,对慢性浅表性胃炎、萎缩性胃炎、结肠炎等病症疗效显著,且对烧伤、烫伤、刀伤、冻伤有很好的治疗效果。

(三)金樱子 *Rosa laevigata*

1. 植物简介 蔷薇科蔷薇属常绿攀缘灌木,又名搪罐子、蜂搪罐、山石榴等。一般 5 月开花,花白色,花梗及果实均密布刺毛,果实 10~11 月成熟,呈红褐色,果肉味甜,清香气甚浓。金樱子原产于我国,在我国华东、华中、华南及西南等地区均有分布,尤其以贵州分布广、产量多。喜温暖湿润阳光充足环境。

2. 营养与保健价值 金樱子营养成分丰富,维生素 C 含量高达 759.21mg/100g,同时含有丰富的柠檬酸、树脂和鞣酸等,但果实中粗纤维含量也较高,不宜直接食用,金樱子果实中的维生素 C 较稳定,可以加工后食用。

3. 药用价值 古典医学就曾记载金樱子具有重要的药用价值,性酸、涩、平、无毒,主治脾泄下痢、止小便利、涩精气,叶可以治疗溃疡、金疮、烫伤等。花可用于治疗遗尿、久泄泻、慢性虚弱性出虚汗等;根对痔疾、烫伤、痢疾等有治疗效果。久服令人耐寒轻身,补血益精,有奇效。现代药理证明,金樱子果实可降低血脂,改善血液流变性,从而减轻和防止动脉粥样硬化。

(四)酸枣 *Ziziphus jujuba* var. *spinosa*

1. 植物简介 鼠李科枣属野生灌木或小乔木,是枣的变种,又名棘、棘子、野枣、山枣、葛针等。原产于中国华北,现中南部各省也有分布。树势较强,枝、叶、花的形态与普通枣相似,但枝条节间较短,托刺发达。叶小而密生,果实较小,圆或椭圆形,果皮厚、光滑、紫红或紫褐色,肉薄,味酸,内含种子 1 或 2 枚。其适应性较普通枣强,花期很长,可为蜜源植物。

2. 营养与保健价值 酸枣果实营养丰富,干酸枣中含糖 2.5%~3.0%、酸 0.40%~3.24%、蛋白质 1.2%~4.3%、脂肪 1.01%~2.61%,还含有丰富的钙、铁、锌等矿质元素。酸枣富含多种维生素,其中每 100g 果实中含有维生素 P 2000~3000mg、维生素 C 410.3~1380mg。

由于酸枣果实中的含酸量较高,因此在加工时不易破坏各种维生素,保持了酸枣制品较高的营养价值,因此,用它制成的饮料和食品具有很好的滋补强健、延缓衰老的作用。此外,食用酸枣还可以提高记忆力。

3. 药用价值 酸枣的种仁可入药,有养肝宁心、滋养敛汗、安神催眠的作用,并对焦虑、抑郁、惊厥、心律失常、高血压、高血脂等病症有治疗效果。

（五）银杏 Ginkgo biloba

1. 植物简介 银杏科银杏属落叶乔木，又名白果树、公孙树等。扇形叶片互生，淡绿色，在长枝上辐射状散生，在短枝上簇生，有细长的叶柄。球花雌雄异株，单性，生于短枝顶端的鳞片状叶的腋内，呈簇生状。4月开花，种子具长梗，常为椭圆形、长倒卵形或卵圆形，种皮肉质，被白粉，10月成熟，熟时黄色或橙黄色。

2. 营养与保健价值 银杏极富营养价值，其种仁含淀粉62%～64%、粗蛋白质11%～13%、粗脂肪2.6%～3%、蔗糖5.2%、还原糖1.1%、粗纤维1.2%、矿物质3%及多种氨基酸和维生素。银杏可直接炒食或煮食，也可加工成饮料，具有消暑润肺、清心除烦、益智安神、增强身体抵抗力的作用。

3. 药用价值 银杏的叶、根、树皮均可入药，有敛肺平喘、止带浊、缩小便的功效，还可以保护毛细血管通透性、扩张冠状动脉、恢复动脉血管弹性，并具有降低人体血液中胆固醇水平、防止动脉硬化的作用，对中老年人轻微活动后体力不支、心跳加快、胸口疼痛、头昏眼花等也有改善作用。

（六）火棘 Pyracantha fortuneana

1. 植物简介 蔷薇科火棘属常绿小灌木，又名叶祥果、火把果、红果、救军粮等。高约3m，侧枝短，先端成刺状，老枝暗褐色，无毛，芽小。叶片倒卵形或倒卵状长圆形，花集成复伞房花序，直径3～4cm。果实近球形，直径约5mm，橘红色或深红色。花期3～5月，果期8～11月。分布于我国黄河以南及广大西南地区。喜强光，耐贫瘠，抗干旱，不耐寒，对土壤要求不严。

2. 营养与保健价值 火棘富含人体必需氨基酸，总氨基酸含量为1658mg/100g，火棘的维生素C（36.32mg/100g）及B族维生素等的含量均比苹果、桃、梨等水果丰富。火棘中还有多种人体必需的矿质元素，特别是磷（77.5mg/100g）、钾（118.0mg/100g）、钙（140.0mg/100g）含量都较高。

火棘含5%左右的膳食纤维和大量芦丁，具有降低胆固醇、清除自由基、降低血脂的功效。火棘树叶可制茶，具有清热解毒、生津止渴、收敛止泻的作用。

3. 药用价值 火棘根、果、叶、茎皮均可入药，其性味苦涩，具有止泻、散瘀、消食等功效。火棘叶外敷治疮疡肿毒。

（七）树莓 Rubus corchorifolius

1. 植物简介 蔷薇科悬钩子属多年生落叶小灌木，又名山莓、覆盆子、山抛子、牛奶泡、撒秧泡等。枝条直立，密生皮刺。花瓣白色或粉红色，花瓣、萼片各5枚。果实为聚合果，成熟时可分为红色、黄色、紫色、黑色、白色等。花期2～3月，果期4～6月。多生于向阳山坡、溪边、山谷、荒地和疏密灌丛中潮湿处，耐贫瘠，适应性强。现在我国分布于四川、甘肃、西藏、东北、青海、新疆等地。

2. 营养与保健价值 树莓的蛋白质含量为200mg/100g，氨基酸总含量为5443～8411mg/100g，维生素C含量为15～40mg/100g，维生素E含量为2mg/100g。树莓中提取的鞣花酸、萜类等化合物具有预防癌症的作用。树莓所含的芳香类物质树莓酮，具有预防肥胖和降血脂的作用。树莓中提取的芪类成分、花青苷、维生素及SOD均具有显著的抗氧化作用。

3. 药用价值 树莓根有活血、止血、祛风利湿的作用，可用于治疗吐血、便血、肠炎、痢疾、风湿关节痛、跌打损伤、月经不调、白带等病症。叶可用于消肿解毒，外用治痈疖肿毒。树莓中的东莨菪内酯具有一定的镇痛、抗炎、祛痰和平喘的作用，含有的鞣花酸具有降压、降血脂、抗突变、防治心血管疾病、抗菌消炎的功效。

（八）百香果 *Passiflora edulis*

1. 植物简介 西番莲科西番莲属草质藤本植物，又名鸡蛋果。茎具细条纹，无毛，长约 6m。聚伞花序，与卷须对生，花芳香，花瓣 5 枚，与萼片等长，基部淡绿色，中部紫色，顶部白色。果实成熟后为紫色，果壳坚韧。果皮呈革质，坚韧且光滑，果肉间充满黄色果汁，似生鸡蛋黄。原产安的列斯群岛。百香果喜光，适应性强，对土壤要求不高。

2. 营养与保健价值 百香果含有丰富的维生素、超纤维和蛋白质等，可以增强人体的抵抗力，提高免疫力。其蛋白质含量为 700mg/100g，磷含量为 24.6mg/100g，维生素 A 含量为 717mg/100g。并含有大量的钙（3.8mg/100g）、铁（0.4mg/100g）等多种矿质元素。

百香果含有的超纤维能够深入肠胃的最细微部分，吸收体内有害物质将其彻底排出，有效改善人体吸收功能，整肠健胃，美容养颜。百香果不但含有丰富的营养，而且可以给人饱腹的感觉，从而让人减少对于其他高热量食物的摄入，有助于改善人体营养吸收结构。

3. 药用价值 百香果能清肺润燥、安神止痛、和血止痢，可以有效治疗咳嗽、咽干、便秘、失眠、痛经等。此外，百香果含有丰富的多酚类物质，能有效清除体内过剩的自由基，对自由基诱发的生物大分子损伤起到保护作用。

（九）刺梨 *Rosa roxburghii*

1. 植物简介 蔷薇科蔷薇属多年生落叶灌木，又名刺石榴、缫丝花。高 1～2.5m，小叶片椭圆形或长圆形，花单生或 2～3 朵，生于短枝顶端，花瓣重瓣至半重瓣，淡红色或粉红色，微香；果扁球形，直径 3cm 左右，绿红色，外面密生针刺。花期 5～7 月，果期 8～10 月。喜温暖湿润和阳光充足环境，适应性强，较耐寒，稍耐阴，对土壤要求不严。生长在海拔 500～2500m 的河滩、山坡、灌丛中，在我国陕西、福建、云南、贵州等地区有分布。

2. 营养与保健价值 刺梨中的维生素 C 含量为 2075～2725mg/100g，超出橙、梨、苹果 50 倍，超出红橘 10 倍，备受美誉的猕猴桃也仅有刺梨的 11%。此外，刺梨中所含的蛋白质、类胡萝卜素、食物纤维、硒、磷、钙、锌及铁等成分也十分充足。

由于刺梨中维生素 C 含量十分丰富，因此刺梨果实具有增强免疫力、降低血脂血压、软化血管、预防冠心病等作用。

3. 药用价值 刺梨根有活血散瘀、祛风除湿、解毒收敛及杀虫等功效。叶外用治疮疖、烧烫伤。刺梨果能止腹泻并对流感病毒起到抑制作用。在铅中毒的情况下，刺梨还能起到排铅的作用。

（十）君迁子 *Diospyros lotus*

1. 植物简介 柿科柿属一年生草本植物，又名黑枣、软枣、野柿子等。树皮暗褐色，深裂成方块状，叶椭圆形至长圆形，表面密生柔毛后脱落，背面灰色或苍白色，脉上有柔毛，花淡黄色或淡红色，果实近球形，直径 1～1.5cm，熟时蓝黑色，有白蜡层，近无柄。花期 5 月，果熟期 10～11 月。广泛分布于太行山南部山区。性强健，喜光，耐半阴，喜肥沃深厚土壤。

2. 营养与保健价值 黑枣中含有丰富的维生素C（97.9mg/100g）、蛋白质和多酚等物质，可以使体内多余的胆固醇转变为胆汁酸，降低结石生成概率，并提高人体免疫力、降低血清胆固醇、保护肝脏；同时富含铁和钙，对防治骨质疏松和贫血有重要作用。黑枣还可以抗过敏、除腥臭怪味、宁心安神、益智健脑、增强食欲、防治高血压。

3. 药用价值 黑枣入脾胃经，能补中益气、养血、安神及明目，多作为调理药物使用，对贫血、血小板减少、肝炎、乏力、失眠等病症有一定疗效。

（十一）三叶木通 *Akebia trifoliate*

1. 植物简介 木通科木通属野生落叶藤本，又名九月炸、八月瓜、羊开口等。叶片纸质或薄革质，三出复叶，叶柄细长约7cm，总状花序长8～16cm，花单性，雌雄同株或同一花序，雌花紫红色，雄花浅红色，花期4月中下旬。果实为肉质浆果，状似香蕉，9月中旬果实成熟时果皮变黑黄色，沿腹缝沟自然裂开，漏出白色果肉。多生长于海拔250～2500m的山地、沟谷、丘陵灌丛中。在我国分布在华北至长江流域各省及华南、西南地区。

2. 营养与保健价值 三叶木通果肉富含多种营养物质，其中蛋白质1g/100g、总糖14.9g/100g、维生素C 108mg/100g，并含有钙（242mg/100g）、磷（20mg/100g）、铁（6.4mg/100g）等多种矿质元素和多种氨基酸。果肉含有36%的油酸和39%的亚油酸，不饱和脂肪酸含量较高，食用有防止动脉粥样硬化和防止原发性脂肪酸缺乏的作用。

3. 药用价值 三叶木通的根、藤、果实、种子均可入药，含齐墩果酸皂苷、豆甾醇β-谷甾醇等药用物质，能治疗癌症、头痛、腹痛、痛经、关节痛、疝气、泻痢等多种疾病。藤入药能行水泻火、舒筋活络及安胎。果实能疏肝、健脾、生津。根能补虚、止痛、止咳、调经。

（十二）荚蒾 *Viburnum dilatatum*

1. 植物简介 忍冬科荚蒾属落叶灌木。高1.2～3.7m，叶卵形或倒卵形，聚伞状或复伞状花序，花冠白色。果红色，圆形。花期5～7月，果期7～9月。主要分布在温带和亚热带，并且荚蒾为中国原产种，主产于浙江、江苏、山东、河南、陕西、河北等省。喜光，喜温暖湿润，也耐阴、耐寒，对气候因子及土壤条件要求不严。

2. 营养与保健价值 荚蒾具有丰富的营养物质，果肉含维生素C 75mg/100g、类胡萝卜素37mg/100g、单宁和色素物质186～460mg/100g。并且果实中具有P类生物活性物质、儿茶素、无色花青素、花青素、黄酮醇等。荚蒾叶中的荚蒾苷和维生素K含量特别丰富。

荚蒾的果实可直接食用，具有滋补作用，也可加工成酸甜适中味美的果酱、调味品、果子羹、糕点馅。而荚蒾果汁具有凝胶特性，加入苹果酱，可制成带果肉的果冻和软果糕，是人们喜爱的食品。鲜果直接食用具滋补作用。荚蒾的果汁对支气管炎、哮喘病和高血压有平息镇痛作用。

3. 药用价值 荚蒾是珍贵的食用和药用植物。其鲜果可作轻微的利尿剂、泻剂和发汗剂。食用荚蒾鲜果还能够改善心脏功能，并对血管痉挛病患者有益。荚蒾根的煎汁还可治疗痉挛、癫病、失眠症和气喘等。

（十三）神秘果 *Synsepalum dulcificum*

1. 植物简介 山榄科神秘果属常绿灌木，又叫变味果、奇迹果、梦幻果、蜜拉圣果等。株高1.5～4.5m，枝条较多，叶子稠密，树呈馒头形，茎枝灰褐色，幼枝红褐色。叶子较小，分枝矮，丛生，叶色深绿有光泽。花小，白色，腋生，花期2~5月。果实成熟期不一致，盛果期为3月、6月、10月，果小，椭圆形，长2cm，宽1.2cm，成熟时果实鲜红，果肉白色多汁。原产于西非。

2. 营养与保健价值 神秘果的叶片含维生素C 4.57mg/100g、多酚 45.31mg/g 干重。神秘果果肉具有改善胰岛素抵抗的作用。其种子中的蛋白质具有降低糖尿病空腹血糖值、促进胰岛素分泌的功效。神秘果提取物具有良好的黄嘌呤氧化酶抑制活性，可用于制备抗氧化剂、抗痛风药物和保健品。从神秘果中提取的神秘果素有抑制食欲的作用，可以用于制作减肥药。

3. 药用价值 神秘果的叶片具有治疗高血压、糖尿病及动脉硬化等功效，并且能够改善胃酸过多，增强肝胆功能，提高免疫力；其果实含有特殊的糖蛋白，具有调整高血糖、高血压、高血脂、痛风、尿酸、头痛等的作用；种子可以治疗心绞痛、喉咙痛、痔疮。

二、药食同源蔬菜

（一）马齿苋 *Portulaca oleracea*

1. 植物简介 马齿苋科马齿苋属一年生草本植物，别名马齿草、五行草、长命菜等。我国南北各地均产，广布全世界温带和热带地区，多生于平地、山坡、田间及路旁。全株无毛，茎圆柱形。叶互生或近对生。花顶生于枝端，无梗；花瓣5瓣，淡黄色，倒卵形。蒴果短圆锥形至卵球形，棕褐色。花期5~8月，果期6~9月。

2. 营养与保健价值 马齿苋含有丰富的二羟乙胺、苹果酸、葡萄糖、钙、磷、铁，以及类胡萝卜素、维生素E、维生素B、维生素C等营养物质。另外，马齿苋的ω-3脂肪酸含量较高。ω-3脂肪酸能抑制人体对胆固酸的吸收，降低血液胆固醇浓度，改善血管壁弹性，对防治心血管疾病很有利。

3. 药用价值 具有清热解毒、凉血止痢、除湿通淋的功效。

（二）蕺菜 *Houttuynia cordata*

1. 植物简介 三白草科蕺属多年生腥臭草本植物，别名鱼腥草、折耳根、狗贴耳等。我国主要分布于西南、华北、华中及长江以南各地，生于沟边、溪边或林下湿地上。株高15~60cm，茎呈扁圆柱形，有时带紫红色。叶互生，叶薄纸质，心形或卵圆形。穗状花序顶生，白色总苞4枚，苞片长圆形或倒卵形。花小而密、两性、无花被花期5~6月。蒴果长2~3mm，卵形，果期10~11月。

2. 营养与保健价值 每100g蕺菜嫩茎叶内含碳水化合物6g，钙123mg，磷38mg。全草含挥发油，挥发油中含有甲基正壬基甲酮、月桂烯、癸酸、月桂醛。其特异性臭气是由癸酰乙醛和月桂醛引起的，通常所说的蕺菜素指的是癸酸乙醛的亚硫酸氢钠的加成物。叶含槲皮苷，花和果穗含异槲皮苷、月桂烯等。

3. 药用价值 蕺菜性寒、味辛，归肺经。其挥发油对大肠杆菌、金黄色葡萄球菌、枯草杆菌均有一定的抑制作用。能清热解毒、利水消肿，具有抗菌、抗病毒、提高机体免疫力等作用。

（三）芡实 *Euryale ferox*

1. 植物简介 睡莲科芡属一年生草本植物，别名鸡头、鸡头米、刺莲藕等。在我国分布广泛，除新疆、西藏外，各省均有分布，多生于池塘、湖沼中。芡实具有白色须根和不明显的茎，初生叶片沉于水中，箭形或椭圆肾形，后生叶片浮于水面，叶片革质，椭圆形或椭圆肾形，表面深绿色，背面深紫色；叶柄粗长，圆柱形，中空，表面多生硬刺。花单生，紫色，花瓣矩圆形或披针形，萼片披针形。浆果球形，深紫红色，外面带有硬刺。种子球形，黑色。花期6~9月，果期9~10月。

2. 营养与保健价值　　芡实种子含有大量淀粉。每100g种子中含有蛋白质4.4g，脂肪0.2g，碳水化合物32g，粗纤维0.4g，钙9mg，磷100mg，铁0.4mg，核黄素0.08mg，烟酸2.5mg，维生素C 6mg。芡实茎、叶可食，常作为原料制作菜肴。

3. 药用价值　　芡实全株可入药，性平，味咸、甘。花蕾能止烦渴、除虚热；根能补脾益肾，减缓肿痛。

（四）蒲公英 *Taraxacum mongolicum*

1. 植物简介　　菊科蒲公英属植物，别名黄花地丁、尿床草、婆婆丁、蒲公草等。我国各地均有分布。株高10~25cm，含白色乳汁，全身被白色疏绒毛。叶片卵状披针形或倒卵形，倒向羽状深裂或大头羽状深裂。头状花序顶生，总苞钟形，淡绿色；舌状花黄色，先端5齿；花药和柱头暗绿色。瘦果倒披针形，褐色，冠毛白色。花期5~8月，果期6~9月。

2. 营养与保健价值　　每100g蒲公英嫩苗含蛋白质4.8g，脂肪1.1g，碳水化合物5g，粗纤维2.1g，类胡萝卜素7.35mg，维生素B_1 0.03mg，维生素B_2 0.39mg，维生素C 47mg，钙216mg，磷93mg，铁10.2mg，还含有菊糖、果胶、胆碱等物质。蒲公英也含有蒲公英甾醇、蒲公英赛醇、蒲公英苦素、咖啡酸等三萜醇。

3. 药用价值　　性寒，味苦、甘，薄荷煎剂对大肠杆菌、绿脓杆菌、葡萄球菌、白色念珠菌、伤寒杆菌等均有一定的抑制作用。能清热解毒、利尿散结，有促进肠道蠕动、消除无名肿痛的作用。可用于治疗感冒发热、淋巴腺炎、尿路感染等症。

（五）枸杞 *Lycium chinense*

1. 植物简介　　茄科枸杞属蔓生灌木，别名枸杞子、甜菜子、狗奶子等。株高0.5~1.6m，枸杞枝条细长，淡灰色，多弯曲，幼枝有纵条纹，通常具有短刺。单叶互生或数片簇生，叶片纸质，披针形或长圆状披针形。花在长枝上常单生于叶腋，或2~6朵簇生于短枝上，花梗细。花冠粉红色或淡紫色，漏斗状，先端5裂。浆果卵圆形，红色或橘红色，花果期5~11月。在我国分布广泛，主要分布于黑龙江、吉林、宁夏、辽宁、新疆等地，西南、华南、华中、华东各地也有分布。

2. 营养与保健价值　　枸杞嫩茎叶可食，带有清香苦味。每100g枸杞嫩茎叶中含有蛋白质3g，脂肪1g，碳水化合物8g，钙15.5mg，磷67mg，铁3.4mg，类胡萝卜素3.96mg，维生素B_1 0.23mg，维生素B_2 0.33mg，维生素C 4mg，烟酸1.7mg，以及甜菜碱、芸香苷等。每100g枸杞果中含粗蛋白质4.49g，粗脂肪2.33g，碳水化合物9.12g，类胡萝卜素96mg，核黄素0.137mg，维生素C 19.8mg，甜菜碱0.26mg。枸杞果实中的枸杞多糖能增强机体的免疫力，具有良好的抗衰老作用。

3. 药用价值　　性寒，味苦，无毒，具有补虚益精、清热止渴、解毒散肿的功效。

（六）葛根 *Pueraria lobate* var. *thomsonii*

1. 植物简介　　豆科葛属多年生藤本植物，别名葛条、粉葛、甘葛、葛麻、葛藤等。在我国除新疆、西藏之外，各地均有分布，主要生长于山坡草丛中或路旁及较潮湿的地方。葛根植株长可达 10m，全株被黄褐色粗毛，块根肥厚，茎基部木质。叶互生，有长柄，三出复叶，托叶卵状长圆形；顶端小叶叶柄较长，叶菱状披针形。总状花序，花密生，花瓣蓝紫色，花期 9～10 月。荚果长圆形，扁平，被褐色毛，果期 11～12 月。

2. 营养与保健价值 葛根的块根和花均可食用。葛根含有大量淀粉，每 100g 葛根中含淀粉 76.1g，蛋白质 0.28g，纤维素 0.36g，还含有矿物质等多种成分。葛根中含有的葛根素、木糖苷、大豆酮、谷甾醇等物质有减慢心率和降压的作用。

3. 药用价值 葛根的干燥根为中药材，性平，味甘、辛。具有升阳解肌、透疹止泻、除烦止渴的功效。对伤寒头痛、痢疾、高血压等病症有一定的治疗作用。

（七）薄荷 Mentha haplocalyx

1. 植物简介 唇形科薄荷属多年生宿根草本植物，别名野薄荷、苏薄荷、鬼香草等。在我国大多数地区均能露天生长，主要分布于江苏、江西、河北、四川等地，生长于水边等温暖潮湿之地。株高 30～80cm，下部根茎匍匐；上部茎直立，四棱形，多分枝。单叶对生，有叶柄，叶卵圆披针形至长圆形，叶片边缘有齿。轮伞花序腋生，呈球形；花梗细短，花萼管状钟形。花冠淡紫色至白色。果实卵球形，黄褐色。花果期 7～11 月。

2. 营养与保健价值 薄荷嫩茎叶均可食用，也可入药。每 100g 可食部分中含类胡萝卜素 1.44mg、维生素 B_2 0.09mg、维生素 C 46mg，还含有黄酮类、有机酸和氨基酸等成分，铁、钠、铝、锌等元素含量也较高。另外，薄荷茎叶中含有挥发油，挥发油中具有左旋薄荷脑、L-薄荷酮、乙酸薄荷酯、樟脑萜、柠檬萜等药用成分。

3. 药用价值 薄荷味辛、性凉，有发汗解热、健胃利胆的作用。薄荷煎剂对金黄色葡萄球菌、白色葡萄球菌、甲型链球菌等均有抑制作用。具有一定的流感防治作用。

（八）紫苏 Perilla frutescens

1. 植物简介 唇形科紫苏属一年生草本植物，别名桂荏、白苏、赤苏等。具有特异的芳香，叶片多皱缩卷曲，完整者展平后呈卵圆形。嫩枝紫绿色，断面中部有髓，气清香，味微辛。主要分布于印度、缅甸、日本等国家。中国华北、华中、华南、西南及台湾省均有野生种和栽培种。

2. 营养与保健价值 紫苏中含有多种人体必需氨基酸、粗蛋白质、β胡萝卜素、挥发油。紫苏全草可蒸馏紫苏油，种子出的油也称苏子油，长期食用苏子油对治疗冠心病及高血脂有明显疗效。紫苏油是一种非常有营养且具有保健功能的食用油，其中含有丰富的 α-亚麻酸，有提高记忆力、降血脂、抗衰老的功效。

3. 药用价值 紫苏叶、梗与种子都有着非常重要的药用价值。紫苏叶也叫苏叶，有解表散寒、行气和胃的功能。主治风寒感冒、咳嗽、胸腹胀满、恶心呕吐等症。种子也称苏子，有镇咳平喘、祛痰的功效。

（九）香椿 Toona sinensis

1. 植物简介 楝科香椿属落叶乔木，别名椿芽、香椿芽、春阳树、香桩头、大红椿树等。原产于中国，在我国广泛分布，其中河南、河北及山东较多，多生长在山溪河边、房前屋后。香椿树皮粗糙，深褐色，成片状脱落。偶数羽状复叶，小叶 10～24 片，对生或互生，有特殊气味。叶片纸质，具有短柄，叶卵状长圆形或披针形。圆锥花序顶生或腋生，小聚伞花序生于短枝上，小花白色，有香气，花瓣5瓣。蒴果长椭圆形，深褐色5瓣裂开。一般3～5月采食嫩叶及嫩枝，花果期6～10月。

2．营养与保健价值 每100g香椿中含蛋白质9.8g、钙113mg、维生素A 117mg、维生素C 115mg、维生素E 0.99mg、钾172mg、磷120mg、铁3.9mg、锌2.25mg、类胡萝卜素1.36mg、核黄素0.13mg。香椿具有化痰、抗炎和增强免疫力等功效。

3．药用价值 香椿性温，味苦、涩，其含有的挥发性芳香族有机物，可健脾开胃，增加食欲。

（十）蕨菜 Pteridium aquilinum var. latiusculum

1．植物简介 蕨科蕨属多年生草本植物，别名拳头菜、蕨、粉蕨、龙头菜等。分布于热带、亚热带及温带地区，我国长江流域及以北地区均有分布，多生于浅沟、山坡等处。株高可达1m，根状茎匍匐生长，被黑褐色柔毛，叶由地下茎长出，新生叶顶部卷曲，外有绒毛，叶柄长，棕褐色。叶片展开后为三回羽状复叶，呈三角形。初夏时节，叶片里着生子囊群，呈赭褐色，子囊内有大量孢子，子囊成熟后破裂，孢子散出。

2．营养与保健价值 每100g蕨菜中含糖类5g、蛋白质1.6g、脂肪0.39g、有机酸0.45g、维生素C 35mg、钙24mg、磷29mg、铁6.7mg、类胡萝卜素1.68g，还含有锰、铜、锌等微量元素。蕨菜的食用部位是未展开的幼嫩叶芽，经常食用可治疗高血压、头晕失眠、关节疼痛等症。

3．药用价值 蕨菜全株可入药，其叶具有消毒解热、强健脾胃、祛风消肿的功效。

（十一）山梗菜 Lobelia sessilifolia

1．植物简介 桔梗科半边莲属多年生草本植物，别名半边莲、水苋菜、苦菜等。分布于我国东北及台湾、江西、吉林、云南等地，多生于沼泽、河边、池塘边等水湿处。根茎直立，生多数白色须根。茎呈圆柱形且单一，无毛。单叶，无柄，密生于茎上部，宽披针形至条状披针形。总状花序顶生，花冠蓝色。蒴果倒卵形，有多数近半圆状种子，两边厚薄不一，棕色，表面光滑。花果期7～9月。

2．营养与保健价值 每100g山梗菜中含钙120mg、磷50mg，还含有丰富的铁、类胡萝卜素、山梗菜碱等多种生物碱、山梗菜葡聚糖等营养成分。

3．药用价值 止咳化痰，清热解毒，利尿消肿，治支气管炎，也可治毒蛇虫咬伤。

（十二）播娘蒿 Descurainia sophia

1．植物简介 十字花科播娘蒿属一年或二年生草本植物，别名米米蒿、麦蒿、黄蒿等。除华南外，全国各地均有分布，亚洲、欧洲、非洲及北美洲也有分布，2800m高山至1000m以下的平原、沟谷均有生长。成株有叉状毛或无毛。茎直立，分枝多，密生柔毛。叶长卵形，3回羽状深裂，末端裂片条形或长圆形，下部叶具柄，上部叶无柄。伞房花序，花瓣淡黄色，长圆状倒卵形，有爪。长角果狭长形，无毛，向内弯曲。花期4～5月。

2．营养与保健价值 风干后，含水9.31%、蛋白质14.18%、脂肪3.24%、粗纤维24.81%、无氮浸出物41.33%、灰分7.13%，此外还含钙1.395%、磷0.297%。

3．药用价值 种子可入药，具有强心、清肺化痰、利尿消肿的作用。

（十三）荇菜 Nymphoides peltatum

1．植物简介 龙胆科荇菜属多年生水生植物，别名莕菜、莲叶荇菜、驴蹄菜等。在我国华东、西南、华北、东北、西北等地区都有分布。莕菜茎细长，圆柱形，节上生根，水底泥中有匍匐根状茎。叶片近圆形，基部深心形，全缘或为波状，上面光绿色，下面带紫色，漂浮于水面上。叶柄基部抱茎。伞形花序簇生与叶腋，花梗伸出水面，花黄色，顶部 5 裂。蒴果椭圆形，先端尖锐。种子多数，有翅。花果期 6~9 月。

2. 营养与保健价值 每 100g 莕菜嫩茎叶中含蛋白质 1.22g、脂肪 0.6g、碳水化合物 11.8g、纤维素 1.2g、类胡萝卜素 3.7mg、维生素 C 59mg、维生素 B_2 0.15mg、烟酸 0.46mg、钙 96mg、磷 30mg、铁 3.5mg。莕菜叶片中还含有芸香苷、槲皮素、熊果酸等物质。

3. 药用价值 莕菜味辛、性寒，具有清热利尿、发汗透疹、消肿解痛的功效。对感冒发热无汗、麻疹透发不畅、小便不利等有一定的治疗作用。

（十四）荆芥 Nepeta cataria

1. 植物简介 唇形科荆芥属多年生植物，别名香荆荠、线荠、四棱杆蒿、假苏。茎坚强，基部木质化，多分枝，高 40~150cm，基部近四棱形，上部钝四棱形。叶卵状至三角状心脏形，草质，上面黄绿色，被极短硬毛，下面略发白。主要分布于我国新疆、甘肃、四川及云南等地。

2. 营养与保健价值 荆芥含挥发油，油中主要成分为右旋薄荷酮、消旋薄荷酮，少量成分为右旋柠檬烯，也含有 α-蒎烯、莰烯、β-蒎烯、3-辛酮、对聚伞花烯、3-辛醇、异薄荷酮、1-异薄荷酮、3-甲基环己酮、β-榄香烯、石竹烯、胡薄荷酮、异胡薄荷酮、1-胡薄荷酮、胡椒酮、胡椒碱烯酮等。荆芥穗中可分离出荆芥醇、荆芥二醇等单萜类化合物。将荆芥进行水煎服用之后能够促进机体汗腺的分泌，提升血液循环，还有一定的解热功效，对于轻微痉挛也有一定的作用。另外，荆芥还有缩短出血和凝血时间的功效。

3. 药用价值 主治感冒发热、头痛、目痒、咳嗽、咽喉肿痛、麻疹、痈肿、疮疥、衄血、吐血、便血、崩漏、产后血晕等。

（十五）蔊菜 Rorippa indica

1. 植物简介 十字花科蔊菜属一二年生草本植物，别名野油菜、地豇豆、江剪草、山芥菜等。我国蔊菜资源丰富，各省均有分布，常生长于田边、路旁、河边及山坡路旁等较潮湿处。株高 20~60cm，直立、无毛。茎单一或分枝、绿色。叶互生，基生叶和茎下部叶有柄，叶片通常大头状分裂，基生叶分裂较多，茎上部叶片几乎全缘，基部楔形，叶形变化大。总状花序顶生，花黄色。长角果窄圆柱状，长 2cm 左右。花果期 5~9 月。

2. 营养与保健价值 每 100g 蔊菜嫩幼苗中含蛋白质 3.2g、脂肪 0.3g、粗纤维 1.3g、类胡萝卜素 4.15mg、维生素 B_2 0.6mg、维生素 C 9.8mg、钾 30mg、钙 28.9mg、磷 4.63mg、铁 0.47mg，还含有蔊菜素、蔊菜酰胺等成分。

3. 药用价值 蔊菜全草可药用，性凉，味辛、微苦。有一定的止咳、化痰、平喘作用。

三、药食同源花卉

（一）玫瑰茄 Hibiscus sabdariffa

1. 植物简介 锦葵科木槿属一年生草本植物，又名洛神花、洛克红、山茄等。株高 1.5~2m，茎淡紫色，直立，主干多分枝。花期较长，在夏秋间开放，花萼杯状，紫红色，花冠黄色。每当开花季节，红、绿、黄相间，十分美丽，有"植物红宝石"的美誉。广布于炎热地区和亚热带地区，原产于西方和印度。

2. 营养与保健价值 玫瑰茄中除了丰富的矿物质营养素之外，还含有丰富的蛋白质、氨基酸、有机酸及天然色素等有效成分。新鲜玫瑰茄鲜萼中，含维生素 C 0.93%、维生素 B 0.21%、蛋白质 0.45%、灰分 1.34%、果胶 1.39%、类胡萝卜素 0.01%、糖分 2.55%及淀粉 1.76%。而干花萼含总花青苷色素 1.20%、柠檬酸和木槿酸等有机酸 13%、还原糖 16%、蛋白质 6%、其他非含氮物质 25%、纤维 11%、灰分 12%及约 1.0%的 17 种氨基酸。

玫瑰茄色素作为一类天然色素，广泛应用于食品加工领域，作为果冻、汽水、蜜饯及糖果等食品着色剂，在一定限量范围内无副作用。

3．药用价值 花萼和种子可入药，有抗氧化、保护心血管和肝脏、降血压等保健功效。花萼具有降血压、抗坏血病和利尿的药效，并且对支气管炎和咳嗽有缓解作用。其种子对心血管、动脉硬化、高血压、骨折、儿童发育不良、老年消化不良、胃酸缺乏等症均有疗效。

（二）桔梗 *Platycodon grandiflorus*

1．植物简介 桔梗科桔梗属多年生草本植物，又叫铃铛花、梗草、僧帽花、土人参、包袱花等。茎高 20～120cm，不分枝，极少上部分枝，叶片无柄或具短柄，轮生，花单朵顶生，暗蓝色或暗紫白色。喜光，耐寒，适合生长在海拔 1100m 以下的丘陵地带。

2．营养与保健价值 每 100g 鲜桔梗中含有蛋白质 3.5g、膳食纤维 3.2g、脂肪 1.2g、维生素 C 10mg、类胡萝卜素 2.2mg、钙 260mg、磷 40mg、铁 13mg，还含有 17 种氨基酸，其中包括人体必需的 8 种氨基酸。

桔梗中含有大量的亚油酸，具有降压、降脂的作用，可以防治动脉粥样硬化、高胆固醇和高血脂等。

3．药用价值 桔梗根可入药，其味苦、辛，性平，归肺经，具有化痰止咳、利咽开音、宣畅废气的功效，可以治疗外感咳嗽、咽喉肿痛、胸满肋痛、痢疾腹痛等病。现代可用于抗炎、祛痰、保肝等。

（三）夏枯草 *Prunella vulgaris*

1．植物简介 唇形科夏枯草属多年生草本植物，又叫麦穗夏枯草、铁线夏枯草、麦夏枯、铁线夏枯等。匍匐根茎，节上生须根。茎高达 30cm，基部多分枝，浅紫色。花萼钟形，花丝略扁平，花柱纤细，先端裂片钻形，外弯。花盘近平顶。小坚果黄褐色，花期 4～6 月，果期 7～10 月。

2．营养与保健价值 夏枯草含芦丁 23.37～211.64mg/100g，槲皮素 4.73～52.19mg/100g。夏枯草全草含有以齐敦果酸为苷元的三萜皂苷，也含有芸香苷、金丝桃苷等苷类物质，熊果酸、咖啡酸及游离的齐敦果酸等有机酸，还含有维生素 B_1、维生素 C、维生素 K、类胡萝卜素、树脂、苦味质、鞣质、挥发油、生物碱等，具有清肝明目、清热散结的功效。

3．药用价值 夏枯草对治疗肺结核、急性传染性黄疸型肝炎及细菌性痢疾均有较好的疗效，前人有歌曰："夏枯苦寒归肝胆，清热利尿除躁烦，尿湿淋病血压高，瘰病结核黄疸眩。"据现代科学研究表明，夏枯草还具有抑制癌细胞的作用。临床抗癌主要用于甲状腺癌、淋巴肉瘤、腮腺癌、扁桃腺癌、鼻咽癌、乳腺癌、宫颈癌、肝癌等病症。

（四）刺槐花 *Robinia pseudoacacia*

1．植物简介 豆科刺槐属落叶乔木刺槐的花，又称洋槐花。树皮深纵裂至浅裂，小枝光滑，无顶芽，叶片纸质，在总叶柄基部常有 2 个大小、软硬不等的托叶刺，花萼钟形，花冠蝶形，花色乳白，花期 4~5 月，花量大，花开时，白花满树，花香清新、淡雅，7~9 月荚果成熟，种子扁肾形。耐盐碱性较强，原产于美国东部。

2. 营养与保健价值　　刺槐花含有丰富的蛋白质（20.53g/100g）、还原糖（3.48g/100g）、维生素 C（16.06mg/100g）、总氨基酸（19.5g/100g）、钙（13.23mg/100g）、铁（24.72mg/100g）、锌（2.39mg/100g）、硒（0.06mg/100g）、镁（34.66mg/100g）等多种元素。还含有芦丁、木犀草素、槲皮素、酚酸等多酚类成分。多酚具有清除自由基、抗氧化、抗肿瘤、抗辐射，以及保护心血管系统等重要的生物活性。刺槐花的香气成分还能够显著增强 α 波的脑电能量，缓解人类心理压力。刺槐花中含有的邻氨基苯甲酸甲酯、橙花醇、芳樟醇、苄醇等具有养颜护肤功效。

3. 药用价值　　刺槐花具有较高的药用价值，具有消痈化瘀、清热解毒、疗咽治痔、健胃通肠等功效。槐花果实能止血，降压。根皮、枝叶具有抗菌消炎作用。

（五）千日红 Gomphrena globosa

1. 植物简介　　苋科千日红属一年生草本植物，又名百日红、火球花、千日草等。茎直立，全株密被白色细毛，纸质叶片对生，头状花序顶生，多为紫红色，也有白色和淡紫色，花期在 6~10 月，因其花储藏几年也不会褪色而得名。原产印度，现在我国各地均有分布。喜光喜肥，适应能力强。

2. 营养与保健价值　　千日红的多糖含量为 18.19g/kg，钙含量为 455.8mg/kg，同时富含多种微量元素，铁含量为 78.54mg/kg，锰含量为 3074mg/kg，锌含量为 3316mg/kg，镁含量为 1012mg/kg，其中铁元素较其他花茶含量丰富。此外，千日红还含有酚类、有机酸、甾醇、蜕皮素等多种有效活性成分。

千日红中的水溶性花色苷安全无毒，可用于食品着色。千日红中存在的植物源酪氨酸酶抑制剂具有祛斑美白、抵抗衰老的作用。千日红茶可以降火消炎、排毒养颜。

3. 药用价值　　千日红的花序可以入药，有止咳定喘、平肝潜阳、明目、利尿的功效，可以治疗支气管炎、小儿惊风、痢疾、高血压、肝热目痛等疾病。

（六）锦鸡儿 Caragana sinica

1. 植物简介　　豆科锦鸡儿属落叶灌木，别名牛筋条、雪里洼金、雀花、黄雀花等。高约 2m，皮上具黄点，皮易剥落，小枝有棱角，无毛，花期 4~5 月。生长在山地荒漠带或干旱河谷，具有较好的防风固沙的作用。

2. 营养与保健价值　　锦鸡儿的花蕾可食，其新鲜花蕾中含有 3.84% 的粗蛋白质和 1.8% 的粗纤维，并含有维生素 B_1 0.035mg/100g、维生素 B_2 0.20mg/100g、维生素 C 51.80mg/100g，同时含有丰富的矿质元素，其中钙含量 16.5mg/100g、铁含量 0.70mg/100g、锌含量 0.71mg/100g，并含有 16 种氨基酸。此外，锦鸡儿花蕾含有丰富的黄酮类物质（0.42%），可以预防动脉硬化、降低胆固醇。

3. 药用价值　　锦鸡儿的全株包括根、花、种均可入药。可治疗肺虚久咳、妇女血崩、白带乳少、风湿骨痛等。并具有抗炎、镇痛、抗骨质疏松、防治心血管类疾病、抗菌、抗氧化等作用。

（七）紫藤 Wisteria sinensis

1. 植物简介　　豆科紫藤属落叶攀缘缠绕性大藤本植物，别名藤萝、朱藤、黄环等。干皮深灰色，不裂，春季开花，青紫色蝶形花冠，花紫色或深紫色，十分美丽。紫藤为暖温带及温带植物，对生长环境的适应性强。主要分布在华北地区，以河北、河南、山西、山东最为常见。

2. 营养与保健价值 紫色花朵可水焯凉拌，也可裹面油炸，制作"紫萝饼""紫萝糕"等风味面食。紫藤花70%甲醇提取物中总酚含量为42.77mg/g，总黄铜含量为7.77mg/g，并具有很强的抗氧化能力，可以有效清除自由基。

紫藤花含有较多的挥发油，有解毒、止泻、消肿的功效，紫藤花精油的主要成分是常用的香料。紫藤的种子能防止酒腐变质。

3. 药用价值 紫藤的茎皮、花及种子均可入药。性味甘、苦，温。主治筋骨疼痛、经络风气、风痹痛、蛲虫病等。也可医治腹水肿胀、虚汗、小便不利、疮毒等。其种子有毒，不可服用过多。

（八）野菊花 Dendranthema indicum

1. 植物简介 菊科菊属多年生草本植物，又名山野菊、野黄菊、苦薏等。野菊花头状花序的外形与菊花相似，呈类球形，直径0.3~1cm，棕黄色。总苞由4~5层苞片组成。舌状花一轮，黄色，皱缩卷曲；管状花多数，深黄色。体轻。气辛，味苦，有小毒。野生于山坡草地、田边、路旁等野生地带。

2. 营养与保健价值 野菊花中的主要化学有效成分包括黄酮类化合物、三萜类化合物和挥发油等。其中挥发油含量为0.1%~0.2%，主要香气成分是樟脑、龙脑、乙酸龙脑酯、反葛醇和桧烯。

野菊花色泽金黄，芳香甘醇，饮用具有生津止渴、清热解毒、益肝明目、降压减肥等功效，具有较高的药用保健价值，是四季皆宜的健康饮品。野菊花的浸液对杀灭孑孓及蝇蛆也非常有效。

3. 药用价值 野菊花性微寒，能治疗咽喉肿痛、风火赤眼、头痛眩晕等病症。野菊全草均可入药，味苦、辛、凉，具有清热解毒、疏风散热、散瘀、明目、降血压的作用。对防治流行性脑脊髓膜炎，预防流行性感冒，治疗高血压、肝炎、痢疾、痈疖疔疮都有明显效果。

（九）菜芙蓉 Hibiscus manihot

1. 植物简介 锦葵科秋葵属一年生草本植物，又名野芙蓉、金花葵。菜芙蓉株高2m以上，植株冠径1.5~2m，叶片互生，掌状，深裂，花期7~9月，主枝和侧枝均开花结果，果实形似棉花的棉铃，果皮表面有白色绒毛。喜温暖及阳光充足的环境，耐旱、耐热，对土壤要求不严，但不宜栽在过分干旱的地方。

2. 营养与保健价值 菜芙蓉含有类黄酮、色素、多糖、油酸、亚油酸等多种营养物质，其中生物黄酮含量达干重的5.63%，是目前已报道黄酮类化合物含量最高的植物。其中油酸、亚油酸含量高达80%。油酸具有抵抗自由基、抗老化、降低紫外线的伤害、保护肌肤中的胶原蛋白、改善静脉肿胀与水肿、预防黑色素沉淀等作用。菜芙蓉籽油还富含维生素E，在食用或药用时很容易被人体吸收，直接净化血液，清除病毒、病菌等病原微生物。

3. 药用价值 菜芙蓉的花、果、叶、根茎及种子都可入药。在抗心脑缺氧、缺血，增进人体代谢中抗氧化功能及缓解抑郁紧张症状等方面有显著效果。

（十）红花 Carthamus tinctorius

1. 植物简介 菊科红花属越年生草本植物，别名红蓝花、刺红花等，茎直立，上部分枝，全部茎枝白色或淡白色，光滑，无毛。中下部茎叶披针形、披状披针形或长椭圆形，头状花序多数，在茎枝顶端排成伞房花序，为苞叶所围绕，花果期5～8月。红花喜温暖、干燥气候，抗寒性强，耐贫瘠。

2. 营养与保健价值 红花籽油中的不饱和脂肪酸是所有食用油中最高的，而饱和脂肪酸含量比较低，并含有高达80%的亚油酸。

红花油广泛用作抗氧化剂和维生素A、维生素D的稳定剂，有杀菌、解毒、降压及护肤的功效。红花中含有的红花黄色素是优良的天然黄色素，具有抗氧化、抑制血小板聚集、预防心血管疾病等重要的生物学功能。并且红花油中的不饱和脂肪酸可有效防止动脉粥样硬化和原发性脂肪酸缺乏。

3. 药用价值 花性温，有活血通经、散瘀止痛的作用。可用于治疗痛经、子宫瘀血、跌打损伤、关节疼痛、斑疹等病症。

（十一）向日葵 Helianthus annuus

1. 植物简介 菊科向日葵属的一年生草本植物，又叫葵花。高1～3.5m。茎直立，圆形多棱角，质硬，被白色粗硬毛。广卵形的叶片通常互生，先端锐突或渐尖，有基出3脉，边缘具粗锯齿。头状花序，直径10～30cm，单生于茎顶或枝端。夏季开花，花序边缘生中性的黄色舌状花，不结实。花序中部为两性管状花，棕色或紫色，能结实。矩卵形瘦果，果皮木质化，灰色或黑色，称葵花籽。原产于美洲，现在我国主要分布于黄河以北。

2. 营养与保健价值 向日葵的蛋白质含量为30.36%，葵花籽油富含类胡萝卜素和维生素E（44.9mg/100g），葵花籽油中平均含6%棕榈酸、5%硬脂酸、16%～19%油酸和68%～72%亚油酸，亚油酸是人体必需的脂肪酸，其含量高于菜籽油（14%～24%）、花生油（约23%）、大豆油（51%～57%）和棉籽油（41%～53%），与当今亚油酸含量最高的红花油（70%～80%）相媲美，是良好的食用油。

葵花籽油对保护器官、促进维生素吸收、清除血胆固醇、防治动脉硬化及降低冠心病发病概率具有重要作用，还具有抗衰老、抗氧化等功效。

3. 药用价值 向日葵的种子、花盘、茎叶、茎髓、根、花等均可入药。种子油可作软膏的基础药；茎髓可作利尿消炎剂；叶与花瓣可作苦味健胃剂；果盘（花托）有降血压作用；花盘有清热化痰、凉血止血之功效，对头痛、头晕等有效；茎叶可疏风清热、清肝明目；茎髓可治疗尿道结石；根可清热利湿、行气止痛；花可清热解毒、消肿止痛。

（十二）铜锤玉带草 Pratia nummularia

1. 植物简介 桔梗科铜锤玉带属一年生匍匐纤细小草本，又叫地钮子、地茄子等。平卧地表，须根多，茎绿色，有细柔毛，节下生根，叶互生，圆形至心状卵圆形。花淡紫色，单生叶腋而与叶对生，花冠左右对称。浆果椭圆形，紫蓝色，有宿萼。

2. 营养与保健价值 铜锤玉带草开花前可以作为野菜食用，果实可以制作果脯。果实糖含量为4.5%，茎叶糖含量为5.5%，同时含有黄酮类、酚类、甾醇、氨基酸和高级脂肪酸酯等成分，具有较高的营养价值和保健价值。因其食用风味独特，颇受人们青睐。

3. 药用价值 全草可入药，具有祛风、利湿、活血散瘀、消炎解毒、补虚弱、清肺热、退翳之功效。可用于治疗风湿疼痛、月经不调、子宫脱垂、小儿急性肾炎、膀胱疝气等。外用治骨折、创伤出血、乳痈、无名肿毒、跌打损伤、扭伤等。

（十三）马棘 *Indigofera pseudotinctoria*

1. 植物简介 豆科木蓝属半灌木植物，又名野槐树、野南枝子、狼牙草、小豆柴、一味药等。植株高0.8~1.0m，株高整齐一致，羽状复叶，椭圆形，总状花序腋生，花冠淡红色或紫红色，荚果圆柱形，种子圆形，花期8~9月，果期11~12月。生于海拔100~1300m的山坡林缘和灌木丛中，广泛分布于我国江苏、安徽、浙江、江西、福建、湖南、湖北等地。

2. 营养与保健价值 马棘的根和果可食用。马棘的枝叶中含有木栓酮、无羁萜、正三十烷醇等物质，马棘根中含有12-齐墩果二烯、芒柄花素、芒柄花苷等，马棘的皮含有生物碱、挥发油、香豆精和内酯类等成分。

3. 药用价值 马棘全株可入药，可治瘰疬、痔疮、积食和感冒咳嗽，根入药具有活血祛瘀、解毒之功效，治疗咳喘、喉蛾、疔疮、瘰疬、跌打损伤和毒蛇咬伤等，马棘皮具有清热解毒之功效，可治疗扁桃体炎、疟疾、疔疮痈肿。

四、药食同源中草药

（一）仙草 *Mesona chinensis*

1. 植物简介 唇形科凉粉草属一年生草本宿根植物，别名仙人草、凉粉草。一年种植可多年受益，高可达100cm；茎初被疏柔毛和细刚毛，稍老脱净。叶对生，具长2~15mm的叶柄；叶片阔卵形至狭卵形，有时近圆形。轮伞花序排成顶生，花冠白色或微红，长3~3.5mm，上唇阔大，具4齿，中间2齿不明显，下唇舟状。主要分布于台湾、浙江、江西、广东、广西。

2. 营养与保健价值 仙草含有丰富的碳水化合物、矿质元素、蛋白质、脂肪、色素、黄酮类物质、香精素及维生素等，具有增强和提高机体免疫机能，抑制自由基形成、抗衰老的作用。

3. 药用价值 主治中暑、热毒、消渴、高血压、肾脏病、糖尿病、关节肌肉疼痛、淋病、急性风湿性关节炎、感冒、黄疸、急性肾炎、泄泻、痢疾等。

（二）藿香 *Agastache rugosa*

1. 植物简介 唇形科藿香属多年生草本，别名左手香、印度薄荷、过手香、到手香。全株密被细毛，具强烈特殊辛香味。叶肥厚，对生，广卵形，先端钝圆或锐，齿状缘有点上卷。主要分布于马来西亚、巴西、中国和印度。

2. 营养与保健价值 藿香含有高剂量维生素C、类胡萝卜素和维生素A、脂肪酸及亚油酸等成分，有辅助治疗多种眼疾、增强免疫力、清除自由基、促进生长发育、保护胃和呼吸道黏膜的功能。

3. 药用价值 主治耳朵发炎、感冒、头痛、咳嗽、喉咙痛、扁桃腺发炎、中暑、发热、呕吐、气闷、胃弱、脾虚寒、心腹绞痛、疔疮、肿毒、跌打损伤等。

（三）黄精 *Polygonatum sibiricum*

1. 植物简介 百合科黄精属多年生草本植物，别名鸡头黄精、黄鸡菜、笔管菜等。根茎横生，肥大肉质，黄白色，略呈扁圆形。茎直立，圆柱形，高 50~80cm，光滑无毛。叶无柄；通常 4~5 枚轮生；叶片线状披针形至线形。花腋生，下垂，花梗长 1.5~2cm，先端 2 歧，着生花 2 朵，花被白色。浆果球形，直径 7~10mm，成熟时黑色。花期 5~6 月，果期 6~7 月。黄精分布于我国北方诸省，安徽、浙江、甘肃和山东广为分布。

2. 营养与保健价值 黄精中含有黄精多糖甲、乙、丙 3 种，由葡萄糖、甘露糖和半乳糖醛酸（6∶26∶1）组成，黄精多糖具有免疫激发、增强免疫、延缓衰老、抗病毒等作用。黄精含有多种甾体皂苷，如呋喃甾烷类皂苷和螺旋甾烷类皂苷等，还含有赖氨酸、苏氨酸、异亮氨酸、丝氨酸、亮氨酸、谷氨酸、酪氨酸、脯氨酸、甘氨酸、丙氨酸等 10 种氨基酸和人体必需的铁、锌、锰等微量元素。

3. 药用价值 黄精为常用中药，性平味甘，入肺、脾、肾经，有补脾润肺、养阴益气等功能。主要用于脾胃虚弱、体倦乏力、口干食少、肺虚燥咳、精血不足、内热消渴、糖尿病、高血压等症，外用黄精浸膏可治脚癣，有抑菌作用。

（四）当归 Angelica sinensis

1. 植物简介 伞形科当归属植物，别名山蕲、干归、秦归、云归、西当归等。多年生草本，高 0.4~1m。茎直立，有纵直槽纹，无毛，茎带紫色。基生叶及茎下部叶卵形，2~3 回三出或羽状全裂。复伞形花序，花白色。双悬果椭圆形，侧棱有翅。花期 6~7 月，果期 7~9 月。在中国分布于甘肃、云南、四川、青海、陕西、湖南、湖北、贵州等地，各地均有栽培。

2. 营养与保健价值 当归根含挥发油和非挥发性成分，此外还含有蔗糖、果糖、葡萄糖，维生素 A、维生素 B_{12}、维生素 E，17 种氨基酸以及钠、钾、钙、镁等 20 余种无机元素。

3. 药用价值 中医学上以根入药，性温、味甘苦辛，具有活血补血、调经止痛的功能。主治血虚诸证、月经不调、经闭、痛经、症瘕结聚、崩漏、虚寒腹痛、痿痹、肌肤麻木、肠燥便难、赤痢后重、痈疽疮疡、跌打损伤等症。

（五）姜黄 Curcuma longa

1. 植物简介 姜科姜黄属多年生草本植物，别名郁金、宝鼎香、毫命、黄姜等。株高 1~1.5m，根茎很发达，根粗壮，末端膨大呈块根。叶片长圆形或椭圆形，叶顶端短渐尖。苞片卵形或长圆形，淡绿色，顶端钝，花冠淡黄色，花期 8 月。产于我国台湾、福建、广东、广西、云南、西藏等地。

2. 营养与保健价值 姜黄含挥发油，其主要成分有姜黄酮、芳姜黄酮、姜黄烯、大牻牛儿酮、芳姜黄烯、桉叶素、松油烯、莪术醇、莪术呋喃烯酮、莪术二酮、α-蒎烯、β-蒎烯、柠檬烯、芳樟醇、丁香烯、龙脑等，还含菜油甾醇、豆甾醇、β-谷甾醇、胆甾醇、脂肪酸及金属元素钾、钠、镁、钙、锰、铁、铜、锌等。

3. 药用价值 破血行气，通经止痛。用于治疗胸肋刺痛、闭经、症瘕、风湿肩臂疼痛、跌打肿痛。

（六）黄芪 Astragalus membranaceus

1. 植物简介 豆科黄耆属多年生草本，别名棉芪、黄耆、独椹、蜀脂、百本、百药棉等。羽状复叶，有 13~27 片小叶，长 5~10cm；叶柄长 0.5~1cm；托叶离生，卵形、披针形或线状披针形，长 4~10mm，下面被白色柔毛或近无毛；小叶椭圆形或长圆状卵形，长 7~

30mm，宽 3~12mm，先端钝圆或微凹，具小尖头或不明显，基部圆形，上面绿色，近无毛，下面被伏贴白色柔毛。分布于我国华北、东北、内蒙古和西北，主产于山西、甘肃、黑龙江、辽宁、河北等省。

2. 营养与保健价值 主要有效成分为黄芪多糖和黄芪皂苷。还含有多种氨基酸、胆碱、苦味素、甜菜碱、黏液质、蔗糖、葡糖醛酸、叶酸、钾、钙、钠、镁、锌等成分，有增强机体免疫功能、保肝、利尿、抗衰老、抗应激、降压和较广泛的抗菌作用，能消除实验性肾炎蛋白尿、增强心肌收缩力、调节血糖含量。黄芪不仅能扩张冠状动脉、改善心肌供血、提高免疫功能，而且能够延缓细胞衰老的进程。黄芪食用方便，可煎汤、煎膏、浸酒、入菜肴等。

3. 药用价值 黄芪具有补气固表、利尿脱毒、排脓、敛疮生肌的功效。用于治疗气虚乏力、中气下陷、久泻脱肛、便血崩漏、表虚自汗、痈疽难溃、久溃不敛、血虚萎黄、内热消渴、慢性肾炎、蛋白尿、糖尿病等。

（七）党参 Codonopsis pilosula

1. 植物简介 桔梗科党参属多年生草本植物，别名防风党参、黄参、防党参、上党参、狮头参、中灵草、黄党，茎基具多数瘤状茎痕，根常肥大呈纺锤状或纺锤状圆柱形，茎缠绕。叶在主茎及侧枝上互生，叶柄有疏短刺毛，叶片卵形或狭卵形，边缘具波状钝锯齿，上面绿色，下面灰绿色。花单生于枝端，与叶柄互生或近于对生，花冠上位，阔钟状。主要分布于中国西藏东南部、四川西部、云南西北部等地。

2. 营养与保健价值 党参含酚类、甾醇、挥发油、维生素 B_1、维生素 B_2、氨基酸、黄芩素、葡糖苷、皂苷等成分，对神经系统有兴奋作用，能增强机体的抵抗力。有调节胃肠运动、抗溃疡、抑制胃酸分泌、降低胃蛋白酶活性等功能。

3. 药用价值 有补中益气、和胃生津、祛痰止咳的作用。主治脾虚食少便溏、四肢无力、心悸、气短、口干、自汗、脱肛、阴挺。

（八）冬凌草 Rabdosia rubescens

1. 植物简介 唇形科香茶菜属多年生草本或亚灌木，别名冰凌花、碎米桠、冰凌草、六月令、山荏、破血丹、明镜草等。地上茎部分木质化，中空，基部浅褐色，上部浅绿色至浅紫色，质硬脆，断面淡黄色。叶对生，有柄，叶片皱缩，展平后呈卵形或棱状卵圆形。聚散花序 3~5 花，花冠淡蓝色或淡紫红色，小坚果倒卵状三棱形，褐色无毛。主产地为豫北山区，主要分布在济源到孟津一带的太行、王屋山区。

2. 营养与保健价值 冬凌草含有冬凌草甲素、冬凌草乙素和迷迭香酸 3 种主要活性成分。冬凌草的抗菌作用主要与迷迭香酸有关，而另外两种成分——冬凌草甲素与冬凌草乙素具有抗癌作用。

3. 药用价值 具有清热解毒、活血止痛等作用。主治咽喉肿痛、症瘕痞块、蛇虫咬伤等。

（九）白芷 Angelica dahurica

1. 植物简介 伞形科多年生高大草本植物，别名川白芷、芳香。根圆柱形，茎基部直径 2~5cm，基生叶一回羽状分裂，复伞形花序顶生或侧生，果实长圆形至卵圆形。主要分布于中国西南、东北、华北。

2. 营养与保健价值 　　白芷含硫胺素、蛋白质、核黄素、脂肪、烟酸、碳水化合物、维生素C、锰、膳食纤维、维生素E、维生素A、胆固醇、胡萝卜素、视黄醇、钙、镁、铁、锌、铜、钾、磷、钠、硒等多种营养成分，有很高的营养与保健价值。

3. 药用价值 　　有祛风、燥湿、消肿、止痛的作用。主治头痛、眉棱骨痛、齿痛、鼻渊、寒湿腹痛、肠风痔漏、赤白带下、痈疽疮疡、皮肤燥痒、疥癣。

（十）黄芩 *Scutellaria baicalensis*

1. 植物简介 　　唇形科黄芩属多年生草本植物，别名山茶根、土金茶。根肉质、根茎肥厚，叶坚纸质，披针形至线状披针形，总状花序在茎及枝上顶生，花冠紫、紫红至蓝色，花丝扁平，花柱细长，花盘环状，子房褐色，小坚果卵球形。主要分布于东北、内蒙古、河北、山西、陕西、甘肃、山东、河南等地。

2. 营养与保健价值 　　黄芩含黄芩素、黄芩苷及黄酮类成分，有抗病毒、提高机体免疫功能和抗衰老的作用。

3. 药用价值 　　有泻实火、除湿热、止血、安胎等作用。主治壮热烦渴、肺热咳嗽、湿热泻痢、黄疸、热淋、吐、衄、崩、漏、目赤肿痛、胎动不安、痈肿疔疮等疾病。

（十一）甘草 *Glycyrrhiza uralensis*

1. 植物简介 　　豆科甘草属多年生草本，别名国老、甜草、乌拉尔甘草、甜根子。根与根状茎粗壮，直径1～3cm，外皮褐色，里面淡黄色。具甜味。托叶三角状披针形，总状花序腋生，具多数花，长圆形荚果，有时呈镰刀状或环状弯曲，密被棕色刺毛状腺毛。扁圆形种子。主要分布于新疆、内蒙古、宁夏、甘肃、山西朔州。

2. 营养与保健价值 　　甘草主要含有甘草酸、甘草次酸、甘草黄苷、甘草素、甘草苦苷、异甘草黄苷、二羟基甘草次酸、甘草西定、甘草醇、5-O-甲基甘草醇、异甘草醇等成分，具有抗炎、抗过敏、平衡女性体内激素等作用。

3. 药用价值 　　主治心气虚、心悸怔忡、脉结代、脾胃气虚、倦怠乏力、痈疽疮疡、咽喉肿痛、气喘咳嗽、胃痛、腹痛及腓肠肌挛急疼痛；可用于调和某些药物的烈性；对组胺引起的胃酸分泌过多有抑制作用；并有抗酸、缓解胃肠平滑肌痉挛、抗炎和抗过敏的作用，能保护发炎的咽喉和气管黏膜。

（十二）苦参 *Sophora flavescens*

1. 植物简介 　　豆科槐属落叶半灌木，别名地槐、好汉枝、山槐子、野槐。根圆柱形，长10～40cm。上粗下细，直径1～3cm。有分枝，外表皮棕黄色或褐色，皮薄多破裂。易剥落，质坚硬，不易折断，断面粗纤维状，黄白显射线纹理，有裂隙。广泛分布于我国各地。

2. 营养与保健价值 　　苦参含蛋白质、脂肪、碳水化合物、叶酸、膳食纤维、胆固醇、维生素A、维生素B_6、维生素C、维生素E、类胡萝卜素、核黄素、硫胺素、烟酸等多种成分。可提高人体免疫力，具有增加白细胞的功效。

3. 药用价值 　　气微，味极苦，有豆腥味。主治热痢、便血、黄疸尿闭、赤白带下、阴肿阴痒、湿疹、湿疮、皮肤瘙痒、疥癣麻风，外治滴虫性阴道炎。

（十三）艾草 *Artemisia argyi*

1. 植物简介 　　菊科蒿属多年生草本或略成半灌木状，别名萧茅、冰台、遏草、香艾等。

植株有浓烈香气，茎单生或少数，褐色或灰黄褐色，基部稍木质化。叶厚纸质，上面被灰白色短柔毛，基部通常无假托叶或极小的假托叶。头状花序椭圆形，花冠管状或高脚杯状。瘦果长卵形或长圆形。主要分布于东北、华北、华东、华南、西南、陕西及甘肃等地。

2. 营养与保健价值 艾叶挥发油含量多，1,8-桉叶素占50%以上，其他还有α-侧柏酮、倍半萜烯醇及其酯。风干叶含矿物质10.13%、脂肪2.59%、蛋白质25.85%，以及维生素A、维生素B_1、维生素B_2、维生素C等。

3. 药用价值 具有温经、去湿、散寒、止血、消炎、平喘、止咳、安胎、抗过敏等功效。

（十四）青蒿 Artemisia carvifolia

1. 植物简介 菊科蒿属一年生草本植物，别名草蒿、廪蒿、茵陈蒿、邪蒿、香蒿、苹蒿、黑蒿、白染艮、苦蒿等。茎直立，上部多分枝，具纵棱线。叶子互生，茎中部的叶子二回羽状分裂，线形小裂片。夏季开花，头状花序半球形，多数，成圆锥状，花管状，外面为雌花，内层为两性花。在我国多个省份均有分布。

2. 营养与保健价值 青蒿含青蒿素、黄酮类、香豆素等，具有抑菌、免疫调节等功能。

3. 药用价值 具有清透虚热、凉血除蒸、解暑、截疟、抗菌、抗寄生虫、减慢心率、抑制心肌收缩力、降低冠脉流量的作用。主治暑邪发热、阴虚发热、夜热早凉、骨蒸劳热、疟疾寒热、湿热黄疸。

（十五）黄连 Coptis chinensis

1. 植物简介 毛茛科黄连属多年生草本植物，别名味连、川连、鸡爪等。根茎多簇状分枝，常常弯曲，形似倒鸡爪状，习称鸡爪黄连。单枝类圆柱形，长3～6cm，直径2～8mm。表面灰黄色或黄棕色，外皮剥落处显红棕色，粗糙，有不规则结节状隆起。质坚硬，折断面不整齐，髓部红棕色，有时中空。主要分布于四川、贵州、湖南、湖北、陕西南部。

2. 营养与保健价值 黄连含小檗碱、黄连碱、甲基黄连碱、掌叶防己碱等生物碱，具有免疫调节和很强的抗细菌毒素的功效。

3. 药用价值 有清热燥湿、泻火解毒的作用。主治湿热痞满、呕吐吞酸、泻痢、黄疸、高热神昏、心火亢盛、心烦不寐、血热吐衄、目赤、牙痛、消渴、痈肿疔疮、湿疹、湿疮、耳道流脓。

第四节　药食同源植物的科学食用

药食同源植物兼具了丰富的营养价值和药用价值。但食以养生，药以治病，二者在性质、功效方面颇有差异，因此在食用时应具有针对性并注意其饮食禁忌。正确地选择并科学合理地使用药食同源植物，不仅可以改善体质，增强免疫力，还可以治愈疾病。

一、药食同源水果

（一）桑葚

饮食禁忌：熬桑葚时忌用铁器，因为桑葚分解的酸性物质，会跟铁产生化学反应而导致中毒，重者可死亡。糖尿病患者忌食桑葚。

1. 蒸制桑葚牛骨汤

【用料】牛骨 500g，桑葚（紫、红）25g，姜 5g，葱 10g，盐 3g，料酒 10g，白砂糖 2g。

【做法】先将桑葚洗净；桑葚加酒和糖各少许，上锅蒸一下备用；再将牛骨洗净，砸断，放入锅内，加适量清水煮开后撇去浮沫；加姜、葱再煮至牛骨发白；捞出牛骨，加入桑葚继续煮；开锅后再撇去浮沫，加盐和味精调味即可。

【功效】本品具有滋补、强筋益肾之功效，适于骨质疏松症患者食用；对肝肾阴亏引起的头晕、失眠、耳鸣、耳聋、心悸等也有疗效。

2. 桑葚杞子米饭

【用料】粳米 80g，桑葚（紫、红）30g，枸杞子 30g，白砂糖 20g。

【做法】将桑葚、枸杞、粳米分别淘洗干净后，一同置于锅中；加入适量清水及白糖再用文火焖煮成米饭即可。

【功效】本品具有滋阴补肾之功效，适于老年骨质疏松症患者食用；有腰膝酸软或酸痛，或有骨折、形体消瘦、视物昏花等症状者也可食用。

3. 桑葚枸杞糯米粥

【用料】糯米 100g，桑葚（紫、红）30g，枸杞子 30g，白砂糖 15g。

【做法】分别将桑葚、枸杞、糯米淘洗干净；在锅中加适量清水，放入桑葚、枸杞、糯米，煮沸；转用文火熬至米熟烂成稀粥；加入白糖搅拌，即可食用。

【功效】本品具有养阴补血、滋肝益肾之功效，适用于骨质疏松症、肝痛阴虚症、腰痛骨酸、心烦热、口干燥、尿黄、便干、男遗精、女月经不调或闭经、形体消瘦、面色萎黄等症。

（二）沙棘

饮食禁忌：体温热甚者不宜食用沙棘。

1. 沙棘醪糟汤

【用料】沙棘罐头，米酒，鸡蛋，淀粉，冰糖。

【做法】将一颗鸡蛋打散，烧开水，加入淀粉，将鸡蛋倒入煮沸的水中，再加入米酒、沙棘。最后加冰糖调味。

【功效】健胃补脾。

2. 沙棘果酱

【用料】沙棘果 100g，胡萝卜 150g，白糖 200g。

【做法】将沙棘果去杂洗净，榨汁澄清，滤出清汁，渣留用。胡萝卜洗净去杂。将胡萝卜、沙棘果渣放在一起搅碎，放锅内加水把沙棘汁浓缩，加糖煮沸，盛起装瓶封口。

【功效】增强人体免疫功能，树人体正气，强身健体，健美抗衰老。还适用于体虚、乏力、消化不良、咳喘、百日咳、角膜干燥、两目昏花、夜盲等病症。

（三）山楂

饮食禁忌：山楂与海产品不宜同食，会形成鞣酸蛋白会引发恶心、呕吐、腹痛等症状。山楂有促进女子子宫收缩的作用，多食会引发流产。

1. 山楂蜜枣炖山药

【用料】山药 280g，蜜枣 6 个，山楂 6 个，冰糖 30g，蜂蜜适量。

【做法】山药去皮切滚刀块、蜜枣对切、山楂去核心切片。山药入锅中煮沸,至透明捞出备用。另起锅,加入适量水、冰糖,加入焯过的山药、蜜枣、山楂。大火煮开改小火慢炖,至汤汁黏稠,放至微热,加入适量蜂蜜调味。

【功效】健脾益胃,滋肾益精,益肺止咳,降低血糖。

2. 山楂首乌汤

【用料】山楂、何首乌各 15g,白糖 60g。

【做法】先将山楂、何首乌洗净、切碎,一同入锅,加水适量,浸泡 2h,再熬煮约 1h,去渣取汤,日服一剂,分两次温服。

【功效】软化血管,降低血脂。

3. 山楂银花汤

【用料】山楂 30g,金银花 6g,白糖 20g。

【做法】先将山楂、金银花放在勺内,用文火炒热,加入白糖,改小火炒成糖饯,用开水冲泡,日服一剂。

【功效】适用于风寒感冒患者。

(四)酸枣

饮食禁忌:凡有实邪郁火及患有滑泄症者慎服。

1. 芪枣大虾

【用料】对虾 500g,黄芪 30g,酸枣仁 30g,盐 2g,黄酒 5g,葱 5g,姜 5g。

【做法】黄芪、酸枣熬成药液。虾去须、爪,放入盛器内,加入芪枣药液、盐、料酒、葱段、姜片,蒸熟即可。

【功效】补心宁神,益肾健脾。适用于阳痿早泄、失眠多梦、心悸气短、四肢无力。

2. 四物肝片汤

【用料】羊肝 200g,熟地黄 10g,川芎 3g,当归 6g,白芍药 8g,枸杞子 10g,旱莲草 6g,酸枣仁 6g,木耳(水发)20g,黄花菜 10g。

【做法】中药去净灰渣,入砂锅,加清水煎成药汁,澄清后去沉淀。将羊肝洗净,切成薄片,盛入碗内,加精盐 2g,酱油、料酒、湿淀粉适量,调匀。炒锅置旺火上,加药汁、鸡汤、木耳、黄花、木耳、黄花菜煮开后捞入碗内。肝片抖散下锅,汤开时,撇去泡沫,肝片煮熟时,加入盐、胡椒粉、熟猪油、味精,盛入碗内即成。

【功效】养肝补血,明目安神。用于肝血不足所致的夜盲症、两目昏花、青盲,心血不足所致的心悸、失眠、健忘,以及妇女月经不调等。

二、药食同源蔬菜

(一)马齿苋

饮食禁忌:马齿苋对子宫有明显的兴奋作用,孕妇禁食;脾胃虚寒者少食。

1. 马齿苋炒鸡蛋

【用料】鲜嫩马齿苋 50g,鸡蛋 3 只。

【做法】马齿苋用温水泡 10min,清水洗净,切碎。鸡蛋打散,加马齿苋、盐、料酒调匀,油锅烧热,炒熟。

【功效】清热解毒,止泻痢,除肠垢。

2．马齿苋拌火腿丝

【用料】鲜嫩马齿苋 400g，熟火腿、水发粉丝各 150g。

【做法】马齿苋洗净切段，火腿切丝，粉丝沥水切段。马齿苋、粉丝分别用滚水焯熟，过凉开水，沥干，加入火腿丝、生抽、蒜蓉、香油或辣椒油调匀。

【功效】白癜风患者和缺铜的白发患者可经常食用。

3．蒸马齿苋

【用料】鲜嫩马齿苋适量。

【做法】马齿苋洗净，加面粉、姜蓉、蒜蓉、葱花、盐、五香粉、香油拌匀，上笼屉蒸熟或用平底锅煎饼。

【功效】凉血，降压，利尿。

（二）蕺菜

饮食禁忌：全株有小毒，马多食后招致肠胃炎。人采食时应避免混入茎叶。

1．鱼腥草炒辣椒

【用料】鲜嫩鱼腥草 350g，水发木耳 150g，泡辣椒适量。

【做法】各料洗净。鱼腥草、泡辣椒去籽切段，木耳去蒂。油锅烧热，各料同下，旺火急炒，加盐。

【功效】健脾开胃。

2．鱼腥草炒腊肉

【用料】鲜嫩鱼腥草、五花腊肉各 300g。

【做法】鱼腥草洗净切段，腊肉洗净切丝。油锅煸香姜丝，下鱼腥草、腊肉丝同炒至熟。

【功效】解毒消炎，滋阴润肺。

3．鱼腥草焖猪肺

【用料】鲜鱼腥草 200g，猪肺 450g。

【做法】将猪肺反复洗净，滚水烫一下，捞出，切小块，挤去泡沫，再清洗干净。鱼腥草洗净，切段。锅烧热，下猪肺煸炒至干，加酒、生抽煸炒几下，加姜片、葱段、盐和适量水，煮至猪肺熟透，加白糖、料酒再煮 10~15min，下鱼腥草烧入味，加味精。

【功效】消炎解毒，适用于肺炎、肺虚咳嗽、咯血等患者。

（三）枸杞

1．杞子海参汤

【用料】杞子 50g，水发海参 500g，大虾肉 250g，猪瘦肉 100g。

【做法】各料洗净。海参切丝，瘦肉切块。滚水适量，先下枸杞、海参、瘦肉和姜 1 片，用文火煲 30min，再下大虾肉，滚 30min。加盐调味。

【功效】滋阴补肾，益精明目。常用本汤可强身健体，适合全家老少同用。也可用于视力早衰、视物不清或病后补养。

2．杞子田鸡盅

【用料】杞子 30g，鱼胶 60g，猪肾 2 只，田鸡 500g。

【做法】杞子洗净。鱼胶用滚水浸软剪会。猪肾去臊，洗净去片。田鸡剖洗干净，去皮去内脏斩件。同放炖盅，加滚水加盖，文火隔滚水炖 2h。加盐调味。

【功效】补气血，丽容颜。用于气血不足，精神困倦，面色萎黄等。

3．杞子猪心汤

【用料】杞子 35g，当归 25g，黑枣 8 颗，米酒 400mL，猪心 1 只。

【做法】杞子、当归、黑枣洗净。猪心去肥油，洗净切片。水适量，加米酒同煲，旺火煲滚改文火 1h。加盐调味。

【功效】补脾益阴，补血安中。用于妇女产后补养，或经期鼻出血。也可用于过敏性紫癜，自汗盗汗，尿血，高血压等。

4．杞子椰子鸡盅

【用料】杞子 50g，椰子 1 只，黑枣 30g，母鸡肉 400g。

【做法】杞子、黑枣分别洗净。椰子取汁，椰肉切小块。鸡肉洗净斩件。同放炖盅，加料酒、姜 2 片，滚水，加盖，文火隔滚水炖 3h。加盐调味。

【功效】补脾胃，益肝肾。用于脾肾亏虚之头晕眼花、食欲减退、气少乏力、筋骨酸软等。

5．杞子三七鸡盅

【用料】杞子 15g，三七 10g，红枣 10 颗，母鸡 1 只。

【做法】全鸡去内脏，洗净沥水。杞子、红枣洗净，三七捣碎，同放入鸡中，用线缝合，放入炖盅，加盖加滚水适量，文火隔滚水炖 2h。加盐调味。

【功效】补虚益血。用于产后体弱，或血虚引致头晕耳鸣，体倦乏力，面色无华等。

（四）紫苏

饮食禁忌：紫苏不可与鲤鱼同吃，生毒疮。

1．凉拌紫苏叶

【用料】紫苏嫩叶 300g，精盐、味精、酱油、麻油适量。

【做法】将紫苏叶洗净，入沸水锅内焯透，捞出洗净，挤干水分。切段放盘内，加入精盐、味精、酱油、麻油，拌匀即成。

【功效】适用于感冒风寒、恶寒发热、咳嗽、气喘、胸腹胀满等病症。健康人食用能强身健体、泽肤、润肤、明目而健美。气表虚弱者忌食。

2．紫苏粥

【用料】粳米 100g，紫苏叶 15g，红糖适量。

【做法】以粳米煮稀粥，粥成入紫苏叶稍煮，加入红糖搅匀即成。

【功效】适用于感冒风寒、咳嗽、胸闷不舒等病症，健胃解暑。

3．橘皮紫苏粥

【用料】粳米 60g，陈皮 10g，紫苏叶 12g，姜 4g，盐 2g。

【做法】将陈橘皮、苏叶、生姜洗净，用水煎后去渣取汁；把粳米洗净，加入药汁中，文火煮成粥即可。

【功效】行气化滞、和胃止呕，溃疡病属湿热者不宜食用本品。

三、药食同源花卉

（一）玫瑰茄

饮食禁忌：胃酸过多者不宜食用。

1．玫瑰茄排骨汤

【用料】玫瑰茄，猪排骨。

【做法】玫瑰茄 10g，猪排骨 250g，加水 800mL，煲 3h，根据自己的口味加入各种调味料即成。

【功效】可滋补养颜。

2. 玫瑰茄酒

【用料】玫瑰茄干若干千克，白糖适量。

【做法】将玫瑰茄干按 1∶15 加水煮沸 25～30min，分离汁液。以此法反复提取三次。将三次提取液混合并加入 8%的白糖，加热至沸腾后迅速冷却至 10～12℃并保持此温度，5～7d 后捞去上层泡沫，分离除去下沉的酵母，加入部分食用乙醇调整酒度，最后封缸，数周后倒缸，澄清过滤得发酵原汁。另取玫瑰茄适量用 80℃热水浸泡，一般浸泡 3～4 次，浸泡汁过滤用作配酒调色。以玫瑰茄发酵汁为酒底，佐以适量的浸泡汁，调整所需糖和酒度，经过滤即得玫瑰茄酒。

【功效】可作增加食欲、预防和治疗动脉硬化等心血管疾病的食用饮料。

（二）金银花

饮食禁忌：脾胃虚弱者不宜常用。只在体内有火、感冒咳嗽的时候服用，否则会使体质变虚。

1. 金银花海瓜子汤

【用料】菜花 150g，西蓝花 150g，黄花菜 25g，海瓜子 200g，高汤 200mL，葱少许，姜少许，金银花 3g，甘草 6g。

【做法】金银花、甘草装入滤纸袋，菜花、西蓝花洗净，掰成小朵。黄花菜泡水洗净，用滚水冲泡 2 次。全部材料、滤纸袋放入锅中煮沸，取出滤纸袋，加入盐调味即可食用。

【功效】解毒清热等功效。

2. 金银花蒸鱼

【用料】草鱼 750g，金银花 50g，糯米粉 100g，香油 50g，料酒 25g，胡椒粉 2g，盐 3g，味精 1g，酱油 15g。

【做法】将金银花洗干净，用清水泡一下，沥干水；糯米粉加入清水发湿；将草鱼宰杀，去内脏，洗净沥干水分，剔下鱼肉切成块，加入料酒、精盐、味精、酱油、胡椒粉、香油拌匀，备用；将调好味的鱼块，用刀划一缝（深度为鱼的 1/2），在缝中插上一朵金银花，抹上少许米粉，放入蒸碗中；将剩下的金银花用湿米粉及调鱼块的汁拌匀，撒在鱼块上，入笼蒸熟即可。

【功效】降血压，健脾开胃。

（三）夏枯草

1. 夏枯草酒

【用料】夏枯草 500g，纯正米酒 1000mL，凉开水少量。

【做法】夏枯草洗净，切段，用凉开水适量浸泡，再加米酒，隔水蒸至无酒味时，取清液。每次 2 汤匙，每天 3 次，亦可佐餐饮。

【功效】清肝明目，清热散结，凉血止血。适合年轻人血气旺盛者饮用。

2. 夏枯草粥

【用料】夏枯草花 75g，大米 300g。

【做法】花洗净，切段，装入干净布袋。水适量，文火熬成汤汁，去药袋。大米洗净，兑适量水，旺火煮沸改成文火至成粥。每日 1~2 次。

【功效】清肝降火明目、散结降压消炎。用于高血压、头痛、淋巴结核、腮腺炎、目赤肿痛。

3. 香麻夏枯草

【用料】夏枯草鲜嫩茎叶 450g。

【做法】夏枯草洗净，滚水焯，凉水浸洗，控水切段。加盐、糖、醋、味精、生抽、芝麻酱、花椒油搅拌。

【功效】抗菌、降压、明目、润肤。

4. 夏枯草炒肉丝

【用料】夏枯草鲜嫩茎叶 450g，猪肉 200g。

【做法】夏枯草洗净，滚水焯，过凉水，控干。油锅烧热，煸香蓉、葱花，下肉丝煸炒，加生抽、料酒、盐和少许水，炒至肉熟，下夏枯草炒入味。

【功效】散结、滋阴，适用于消渴、烦热、羞明流泪、咳嗽、营养不良等病症。

5. 夏枯草炒鸭条

【用料】夏枯草鲜嫩茎叶 450g，鸭子（去骨）200g。

【做法】夏枯草洗净，滚水焯，过凉水，控干。鸭肉切条。油锅烧热，煸香姜丝、干辣椒丝，下鸭条翻炒，再下夏枯草、盐、清汤少许，翻炒入味。

【功效】滋阴散结。用于消渴，咳嗽，羞明流泪，营养不良等。

6. 夏枯草焖香菇

【用料】夏枯草鲜嫩茎叶 450g，香菇 5 朵。

【做法】夏枯草洗净，滚水焯，凉水浸洗，控干；香菇用开水泡发，洗净，去蒂。泡香菇水待用。油锅烧热，入夏枯草煸炒，下香菇、泡香菇水、料酒、味精、盐、勾芡，淋鸡油，翻炒几下出锅。

【功效】降压清热。

7. 夏枯草瘦肉汤

【用料】夏枯草 150g，猪瘦肉 400g。

【做法】夏枯草洗净，切段。滚水煮 5min，去苦味，捞出，再清洗一次。瘦肉洗净，飞水。滚水适量，下夏枯草、瘦肉，旺火煲滚改文火 2h。加盐。

【功效】清热散结、杀菌止痢、降压。用于治疗头痛眩晕、颈淋巴结核、肺结核、高血压、肝肿大等。

8. 夏枯草狗肝菜汤

【用料】夏枯草 150g，鲜狗肝菜 450g，蜜枣 3 颗。

【做法】狗肝菜、夏枯草、蜜枣分别洗净；滚水适量，旺火煲改文火 1h，熔入冰糖。每日 3 或 4 次，每次一杯。

【功效】清肝热、散肝火。用于治疗肝火郁结、高血压、急性结膜炎、青光眼、中耳炎、流感等，属于肝火郁结或肝经风热见上症状者。

（四）紫藤

饮食禁忌：豆荚、种子有毒，含有氰化物，不能食用。

紫藤花麦饭

【用料】面粉，紫藤花，盐，花椒粉。

【做法】紫藤花洗净，控干水分；面粉中加入盐、花椒粉后，与紫藤花充分拌匀；蒸笼中铺上笼布，将拌匀面粉的紫藤花放上，盖好笼盖15min；取出，用筷子拨散拌匀即可。

【功效】常食能增强身体的免疫力。

四、药食同源中草药

（一）藿香

饮食禁忌：阴虚火旺、邪实便秘者禁服藿香。

1. 凉拌藿香

【用料】藿香250g，盐2g，味精1g，酱油5g，香油5g。

【做法】先将藿香鲜嫩叶捡去杂物，用清水洗净，沥干水。把藿香直接放入刚煮沸的水锅内焯一下，捞出，放在清水中洗净，挤干水。将藿香叶切成段，放入盘中，加入精盐、味精、酱油、香油拌匀，即可食用。

【功效】解表散邪，利湿除风，清热止渴。

2. 藿香佩兰茶

【用料】茶叶6g，藿香9g，佩兰9g。

【做法】先把茶叶、藿香、佩兰放入清水中洗净。茶壶也洗干净。将茶叶、藿香、佩兰放入茶壶内，倒沸水泡10~20min，代茶饮之。

【功效】解暑热，止吐泻。

3. 藿香粥

【用料】粳米100g，藿香25g，白砂糖10g。

【做法】先将鲜藿香叶捡去黄、老叶片，清水洗净，煎汁去渣，待用。把铝锅刷洗净后，加入适量的清水，放入已洗净的粳米煮成粥，加入藿香汁，再煮沸，放入白糖搅匀即成。

【功效】发散表邪，芳香化湿，和中止呕。

（二）黄精

饮食禁忌：凡脾虚有湿，痰湿气滞及中寒便溏者忌用。

1. 酸甜黄精

【用料】鲜黄精嫩苗400g，猪里脊肉400g。

【做法】黄精苗洗净，滚水焯，凉水浸泡，控干切段。猪肉洗净，切薄片，湿生粉挂糊，先用温油炸熟，再用热油炸焦，装盘。锅内留少许油，爆香葱片、蒜蓉、葱段。下黄精苗急炒，用生抽、生粉、白糖、醋调汁下锅翻匀，浇在肉片上。

【功效】滋阴润燥，强筋骨。

2. 黄精焖五花

【用料】鲜嫩黄精根茎400g，带皮五花肉450g，生抽500g。

【做法】黄精洗净切滚刀块，滚水焯，凉水浸洗，控干。肉洗净，切方块，飞水，用生抽略腌。油锅烧热，先下黄精炸熟捞出。再下肉块炸至金黄捞出。锅内留少许油，下炸肉块，加酒、盐、白糖、生抽、盖面水，旺火烧滚改文火焖熟，下炸黄精再焖5min，勾芡。

【功效】补肾养血。用于病后体弱，产后血虚，便秘等。

3. 黄精红枣肉盅

【用料】黄精30g，红枣6粒，瘦猪肉200g。

【做法】黄精、红枣（去核）分别洗净，瘦肉洗净切块。同放炖盅，加滚水加盖，文火隔滚水炖2h。加盐调味。

【功效】益气养阴，润肺养血。也可用于气阴不足之白细胞减少症。

4．黄精龟汤

【用料】黄精30g，天门冬25g，五味子9g，红枣5颗，龟1只。

【做法】黄精、天门冬、五味子、红枣（去核）分别洗净。龟放入热水锅中，将水慢慢烧开，使其排尽污物，去头去内脏，洗净。上料连同龟板加水适量同煲，旺火煲滚改文火2h。加盐调味。

【功效】安神益智，滋养肾精。

5．黄精焖猪肘

【用料】黄精9g，党参6g，猪肘750g，红枣5颗。

【做法】黄精、党参洗净，清洁布包扎紧。红枣去核洗净。猪肘刮洗干净。水适量，旺火煲至滚后去浮沫，转文火熬至肉烂汁浓，去药包，加盐调味。

【功效】补脾润肺。用于脾胃虚弱，食欲减退，肺虚咳嗽，病后体虚，心悸气短等。

（三）当归

饮食禁忌：湿阻中满及大便溏泄者慎服。

1．益母当归煲鸡蛋

【用料】益母草60g，当归15g，鸡蛋150g。

【做法】将鲜益母草去杂，与当归一起放入水中洗净，用清水三碗煎至一碗，用纱布滤清；鸡蛋煮熟去壳，用牙签扎数个小孔，加入药汁煮半小时，吃蛋，饮汤。

【功效】调经养血，适用于婚后久不怀孕者，饮用此汤，有利于卵子的排出，增加受孕的机会。

2．当归咖喱烩饭

【用料】米饭125g，当归10g，胡萝卜20g，牛肉后腿50g，番茄50g，青豆15g，盐2g，味精1g，咖喱粉5g，猪油15g，红葡萄酒10g。

【做法】将牛肉切片，和当归一起倒入锅内，加水，用文火焖至肉酥，连肉带汤盛入碗中。番茄切块，萝卜切丁，煸炒后备用。猪油熬热后放入适量咖喱粉再炒几下，倒入冷饭，加盐炒至饭黄，加糖、牛肉、当归汁及煸炒过的番茄、萝卜丁，把葡萄酒倒入锅内拌匀，并加水焖烩，闻及香味后撒入青豆，略煮片刻，加味精即可食用。

【功效】适用于贫血。

3．猪蹄当归粥

【用料】猪蹄350g，粳米100g，当归10g，酱油2g，盐3g，味精1g，葱5g。

【做法】先将猪蹄去毛，洗净，切块；葱洗净切末；猪蹄内加入清水和当归煎取浓汤，煨烂后捞出当归；在猪蹄汤中加入粳米、猪蹄一同煮粥；待粥快熟时加葱花等调味品，稍煮即成。

【功效】益气，生血，通乳，适用于产妇缺乳。

（四）黄芪

饮食禁忌：黄芪恶白鲜皮，反藜芦，畏五灵脂、防风。表实邪盛，阴虚阳亢者禁服。

1．黄芪鲫鱼火锅

【用料】鲫鱼500g，猪肉（瘦）200g，豆腐（北）150g，粉丝150g，莴笋100g，黄芪15g，

枳实 2g。

【做法】将鲫鱼去鳃、鳞，剖去内脏，切成 5cm 见方、0.3cm 厚的鱼片（鱼刺弃之不用）；猪瘦肉去筋膜，洗净沥水切片；豆腐切块；粉条水发后切段；莴笋叶洗净择好。以上各料全部装盘，围于火锅四周。用干净纱布包上黄芪、炒枳壳，入砂罐中，注入清水，熬 2 次，每次 15min，收药液待用。锅置火上，下猪油烧至六成热，下姜（切片）煸出香味，放盐、胡椒粉、醋、料酒、白糖等，加入汤烧开，撇去浮沫，再下药液，烧开之后，倒入火锅中，烫食各种原料，饮汤。

【功效】补气健胃，美容润颜。用于脾虚所致的食欲减退、消化不良、便溏泄，以及气虚所致的气短乏力、胃下垂、脱肛等症。女人常食可美容润肤。

2．黄芪虾丸

【用料】草虾 500g，陈皮 4g，黄芪 4g，山楂 3g，茯苓 3g，山药（干）3g，枣（干）3g，鸡蛋 100g，小麦面粉 25g，芦笋 120g。

【做法】蛋去壳打散成蛋液备用；广陈皮、黄芪、山楂、茯苓、淮山药、红枣稍冲洗后，加水以大火煮开后，改小火煮至汤汁剩约 30g 时，去渣，药汤待凉备用；草虾去壳及肠泥，虾肉由刀拍扁并剁碎，入调味料及药汤用手搅拌至黏稠状，制为虾泥；锅舀入油至六成热，将虾泥挤成丸子状，共 12 个，入锅炸至浮起，捞出沥油；每个虾丸插 1 枝芦笋尾，先沾蛋液，再沾面粉，入锅炸至表面呈金黄色即可。

【功效】增强胃肠功能，帮助消化，增进食欲，对于消化性溃疡所造成的贫血有特殊功效。

3．茯苓黄芪粥

【用料】稻米 200g，茯苓 50g，黄芪 30g。

【做法】将茯苓烘干后研成细粉；黄芪洗净后切成片；大米淘洗干净；将大米放入锅内，加入 1000mL 清水，放入黄芪片；将锅置武火上烧沸，再改用文火煮 35min；然后加入茯苓粉煮沸 5min 即成。

【功效】本品具有补气除湿之功效，适于气虚湿阻型高血压患者食用。

第五节　药食同源植物的产品开发与利用

我国拥有悠久的食疗文化，在利用天然食物为人类防病治病方面积累了数千年的经验，形成了中医特色的"药食同源"膳食保健理论框架，积累了丰富的临床实践经验。近年来，随着人们生活水平的提高及保健意识的增强，对健康长寿的希望越来越大，因而对用天然的药品、保健品和化妆品等的愿望也越来越强烈，越来越要求食品向绿色型、环保型、医食同源型发展，药食同源植物兼具预防、保健、辅助治疗和提供营养等多种功能，因此，其在药品、食品、食用添加剂及化妆品等方面具有较大的开发前景。

一、药品与保健食品的开发

以药食同源的中药及天然药物预防和治疗疾病越来越受到重视。金银花是一种药食同源的花卉植物，自古被誉为清热解毒的良药。金银花含环己六醇、黄酮类、肌醇、皂苷及鞣质等，具有广谱抗菌作用，对金黄色葡萄球菌、痢疾杆菌等多种致病菌均有较强的抑制作用，对钩端螺旋体流感病毒及致病霉菌等多种病原微生物也有抑制作用，还具有明显的抗炎及解热作用。目前市场上开发的产品有金银花含片、金银花颗粒、银黄口服液、双黄连口服液，还有含金银花的牙膏、健脑补肾丸、清热解毒口服液等数十个医疗和保健产品，在国内外市场一直畅销不衰。

酸枣仁作为一种新兴的绿色健康食品，不仅具有良好的药用价值，还具有一定的保健作用，更以其药效温和、副作用低等特点受到很多人的青睐。含有酸枣仁的中药处方有酸枣仁汤、苦参酸枣仁合剂、枣地归麻汤、加味酸枣仁汤、酸枣仁-五味子药等，另外还有天麻酸枣仁胶囊、复方酸枣仁安神胶囊、酸枣仁分散片、酸枣仁丸、酸枣仁配方颗粒等多种制剂。

山楂作为蔷薇科植物山楂的果实，含有的金丝桃苷和熊果酸为降血脂的有效成分。山楂消脂胶囊是佛山市中医院刘继洪教授研制出的医院制剂，经研究发现，该胶囊具有降脂肪、除积滞、清热凉血的作用，临床上主要用于单纯性肥胖、高血脂、便秘的治疗，具有疗效明显、副作用少、价廉等优势。

现代药理实验证实，马齿苋对痢疾杆菌、伤寒杆菌、大肠杆菌有抑制作用，可用于各种炎症的辅助治疗，素有天然抗生素之称，是防治痢疾、泄泻的特效中草药之一，无毒副作用。

历代医家治疗肝血不足、肾阴亏虚引起的视物昏花和夜盲症，常常使用枸杞子，著名方剂杞菊地黄丸就是以枸杞子为主要药物。

目前已用紫苏籽开发出具有良好保健功能的营养保健油，并且成功研制出具有预防心血管病、抗血栓、降低血压、血脂、胆固醇作用的保健品——紫苏油胶囊。

二、功能性食（饮）品的开发

沙棘因其营养丰富、药理食疗价值和广泛的种植被开发成各种功能性食品。沙棘果可以做果汁、果酱等食品；沙棘籽可以榨油，沙棘油是沙棘的精华，含有丰富的不饱和脂肪酸，具有降血脂、抗氧化等功效，沙棘油作为营养添加剂、乳化剂和增溶剂，应用于食品中，可改善原有食品的品质；沙棘叶天然无毒，更富含丰富的活性物质，尤其是黄酮类化合物，比沙棘鲜果的含量还要高，可以用来泡茶。目前，市场上有沙棘原浆口服液、沙棘果汁、沙棘速溶茶、沙棘酸奶、沙棘冰茶等饮品出售。

夏枯草作为功能性凉茶饮料的主要原料之一，目前已被用于多种市售的功能性凉茶饮料。随着夏枯草的成分分析及其安全性评估的深入，以夏枯草配伍并具有降血糖、降血压、降脂减肥等功效的保健饮料将成为功能饮料行业的新宠。

金银花作为功能饮料最为常用的原料之一，已被用于多种市售著名品牌的功能饮料。例如，金银花啤酒、金银花露、金银花茶不仅具有普通饮料的清凉解渴作用，而且具有独特的保健功能，既方便饮用，又满足人们的保健要求，受到消费者的喜爱。

桑全身都是宝，桑叶、桑果（桑葚）、桑枝和桑白皮都是名贵中药材，而桑果又是营养丰富的食品，可开发成桑果酒、桑果酱、桑果醋及桑果色素等多种精深加工产品和具有降血糖、促睡眠、抗衰老、补硒等作用的功能性保健品。

对于酸枣仁保健食品的研究和开发，目前有野生酸枣汁、清凉酸枣饮料、安神助眠茶等饮品。此外，酸枣肉、叶等的研究和综合开发也具有十分广阔的发展前景。

三、食用色素的开发

玫瑰茄红色素又称斑瑰茄、玫瑰茄色素，从玫瑰茄花萼中提取花色苷类色素，是花青素类色素之一。该色素是一种安全、无毒、天然的食用色素，具有抗氧化、保肝、降血脂、降血压等重要生物活性。玫瑰茄红色素包括矢车菊素-3-葡糖苷、飞燕草素-3-葡糖苷、矢车菊素-3-接骨木二糖苷和飞燕草素-3-接骨木二糖苷4种花色苷，可用于糖浆、冷点、粉末饮料、果子露、冰糕、果冻、果汁（味）饮料、糖果、配制酒等的着色，为红色至紫红色着色剂。

利用紫苏叶可提取紫苏类胡萝卜素。β胡萝卜素是类胡萝卜素之一，是橘黄色脂溶性化合物，它是自然界中最普遍存在也是最稳定的天然色素，β胡萝卜素作为食品添加剂早有记载。它也是一种抗氧化剂，具有解毒作用，是维护人体健康不可缺少的营养素，在抗癌、预防心血管疾病、白内障及抗氧化上有显著的功效，并能防止老化和衰老引起的多种退化性疾病。

姜黄色素是姜科植物姜黄根茎中提取的一种自然界中极为稀少的二酮类有色物质，主要包括姜黄素、脱甲氧基姜黄素和双脱甲氧基姜黄素及四氢姜黄素、脱甲氧基四氢姜黄素、双脱甲氧基四氢姜黄素。姜黄色素作为一种天然黄色素，具有着色力强、色泽鲜艳、热稳定性强、安全无毒等特性，可作为着色剂广泛用于糕点、糖果、饮料、冰淇淋、有色酒等食品，被认为是最有开发价值的食用天然色素之一。此外，姜黄色素还具有防腐和保健功能，被广泛用于医药、纺染、饲料等工业。

四、化妆品的开发

人参属于五加科，具有肉质的根，对于人参美容护肤作用机制研究主要集中在人参皂苷抗皮肤老化及美白的功效上。将人参粗提取物加入化妆品，能使皮肤光滑，又软又有弹性，并有抗皱作用；加入护发产品，有增加发质强度、防止脱发和白发的功效。

白芷为伞形科当归属植物兴安白芷的根。白芷的主要功能是祛风湿，活血排脓，生肌止痛。用于头痛、牙痛、鼻渊、肠风痔漏、赤白带下、痈疽疮疡、皮肤瘙痒等。现在白芷主要添加至化妆品中，用来祛斑美白、防晒等。

薄荷是多年生宿根草本植物，具有芳香、清凉的特点，主要成分为薄荷油、薄荷醇。薄荷产品具有特殊的芳香、辛酸感和凉感，主要用于牙膏、食品、烟草、酒、清凉饮料、化妆品、香皂的加香；添加入化妆品，有消炎、止痒、止痛、防晒等作用。

在生产、储存及使用化妆品期间可能会受到微生物的污染，使其发生不良变化，从而导致品质劣变，危害人体健康。在化妆品中添加防腐剂可以防止产品变质，从而确保产品的安全性。但一般的防腐剂在预防微生物污染的同时可能会产生刺激症状或皮肤过敏反应。所以，近年来出现了以天然防腐剂代替化学合成防腐剂的趋势。有研究者通过采用酶解法提取丁香、鱼腥草、虎杖、黄连、大黄、细辛、甘草和黄芩等中药成分，研究提取物对化妆品常见污染菌的抑制作用，结果显示8种中药提取物可以较强地抑制细菌和真菌的生长。

第八章 芳香植物的营养与保健

本章要点： 重点掌握芳香植物的定义、分类，芳香植物的化学成分，掌握各种芳香植物的药用及保健功效，难点是芳香植物的化学成分及功能特点。了解芳香植物的国内外历史与中西方传统饮食文化、芳香植物食用及药用禁忌，以及芳香植物产品开发及其在医疗、卫生、食品、工业等领域的应用。

第一节 芳香植物的定义、种类及分类

一、芳香植物的定义

不同典籍或不同学者对芳香植物的定义有差别。例如，《辞海》对芳香植物定义为"可供提取芳香油的栽培植物和野生植物的总称"；也有学者将其定义为具有药用植物和香料植物属性的植物类群；还有人将其定义为，植物体某些器官中（油腺或腺毛）含有芳香油、挥发油或精油的一类植物，也叫香料植物。综合认为，芳香植物是指含有芳香性物质如精油的植物类群，即芳香植物通常是指含有精油成分，能够通过物理或化学的方法将其提取出来，并在香料工业、化妆品、食品添加、芳香疗法、医药卫生等领域得到运用的一类植物。芳香植物具有如下特征：一是芳香植物含有芳香性物质（精油或树脂状分泌物）；二是芳香植物包括全部香料植物、部分药用植物、部分园艺植物（芳香蔬菜、果树、观赏植物）及野生植物；三是芳香植物可作为蔬菜、水果、中草药、调味料、观赏植物、茶等被直接利用，其精油等成分可用于化妆品、医药、食品及日化工业等。

二、芳香植物的种类及分类

（一）芳香植物的种类及分布

据不完全统计，芳香植物有近4000种，我国约有1000种，世界上被有效开发的芳香植物有400种左右，我国约有150种。芳香植物主要分布在地中海沿岸为中心的欧洲诸国，在中亚、中国、印度、南美等国家和地区也多有分布。主要生产基地在亚洲、非洲和拉丁美洲等发展中国家。

我国芳香植物种类繁多，资源分布遍及全国，可概括划分为东北区、华北区、华中区、华东区、华南区、西南区、青藏区和蒙新区等8个大区，主要集中在长江、淮河以南地区，尤以西南区、华南区最为丰富，其次为华东区、华中区和华北区，青藏区和蒙新区的芳香植物比较贫乏。

（二）芳香植物常用的分类方法

1. 按科属分类 我国芳香植物有100多个科，主要集中在木兰科、蔷薇科、芸香科、

木樨科、樟科、豆科、菊科、伞形科、金粟兰科、马兜铃科、唇形科、百合科、石蒜科、瑞香科、松科、姜科等，其中，尤以木兰科、蔷薇科、木樨科、樟科、菊科、芸香科为主，唇形科的芳香植物种类较多。重要的属有百合属、风信子属、玉簪属、百里香属、迷迭香属、罗勒属、薰衣草属、香槐属、紫藤属、菊科各属、木兰属、含笑属、木莲属、丁香属、茉莉属、茜草属、栀子属、桂竹香属、紫罗兰属、樱属、蔷薇属、忍冬属、荚蒾属、瑞香属、结香属、沉香属、松属、冷杉属、樟属、木姜子属、月桂属、柑橘属、九里香属、金橘属、芸香属、椴树属等。

2. 按生物学特性分类

（1）草本芳香植物　　茎为草质，木质部不发达，支持力弱，如薰衣草、鼠尾草、迷迭香、旱金莲等。

（2）木本芳香植物　　茎木质化，木质部发达，支持力强，坚硬，植株高大，如栀子、米兰、茉莉等。

3. 按利用部位分类

（1）香草植物　　全株或地上部均具有芳香气味的草本类植物，如鼠尾草、薰衣草、罗勒、迷迭香、香蜂草、藿香等。

（2）香花植物　　鲜花具有香味的芳香植物，如栀子、米兰、兰花、桂花、牡丹、芍药、月季、含笑、水仙、丁香、玉簪、紫藤、九里香、茉莉、小苍兰、玫瑰、瑞香、结香、蜡梅等。

（3）香果植物　　果实含有芳香物质的草本或木本植物，如芒果、柚子、橙、金橘、佛手、葡萄、代代、香橼、柠檬等。大部分香果植物都是可食用的。

（4）香树（木）植物　　树干木材能发出芳香的木本植物，如月桂、檀香、香樟、楠木等。香木植物的木材还可以做成具有特殊香味的家具。

4. 按用途分类

（1）香料芳香植物　　作为香辛料直接使用或用于提取精油等制品的芳香植物，如八角、山苍子、香荚兰、花椒等。

（2）药用芳香植物　　能作为药用的芳香植物，如瑞香、米兰、茉莉、紫苏等。

（3）果用芳香植物　　能作为水果直接食用或经加工后利用的芳香植物，如甜柑、橘、金橘、杨梅、梅等。

（4）菜用芳香植物　　作为蔬菜食用的芳香植物，如薄荷、罗勒、芹菜、葱、蒜等。

（5）观赏用芳香植物　　用于观赏的芳香植物，如玫瑰、月季等。

5. 按观赏部位分类

（1）观叶芳香植物　　叶用于观赏的芳香植物，如碰碰香、银香菊等。

（2）观花芳香植物　　花用于观赏的芳香植物，如茉莉、紫丁香等。

（3）观果芳香植物　　果实用于观赏的芳香植物，如金橘、代代、番樱桃等。

6. 按含有的成分分类

（1）含芳香成分　　这是芳香植物最主要的性质，如芳樟醇、桉叶醇、柠檬醛等。

（2）含药用成分　　包括挥发性的精油成分和不挥发性的生物碱、单宁、类黄酮等成分，具特殊的药用功效。

（3）含营养成分　　芳香植物含有大量的营养元素及一些微量元素和维生素，可用作蔬菜食用，还可加工成各种食品或调味料。

（4）含色素成分　　芳香植物含有丰富的天然色素，可做天然染料，尤其适用于食品着色。

第二节　芳香植物国内外历史与中西方传统饮食保健文化

　　我国使用芳香植物的历史在3000年以上。早在殷商时期就有用焚烧艾叶、菖蒲等来驱疫避秽的习俗，甲骨文中也有关于熏疗、艾蒸和酿制香酒的记载，长沙马王堆一号汉墓出土的文物中发现有一件竹制的熏笼，可见2000多年前的人们就已经普遍使用熏香。在周代，植物香料就已被先民们用于宗教仪式；春秋时期，人们已经知道芳香植物本身的香气和保健功能；战国时代，人们已用芳香植物蒸肉、掺饭食和浸酒，以增进菜肴、主食、酒浆的香味。先秦时期的著作《诗经》中有多处提到祭祀时的芳香植物，如其中记载了"周人尚臭"，指周代的人在祭祀祖先神灵时喜欢使用芳香性植物如白蒿、香茅等，这其中包含了古代人对先灵的敬畏及对来年丰收的期望，也是周人用芳香植物敬神祭祖的证明。另《诗经》有"彼采萧兮，一日不见，如三秋兮。彼采艾兮，一日不见，如三岁兮"等"采艾""采萧"的香药记述。《九歌·东皇太一》中有"蕙肴蒸兮兰借，奠桂酒兮椒浆"的描述，这里的蕙和兰都是食用香料植物，这两句的大意是祭祀用的肉以罗勒叶子包裹，放在菖蒲上以增香气，并虔诚地用肉桂酒和花椒酒祭奠神灵。《大戴礼记·夏小正》有"五月蓄兰，为沐浴"的记载，意思是五月来了，积攒兰草用来沐浴，至今，每逢端午节人们常用香艾、菖蒲沐身洗头，以防止疫病滋生。《礼记·内则》写道："男女未冠笄者……皆佩容臭。"这里的"容臭"，就是一种装有芳香植物的类似于香囊的饰品。三国时期的名医华佗用麝香、丁香等制成香囊，悬挂在患者的居处，用来预防肺部疾病。唐代的很多诗歌中也屡屡提到香囊，如吕温《上官昭容书楼歌》中有"香囊盛烟绣结络，翠羽拂案青琉璃"的诗句。沐浴兰汤的习俗，隋唐时盛行于皇宫，杨贵妃以鲜花沐浴，中医的芳香疗法中也有浴香法一说。清代诗人李渔在其《新沐》一诗中称："兰汤三益后，颓然如醉眠。"这里的"兰汤"，指的是放有香料的洗澡用的热水。这首诗对用香料热水沐浴后舒服、愉悦的心情表达得淋漓尽致，平添生活情趣。

　　两汉时期的本草著作《神农本草经》也有芳香植物供药用的记述。《神农本草经》中记载了药物365种，其中包含了大量的芳香药物。唐代李珣所著《海药本草》记录了当时131种外来药物，其中不乏许多芳香植物。《宋会要》记载了由阿拉伯商人运往欧亚等国的我国特产药材如朱砂、人参、牛黄、硫黄、茯苓、茯神、附子、常山、远志、甘草、川芎、雄黄、川椒、白术、防风、杏仁、黄芩等达60多种。元代时期，意大利人马可·波罗在他的《马可·波罗游记》中记述了姜、茶、高良姜、大黄、胡椒、麝香、肉桂等中药材及香料等。明代李时珍的《本草纲目》列有芳香类56种，其书中有"线香"入药记载，李时珍用线香"熏诸疮癣"。清代赵学敏所著《本草纲目拾遗》中所载的曹府特制的"藏香方"，由沉香、檀香、木香、母丁香、细辛、大黄、乳香、伽南香、水安息、玫瑰瓣、冰片等20余种气味芬香的中药研成细末后，用榆面、火硝、老醇酒调和制成香饼，称其有开关窍、透痘疹、愈疟疾、催生产、治气秘之作用。

　　古埃及人、古希腊人将芳香植物广泛用于沐浴、治病、供奉、祭祀、防腐和调味。古埃及人在4500年前便用植物萃取精油用于治疗疾病、美容和保存尸体。古埃及人用纯粹草药、桂皮及乳香等芳香植物作为防腐剂制造的木乃伊，在金字塔里保留至今。阿拉伯人在3500年前便懂得用薰香治疗疾病。地中海地区的人们食用香料的历史可追溯到公元前3000年晚期的古叙利亚马里文明时期，当时的刻写泥板上记载着啤酒中添加孜然芹和胡荽调味的事实。古希腊人和古罗马人也早就知道使用某些新鲜或干燥的芳香植物可以镇静、止痛或者令人精神兴奋。中世纪的欧洲人使用香料，防止食物腐败。中世纪时人们还使用芳香植物和香料防治瘟疫，17 世纪，英国的伯格勒小镇因种植着大量的薰衣草，其药香奇迹般地避免了当时流行的黑死病的传染和蔓延。法国的凡尔赛宫周围种植了迷迭香、鼠尾草、百里香等芳香植物，成为当时贵族的观光乐园。意大利人食用鼠尾草、罗勒和牛至等芳香植物的历史已久，甚至形成了一种文化。近代法国、日本、德国等国家相继开设了"花香医院"，治愈了许多心血管病、高血压、气管炎、哮喘、神经衰弱和失眠的患者，尤其是在神经系统、呼吸系统疾病中效果明显。

1926 年，法国化学家 Gattefossé 首次提出了芳香疗法的概念。13 世纪人们开始利用蒸馏法从植物中提取芳香油。16 世纪，欧洲人成功地从芳香植物中提取出松节油、迷迭香油等精油物质。19 世纪以来，芳香植物的开发和利用随着科学技术的发展而迅速扩大。现在，芳香疗法成为被广泛认可的自然疗法之一，在美国，芳香疗法作为医学体系的补充，用于治疗患有智能不足、脑性麻痹、自闭症等病症的人群。1980 年末，日本钟纺公司推出了采用微胶囊技术开发的芳香织物，以香味杀菌等综合作用为主，通过香味刺激起到镇静、安神等特殊作用。

目前在一些发达国家，芳香植物的生产已成为一个产业，其栽培、加工、提炼精油、开发新产品等年产值已达 100 亿美元以上。例如，法国以提炼精油闻名世界，而巴黎则被誉为世界香水之都。世界香草协会（IHA）于 1985 年成立。一些发达国家，如美国、英国、瑞士、荷兰、法国、德国和日本等利用其技术优势和传统控制力，制定天然香料的技术标准，他们把进口的初级原料加工成精油后再出口到北美、远东及世界各地。欧盟、美国和日本是主要芳香精油的进口市场，其对香料的需求量占全球 70%以上。美国的食用香料和日用香料消耗量已达世界总量的 40%以上，纽约是当今世界的香料交易中心。

我国是世界上最大的天然香料香精生产国，也是芳香植物产品的出口大国。自 20 世纪七八十年代开始，芳香植物也被广泛应用于盆栽观赏及园林上，一些地方规模化生产芳香植物用于提炼精油。进入 21 世纪以来，全国以长江以南地区为主，已形成多个有地区特色的香料香草生产加工产业，如新疆的椒样薄荷、薰衣草、鼠尾草等地中海香草植物面积就已超过 6600hm^2；湖南建成山苍子油深加工及天然香料油生产基地；广东省香精香料生产企业多达 300 多家，形成了生产烟用、食用、医用、日用的香精香料产业集群；海南省在 20 世纪 90 年代中期兴建了香荚兰基地和加工厂，建立了热带天然香料良种繁育及加工示范区项目。我国出口的天然香料产品主要有薄荷脑、薄荷素油、桂油、桉叶油、山苍子油、八角茴香油、香茅油、留兰香油、薄荷原油、柏木油、黄樟油、柠檬桉叶油、香叶油、薰衣草油、天然樟脑等。其中山苍子油系列产品因独产于我国，在国际市场有其特殊的地位，年出口量达 2000t。

第三节　芳香植物的应用

一、食用

芳香植物在食用方面主要用于调料、蔬菜、水果或饮品及糕点等。

1. 芳香调料　　作为调料的主要有八角、芫荽、胡椒、辣椒、大蒜、葱、姜、花椒、丁香、茴香、芥末、肉桂、豆蔻等，这些芳香植物的茎、叶、果实或种子等，可用于蔬菜的烹调、煲汤或罐装食品。

2. 芳香蔬果 含有特殊芳香或辛香物质的一类蔬菜，称为芳香蔬菜或香草蔬菜，简称为"香蔬"。中餐中的很多蔬菜本身就是食用芳香植物，如艾蒿、紫苏、香菜、香芹等。有些芳香植物的果实也可以食用或用于加工，如杨梅、金樱子、猕猴桃、橘、橙等。

3. 芳香花草茶或饮料 用具有一定保健功能的芳香植物做成香草茶或调配成日常的饮料，如可做花草茶的玫瑰、薰衣草、百里香、迷迭香、鼠尾草、薄荷等，可用于饮料的山楂、山里红、猕猴桃等。

4. 芳香点心 可用于制作糕点的芳香植物有玫瑰、牡丹、草莓、桂花、芝麻、紫苏、百里香、薄荷等，如以玫瑰花瓣为原料制成的玫瑰鲜花饼，以牡丹花瓣做成的月饼。

5. 芳香食品添加剂 芳香植物含有天然色素、抗氧化物质和抗菌物质，由于其没有或很少有副作用，因此可作为食品添加剂，如调味调香剂、防腐抑菌剂、抗氧化剂和食用色素等。

二、保健作用

芳香植物用于保健，有利于消除疲劳、解除忧郁、减轻压力、促进睡眠等。利用芳香植物的根、茎、叶进行泡浴，不但能滋润皮肤，还可缓解肌肉酸痛、消除疲劳、促进血液循环等。将精油添加在各种保养品中，包括清洁品、化妆水、眼霜，以及面部用的膜、乳、霜、精华液等，借助沐浴、按摩、敷面和薰香等手段，来进行美容美肤及调和情绪。许多芳香植物因其含有抗菌和具抗病毒作用的挥发性化学物质，通过呼吸系统或皮肤进入人体，起到防病、抗病、保健、增强机体免疫功能等作用。例如，白兰、黄兰、串钱柳、海桐、含笑、九里香等植物挥发油含量高，对呼吸系统有保健作用；人心果、白兰、串钱柳、含笑、鹅掌藤等植物富含一些对心脏有保护作用的挥发物质，对心血管系统有保健作用。

三、工业应用

芳香植物通过加工，可提制精油、树脂、配糖体、生物碱、类固醇等，这些提取的化合物可广泛用于食品工业、医药业、轻工业及烟草行业等。例如，肉豆蔻、罗勒、柠檬、丁香、紫玉兰、藿香、桉叶、肉桂、白兰、茉莉等提制的产品，在工业上应用极为广泛。除了提取精油，制取香精、香料等产品外，还可制成香囊、香袋、香枕等各式各样的日用装饰品或生活用品。

四、园林景观绿化观赏

许多芳香植物树形优美、花色艳丽迷人，可以吸附灰尘、防止污染、净化空气、保护环境。芳香植物在园林绿化中的应用将越来越多，如建造芳香植物专类园、植物保健绿地、夜花园等。

五、农业及生态作用

芳香植物挥发物如苯甲醇、芳樟醇、香茅醇等可杀灭多种有害微生物，其强烈的杀菌、消毒作用，是绿色的、无污染的天然杀菌剂。例如，松柏具有杀菌作用，紫茉莉分泌出的气体对白喉、结核菌、痢疾杆菌等极具杀伤力。同时，芳香植物还能吸附灰尘，吸收 SO_2、CO_2 及土壤和水中的重金属等，对空气、土壤、水环境进行净化。例如，刺槐可吸收氟化物，月季、木槿、紫薇、米兰、栀子等芳香植物能吸收 SO_2、HCl、氟化物等有害气体，铁线蕨、常春藤能吸收苯类污染物。

第四节　芳香植物的营养保健功效

一、营养价值及特点

芳香植物体内含有的化学成分，大致可以分为芳香成分、药用成分、营养成分、色素成分、抗氧化和抗菌成分。

（一）芳香成分

芳香成分是芳香植物特有的一类成分，是香料工业的原料。芳香成分是芳香植物最具代表性的成分，通常由数十种以上的有机化合物组成，大致包括烃类、醇类、醛类、酮类、酚类、醚类、酯类、酸类等化学成分。芳香成分可以作为精油提取出来。

1. 精油成分　　精油的分子结构异常复杂，按化学成分可分为以下四大类。

1）萜烯类化合物。萜烯类化合物是各种精油的主要成分，在自然界中广泛存在，往往具有芳香气味，如薄荷油中的薄荷醇、山苍子油中的柠檬醛、桉叶油中的桉叶油素，这些均为萜类化合物。根据其基本结构的不同又可分为单萜衍生物、倍半萜衍生物和二萜衍生物3类。具有10个碳原子的称为单萜，存在于精油的低、中沸点部分。单萜主要分为直链型、单环型、双环型3种类型，多数为挥发性化合物，是精油的主要成分。单萜类的含氧衍生物（醇类、醛类、酮类）具有较强的香气和生物活性，如α-蒎烯、β-蒎烯、香叶烯、香叶醇、月桂烯、橙花醇、草酚酮、樟脑、茴香醇等具有杀虫效果，单萜类的香叶醇类等还具有抗癌性。精油高沸点部分中具有15个碳原子的称为倍半萜。倍半萜主要分为直链型、单环型、二环型、三环型和四环型等，具有挥发性，如金合欢醇、α-桉叶醇、β-杜松烯、愈创木醇、广藿香酮等。其含氧衍生物具有较强的香气和生物活性，对各种菌类、病原型病毒有防御性能，而且在植物体内具有防御虫害的功效。例如，从向日葵和艾蒿中提取的倍半萜烯类内酯和棉子酚具有抗菌、抗病毒功效。二萜衍生物广泛分布于植物分泌的乳汁、树脂中，松柏科植物多含有二萜类化合物，如紫杉醇。

2）芳香族化合物。芳香族化合物是精油中仅次于萜烯类的第二大类化合物，化合物中具有苯环，一般具有芳香气味。其主要包括：①芳香族烃类，如山紫苏油中的对-聚伞花烃。②芳香族醛类，如金合欢浸膏、水仙浸膏、桂皮油、藿香油中的苯甲醛，黄樟油中的洋茉莉醛，桂叶及肉桂皮油中的肉桂醛等。③芳香族酮类，如香薷精油、岩蔷薇浸膏中的苯乙酮，含羞草植物花油中的对甲基苯乙酮。④芳香族醇类，是芳香精油的主要成分，最主要的有苯甲醇、苯乙醇、肉桂醇等。⑤芳香族醚类，如石菖蒲中的胡椒酚甲醚，细辛中的α-细辛醚、β-细辛醚。

3）脂肪族化合物。脂肪族化合物是精油中相对分子质量较小的化合物，如桂花头香精油中的正葵烷，黄柏果实精油中的甲基壬基酮，缬草精油中的异戊酸，沙棘油中的乙酸乙酯，橘、香茅等精油中的异戊醛，人参挥发油中的参炔醇，紫罗兰叶中的紫罗兰叶醛，柠檬油、柠檬草油、姜草油、肉豆蔻酸、桂皮酸等。

4）含氮、含硫化合物。例如，茉莉花油、苦橙油、甜橙油、柠檬油、柑橘油等均是含氮化合物。含硫化合物如存在于蒜中的具有辛辣刺激香味的蒜素、二烯丙基三硫化合物等。

2. 其他化学成分　　芳香植物除了含有特有的精油成分外，还含有多种有用的其他化学成分（主要以药用为主）。

1）酚类物质。主要的作用是对草食性动物、昆虫和微生物的防御功能，如酚类的类鱼藤酮是很强的杀虫剂。艾蒿类提取的酚类有抗氧化性，百合科中提取的异丁子香酚类有镇痛作用。

2）生物碱。是很多植物中发现的碱性含氮有机化合物，大多具有复杂的环状结构。人类少量服用时有医疗效果，如烟碱可作为非处方类的镇静剂。

3）酸。构成植物的酸味成分，多具有杀菌作用和净化作用，如柑橘类的柠檬酸。

4）香豆素。植物收割后干草散发出的香味，具有抗菌和抗凝血作用。

5）类黄酮。既有苦味，也有甜味，有利尿、杀菌、抗痉挛、抗炎症等作用。

6）氰配糖体。味苦，作为镇静剂来利用，对心律和呼吸有影响。

7）树脂。具有杀菌作用，如没药。

8）单宁。也称为鞣质，是涩味和苦味的来源，常具有杀菌、止血、收敛作用。

9）维生素。以维生素A和维生素C含量较多，具有促进消化和美容的功效。

（二）药用成分

芳香植物具有抗菌消炎、镇静止痛、抗肿瘤、抗病毒等药理活性，是因为其含有药用成分。芳香植物中的药用成分包括其特有的挥发性芳香成分和不挥发性成分，这些成分具有特有的药用功效，可作为中药用于治疗各种疾病或作为原料用于保健品中。

（三）营养成分

芳香植物中的营养成分包括人体必需的各种矿物质和维生素，如钙、镁、铁、维生素A和维生素C等，因此芳香植物可作为芳香蔬菜或加工成各种营养食品。

（四）色素成分

芳香植物含有丰富的天然色素，可做天然染料，尤其适用于食品着色。大多数芳香植物都含有类胡萝卜素、类黄酮等天然着色成分，如洋甘菊作为羊毛的黄色原料；番红花色素也被用于蛋糕、糖果、酒类的着色。

（五）抗氧化和抗菌成分

大部分芳香植物中的一些成分具有抗氧化和抗菌作用，可以使其作为天然抗氧化剂、防腐抗菌剂应用在食品和药品等中。芳香植物中起到抗氧化作用的成分多为酚酸类物质。例如，百里香的主要成分百里香酚和香芹酚、牛至中的迷迭香酸酯、百里香酚和香芹酚均具有抗氧化活性。同时，芳香植物也含有抗菌作用的成分，如薰衣草中的芳香醇、菖蒲中的细辛醚等都具有抗菌作用。

二、保健与医疗功效

芳香植物中含有芳香、药用、营养、抗氧化和抗菌成分及丰富的天然色素，这些成分使芳香植物具有保健功能：一是能改善心境和情绪。例如，兰花的幽香能舒解人的烦闷和忧郁；天竺葵花香有镇定神经、消除疲劳、促进睡眠的作用；紫罗兰和玫瑰的香味给人以爽朗和愉快的感觉等；茉莉花的香味能使人消除疲劳；水仙花的香气可以使人感到放松。二是预防和治疗疾病。例如，菊花的香气能缓解感冒、眼翳、头痛、头晕；桂花的香气有清肺、解郁、辟秽的功能；茉莉的芳香对头晕、目眩、鼻塞等症状有明显的缓解作用；丁香花的香气对牙痛有镇痛作用，并能治疗呼吸系统感染和吐泻；香叶天竺葵的香气具有平喘、顺气、镇静的功效；槐花香可以泻热凉血等；郁金香的香气能疏肝利胆；薰衣草的香气可以缓解神经衰弱；艾叶的气味有明显的降压作用；香蜂草对提升记忆力有帮助。不仅芳香植物的香气有保健作用，精油也具有较好的保健功能。例如，迷迭香精油对神经衰弱、低血压和肌肉疼痛有很好的缓解作用；茶树的精油能促进白细胞再生，提高人体的免疫功能，增强人体抵抗各种病菌、病毒感染的能力。

三、主要芳香植物的营养保健功能

（一）八角茴香 *Illicium verum*

1. 植物简介　　别名八角、大茴香，八角科八角属，南方俗称八角，北方俗称大料。乔木，高 10～15m。叶不整齐互生，革质或厚革质，倒卵状椭圆形、倒披针形或椭圆形。花粉红至深红色，单生叶腋或近顶生。聚合果，3～5 月开花，9～10 月果熟，8～10 月开花，翌年 3～4 月果熟。

2. 化学成分　　包括萜类、苯丙素类、黄酮类、甾体类、挥发油。八角茴香油中的主要成分为八角茴香脑、升白宁、升血宁和茴香烯，还有茴香醚、茴香基甲酮、茴香酸、柠檬烯、芳樟醇、龙脑等。茴香脑、草蒿脑和茴香酸是八角茴香油的特征风味成分。八角果实中还含有糖脂、磷脂（包括卵磷脂、磷脂酰丝氨酸和磷脂酰肌醇）、β-谷甾醇、菜油甾醇、维生素、胡萝卜素和莽草酸。八角种子含油酸、亚油酸、棕榈酸和硬脂酸等脂肪酸。

3. 保健功能　　八角茴香挥发油气味芳香、味甜，普遍用于食品添加剂、香料、医药、化妆品、食品、酿酒等方面。果多用作调料，味香，也可药用，具有祛风理气、和胃调中的功效。在亚洲如中国、印度等国家的饭菜中经常用于调味、去腥。八角含的茴香油能刺激胃肠神经、血管，促进消化液分泌，增加胃肠蠕动，有健胃、行气的功效，有助于缓解痉挛、减轻疼痛；茴香烯成分能促进骨髓细胞成熟并释放入外周血液，有明显增加白细胞的作用。八角茴香中提取出来的莽草酸是治疗禽流感的特效药——达菲的原材料。茴香油对一些常见致病菌，如金黄色葡萄球菌、大肠杆菌、枯草芽孢杆菌、念珠菌均有较强的抑制作用。另外，八角茴香精油可用来治疗原发痛经。八角茴香油也是一种天然的自由基清除剂，具有良好的抗氧化活性。

（二）肉桂 *Cinnamomum cassia*

1. 植物简介　　别名玉桂、桂枝，樟科樟属。常绿中等大乔木，树皮灰褐色。叶互生或近对生，长椭圆形至近披针形，革质。圆锥花序腋生或近顶生，花被内外两面密被黄褐色短绒毛，花被筒倒锥形，花被裂片卵状长圆形，近等大。果椭圆形，成熟时黑紫色。花期 6～8 月，果期 10～12 月。原产于我国，现广东、广西、云南等热带及亚热带地区广为栽培，其中尤以广西栽培为多。

2. 化学成分　　肉桂中的挥发油主要为醇、烯及其氧化物，有桂皮醛、反式肉桂醛、邻甲氧基肉桂醛、龙脑、α-松油醇、石竹烯、γ-榄香烯，还含少量乙酸桂皮酯、桂皮酸、乙酸苯丙酯等。肉桂含有瑞诺烷类二萜及其苷，如肉桂新醇。肉桂中存在多种儿茶素、表儿茶素类等单体化合物及其糖苷，原花青素三聚体至五聚体等单体化合物，少量黄酮类成分，多种小分子芳香族化合物，多糖类成分。在肉桂和桂枝水提物中还存在两个强抗溃疡活性成分桂皮苷、肉桂苷。

3. 保健功能 肉桂是常用香辛料桂皮的来源之一。桂皮是亚洲地区传统的调味品，主要用于烹调肉类，也用于腌渍、浸酒及面包、蛋糕等焙烤食品。全株具特殊香气，枝、叶、果实、花梗可提制桂油，桂油是合成桂酸香料等的原料，用作化妆品原料，也作巧克力及香烟配料。肉桂的药用及保健作用主要包括降血糖、降血脂、抗炎、抗补体、抗肿瘤、抗菌等方面。肉桂中含有的黄烷醇多酚类抗氧化物质能提高胰岛素对血糖水平的稳定作用和降低胰岛素抵抗。肉桂中的肉桂酸成分有使肺腺癌 A549 细胞增殖抑制、细胞分裂指数降低的作用。肉桂醛具有很强的杀菌作用，肉桂甲醇提取物还具有抑制黑色素的生成及抗氧化的作用，在某些行业也被作为增白剂使用。肉桂中肉桂油、肉桂醛、肉桂酸钠具有镇痛、解热、抗焦虑等作用。肉桂还具有平喘、祛痰镇咳、利尿、祛风杀虫、通经、升高白细胞等作用。皮可药用，常作矫臭剂、祛风剂等。

（三）月桂 *Laurus nobilis*

1. 植物简介 又名甜月桂、真桂，樟科月桂属。常绿小乔木或灌木状，高可达 12m。叶互生，长圆形或长圆状披针形，先端锐尖或渐尖，基部楔形，边缘细波状，革质。花为雌雄异株，伞形花序腋生；雄花每一伞形花序有花 5 朵，花小，黄绿色，雌花通常有退化雄蕊 4，与花被片互生。果卵珠形，熟时暗紫色。花期 3～5 月，果期 6～9 月。原产地中海一带，我国浙江、江苏、福建、台湾、四川及云南等地有引种栽培。

2. 化学成分 月桂精油的主要成分为 α-乙酸松油脂、肉桂醛、β-桉叶油醇、β-石竹烯和丁香酚甲醚。还发现了 1,8-桉叶素、α-松油醇、丁香酚、古巴烯、桉叶二烯、佛术烯、γ-杜松烯、菖蒲萜烯、α-白昌考烯、斯巴醇、氧化石竹烯、环氧化水菖蒲烯、α-沉香螺萜醇、胡薄荷酮、愈创奥、凡伦橘烯、异丁香酚甲醚等。此外，还有松香芹醇、葛缕醇、肉桂醛、茴香脑、百里香酚、氧化香桧烯等多种化合物。

3. 保健功能 叶和果含芳香油，用于食品及皂用香精。叶片可作调味香料或作罐头矫味剂，广泛用于欧洲的料理中，可增加菜肴的风味，也可做香草醋等。在古希腊则将其编制成花环为冠，戴于胜利者头上，代表盛名与荣誉。月桂叶也是我国传统的调味香料，月桂精油主要用于调味品、医药、化妆品和化工领域，该精油具有很好的抗菌作用，对产酸克雷伯菌、肠炎沙门氏菌、痢疾志贺氏菌、大肠杆菌、表皮葡萄球菌和金黄色葡萄球菌等有不同程度的抑制作用。

（四）胡椒 *Piper nigrum*

1. 植物简介 又名黑胡椒、白胡椒，胡椒科胡椒属。木质攀缘藤本。叶厚，近革质，阔卵形至卵状长圆形，稀有近圆形，顶端短尖，基部圆，常稍偏斜。花杂性，通常雌雄同株。浆果球形，无柄，成熟时红色，未成熟时干后变黑色。花期 6～10 月。我国台湾、福建、广东、广西及云南等地均有栽培。原产于东南亚，现广植于热带地区。

2. 化学成分 胡椒中含有大量的生物碱、木质素及挥发油等。胡椒精油中主要含有单萜、倍半萜、芳烃、醇、酯、醚和酮类等物质，胡椒果精油的主要成分为 α-蒎烯、3-蒈烯、α-水芹烯、D-柠檬烯、石竹烯、δ-榄香烯、α-古巴烯、葎草烯、月桂烯、α-水芹烯和间伞花素、甘香烯、α-荜澄茄油烯、β-榄香烯、α-古芸烯、β-古巴烯、α-蛇床烯、花柏烯、桉油烯醇、泽泻醇、榄香醇、石竹烯醇、胡椒碱、胡椒醛、丁香酸等。

3. 保健功能 果实是著名的芳香油植物和香料植物，果实主要含胡椒碱和少量的胡椒挥发油，用于调味，亦作胃寒药，能温胃散寒、健胃止吐，服少量能增进食欲。胡椒是应用广泛的香辛料药物之一，具有治疗哮喘、慢性消化不良、结肠毒素、肥胖、鼻窦炎、充血、发热、骨端冷、疝气（痛）、胃病（尤指慢性）和腹泻等作用。胡椒叶精油中含有的δ-榄香烯具有抗癌活性，精油中的泽泻醇具有抑制动脉粥样硬化和活血化瘀的功效，以及利尿、降低血压、抗脂肪肝等作用。

（五）花椒 *Zanthoxylum bungeanum*

1. 植物简介 别名秦椒、山椒、蜀椒，芸香科花椒属。高3～7m的落叶小乔木。茎干上的刺常早落。叶有小叶5～13片，小叶对生，无柄，卵形、椭圆形，稀披针形，叶缘有细裂齿，齿缝有油点。花序顶生或生于侧枝之顶，花被片6～8片，黄绿色。果紫红色。花期4～5月，果期8～9月或10月。产地北起东北南部，南至五岭北坡，东南至江苏、浙江沿海地带，西南至西藏东南部。

2. 化学成分 挥发油主要有萜类、醇类、酮类、醛类、烯烃类、酯类及环氧化合物类等。红花椒果皮中的生物碱主要有屈菜红碱、香草木宁碱、合帕落平碱、伪茵芋碱等；青花椒果皮中含有茵芋碱、白鱼碱、青花椒碱、N-甲基青花椒碱等。花椒中的酰胺大多为链状不饱和脂肪酰胺，其中以山椒素类为代表，具有强烈的刺激性，是花椒麻味的主要来源，已经从花椒中发现的酰胺类物质有α-山椒素、β-山椒素、γ-山椒素、羟基-α-山椒素等。花椒中的香豆素主要有香柑内酯、伞形花内酯、滨蒿内酯、东莨菪内酯、异东莨菪内酯、脱肠草素、1,8-桉叶素、异紫花前胡香豆素、七叶内酯等。花椒木脂素大多为双环氧木脂素，多数为游离状态，也有少数是以苷的形式存在，如芝麻素、细辛素、丁香树脂二甲醚、新木脂体柄果脂素、辛夷脂素等。花椒中其他的化学成分有三萜、甾醇、烃类、黄酮苷类、棕榈酸、亚麻酸、油酸及少量其他组分，如金丝桃苷、薇甘菊素、β-谷幽醇、二十九烷等。

3. 保健功能 花椒果可作为调味料，具辛香。果皮含有精油，气香而味辛辣，作食用调料或工业用油。花椒的果实、根、茎、叶均可作为药用，具有麻醉、镇痛、抑菌、杀虫等功效。花椒挥发油对嗜铬细胞瘤细胞在体外有杀伤作用，可抑制H22肝癌细胞增殖并激发细胞凋亡。花椒宁碱具有抗癌作用，对人白血病有极强的作用，并对病毒引起的几种癌症有一定效果。花椒挥发油和花椒水溶性物质有近似于普鲁卡因的局部麻醉作用。花椒中含有的香柑内酯、茵芋碱成分具有抗炎、镇痛等活性。花椒挥发油对腰部扭伤疼痛、风湿性关节炎等都很有作用，还可用于口腔疾患的消炎止痛。花椒对炭疽、白喉、肺炎双球菌、溶血性链球菌、金黄色葡萄球菌、柠檬色及白色葡萄球菌等革兰氏阳性菌及大肠杆菌、变形杆菌、绿脓杆菌、伤寒杆菌、副伤寒杆菌、霍乱弧菌等肠内致病菌均有显著的抑制作用，特别是某些深部真菌对其非常敏感（如羊毛样小孢子菌、红色毛癣菌等）。花椒精油对人体的螨虫具有较强的抑杀作用，花椒中的α-山椒素对蛔虫有致命的毒性。花椒挥发油具有抗动脉粥样硬化的作用。花椒具有抗消化道溃疡、抗腹泻、保肝利胆等作用。花椒的温中散寒作用可治疗寒邪内侵、阳气受困而导致的呕逆、嗳气、泄泻、食欲不佳、腰腹冷痛等脾胃虚寒症，还可以治疗胃溃疡、肝损伤、炎症性和胃肠道功能紊乱性腹痛。此外，花椒还具有止咳、平喘、抗疟疾、抗衰老、抗疲劳和抗缺氧等作用。

（六）小茴香 *Foeniculum vulgare*

1. 植物简介 又名茴香，伞形花科茴香属。草本，高0.4～2m。茎直立，光滑，多分枝。叶片轮廓为阔三角形，4～5回羽状全裂，末回裂片线形。复伞形花序顶生与侧生，花瓣黄色。果实长圆形。花期5～6月，果期7～9月。原产地中海地区，我国各省份都有栽培。

2. 化学成分 小茴香主要含脂肪油、挥发油、甾醇及糖苷、氨基酸等，还含有三萜、鞣质、黄酮、强心苷、生物碱、皂苷、香豆素、挥发性碱、蒽醌、有机酸等多种类型化合物。茴香果实中含脂肪油。小茴香果实中所含挥发油的主要成分为茴香醚、爱草脑、小茴香酮，还含 α-烯、β-水芹烯、γ-水芹烯、δ-水芹烯、λ-水芹烯、α-水芹烯、莰烯、二戊烯、茴香醛、茴香酸，另含顺式茴香醚、对聚伞花素、东当归酞内酯和亚丁基苯酞。

3. 保健功能 小茴香的果实是调味品，茎叶部分也具有香气，可食用；提取的茴香油既可食用，又可药用，还可作为化妆品的香精使用。小茴香用于寒疝腹痛、睾丸偏坠、痛经、小腹冷痛、脘腹胀痛、食少吐泻及睾丸鞘膜积液等病症。盐小茴香具有暖肾散寒止痛的功效。小茴香具有显著的抑菌、调节胃肠机能、利尿等作用，同时还具有利胆、保肝、促肾、抗突变及性激素样等作用。小茴香挥发油对金黄色葡萄球菌、枯草芽孢杆菌、变形杆菌、大肠杆菌均有抑制作用。小茴香油能降低胃的张力，随后又能刺激胃而使其蠕动正常化，缩短排空时间，因而有助于缓解痉挛、减轻疼痛。

（七）肉豆蔻 *Myristica fragrans*

1. 植物简介 别名肉果、玉果，肉豆蔻科肉豆蔻属。小乔木。叶近革质，椭圆形或椭圆状披针形，先端短渐尖，基部宽楔形或近圆形。雄花序着花3～20，稀1～2，雌花序着花1～2朵。果通常单生，具短柄，有时具残存的花被片；假种皮红色，种子卵珠形。热带地区广泛栽培。我国台湾、广东、云南等地已引种。

2. 化学成分 主要为挥发油、脂肪油、苯丙素、木脂素和黄酮等。肉豆蔻挥发油中主要为单萜烃类、倍半萜烯类、芳香醚类、单萜醇类、酯类等，包括 β-蒎烯、γ-松油烯、松油烯-4-醇、肉豆蔻醚、黄樟醚、甲基丁香酚和榄香脂素。脂肪油的成分主要是肉豆蔻科的特征成分二芳基壬酮类，即马拉巴酮A～马拉巴酮D，其中马拉巴酮C活性较强。木脂素类化合物主要是肉豆蔻酚和肉豆蔻素类化合物，如脱氢二异丁香酚、5-甲氧基脱氢二异丁香酚、肉豆蔻酚C、肉豆蔻酚D、肉豆蔻醇A、肉豆蔻醇B。还可从肉豆蔻干燥成熟种仁的乙醇提取物中分离得到异香草醛、原儿茶酸和异甘草素。

3. 保健功能 肉豆蔻为热带著名的香料和药用植物。在中世纪，肉豆蔻是昂贵的调味料，也可作药用防腐，还可作调味品、工业用油原料等，具有抗菌消炎、镇痛、止泻、抗肿瘤等广泛的药理作用。中医据其温中行气、涩肠止泻的功效，将其用于脾胃虚寒、久泻不止、脘腹胀痛、食少呕吐等症。蒙医用肉豆蔻主治心赫依、心刺痛、谵语、晕厥、心慌等诸多心脏疾病且疗效很好。肉豆蔻中含有其结构属于没食子酸类的鞣酸成分，有很好的止泻作用。生制肉豆蔻均有较好的抗炎作用，其挥发油成分有明显的抗霉菌作用。肉豆蔻有一定的胰岛素样生物活性。肉豆蔻对3-甲基胆蒽烯诱发的小鼠子宫癌有一定的抑制作用，对二甲基苯并蒽诱发的小鼠皮肤乳头状瘤也有抑制作用。肉豆蔻能增强肝脏的解毒作用。肉豆蔻油可作芳香剂、祛风剂或胃肠道刺激剂。肉豆蔻挥发油有明显的抗血小板聚集活性。

（八）山鸡椒 *Litsea cubeba*

1. 植物简介 又名山苍树、山苍子、木姜子、山胡椒，樟科木姜子属。落叶灌木或小乔木，高达8～10m。叶互生，披针形或长圆形，纸质。伞形花序单生或簇生。果近球形。花期2～3月，果期7～8月。产于广东、广西、四川、云南、西藏等地。

2. 化学成分　　主要为挥发油、生物碱和少量的黄酮、木脂素、脂肪酸、甾体等。山鸡椒富含挥发油，主要为单萜和倍半萜类，其根中挥发油的主要成分是柠檬醛、3,7-二甲基-6-辛烯醛和 3,7-二甲基-2-辛烯-1-醇；叶中挥发油的主要成分是柠檬醛、3,7-二甲基-6-辛烯醛和桉叶油素。生物碱绝大多数是阿朴啡生物碱类，包括部分与高氯酸形成的有机盐。黄酮类包括槲皮素、木犀草素、芹菜素-7-O-β-D-葡糖苷、木犀草素-7-O-β-D-葡糖苷和来自果实少见的灰叶素。还有少量的木脂素、脂肪酸、甾体等其他类成分。

3. 保健功能　　花、叶和果皮是主要的提制柠檬醛的原料，供医药制品和配制香精等用。果实中的精油味如柠檬，可用于制作香皂，化工常用来合成维生素 A 与紫罗兰香精，油供工业用。山鸡椒在治疗心血管疾病、抗肿瘤、抗炎、提高免疫力、平喘抗过敏、抗氧化、抗菌、杀虫等多个方面都有较好的效果。山鸡椒性温，味辛、微苦。果实入药，称"荜澄茄"，可温中散寒、行气止痛，用于胃寒呕逆、脘腹冷痛、疝腹痛、寒湿郁滞和小便浑浊。根及根茎入药，称"豆豉姜"，具有祛风除湿、理气止痛之功效，主治感冒、心胃冷痛、腹痛吐泻、脚气、孕妇水肿、风湿痹痛、跌打损伤及脑血栓形成等。鲜果捣烂外敷，可治疗无名肿痛与皮肤病等。另外，山鸡椒的果实还用于食品香料，添加在各种腌渍食品内，风味特殊又能抑制好氧菌的生长。

（九）夜香花 *Telosma cordata*

1. 植物简介　　别名夜来香、夜兰香。萝藦科夜来香属。柔弱藤状灌木。叶膜质，卵状长圆形至宽卵形。伞形状聚伞花序腋生，着花多达 30 朵，花芳香，夜间更盛，花冠黄绿色，高脚碟状。蓇葖披针形。花期 5～8 月。原产于我国华南地区。亚洲热带和亚热带及欧洲、美洲均有栽培。

2. 化学成分　　夜香花挥发油的主要化学成分为二十烷、2-［1-（4-羟基苯基）-1-甲基乙基］苯酚、10-二十一烯、苯甲醇、9-二十烯、二十一烷、对苯二酚，化学成分中以高级烷烃、酚类、高级烯烃、脂肪醇及芳香醇、芳香酸、芳香酮等化合物为主，其中的丁子香酚等成分有止痛镇定作用，而 2,3-丁二醇、3-甲基丁醇等都有轻微的毒性和刺激性，故有明显的驱蚊效果。

3. 保健功能　　夜香花叶、花、果均可入药，有清肝、明目、去翳的功效。花可食，可与肉同炒制作菜肴。花可提取芳香油。栽培主要取其观赏、驱蚊、药用。性温味辛，具行气、止痛、镇定之功效，用于治疗胃脘痛；其花夜间极香，所含挥发油具驱蚊作用，可调配各种香精、香水、驱蚊液等。

（十）中国水仙 *Narcissus tazetta* var. *chinensis*

1. 植物简介　　别名水仙、天蒜。石蒜科水仙属。鳞茎卵球形。叶宽线形，扁平，粉绿色。伞形花序有花 4～8 朵，白色，芳香，副花冠浅杯状，淡黄色。蒴果室背开裂。花期春季。原产于亚洲东部的海滨温暖地区，我国浙江、福建沿海岛屿自生。

2. 化学成分　　含伪石蒜碱、石蒜碱、多花水仙碱、漳州水仙碱等多种生物碱。同属植物白水仙鳞茎中含白水仙胺、石蒜碱、多花水仙碱、雪花莲胺碱、石蒜胺碱及伪石蒜碱。

3. 保健功能　　水仙可提炼芳香油，可入药，外科用作镇痛剂，鳞茎捣烂敷于患处可治疗痈肿。水仙鳞茎味苦、微辛，性寒，有毒。归心、肺经，清热解毒、散结消肿，主治痈疽肿毒、乳痈、瘰疬、痄腮、鱼骨梗喉。水仙生物碱具有调节中枢神经系统作用、调节心血管系统作用、抗肿瘤作用、抗菌和抗病毒作用等。水仙花花香清郁，鲜花芳香油经提炼可调制香精、香料，可配制香水、香皂及高级化妆品。水仙对氯化氢、二氧化硫等有害气体有一定的抗性。

（十一）薰衣草 *Lavandula* spp.

1. 植物简介　唇形科薰衣草属。半灌木或小灌木，稀为草本。叶线形至披针形或羽状分裂。轮伞花序具2～10花，常在枝顶聚集成顶生间断或近连续的穗状花序。花蓝色或紫色。坚果。常见栽培的有薰衣草（*Lavandula angustifolia*）、法国薰衣草（*Lavandula stoechas*）、羽叶薰衣草（*Lavandula pinnata*）等。分布于大西洋群岛及地中海地区至索马里、巴基斯坦及印度，世界各地广泛栽培。

2. 化学成分　莰烯、1-辛烯-3-醇、β-月桂烯、柠檬烯、1,8-桉油酚、5-乙烯基二氢-5-甲基-2（3H）-呋喃酮樟脑、3-甲基-6-醛基-1-己烯-3-醇乙酸酯、薰衣草醇、冰片、松油醇、α-松油醇、α-香叶醇、乙酸芳樟酯、乙酸龙脑酯、5-甲基-2-（1-甲基乙烯基）-4-己烯-1-醇乙酸酯、枯醇、异丁酸叶醇酯、橙花醇乙酸酯、乙酸牻牛儿酯、石竹烯、棕榈酸、三十四烷等。

3. 保健功能　薰衣草在罗马时代就已是相当普遍的香草，因其功效多，被称为"香草之后"。薰衣草自古就广泛应用于医疗上，茎和叶都可入药，有健胃、发汗、止痛之功效，是治疗伤风感冒、腹痛、湿疹的良药。薰衣草是世界著名的芳香植物，全株具有芳香味，可作为香水原料来使用，植株晾干后香气不变，花朵还可做香包。其香气能醒脑明目，使人舒适，还能驱除蚊蝇。薰衣草的叶、茎、花等均含芳香油，尤其是花中所含的芳香油清香宜人，被广泛应用于医药、化妆品、制皂、食品等行业。薰衣草精油具有杀菌、止痛、镇静等功效，也可作为调味料在冷菜拼盘中使用。

（十二）鼠尾草 *Salvia* spp.

1. 植物简介　唇形科鼠尾草属。草本或半灌木或灌木。叶为单叶或羽状复叶。轮伞花序2至多花，组成总状或总状圆锥或穗状花序，稀全部花为腋生。小坚果卵状三棱形或长圆状三棱形。生于热带或温带，分布于全国各地，尤以西南为最多。

2. 化学成分　主要以萜类物质为主，还含有酚类化合物和生物碱类化合物。在所含的萜类化合物中又尤以二萜类含量最高，是鼠尾草属植物的特征性成分。

3. 保健功能　鼠尾草的部分种类是药用芳香植物，从叶中提取的香精油或挥发油含有鼠尾烯、蒎烯、桉树脑、冰片和樟脑等。鼠尾草香精油也可用作食品调香剂，用于畜禽肉类、鱼类食品的炖卤、煲汤，或香肠、罐头、奶制品的调味料。鼠尾草中含有精油、苦味丹宁与类蛋白质等成分，泡成茶饮，有暖和身体与舒缓情绪的功效；对缓和喉部疼痛、溃疡与预防感冒有效；对活化脑细胞、增加记忆力有帮助；还可帮助消化，尤其对吃过鱼、肉，或饮食过量时所产生的胃部不适更为有效。其精油和枝叶主要用于调味品、口香糖等制作。医药上，与其他药物协同治疗便秘、感冒、发热、中风等病。全株可提取抗氧化剂和防腐剂，鲜叶可作蔬菜食用。

第五节　芳香植物的禁忌与科学食用

据不完全统计，芳香植物有近4000种，我国约有1000种，世界上被有效开发的芳香植物大约有400种，我国约有150种，分属于唇形科、菊科、伞形科、十字花科、芸香科、姜科、豆科、鸢尾科、蔷薇科。芳香植物除了含有可以散发芳香性气味的醇类、酚类、醛类、酮类、帖烯类、醚类和半萜烯类等芳香气味的分子外，还含有许多药用成分、抗氧化物质、抗菌物质等成分。此外，还含有大量营养成分和微量元素。在一些芳香植物中，所含有的营养成分和人体必需的微量元素的含量甚至高于某些农作物和蔬菜。随着科技的发展，越来越多的芳香植物作用被人类所应用。目前芳香植物的药用功能、保健作用、护肤美容功效已经被人们广泛应用，除此之外，芳香植物所产生的香气还可以调节人体的消化、呼吸、意识等，在一定程度上对失眠、头痛、疲倦、焦虑、记忆力差及免疫力低下等有明显的改善作用。

芳香植物虽然有很多保健药用功能，但芳香植物也并非全部都是有益的，或者说并不是对所有人都是有益的。以下为芳香植物的使用禁忌。

1. 避免有害芳香植物对身体造成伤害 芳香植物有很多保健功能，但并不是所有的芳香植物对人体都是有益的。例如，紫荆花的花粉易导致哮喘的发生；丁香的香味会让人气喘烦闷；石蒜、水仙等植株体内含有一定的毒素，皮肤接触易引起过敏；夹竹桃的茎、叶和花都有毒，其气味如闻得过久，会使人昏昏欲睡；松柏类植物所散发出来的芳香气味对人体的肠胃有刺激作用，如闻之过久，会影响人的食欲，会使孕妇烦躁恶心，头晕目眩。

2. 不同的人群，使用同种芳香物质时应因人而异 精油是一种复杂的多成分的混合物，其中含有萜类、酚类、醇类、醛类、酮类、酯类、烯类和醚类化合物与有机酸，是由植物根、茎、叶、花瓣、种子、果皮和树皮等各部分的微小腺体产生的，在正常的自然条件下，它们从植物里缓慢地散发至周围环境。提取的精油，可以让人放松精神，减轻烦闷、忧郁、不安和焦躁，还能消除疲劳和失眠，还可以对反胃、腹泻、胀气、口臭、呕吐和消化不良有一定效果；可缓解气喘、感冒、咳嗽、喉咙痛、支气管炎、扁桃腺炎和鼻窦炎、轻微的膀胱炎、尿道炎和前列腺炎等。除此之外，还可以辅助治疗一些较轻的局部烧烫伤、割伤、蚊虫咬伤及一些常见的皮肤病。但并不是所有的人都可以使用精油，孕妇、癫痫病患者、气喘患者、高血压患者和有急性心脏病史的人要避免使用精油，或在医师的指导下使用。

芳香植物所含的酮类物质具有镇痛、抗凝血、抗真菌、抗炎症、愈伤、促进消化等作用，但这类物质孕妇要慎用，如樟脑酮、薄荷酮、藏茴酮、松香芹酮等，都有一定的毒性。

3. 不明产品效果时，不要盲目大量使用芳香植物产品 精油从护肤角度，可以防皱、防老化松弛、去雀斑、防角质硬化、防肤色暗沉等。但对于肤质敏感的人，在使用芳香疗法前，要先做一次皮肤斑点试验。避免因皮肤敏感而出现一些伤害性的症状。

4. 正确使用芳香植物及产品 不同的芳香植物有不同的用途，在使用过程中要严格按照正确的使用方法去使用。例如，精油分子较小，极易渗透皮肤，大约 30min 便随血液运行到人的全身。通常用按摩的方法，使精油分子渗入体内，加速吸收，使身心松弛，肌肤得到保养，且能活络血液，促进淋巴循环，增强免疫力，有助于肌肤排出毒素。但按摩使用的精油绝对不能用纯精油，要用与基础油调配好的混合油。按摩油一般由 5 滴纯精油和 10mL 基础油调配而成，不可使用高剂量的精油，因为精油的不正确或过量使用会产生毒性，特别是对皮肤敏感的人，能引起皮肤发炎或烧伤。目前市售的按摩油都是混合油，如果自己使用精油按摩时，一定要确保所有的精油已经混合好，以免产生不必要的伤害。

薰衣草的挥发油有很多功能，但不宜内服，一般作外用。薰衣草的干燥花蕾可以冲泡做茶饮，即取 1 大匙放进壶中，再倒入沸水，只需焖 5min 即可饮用。

5. 应注意使用部位 精油具有很多保健作用，但在使用过程中要防止精油滴到眼睛、鼻孔、耳朵和嘴巴上，如果不小心将精油滴到了这些地方，要用足量的植物油来清洗，还要尽快寻求医师的帮助和指导。

第六节 芳香植物产品开发与利用

在亚洲、欧洲及拉丁美洲国家，芳香植物在食品加工业、医药行业和其他消费品生产中已得到广泛应用。而在我国，据不完全统计，目前已发现有开发利用价值的芳香植物有 60 多科，400 多种，其中进行批量生产的天然香料品种达 120 多种。近年来，芳香植物的开发利用日益受到重视，成为一类具有广阔应用前景的经济作物。芳香植物产品的开发和利用，主要分为以下八个方面。

1. 药品 市场上有很多芳香植物开发的药物产品。早在 1983 年，欧洲就用迷迭香提取物和富硒水开发出治疗静脉曲张、痔疮、湿疹、牛皮癣、银屑病和皮肤感染的药物。德国 Nattermann 公司于 1990 年将迷迭香酸作为解热镇痛抗炎药物投放市场。利用薄荷的保健功能，开发出薄荷片、薄荷醒脑剂、薄荷散中药制剂等。利用紫苏叶研发出有效而无毒的新型抗过敏药。开发的紫苏油有镇咳平喘、降脂、抗过敏、预防和治疗心血管疾病等作用。利用芹菜研发出了复方开热非谢片等，用于治疗心脑血管疾病。金橘常见产品有金橘胶囊，可抗炎镇痛、镇咳祛痰和增强免疫力；金橘开胃颗粒剂，用于治疗小儿厌食脾失健运症；还有用于治疗急性支气管炎的金橘冲剂和金橘感冒片。

2. 美容产品 芳香植物的相关产品广泛用于美容、美发、美体等。薰衣草（狭叶薰衣草）纯精油是"百搭油"，可与其他精油或油脂进行科学调配。它用于化妆品中可以解决青春痘、痘印、痘疤等肌肤问题。从罗勒中分离提取出了 27 种芳香性成分，一些欧美国家将罗勒芳香油用于香水制造，开发以罗勒芳香油为原料的美容化妆品及皂用高级香精。

3. 芳香植物食品 芳香植物中很多被开发成各种食品饮品，芳香酒颜色多彩、风味独特，适宜做芳香酒的植物有薰衣草、罗勒、桂花、柠檬草、杨梅、柚子等；各种花草茶，如玫瑰花茶、菊花茶、牡丹茶、茉莉花茶等受到人们喜爱。百香果果实多汁，风味独特，可利用百香果开发果茶、复合果汁、发酵果汁、果酱、果脯等。柠檬汁可制作柠檬水、柠檬啤酒、柠檬果醋、碳酸饮料或其他饮料。柚子果肉已经加工为蜂蜜柚子茶、柚子粉、柚子糖、柚子复合果汁、果冻、复合型柚子酸奶、柚子汁乳酸菌饮料、柚子酒、蜜饯、腌制柚子皮、柚子果醋等产品。金橘不耐贮藏，目前开发有金橘果汁饮料、金橘果醋、金橘利口酒、金橘果脯、金橘罐头等食品。

4. 食品添加剂 将牡丹花瓣采收后进行低温烘干，烘干后用超微粉碎机粉碎，真空包装后进入市场，可作为食品添加剂、香精等。

5. 香料香精及手工艺品 常见的天然香料产品有薄荷脑、黄樟油、桂油、八角茴香油、薰衣草油、山苍子油、天然樟脑等。其中山苍子油为我国特有，在国际市场上占有重要的地位，是我国出口创汇的重要产品。它们除了提取精油，制取香精、香料等产品外，还可制成香囊、香袋、香枕等各式各样的日用装饰品或生活用品。

6. 动物饲料添加剂 日本将肉桂、紫苏添加在奶牛的饲料中，改善了牛乳的品质。将紫苏的果实添加在饲料中可以生产出保健猪肉和保健鸡肉。葱属植物中可分离出硫化物、甾体皂苷、黄酮类化合物、多糖等多种生物活性成分，具有抗氧化、抗菌、增强免疫力等作用，可开发含有葱属植物的鸡饲料、羊饲料等。以罗勒为主要成分开发的成鱼饲料，可用于代替进口鱼油饲料，降低养殖成本。另外，开发以罗勒种子为主要原料的饲料添加剂用于畜牧业能够促进牲畜的发育，减少疾病。

7. 抗菌杀虫剂 迷迭香、柠檬草单方及混合精油，对表皮葡萄球菌和金黄色葡萄球菌均表现出良好的抑制作用，且抑菌效果随精油用量的增加而逐渐增强。鱼腥草、金银花、大蒜等挥发油对金黄色葡萄球菌等也有显著抑制作用。蘘荷的挥发油成分中的芳樟醇、匙叶桉油烯醇有抗菌抗病毒作用，可以作为新一代抗生素的生产原料；杉树产生的雪松醇可以用于生产天然杀虫剂。

8. 轻工业原料 薄荷油制备微胶囊应用在卷烟中，对高价位、低焦油卷烟进行增香，为高端卷烟的低焦油、低危害、高香气发展奠定基础。八角茴香油用于制造甜香酒、啤酒等食品工业，也是制牙膏、香皂、香水、化妆品的香料。

主要参考文献

安晓娟，冯琳，宋红平，等．2012．植物多糖的结构分析及药理活性研究进展．中国药学杂志，47（16）：1271-1275．
白美丽．2017．对茶文化旅游概念及相关问题的认识．福建茶叶，8：99-100．
蔡旗．2017．中国古代茶文学历史形态流变初论．福建茶叶，3：368-369．
曹明菊，郑晓燕．2007．我国食用花卉的研究现状及发展前景．南方农业：园林花卉版，1（4）：56-58．
曹雪芹．1982．红楼梦．北京：人民文学出版社：110．
陈椽．1963．制茶"发酵"的概念与实质——兼与王泽农同志商榷．中国农业科学，（10）：13-20．
陈冬晶．2015．芳香植物精油对改善青年人睡眠质量的功能性研究．上海：上海交通大学硕士学位论文．
陈丽游，苏明华，滕移亮．2006．影响杨梅鲜汁中红色素稳定性的因子研究．福建农业学报，21（1）：72-75．
陈为忠．2005．包装材料对软罐头食品质量的影响．食品与药品，7（1）：66-68．
陈学林，黄阳．2013．发展茶食品加工拓展江苏茶产业发展空间．江苏农业科学，41（12）：8-10．
程柱生．2013．漫话茶叶中的游离氨基酸．贵州茶叶，（4）：54-57．
迟森．2010．橙汁在加工储藏过程中色泽稳定性的研究．重庆：西南大学硕士学位论文．
邓源喜．2011．桂花糯米酒的工艺研究．中国酿造，1：180-182．
邓源喜，马龙，许晖，等．2011．桂花糯米酒的研制．广东农业科学，4：94-95．
丁湖广，丁荣辉，丁荣峰．2010．食用菌加工技术与营销．北京：金盾出版社：198-214．
丁以寿，章传政．2012．中华茶文化．北京：中华书局：137．
段彦芳，苏禄晖，刘曦子，等．2016．芳香植物在城市商业空间中的应用．绿色科技，23：104-107．
冯欢欢，赵祥升，杨美华，等．2014．芳香药用植物的抗氧化活性成分及其药理作用研究进展．中南医药，12（6）：557-562．
干权．2015．茶馆的溯源和发展与功能分析．安徽建筑，22（6）：22．
高甜，柴惠，沃兴德．2011．大蒜素的药理作用及其开发应用．医学研究杂志，40（5）：12-15．
高学清，韩坤，王斌，等．2014．中国食品发展状况．茶叶通讯，（3）：45-46．
耿新军，任爱民．2017．食用菌采后生理特性与保鲜技术研究进展．现代农业科技，（13）：91-99．
顾可飞，周昌艳，李晓贝．2017．食用菌的营养价值及药用价值．食品工业，38（10）：228-231．
顾可飞，周昌艳，邵毅．2016．食用菌活性物质开发利用现状．中国食用菌，35（6）：1-9．
郭培，柳航，朱怀军，等．2015．九里香化学成分和药理作用的研究进展．现代药物与临床，30（9）：1172-1178．
何鑫，许唱．2016．简论茶道与中国书画．福建茶叶，7：290-291．
红霓．2009．浅谈"药食同源"．生态文化，（4）：55-56．
侯可宁，李毅．2017．食用菌多糖的提取、检测及应用研究进展．山东化工，46（13）：49-51．
侯淑峰，尹艳，杨智荣，等．2010．解析中医"九种体质"的理论渊源．中华中医药学刊，（9）：1956-1957．
胡琼英．2007．生物化学实验．北京：化学工业出版社．
胡苏姝．2016．中国古代茶文学的兴起及发展历程分析．福建茶叶，7：313-314．
黄兵兵，王晓琴，梁杏秋，等．2015．茶树品种及提取工艺对茶叶籽油脂肪酸组成的影响．中国粮油学报，（1）：65-75．
黄晨阳．2010．养生好食材食用菌．北京：中国农业出版社：1-9．
黄景波，冯学华，彭星元，等．2016．天然薄荷提取物在洗发香波去头屑体系中的应用研究．林业建设，（4）：3-5．
霍丹群，蒋兰，马璐璐，等．2012．百香果功能研究及其开发进展．食品工业科技，33（19）：391-395．
冀紫阳．2016．香蜂草的化学成分及抗抑郁作用的研究．乌鲁木齐：新疆医学院硕士学位论文．
江萍，徐贵华，刘东红，等．2008．15种柑橘果皮中酚酸的含量测定．食品与发酵工业，43（6）：124-128．
姜性坚．2013．食用菌栽培加工新技术．长沙：中南大学出版社：249-283．
金久宁，李梅．2016．丝绸之路上传播的芳香植物．中国野生植物资源，35（4）：5-8．
鞠玉栋，杨敏，李珊珊，等．2015．芳香植物药用保健功能及其开发利用．现代农业科技，（1）：125-127．
兰天康，顾浩峰，王燕．2017．食用菌中主要营养素与硒元素含量的相关性分析．陕西农业科学，63（1）：42-46．
雷晓霞，张静，许丹，等．2013．"药食同源"产品产业发展及对策探讨．医药前沿，（6）：85-86．
李春祥．2013．不可或缺的"第七大营养素"．人力资源，（2）：89．
李冬香，陈清西．2009．桑葚功能成份及其开发利用研究进展．中国农学通报，25（24）：293-297．
李凤娟．2012．白茶的滋味、香气和加工工艺研究．杭州：浙江大学硕士学位论文．

李洪祥，姜保平，肖伟，等. 2017. 玫瑰茄近十年的研究进展. 中国现代中药，19（4）：587-598.
李克优. 2013. 浅析红茶中红汤红叶品质的形成. 福建农业，（9）：22.
李丽，盛金凤，孙健. 2015. 金桔的营养价值及综合利用现状与前景. 食品工业，36（9）：220-224.
李强. 2011. 玫瑰花制酒工艺. 酿酒，3（2）：82.
里切希尔 M. 1989. 加工食品的营养价值手册. 陈葆新，译. 北京：中国轻工业出版社.
李廷荃，刘薇，陈瑞华. 2012. 老药新用. 太原：山西科学技术出版社：270.
李晓屏. 2011. 九种体质的饮食调理方略. 东方食疗与保健，（9）：64.
李雪芹，辛秀，唐艺，等. 2017. 千日红的研究进展. 微量元素与健康研究，34（2）：58-60.
李亚娇，孙国琴，郭九峰，等. 2017. 食用菌营养及药用价值研究进展. 食药用菌，25（2）：103-109.
李燕君，孔维军，李梦华，等. 2016. 植物精油抑制真菌及真菌毒素的研究进展. 中草药，47（11）：2011-2018.
李艺扬，付艳，孙健，等. 2010. 胎儿形体发育变化趋势的初步分析. 中国妇幼保健，25（7）：914-917.
梁俊，郭燕，刘玉莲，等. 2011. 不同品种苹果果实中糖酸组成与含量分析. 西北农林科技大学学报（自然科学版），39（10）：163-170.
梁艳. 2012. 浅析茶产品的发展. 黑龙江农业科学，（9）：98-99.
林金科. 2012. 茶叶深加工学. 北京：中国农业出版社：1.
刘海兵，王斌，张腾霄. 2017. 十四种常见食用菌中糖类物质含量比较分析. 内江科技，38（10）：81-82.
刘海涛. 2015. 几种食用花卉的食用价值及文化. 花卉，（11）：32-35.
刘建军，王雅礼，刘其伟. 2015. 食用菌饮食文化. 东营：中国石油大学出版社：1-53.
刘谋治，宋霞，姜远英，等. 2015. 月季花化学成分及药理作用的研究进展. 药学实践杂志，33（3）：198-200，249.
刘勤晋. 2014. 茶文化学. 3版. 北京：中国农业出版社：87.
刘晓，林太凤. 2015. 药食同源中草药在功能饮料开发中的应用进展. 安徽农业科学，43（10）：81-86.
刘勇，肖伟，秦振娴，等. 2015. "药食同源"的诠释及其现实意义. 中国现代中药，17（12）：1250-1253.
卢圣楼，刘红，郭飞燕，等. 2014. 神秘果叶营养成分分析与评价. 食品研究与开发，35（17）：111-114.
卢影. 2010. 鲜切果品保鲜技术研究. 广州：华南理工大学硕士学位论文.
陆海霞，胡友栋，励建荣，等. 2010. 超高压和热处理对胡柚汁理化品质的影响. 中国食品学报，10（2）：25-29.
罗宝芳，王金妮，黄银妹，等. 2014. 野生火棘研究进展. 中国酿造，33（1）：1-4.
马春华，兰天水. 2012. 枇杷花薄荷饮料的研制. 饮料工业，15（1）：32-33.
马春霓. 2017. 茶叶中的化学成分. 农村经济与科技，28（14）：43.
马艺丹，刘红，闫瑞昕，等. 2016. 神秘果种子营养成分分析与评价. 食品工业科技，37（13）：346-350.
马兆成，徐娟. 2015. 园艺产品功能成分. 北京：中国农业出版社.
倪文豪. 2017. 茶文化与中国文化的关系. 福建茶叶，5：343-344.
潘小军，王玉霞. 2005. 山定子营养成分的测定. 中国林副特产，76（3）：1-5.
庞式，赵超艺，苗爱清. 2011. 茶花酒酿造工艺研究. 广东农业科学，5：119-120，133.
彭运祥. 2011. 食用菌营养与烹饪. 长沙：湖南科学技术出版社：8-12.
蒲彪，张坤生. 2014. 食品工艺学. 北京：科学出版社.
秦龙龙，周锐丽. 2016. 刺梨的营养保健功能及应用发展趋势. 食品研究与开发，37（13）：212-214.
裘孟荣，张星海. 2012. 茶文化的社会功能及对产业经济发展的作用. 中国茶叶加工，3：42-44.
曲波. 2014. 居家健康花草. 北京：中国华侨出版社：294-295.
曲恩超，魏福祥. 2006. 苹果多酚的研究进展. 河北化工，（10）：5-8.
权永妮. 2012. 七大营养素与人体健康. 科技信息，（36）：160-162.
单峰，黄璐琦，郭娟，等. 2015. 药食同源的历史和发展概况. 生命科学，27（8）：1061-1069.
单憬岗. 2017. 古人生活中的芳香植物. 海南日报，2017年7月24日B03版.
施仁潮，施文. 2013. 花卉美食. 北京：金盾出版社：1-68.
史君彦，高丽朴，王清，等. 2017. 食用菌保鲜技术的研究进展. 食品工业，38（6）：278-282.
宋晓凯. 2004. 天然药物化学. 北京：化学工业出版社.
苏爱国，孙长花，张素华. 2011. 花卉酒酿造最佳技术参数. 食品研究与开发，32（1）：78-81.
孙宏伟. 2013. 健康方略：体质与饮食. 北京：中国中医药出版社：6-14.
孙启时，路金才，贾凌云. 2009. 药用植物鉴别与开发利用. 北京：人民军医出版社.
孙珊珊. 2017. 药膳在中医美容中的作用. 中国保健营养，27（25）：163-164.
孙昕. 2017. 食用菌保鲜技术的研究与前景. 吉林农业，（23）：103.

田建华, 张伟. 2013. 冠心病居家调养保健百科. 石家庄: 河北科学技术出版社: 291.
屠幼英. 2013. 茶与健康. 西安: 世界图书出版西安有限公司: 259-262.
宛骏, 庞玉新, 杨全, 等. 2015. 海南岛芳香植物资源的开发利用现状. 中国现代中药, 17 (3): 276-279.
王春玲, 胡增辉, 沈红, 等. 2015. 芳香植物挥发物的保健功效. 北方园艺, 15: 171-177.
王德芝, 刘瑞芳, 马兰, 等. 2012. 现代食用菌生产技术. 武汉: 华中科技大学出版社: 23-56.
王光慈. 2001. 食品营养学. 北京: 中国农业出版社.
王皎, 李赫宇, 刘岱琳, 等. 2011. 苹果的营养成分及保健功效研究进展. 食品研究与开发, 32 (10): 164-169.
王丽思, 乔文军, 刘心宽, 等. 2016. 葱属植物的生物学功能及其在养殖业中的应用. 畜牧与饲料科学, 37 (8): 51-53.
王仁才. 2012. 果品与营养健康. 北京: 化学工业出版社.
王益成. 2014. 草本花卉与景观. 北京: 中国林业出版社: 2-3.
王云, 宋曙辉, 孙立新. 2012. 果品与营养健康. 北京: 中国农业出版社.
王志东, 梁容瑞, 李宗芳. 2009. 中药野菊花的药理作用研究进展. 中医中药, 15 (6): 906-909.
王志凡, 万巧英. 2015. 营养与美容保健. 北京: 科学出版社: 44-99.
韦锋, 杨胜和, 熊莉, 等. 2006. 融安金柑生产现状及发展对策. 广西园艺, 17 (5): 11-16.
孟鹏. 2009. 金柑的研究现状及其开发前景. 农产品加工, 11: 11-14.
魏华, 张娣, 陆玲, 等. 2017. 几种食用菌多糖的提取与抗氧化性研究. 南京师范大学学报 (自然科学版), 40 (2): 72-88.
魏建梅, 范崇辉, 赵政阳, 等. 2005. 套袋对嘎拉苹果品质的影响. 西北农业学报, 14 (4): 191-199.
吴慧敏. 2016. 茶渣茶末对蛋鸡生产性能及鸡蛋品质的影响研究. 福州: 福建农林大学硕士学位论文.
吴均, 杨德莹, 李抒桐, 等. 2016. 甜橙精油的化学成分、抑菌和抗氧化活性研究. 食品工业科技, 14: 148-153.
吴蒙, 徐晓军. 2016. 迷迭香化学成分及药理作用最新研究进展. 生物质化学工程, 50 (3): 51-57.
吴志国. 2017. 养颜美容花草茶. 合肥: 安徽科学技术出版社: 1-39.
夏涛, 方世辉, 陆宁, 等. 2015. 茶叶深加工技术. 北京: 中国轻工业出版社: 145.
肖平. 2012. 酸茶微生物菌系分离与鉴定以及茶酒发酵技术研究. 武汉: 华中农业大学硕士学位论文.
肖正春, 张卫明, 张广伦. 2015. 薰衣草的开发利用与人类健康. 中国野生植物资源, 34 (2): 63-66.
谢秋涛. 2013. 超临界CO_2提取玫瑰精油工艺优化及副产物综合利用研究. 长沙: 中南大学硕士学位论文.
许国震, 卢炯林. 1999. 河南有毒植物志. 北京: 中国国际广播出版社: 1-56.
许克勇. 1999. 浅谈我国花卉食品的开发. 中国野生植物资源, 3: 36-38.
许琳. 2013. 花草美容. 北京: 金盾出版社: 20.
闫恒, 张辉. 2016. 石榴化学成分及其药理作用研究进展. 中国处方药, 14 (2): 18-19.
杨冲, 李宪松, 刘孟军. 2017. 酸枣的营养成分及开发利用研究进展. 北方园艺, (5): 184-188.
杨景爱, 康杰, 谷建田. 2016. 氯化钙对高温胁迫下叶用莴苣幼苗生理生化特性影响. 北京农学院学报, 31 (4): 31-34.
杨宁. 2015. 柚子全果综合利用及生物活性研究进展. 广州化工, 43 (5): 9-11.
杨晓萍. 2005. 功能性茶制品. 北京: 化学工业出版社: 214.
杨永兰, 李春华. 2012. 食用花卉的开发利用价值及发展趋势. 饮料工业, 15 (5): 14-17.
杨永胜, 何红英. 2014. 家庭养花实用小百科. 汕头: 汕头大学出版社: 7.
杨月欣. 2002. 中国食物成分表2002. 第一册. 北京: 北京大学医学出版社.
杨月欣. 2004. 中国食物成分表2004. 第二册. 北京: 北京大学医学出版社.
杨月欣. 2006. 食物营养成分速查. 北京: 人民日报出版社.
杨志娟, 雷晓凌, 孙嘉碧. 2010. 降低香蕉酱褐变度的工艺条件研究. 现代食品科技, (9): 965-968.
叶志彪. 2011. 园艺产品品质分析. 北京: 中国农业出版社.
尹伟, 刘金奇, 张国升. 2015. 桂花的化学成分及药理学作用研究进展. 赤峰学院学报 (自然科学版), 31 (20): 77-78.
于新, 李小华. 2012. 野菜食用与药用手册. 北京: 中国纺织出版社.
苑彩虹, 赵京献, 于新华. 2006. 梨套袋栽培存在的问题与解决对策. 河北林业科技, 4: 49-59.
泽仁拉姆, 普珍, 卓玛东智, 等. 2014. 荆芥的化学成分和药理作用. 现代医药, 30 (2): 215-216.
曾翔云. 2005. 维生素C的生理功能与膳食保障. 中国食物与营养, (41): 52-54.
詹武, 卢雅芳, 俞素琴, 等. 2015. 茶叶不同包装材料与贮藏方法比较研究. 现代农业科技, (9): 296.
张东, 张艳芝, 薛迎春. 2011. 荚蒾在鲁西南地区物候期的观测. 山东林业科技, (1): 59-60.
张恒. 2016. 食用菌多糖功能性研究进展. 现代食品, (20): 1-5.
张红伟. 2012. 清代北京的花卉饮食综论. 武汉: 华中师范大学硕士学位论文.
张君萍, 高疆生, 李疆, 等. 2006. 新疆杏与华北杏果实主要营养成分比较分析. 新疆农业科学, 43 (2): 140-144.

张俊, 程绍帝, 夏其乐. 2008. 摩巧枯囊衣脱除技术进展. 食品开发与技术,（9）: 42-46.

张倩茹, 尹蓉, 王贤平, 等. 2017. 树莓的营养价值及其利用. 山西果树,（4）: 9-11.

张树庭, 宋德瑜. 1983. 几种食用菌的核酸含量. 食用菌,（3）: 27-29.

张天慧. 2016. 合理膳食拥抱健康. 魅力中国,（5）: 206.

张卫. 2016. 均衡膳食改善居民营养和健康状况. 中国食品, 699（11）: 18-21.

张夕秋, 张蕊. 2012. 儿童膳食营养及心理发育状况探讨. 中国实用医药, 7（2）: 270-271.

张小永, 李永霞. 2017. 大蒜的功能特性研究现状. 南方农业, 11（17）: 79-81.

张新华, 孙长花, 张素华. 2011. 花卉麦芽汁饮料的研制. 食品与发酵科技, 2: 82-85.

张颖. 2016. 论当前中国茶艺的演变. 旅游纵览（下半月）, 9: 192.

张志强, 杨清香, 孙来华. 2009. 桑葚的开发及利用现状. 中国食品添加剂,（4）: 65-68.

张智. 2011. 食用菌栽培与加工技术. 北京: 中国林业出版社: 147-214.

赵光远, 纵伟, 姚二民. 2006. 浑浊苹果汁储藏过程中色泽稳定性的研究. 食品科学, 27（8）: 28-32.

赵琳静, 王斌, 乔妍, 等. 2016. 香茅叶挥发油的化学成分及其体外抗氧化活性. 中成药, 38（4）: 841-845.

赵文竹, 张瑞雪, 于志鹏, 等. 2016. 生姜的化学成分及生物活性研究进展. 食品工业科技, 11: 383-389.

郑国栋, 欧阳文, 颜苗, 等. 2006. 叶绿素及其衍生物的药理研究进展. 中南药学, 4（2）: 146-148.

郑民. 2007. 从中外膳食模式比较看科学饮食营养. 扬州大学烹饪学报,（3）: 32-34.

郑平. 2011. 茉莉花茶饮料及茶树花酒的研究与开发. 农业工程技术·农产品加工业, 3: 33-35.

钟兰兰, 屠迪, 杨亚, 等. 2013. 花青素生理功能研究进展及其应用前景. 生物技术进展, 3（5）: 346-352.

周才琼, 周玉林. 2012. 食品营养学. 2版. 北京: 中国质检出版社, 中国标准出版社: 128-140.

周继红, 应乐, 徐平, 等. 2015. 茶相关保健食品的开发现状. 中国茶叶加工,（4）: 26-30.

周佳. 2012. 避光和透光时橘瓣中维生素C含量测定的比较. 广州化工, 40（2）: 105-107.

周嘉倩, 王鑫, 邵娟娟, 等. 2017. 食用菌发酵饮料的研究进展. 农产品加工,（16）: 60-63.

周迎松, 陈小平. 2014. 六大营养素与体能. 中国体育科技, 50（4）: 91-101.

朱建平, 邓文祥, 吴彬才, 等. 2015. "药食同源"源流探讨. 湖南中医药大学学报, 35（12）: 27-30.

朱立新, 李光晨. 2009. 园艺通论. 北京: 中国农业大学出版社.

宗梅, 蔡永萍, 范志强. 2013. 紫藤不同部位活性成分的研究与应用进展. 食品工业科技, 34（7）: 383-386.

邹彬, 吕晓滨. 2014. 食用菌高产栽培与加工技术. 石家庄: 河北科学技术出版社: 2-9, 200-214.

邹宽生. 2009. 遂川金柑产业发展的优势分析及对策. 农村经济与科技, 20（10）: 15-19.

Calvayrac O, Rodríguez-Calvo R, Martí-Pamies I, et al. 2015. NOR-1 modulates the inflammatory response of vascular smooth muscle cells by preventing NFκB activation. Journal of Molecular and Cellular Cardiology, 80: 34-44.

Chen Z, Xu H. 2014. Anti-inflammatory and immunomodulatory mechanism of tanshinone IIA for atherosclerosis. Evidence-Based Complementary and Alternative Medicine,（3）: 267976.

Fereidoon S, Cesarettin A, Liyanapathirana CM. 2007. Antioxidant phytochemicals in hazelnut kernel (*Corylus avellana* L.) and hazelnut by products. J Agric Food Chem, 55（4）: 1212-1220.

Ito H, Okuda T, Fukuda T, et al. 2007. Two novel dicarboxylic acid derivatives and new dimeric hydrolyzable tannin from walnuts. J Agric Food Chem, 55（3）: 672-679.

Kovacheva N, Rusanov K, Atanassov I. 2010. Industrial cultivation of oil bearing rose oil production in Bulgaria during 21st century. Biotechnology and Biotechnological Equipment, 24（2）: 1793-1798.

Lim TK. 2014. Edible Medicinal and Non Medicinal Plants. London: Springer: 80.

Lin YW, Liu PS, Adhikari N, et al. 2015. RIP140 contributes to foam cell formation and atherosclerosis by regulating cholesterol homeostasis in macrophages. Journal of Molecular and Cellular Cardiology, 79: 287-294.

Luana F, Susana C, Jose AP, et al. 2017. Edible flower: A review of the nutritional, antioxidant, antimicrobial properties and effects on human health. Journal of Food Composition and Analysis, 60: 38-50.

Pires TCSP, Dias MI, Barros L, et al. 2017. Nutritional and chemical characterization of edible petals and corresponding infusions: valorization as new food ingredients. Food Chemistry,（220）: 337-343.

van Noorden R. 2010. Demand for malaria drug soars. Nature, 466（7307）: 672-673.

Yin WM, Li OC, Ahmad R, et al. 2013. Antioxidant and antibacterial activities of hibiscus (*Hibiscus rosa-sinensis* L.) and cassia (*Senna bicapsularis* L.) flower extracts. J King Saud Univ Sci, 25（4）: 275-282.

Zhang LG, Zhang C, Ni LJ, et al. 2011. Rectification of Chinese herbs volatile oils and comparison with conventional steam distillation. Separation and Purification Technology, 77（2）: 261-268.